刘景应（四牛）◎著

企业级
云原生架构

技术、服务与实践

人民邮电出版社

北 京

图书在版编目（CIP）数据

企业级云原生架构：技术、服务与实践 / 刘景应著
. -- 北京：人民邮电出版社，2021.7（2022.1重印）
ISBN 978-7-115-55174-0

Ⅰ. ①企… Ⅱ. ①刘… Ⅲ. ①云计算 Ⅳ.
①TP393.027

中国版本图书馆CIP数据核字(2020)第210554号

内 容 提 要

本书较为全面、系统地介绍了云原生架构相关的方法论与技术产品，并结合作者多年的大型项目建设实施经验，阐述了分布式环境下面向云原生的架构设计最佳实践。本书主要分为 4 个部分，分别是云原生概述、云原生技术、云原生服务、云原生架构实践。本书兼顾理论、技术与实践，对从事相关行业的读者具有很好的学习指导意义。

本书面向的读者对象为互联网行业的业务咨询师、系统架构师，以及相关领域的技术开发人员。

- ◆ 著　　　　刘景应（四牛）

　　责任编辑　武晓燕

　　责任印制　王　郁　焦志炜

- ◆ 人民邮电出版社出版发行　　北京市丰台区成寿寺路 11 号

　　邮编　100164　　电子邮件　315@ptpress.com.cn

　　网址　https://www.ptpress.com.cn

　　固安县铭成印刷有限公司印刷

- ◆ 开本：800×1000　1/16

　　印张：24　　　　　　　　　　2021 年 7 月第 1 版

　　字数：537 千字　　　　　　　2022 年 1 月河北第 2 次印刷

定价：109.70 元

读者服务热线：**(010)81055410**　印装质量热线：**(010)81055316**
反盗版热线：**(010)81055315**
广告经营许可证：京东市监广登字 20170147 号

前　言

编写背景

信息技术的发展日新月异。云原生（cloud native）的概念自 2015 年提出，迅速得到主流互联网公司和技术开发人员的支持，相关社区也非常活跃。云原生是一整套综合的技术体系，包括方法论和各个领域的技术产品。但目前市场上介绍云原生技术及其相关产品的图书非常匮乏。市面上这类图书大多只是介绍某一特定技术或其产品。

随着云计算作为一项国家基础建设战略向纵深发展，越来越多的企业把核心应用系统部署在云上。为更好地发挥云的价值，企业应用正经历从云托管（cloud hosting）到云原生的架构演进过程。顾名思义，云原生是面向"云"而设计的应用，而不仅仅是简单地把应用部署在云上的虚拟机或容器之中。云原生应用系统针对云的分布式、去中心化、一切资源服务化、弹性、快速迭代等特点，对应用系统进行完整的重构。云原生充分利用云基础设施的弹性和云资源服务的便捷性，可以为企业构建灵活多变、稳定可靠的在线业务系统。云原生正在通过方法论、工具集和理念重塑整个软件技术栈和生命周期，帮助企业和开发者在云上构建和运行可弹性扩展、容错性好、易于管理、便于观察的系统。有了诸多标准化的产品技术，企业上云的拐点已经到来，云原生已经成为企业共享云计算技术红利的便捷方法之一。

本书特色

本书具有以下几个特色。

（1）技术全面覆盖。云原生涉及的技术领域非常多。CNCF 生态蓝图就把目前云原生生态的参与者根据其提供的产品及服务，分为 8 个主要的方向，涉及技术产品达到数百个之多。本书虽无法涵盖云原生全部的技术产品，但针对 IaaS、DaaS、PaaS 不同技术领域核心主流的产品均有涉猎，让读者对云原生相关技术有一个相对完整的概念。

（2）内容深入浅出。本书在介绍云原生相关技术产品时，力求深入浅出，不仅有偏方法论的理论概述，也有技术原理的深入分析，让读者对这些技术产品知其然，更知其所以然。

（3）紧贴技术趋势。从技术发展的趋势，本书完整地介绍了企业应用架构的演进过程。从单体架构、分布式架构、SOA、微服务架构、Service Mesh 架构、Serverless 架构，讲述了不同架构的技术特点以及应用场景，让读者不仅了解企业应用架构的发展过程，还能紧紧把握当前主流的技术发展趋势。

（4）结构层次递进。按云分层的层次结构，自底向上地介绍云基础设施服务、数据资源服务、中间件服务等不同层次的产品及其技术，让读者的思维跟随本书所介绍的知识体系，逐步勾勒出企业应用系统技术架构的框图。

（5）理论与实践并重。本书融入了作者 20 年软件开发及架构设计的工作经验，分析和对比了各种技术产品的优缺点、适用场景，其中绝大部分产品及服务在实际应用系统开发过程中会用到，因此，本书具有很好的实践指导意义。本书第四部分还重点介绍了在一个大型分布式应用系统开发过程中所面临的高可用、数据一致性、容灾多活等 3 个方面的设计原则及解决方案。这些解决方案会综合使用前面章节介绍的技术及产品，让读者思考如何用技术产品及架构设计来应对现实系统所面临的问题和挑战。

本书内容涵盖云原生相关的技术、服务与实践，分为 4 个主要的部分，共计 12 章。

第 1 章初见云原生，介绍云原生的起源、云原生架构的特点。

第 2 章企业应用架构演进，介绍企业 IT 系统应用架构的演进过程。

第 3 章 Docker，介绍容器技术的发展过程、Docker 的技术原理。

第 4 章 Kubernetes，介绍 Kubernetes 的系统架构、运行原理以及核心的技术组件。

第 5 章 Prometheus，介绍 Prometheus 监控系统的组成及其架构。

第 6 章微服务，介绍微服务架构的特点、设计原则以及当前主流的微服务框架。

第 7 章云原生 IaaS 服务，介绍云原生基础设施服务，包括容器、镜像仓库、存储和网络。

第 8 章云原生 DaaS 服务，介绍云原生数据资源服务，包括数据库、对象存储、日志、消息队列、大数据等服务。

第 9 章云原生 PaaS 服务，介绍云原生中间件相关服务，包括分布式应用服务、配置中心、分布式数据库中间件、定时任务、业务实时监控、服务网关以及相关技术的组件的服务。

第 10 章高可用解决方案，介绍分布式实时在线应用系统如何实现 7×24 小时业务连续性高可用服务。

第 11 章数据一致性解决方案，介绍数据一致性的理论、实现原则以及在分布式环境下如何实现数据的一致性。

第 12 章容灾多活解决方案，介绍同城双活、两地三中心、异地双活、单元化多活等几种容灾多活实现方案的技术原理。

建议和反馈

写书是一项极其琐碎、繁重的工作。云原生的技术还在不断发展完善之中，尽管本书作者已经竭力使本书和网络支持接近完美，但仍然可能存在很多漏洞和瑕疵。欢迎读者提供关于本书的反馈意见，帮助我们改进和提高，从而帮助更多的读者。如果你对本书有任何评论和建议，或者遇到问题需要帮助，欢迎致信作者邮箱 liujy001@gmail.com，我们将不胜感激，并尽可能回复。

资源与支持

本书由异步社区出品，社区（https://www.epubit.com/）为您提供相关资源和后续服务。

提交勘误

作者和编辑尽最大努力来确保书中内容的准确性，但难免会存在疏漏。欢迎您将发现的问题反馈给我们，帮助我们提升图书的质量。

当您发现错误时，请登录异步社区，按书名搜索，进入本书页面，点击"提交勘误"，输入勘误信息，点击"提交"按钮即可。本书的作者和编辑会对您提交的勘误进行审核，确认并接受后，您将获赠异步社区的 100 积分。积分可用于在异步社区兑换优惠券、样书或奖品。

扫码关注本书

扫描下方二维码，您将会在异步社区微信服务号中看到本书信息及相关的服务提示。

与我们联系

我们的联系邮箱是 contact@epubit.com.cn。

如果您对本书有任何疑问或建议，请您发邮件给我们，并请在邮件标题中注明本书书名，以便我们更高效地做出反馈。

如果您有兴趣出版图书、录制教学视频，或者参与图书翻译、技术审校等工作，可以发邮件给我们；有意出版图书的作者也可以到异步社区在线提交投稿（直接访问 www.epubit.com/selfpublish/submission 即可）。

如果您来自学校、培训机构或企业，想批量购买本书或异步社区出版的其他图书，也可以发邮件给我们。

如果您在网上发现有针对异步社区出品图书的各种形式的盗版行为，包括对图书全部或部分内容的非授权传播，请您将怀疑有侵权行为的链接发邮件给我们。您的这一举动是对作者权益的保护，也是我们持续为您提供有价值的内容的动力之源。

关于异步社区和异步图书

"异步社区"是人民邮电出版社旗下 IT 专业图书社区，致力于出版精品 IT 图书和相关学习产品，为作译者提供优质出版服务。异步社区创办于 2015 年 8 月，提供大量精品 IT 图书和电子书，以及高品质技术文章和视频课程。更多详情请访问异步社区官网 https://www.epubit.com。

"异步图书"是由异步社区编辑团队策划出版的精品 IT 专业图书的品牌，依托于人民邮电出版社近 30 年的计算机图书出版积累和专业编辑团队，相关图书在封面上印有异步图书的 LOGO。异步图书的出版领域包括软件开发、大数据、AI、测试、前端、网络技术等。

异步社区

微信服务号

目　　录

第一部分　云原生概述

第二部分　云原生技术

第三部分　云原生服务

第四部分　云原生架构实践

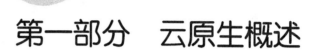

第一部分　云原生概述

第1章 初见云原生

1.1 什么是云原生

1.1.1 云原生起源

云原生是一种软件开发方法,它充分利用了云计算,使用开源软件技术栈将应用程序部署为微服务。通常,云原生应用程序构建为在 Docker 容器中运行的一组微服务,在 Kubernetes 中编排,并使用 DevOps 和 Git Ops 工作流进行管理和部署。使用 Docker 容器的优点是能够将执行所需的所有软件及环境配置打包到一个可执行包中。容器在虚拟化环境中运行,从而将包含的应用程序与其环境隔离。

——维基百科"Cloud Native"

信息技术的发展日新月异,过去几十年,企业 IT 架构经历了单体架构、分布式架构和云计算架构 3 个阶段的技术演进。尤其是云计算技术的发展,让企业的整个 IT 基础设施以及应用运行模式发生了革命性的改变。云时代的第一个十年,作为技术的创新探索先锋,互联网公司引领了云计算技术的发展趋势,大多数互联网应用从诞生之初就生长在云端。随着云计算技术的成熟,以及以移动互联网为特点的创新业务的驱动,很多传统行业(如金融、零售、能源、制造以及政务等领域)的企业和机构也逐渐将各自的业务从互联网数据中心(Internet Data Center,IDC)机房迁移至云上,充分利用云的弹性优势,实现系统的动态伸缩与业务的创新。

企业应用上云,也经历了从云托管到云原生的架构演进过程。上云初始阶段,多数企业仅仅是把应用从传统的 IDC 机房搬迁到云上的虚拟机,这是云托管模式,或者叫作基础设施即服务(Infrastructure as a Service,IaaS)上云。但要真正用好云,不仅是基础设施和平台的升级,应用也需要摒弃传统的设计方法,从架构设计、开发方式到部署维护的整个软件生命周期管理,都要基于云的特点进行重构,从而构建"原生为云"而设计的应用,这样才能在云上以最优的架构、最佳的模式运行,并充分利用和发挥云平台的弹性以及分布式优势。采用基于云原生的技术和管理方法,可以更好地把业务生于"云"或迁移到云平台,从而享受"云"的高效和持续的服务能力。作为诞生于云计算时代的新技术理念,云原生拥有传统 IT 无法比拟的优势，可帮助企业高效享受云的弹性和灵活性，以服务化的形态获取各种资源，降低大规模分布式高并发的技术门槛，从而实现快速开发、平滑迁移、稳定可靠、运维简便的应用构建模式。云原生已经成为云时代的新技术标准。

云原生的概念最早是谁提出的，业界并没有统一的说法。比较有影响力的是 Pivotal（Spring 开源产品的母公司）的技术产品经理 Matt Stine，他在 2015 年发表的电子书 *Migrating to Cloud Native Application Architectures*（《迁移到云原生应用架构》）中，提出了将传统的单体应用和面向服务的架构（Service-Oriented Architecture，SOA）应用迁移到云原生架构所需的文化、组织和技术变革。Matt Stine 认为云原生是一组思想集合和最佳实践，包括敏捷基础设施（agile infrastructure）、微服务（microservice）、DevOps、持续交付（continuous delivery）等，主要涵盖如下重要的内容。

（1）十二要素应用程序：云原生应用程序架构模式的集合。

（2）微服务：独立部署的服务，每个服务只做一件事情。

（3）敏捷基础设施：快速、可重复和一致地提供应用环境和后台服务的平台。

（4）基于应用程序接口（Application Programming Interface，API）的协作：发布和版本化的 API，允许在云原生应用程序架构中的服务之间进行交互。

（5）抗压性：系统具备良好的健壮性，能够抵抗外界非预期的流量冲击。

从狭义上来讲，云原生包含以容器、微服务、持续集成和持续发布（Continuous Integration/Continuous Delivery，CI/CD）为代表的云原生技术，使用一种全新的方式来构建、部署、运维应用。它不但可以很好地支持互联网应用，也在深刻影响着新的 IT 技术架构和应用架构。

从广义上来讲，云原生完全基于分布式云架构来设计开发应用系统，是全面使用云服务的构建软件。随着云计算技术的不断发展和丰富，很多用户对云的使用，不再是早期简单地租用云厂商基础设施（计算、存储、网络）等 IaaS 资源。

云原生是当前炙手可热且不断发展的技术方向，其定义也会在日后不断演进。据 IDC 的市场研究数据和报告，截至 2019 年，超过三成的企业使用了包含 Docker 在内的容器技术，50%以上的企业认为运维自动化和弹性扩容是容器技术的主要应用场景。Gartner 报告指出，到 2022 年，75%的全球化企业将在生产环境中使用云原生的容器化应用。

1.1.2　企业为什么需要云原生

省钱

- 充分提高单台机器CPU/内存利用率，最高可节省50%的x86服务器投资
- 同步减少服务的占地、用电、管理等成本
- 打造绿色低碳的企业云

省时

- 业务应用的开发时间缩短50%以上，帮助企业大幅提升生产效能
- 业务应用的部署时间降低80%以上，帮助企业充分提升运维效率
- 实现真正的DevOps
- 打造敏捷高效的企业云

省心

- 统一应用的交付和运营标准，实现企业应用的全生命周期管理和服务目录
- 为深度学习、区块链等业务场景快速构建基础环境和流程框架
- 打造数字化转型的企业云

云的核心理念是弹性，站在云的视角，过去我们常以虚拟化作为云平台和与客户系统交互的界面，为企业带来灵活性的同时也带来了一定的管理复杂度。容器的出现，在虚拟化的基础上向上封装了一层，逐步成为云平台和与客户系统交互的新界面之一，应用的构建、分发和交付得以在这个层面上实现标准化，大幅降低了企业 IT 实施和运维成本，提升了业务创新的效率。从技术发展的角度看：开源让云计算变得越来越标准化，容器已经成为企业应用分发和交付的标准，可以将应用与底层运行环境解耦；Kubernetes 成为资源调度和编排的标准，屏蔽了底层架构的差异性，帮助应用平滑运行在不同的基础设施上；在此基础上建立上层应用抽象（如微服务和服务网格），逐步形成应用架构现代化演进的标准，开发者只需要关注自身的业务逻辑，无须关注底层实现。云原生正在通过方法论、工具集和理念重塑整个软件技术栈和生命周期，帮助企业和开发者在云上构建和运行可弹性扩展、容错性好、易于管理、便于观察的系统。有了诸多标准化的产品技术，企业上云的拐点已经到来，云原生已经成为释放云价值的最短路径之一。

云并非把原先在物理服务器上运行的东西放到虚拟机里运行，真正的云化不仅是基础设施和平台的事情，应用也要改变传统的做法，实现云化的应用——应用的架构、应用的开发方式、应用部署和维护技术等都要做出改变，真正发挥云的弹性、动态调度、自动伸缩等一些传统 IT 所不具备的能力。这里说的"云化的应用"也就是"云原生应用"。云原生架构和云原生应用所涉及的技术很多，如容器技术、微服务、可持续交付、DevOps 等。

1. 业务复杂需要云原生

PC 的普及，改变了人们加工处理个人数据的方式；移动互联网的普及，改变了人们获取信息的方式；即将到来的万物互联的时代，改变了人们与周围世界的交互方式。随着业务的发展，企业 IT 架构也随之发生巨大变化，而业务又深度依赖 IT 能力。

IT 系统让人们的工作和生活越来越简单便捷的同时，其自身的架构却变得越来越复杂。随着技术的发展，业务规模的暴增，商业模式的创新，企业的应用系统也经历了单体应用、应用分层、分布式应用、云应用等不同应用形态。原来一个系统由一个团队就可以开发维护，慢慢发展到一个系统由数十个应用构成，需要几十个团队相互协作，甚至像淘宝、天猫这样的巨型系统，需要上千个应用，由几百个团队开发维护。微服务架构能够解决大型分布式系统的团队协作问题，每个团队独立负责一个或者若干个服务，团队对于所负责的服务拥有绝对的决策权，以减少组织的技术决策成本。服务之间通过契约化的接口以缩小沟通范围，只要接口不变，就无须关注外部的变化，从而减少组织的技术沟通成本。

在微服务架构中，应用的数量大幅增加，性能、一致性等问题越来越严重，架构变得越来越复杂，大量服务的治理也变得充满挑战，如何处理和解决这些问题？正如人类社会发展伴随着技术革命与社会大分工一样，云原生技术的出现解耦了很多复杂性，这是 IT 技术的进步。

（1）以 Docker 为代表的容器技术实现了应用与运行环境的解耦，众多业务应用负载可以被容器化，而且应用容器化满足了敏捷、可迁移、标准化的需求。

（2）Kubernetes 的出现实现了资源编排调度与底层基础设施的解耦，应用和资源的管控也开始得心应手，容器编排实现资源编排、高效调度。

（3）以 Istio 为代表的服务网格技术实现了服务实现与服务治理能力的解耦。

业务的发展能驱动技术的进步，技术的进步又反哺业务创新。云原生概念及技术提出几年以来，得到众多软件厂商以及云厂商的参与支持，他们也在纷纷贡献自己的产品与技术，绝大多数云厂商提供了容器、Kubernetes 编排管理的 OpenAPI、软件开发工具包（Software Development Kit，SDK）等丰富的开发工具，实现第三方被集成，为云的生态伙伴提供更多的可能性。这样的技术分层推动了社会分工，极大促进了云原生技术和云原生生态的发展。

2. 业务创新需要云原生

互联网（尤其移动互联网）的蓬勃发展提高了业务的推广速度，云产品以及服务大幅降低了海量数据与高并发的技术门槛，二者共同作用，使业务的创新速度达到了前所未有的程度。每天有无数的新 App 产生。一个 App 从最初上线到日活跃用户过十万、百万、千万，可能只需要短短几个月的时间。我们正处在一个业务快速增长的时代，产品既需要更快的交付速度以便验证业务可行性，又需要更好的用户体验以便在众多的 App 中脱颖而出。这也是传统企业竞争不过互联网公司的原因。其中一个重要的因素是产品的进化速度太慢，不能根据用户的反馈快速迭代。当某个功能用户使用频率比较高时，产品的发展方向可能会随时发生转变，需要不断在市场中调整和演进产品的发展路线。万众创业的时代机会转瞬即逝，如果不能在第一时间抓住市场的热点，企业很快就会被市场淘汰。有研究数据表明：中国互联网企业的平均生命周期普遍在 3～5 年。"3 年"成为划分一个企业生命周期的分界线。

产品交付速度的提高不能以降低可用性为代价。我们知道，变更是可用性的"天敌"，以阿里巴巴为例，有统计数据表明，超过 50% 的线上故障是变更引起的，也正因如此，每逢重要的节假日或者大促活动节点，我们都会进行"封网"，以确保线上系统的稳定和可靠。当然这也是目前技术不够成熟，不得已而为之的折中和让步。就像目前很多传统企业的线上管理策略，提升可用性的一种方法就是少发布、多审核，这显然是和快速试错、快速交付、快速迭代的互联网思想背道而驰的。在传统行业中，企业的应用系统一般是有一个工作时间的，应用的发布和变更会选择在非工作时间进行。但在互联网行业中，尤其在全球化背景下，我们要求应用系统具有 7×24 小时不间断的在线服务能力，不存在非工作时间，甚至不存在业务低峰期，这就对企业的应用系统运维提出了更高的要求。云计算已经重塑了软件的整个生命周期，从架构设计到开发，再到构建、交付和运维等所有环节。云原生通过一系列产品、工具、方法减少变更导致的可用性问题，而不是因噎废食地控制变更、减少发布次数。

互联网公司经常提到他们每天实现几十次，甚至上百次的发布。为什么频繁发布如此重要？如果你可以每天实现上百次发布，那么你就可以几乎立即从错误的版本中恢复过来；如果你可以立即从错误中恢复过来，那么你就能够承受更多的风险；如果你可以承受更多的风险，那么你就可以做更"疯狂"的试验——这些试验结果可能会成为你接下来的竞争优势。

3. 业务不确定性需要云原生

云最主要的特性之一就是弹性，这也是企业应用上云最核心的需求。随着移动互联网的普及，以及网红经济、热门事件营销、秒杀大促等商业模式的推陈出新，企业的业务流量变得无法预估。当然，为了应对突发流量的冲击，企业也可以购买更多更高规格的服务器；但对于绝大部分业务平峰期以及低峰期，CPU 都是空闲的，这会让资源使用率指标很低。通过云的弹性伸缩，可以应对业务突发流量的冲击，保证业务的平稳运行，提高资源利用率，降低 IT 运营成本。

随着企业的应用系统进行分布式改造，应用由一个单体应用被分割为众多的微服务应用，整个应用集群的节点数由原来的数十个快速上升到了数百以至上千个，垂直拆分带来良好隔离性的同时，也使资源的利用率大幅下降。互联网公司通过以下两个开创性的举措来解决这个问题。

（1）不再继续购买更大型的服务器，取而代之的是用大量更便宜机器来水平扩展应用实例。这些机器更容易获得，并且能够快速部署。

（2）将大型服务器虚拟化成几个较小的服务器，并向其部署多个隔离的工作负载，从而改善现有大型服务器的资源利用率。

纵观 IT 应用服务器的发展历史：大型机→小型机→x86 服务器→虚拟机→容器→Serverless，越来越朝着轻量化的方向发展，这也符合云原生敏捷基础设施的策略。轻量化意味着更好的弹性，应用部署时间相应减少：月（大型机）→天（小型机）→小时（x86 服务器）→分钟（虚拟机）→秒（容器）→毫秒（Serverless）。极致的弹性是企业解决业务不确定性的有效手段。

云原生的核心技术之一是容器。容器技术的兴起源于 2013 年开源的 Docker。容器的价值可以从下面两个层面阐述。

（1）从应用架构层面，容器技术可以方便地支持微服务架构实现应用的无状态化，更加灵活地应对变化和弹性扩展。在软件生命周期管理方面，容器技术可以帮助把 DevOps 等最佳实践落地成可运用的标准化工具和框架，大大提升开发效率，加速迭代。DevOps 的概念最早起源于 2009 年的欧洲（更早的 20 世纪 90 年代提出的柔性生产模式中也有 DevOps 的思想），但一直不温不火，直到 Docker 容器技术的流行，最近几年 DevOps 才为人们所津津乐道。

（2）从基础架构层面，容器技术带来的可移植性，可以帮助开发者和企业更便捷地上云和迁云，让应用在自有数据中心和云端实现动态迁移。随着容器技术和云计算的计算、存储、网络的进一步融合，更快速地推动从传统以基础设施为中心，向以应用为中心的 IT 架构转变。

容器解决了应用与运行环境的解耦，把运行环境也作为一种资源支持可编程式的管理；Kubernetes 的出现则让资源的动态编排与管理变得更加简单，充分满足业务不确定对资源的弹性要求。

综上所述，云原生不是一个产品，而是一套技术体系和一套方法论。企业数字化转型是思想先行，从内到外的整体变革，更确切地说，它是一种文化，更是一种潮流，是企业云计算战略的必然导向。

1.1.3 云原生的设计原则

顾名思义，云原生是面向"云"而设计的应用，但要给云原生下一个明确的定义很难，所有的架构的目标都是解决特定的业务场景。一方面，业务场景千变万化，而每个人的技术背景不同，站的角度不同，所理解和设计的系统架构也就各不相同。另一方面，架构总是不断演进的，新的技术层出不穷，因此云原生的落地形式与能力边界也在不断演进中。

换一个思路，云原生所倡导的思想与设计原则，或许能更好地让大家理解什么是云原生，云原生具体解决哪一类问题。

1. 去中心化原则

中心化意味着单点，为了具备良好的线性扩展能力，分布式系统要求去中心化，避免单点故障。对于系统的服务能力，随着资源加入，微服务的性能和容量能够呈线性扩展。在微服务场景下，每个服务可以独立采用自己的技术方案或技术栈，每个微服务应用独立部署，服务之间进程隔离，每个服务都有独立的数据库，一个服务实例的失效不会导致大规模的故障。这也是微服务架构和SOA非常重要的区别之一。SOA一般有一个中心化的企业服务总线(Enterprise Service Bus，ESB)负责所有服务的注册发现以及调用路由；微服务架构虽然也有一个服务注册中心，但服务注册中心只负责应用启动或者状态变更时做服务推送，真正在运行过程中微服务之间的相互调用都是点对点直接调用，即运行时是去中心化的。

另外，从研发流程的角度来说，去中心化意味着关注点分离。云原生对开发团队一个很重要的要求是独立自主，每个服务由独立的团队负责开发运维，所有者的团队对服务具有决策权，可以自主选择技术栈以及研发进度，服务之间只要接口不变，外部就不必对其过度关注，更容易实现关注点分离。

2. 松耦合原则

（1）实现的松耦合：这是基本的松耦合，即服务消费端不需要依赖服务契约的某个特定实现，这样服务提供端的内部变更就不会影响消费端，而且消费端未来还可以自由切换到该契约的其他服务提供方。

（2）时间的松耦合：典型的是异步消息队列系统，由于有中介者（broker），因此生产者和消费者不必在同一时间都保持可用性以及相同的吞吐量，而且生产者也不需要马上等到回复。

（3）位置的松耦合：典型的是服务注册中心，消费端完全不需要直接知道提供服务端的具体位置，而都通过注册中心查找服务来访问。

（4）版本的松耦合：消费端不需要依赖服务契约的某个特定版本来工作，这就要求服务的契约在升级时要尽可能地提供向下兼容性。

3. 面向失败设计原则

为了保证系统的健壮性，软件设计领域中一个很重要的原则是，所有的外部输入和外部依赖都是不可信的，系统间依赖的调用随时可能会失败，也包括硬件基础设施服务随时可能死机，还有后端有状态服务的系统能力可能有瓶颈。总之在发生异常时能够快速失败，然后快速恢复，以保证业务永远在线，不能让业务半死不活地僵持着。

面向失败设计（design for failure），意味着所有的外部调用都有容错处理，我们希望失败的结果是我们可预期的、经过设计的。在微服务架构场景中，当服务数量越来越多，依赖越来越复杂时，出现问题的概率也就越大，问题定位也会越来越困难，这时再用传统的解决办法将是一个灾难。传统的方法通常是通过重试、补偿等手段尽可能避免失败，微服务架构下由于存在更多的远程调用，任何外部依赖都有可能失效或延迟，这是潜在的故障和瓶颈。故障总是无法避免的，设计的目标是预测和解决这些故障。因此在设计服务时，应充分考虑异常情况，从使用者的角度出发，能够容忍故障的发生，最小化故障的影响范围。系统架构设计时需要考虑到应用系统的每一个层面，包括硬件和软件是可能出现故障的，并据此在应用系统架构设计上消除单一故障点，从而实现高可用性（High Availability，HA）的系统架构。

4. 无状态化原则

云原生的应用服务设计尽可能是无状态的，使得业务天生具有扩展性，在业务流量高峰和低峰时期，依赖云的特性自动弹性扩容、缩容，满足业务需求。无状态指的是服务在处理请求时，不依赖除请求本身以外的其他内容，也不会有除响应请求之外的额外操作。这样如果要实现无状态服务的并行横向扩展，只需要对服务节点进行并行扩展，在服务之上添加一个负载均衡。

将"有状态"的业务处理过程改造成"无状态"的过程，思路比较简单，主要有以下两种手段。

（1）状态分离：服务端所有的状态信息统一保存在外部独立的分布式存储中（如缓存、消息队列、数据库）。

（2）请求附带全部状态信息：将状态信息前置，丰富请求的入参，将需要处理的数据尽可能都通过上游的客户端放到入参中传过来。

5. 不变性原则

容器技术带来的最大优势，是通过镜像实现了可编程式的运行环境定义，从而实现了应用与运行环境的解耦。作为一种服务（IaaS），云原生基础设施提供可编程式的需求描述，并实现记录版本变更，保证环境的一致性。使用软件工程中的原则、实践和工具来加强基础设施服务的生命周期管理，这意味着开发人员可以更频繁地构建更强可控或更稳定的基础设施。对资源调度而言，我们希望所有的服务（包括环境）无差异化配置，实现标准化可迁移，而不希望在部署任何服务的过程中还需要手动操作，因为手动操作是无法批量化、自动化执行的，也是不容易回溯的。

实现不变性原则的前提是，基础设施中的每个服务、组件都可以自动安装、部署，不需要人工干预。所有的资源都可以随时拉起、随时释放，同时以 API 的方式提供弹性、按需的计算、存储能力。每个服务或者组件在安装部署完成后将不会发生更改，如果要更改，就丢弃老的服务或组件，并重新部署一个服务或组件。另外，为了提升可用性，我们应该尽量减少故障修复时间，要知道替换的速度远远快于修复的速度。

6. 自动化驱动原则

为了满足业务需求的频繁变动，通过快速迭代，产品能做到随时可发布，这是一系列开发实践方法。自动化驱动分为持续集成、持续部署、持续交付等阶段，用来确保需求的提出、设计开发测试，再到代码快速、安全地部署到生产环境中。持续集成是指每当开发人员提交了一次改动，就立刻进行构建、自动化测试，确保业务应用和服务均能符合预期，从而可以确定新代码和原有代码能否正确地集成在一起。持续部署是指使用完全的自动化过程把每个变更自动提交到测试环境中，触发自动化测试用例，测试验证通过后将应用安全地部署到生产环境中，打通开发、测试、生产等各个环节。持续交付是软件发布的能力，在持续集成完成后，能够提供到预发布之类的环境上，满足生产环境的条件。

应用系统的部署与运维的成本会随着服务的增多呈指数级增长，每个服务都需要部署、监控、日志分析等运维工作，成本会显著升高。在服务划分之前，应该首先构建自动化的工具及环境，开发、测试人员应该以自动化为驱动力，简化服务在创建、开发、测试、部署、运维上的重复性工作，尽可能通过自动化工具完成所有重复的工作。当提交代码后，自动化的工具链自动编译、构建、测试、集成。开发人员持续优化代码，当满足上线要求时，自动化部署到生产环境中。这种自动化的方式能够实现更可靠的操作，既避免了人为失误，又避免了微服务数量增多带来的开发、运维、管理的复杂化。

1.2 云原生架构

云原生架构是"原生为云"而设计的应用架构，因此技术部分依赖于在传统云计算的 3 层概念：基础设施即服务（Infrastructure as a Service，IaaS）、平台即服务（Platform as a Service，PaaS）和软件即服务（Software as a Service，SaaS），如图 1-1 所示。云原生架构意味着更快的迭代速度、持续可用的服务、弹性伸缩及其他一些非功能特性，包括快速试错以支持产品创新的技术挑战、以用户体验为中心的交互模式挑战、移动互联网时代的流量激增挑战等。

"架构"作为软件行业中一直存在的一个名称被普遍使用。架构一词原本来源于建筑行业，包括过程和产品，并且包括计划、设计、构建等全生命周期的过程。云原生架构包括一系列过程和方法，充分利用了云计算的弹性和分布式协同，使用开源软件技术栈将应用程序部署为微服务。通常，云原生应用程序构建为在 Docker 容器中运行的一组微服务，在 Kubernetes 中编排，并使用 DevOps 和 Git Ops 工作流进行部署和管理。使用 Docker 容器的优点是能够将执行所需的所有软件打包到一个可执行包中。容器在虚拟化环境中运行，从而将包含的应用程序与其环境隔离。云原生架构是一种包含技术实现与管理（组织流程）的软件开发方法论。技术实现部分主要包括敏捷基础设施、云公共基础服务和微服务；组织流程部分主要包括持续交付和 DevOps。云原生应用架构包含 3 个特征：容器化、微服务和 DevOps。

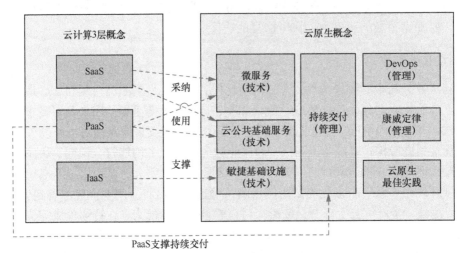

▲图 1-1　云原生架构的内容

1.2.1　敏捷基础设施

不管是传统应用，还是云原生应用，打包好的部署包（jar、war、镜像）最终都要部署在应用服务器上运行，应用服务器越来越朝着轻量化的方向发展（如图 1-2 所示），轻量化意味着更好的弹性、更短的启动时间。

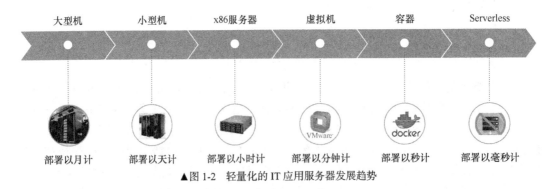

▲图 1-2　轻量化的 IT 应用服务器发展趋势

作为云原生应用的底座，敏捷基础设施主要为了解决传统基础设施所面临的挑战，包括以下几个方面。

（1）资源利用率低。传统基础设施的应用服务器一般由小型机、x86 服务器、虚拟机等组成，因为缺乏弹性伸缩能力，所以为了确保业务的平稳运行，IT部门一般会按业务高峰期的流量并加上一定的富余，以此作为预估策略来配置服务器资源。然而业务高峰期可能只存在很短的时间，大部分业务平峰期或者业务低峰期期间，机器资源的利用率是非常低的，造成了资源浪费。

（2）资源扩容周期长。新业务上线或者已有业务规模变大时，为了确保业务的隔离，一般无法共享已有的服务器资源，需要采购新服务器，一般会在企业内部走层层审批流程，采购部署的周期长，效率低下。云带给开发运维人员最直观的感受就是不需要每年做大量的资源规划了，大家可以共享一个资源池。

（3）服务器数量暴增。由于微服务等应用架构的实施，单体架构下的服务器被拆分为虚拟机或容器，导致需要管理的节点数呈爆发性增长，传统的IT运维管理方式面临巨大的挑战。当应用节点个数达到成千上万的规模时，靠传统的单个节点监控运维的方式基本是不现实的，需要自动化批量化的工具来统一管理。

（4）缺乏标准化。开发、测试、生产等不同环境的配置靠人工维护，人为误操作的风险使线上变更引发故障的可能性大大增加（根据墨菲定律，可能出错的事总会出错），"人工操作"是不可靠的，尽可能把应用构建、环境准备、应用部署等过程标准化，通过工具自动化地完成。

正如通过业务代码能够实现产品需求、通过版本化的管理能够保证业务的快速变更一样，基于云原生的开发模式也要考虑如何保证基础资源的提供能够以可编程的方式自动实现需求，并实现记录变更，保证环境的一致性。容器技术真正实现了IaaS的理念落地。通过Dockerfile显式声明定义软件的运行环境，开发人员可以直接将所有的软件和依赖直接封装到容器中，打包成镜像，将应用和运行环境做到很好的统一。通过容器实现开发、测试、生产环境的一致，实现一次编写、到处部署的能力。

基础设施可以将基础设施配置完全当作程序代码来进行，这样做是为了提高效率，因为在整个研发交付环节中，人与人（特别是不同岗位角色的人）之间的沟通是非常浪费时间的，参与沟通的人越少，效率越高。可编程式基础设施可以让一个全栈工程师在没有运维人员参与的情况下，申请生产环境的资源，自动化配置、部署应用。

可编程式基础设施，也意味着开发人员可以更频繁地构建更强可控或更稳定的基础设施，无须运维人员参与，开发人员可以随时拉取一套基础设施来服务于开发、测试、联调和灰度上线等需求。当然，同时要求业务开发具有较好的架构设计，不需要依赖本地数据进行持久化，所有的资源都可以随时拉起、随时释放，同时以API的方式提供弹性、按需的计算和存储能力。这样做的好处是流程简单，速度比以前更快，而且摒弃了烦琐的人工操作。运维人员和开发人员一起以资源配置的应用代码为中心，不再是一台台机器；一切都可以通过工具（DevOps工具）完成，形成标准化变得更容易，比人工操作更可靠。

除了提供计算能力的容器，云环境下的其他基础设施资源（如存储、网络）可以以服务化（如OpenAPI）的方式提供资源申请和管理能力。

1.2.2　微服务

微服务架构是云原生架构的核心构成。随着企业的业务发展，传统的单体架构和分层架构面临着很多挑战。

（1）单体架构在需求越来越多时无法满足其变更要求，数百人的开发团队一起开发维护一个巨型应用工程，开发人员对大量代码的变更会越来越困难，同时也无法很好地评估风险，所以迭代速度慢。

（2）所有的应用都运行在一个进程内，无法隔离，经常会因为某处业务的瓶颈导致整个系统业务瘫痪，架构无法扩展，木桶效应显著，无法满足业务的可用性要求。

（3）整体组织效率低下，无法很好地利用资源，存在大量的浪费。

因此，组织迫切需要进行变革。随着大量开源技术的成熟和云计算的发展，服务化的改造应运而生，不同的架构设计风格随之涌现。

在过去几年中，"微服务架构"这一术语开始出现，它描述了一种将软件应用程序设计为一组可独立部署的服务的特定方式。虽然这种架构风格没有明确的定义，但在组织、业务能力上有一些共同的特征：自动化部署、端点智能化、语言和数据的去中心化控制。

——Martin Fowler，2014 年 3 月 25 日

2014 年，架构大师 Martin Fowler 和 James Lewis 共同提出了微服务的概念，定义了微服务是以开发一组小型服务的方式来开发一个独立的应用系统，每个服务都以一个独立进程的方式运行，每个服务与其他服务使用轻量级通信机制（如图 1-3 所示）。这些服务是围绕业务功能构建的，可以通过全自动部署机制独立部署，同时服务会使用最小规模的集中管理（如容器）能力，也可以采用不同的编程语言和数据库。

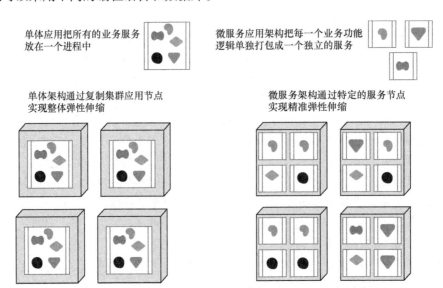

▲图 1-3　单体架构与微服务架构（图片来自 Martin Fowler 个人网站）

由 Martin Fowler 给微服务的定义分析可知：一个微服务基本是一个能独立发布的应用服务，因此可以作为独立组件升级、灰度或复用等；对整个大型应用的影响也较小，每个服务可以由专门的组织来单独完成，依赖方只要定好输入和输出接口即可完成开发，甚至整个团队的组织架构也会更精简，因此沟通成本低、效率高。根据业务的需求，不同的服务可以根据业务特性进行不同的技术选型，无论是计算密集型，还是输入/输出（Input/Output，I/O）密集型应用都可以依赖不同的语言编程模型，各团队可以根据本身的特色独自运作。当某一个服务在压力较大时，也可以有更多容错或限流降级处理。

微服务将大型复杂软件应用拆分成多个简单应用，每个简单应用描述一个小业务，系统中的各个简单应用可以被独立部署，各个应用之间是松耦合的，每个应用仅关注完成一件任务并很好地完成该任务。相比传统的单体架构，微服务架构具有降低系统复杂度、独立部署、独立扩展、跨语言编程等特点。

微服务架构并不是技术创新，而是开发过程发展到一定阶段对技术架构的要求，是在实践中不断摸索而来的。微服务的核心思想是化繁为简的应用拆分，这不仅在技术上带来突破，还带来很多潜在的价值，如关注点分离、沟通效率提升、快速演进、快速交付、快速反馈等，这些都是云原生架构所倡导的软件开发模式。

微服务架构确实有很多吸引人的地方，然而它的引入也是有成本的，它并不是银弹，使用它会引入更多技术挑战，比如性能延迟、数据一致性、集成测试、故障诊断等。企业需要根据业务的不同阶段进行合理的引入，不能完全为了微服务而"微服务"。本书第四部分会对如何解决这些问题提供对应不同的方案。

架构的灵活、开发的敏捷同时带来了运维的挑战。应用的编排、服务间的通信成为微服务架构设计的关键因素。目前，在微服务技术架构实践中主要有侵入式架构和非侵入式架构两种实现形式。

微服务架构行业应用深入，侵入式架构占据主流市场。微服务架构在行业生产中得到了越来越广泛的应用，例如 Netflix 已经有大规模生产级微服务的成功实践。而以阿里巴巴 HSF、开源 Dubbo 和 Spring Cloud 为代表的传统侵入式架构占据着微服务市场的主流地位。侵入式架构将流程组件与业务系统部署在一个应用中，实现业务系统内的工作流自动化。

随着微服务架构在行业应用中的不断深入，其支持的业务量也在飞速发展，对于架构平台的要求也越来越高。由于侵入式架构本身服务与通信组件互相依赖，当服务应用数量越来越多时，侵入式架构在服务间调用、服务发现、服务容错、服务部署、数据调用等服务治理层面将面临新的挑战。

服务网格推动微服务架构进入新时代。服务网格是一种非侵入式架构，负责应用之间的网络调用、限流、熔断和监控，可以保证应用的调用请求在复杂的微服务应用拓扑中可靠地穿梭。服务网格通常由一系列轻量级的网络代理组成（通常被称为 SideCar 模式），与应用程序部署在一起，但应用程序不需要知道它们的存在。服务网格通过服务发现、路由、负载均衡、健康检查和可观察性来帮助管理流量。

自 2017 年年初第一代服务网格架构 Linkerd 公开使用之后，Envoy、Conduit 等新框架如雨后春笋般不断涌现。2018 年年初，Google、IBM 和 Lyft 联合开发的项目 Istio 的发布，标志着服务网格带领微服务架构进入新的时代。

1.2.3　持续交付

著名咨询公司 ThoughtWorks 的咨询架构师 Jez Humble 把持续交付定义为：

持续交付是指以一种可持续的方式安全、快速地将所有类型的更改（包括新功能、配置更改、错误修复和实验）交付到生产环境或用户手中的能力。

——Jez Humble

计算机软件诞生半个多世纪以来，从纯粹的科学计算，到信息数据的加工处理，到大数据人工智能，再到现在的万物互联时代，软件背后所代表的人与周围世界的信息交互，其系统复杂度和应用规模已经发生了质的改变。今天有一个非常流行的词汇叫 "VUCA 时代"，表示当今时代显现出 "从复杂到超级复杂" 的特征。VUCA 对应 4 个英语单词的首字母：易变性（volatility）、不确定性（uncertainty）、复杂性（complexity）、模糊性（ambiguity）。这 4 个特性也是当前云架构模式下业务系统非常鲜明的写照。为了应对软件复杂的交付过程，人们以工程化的方式试图消除软件开发过程中的不可控因素，按期交付符合目标的软件产品。软件开发方法也经历了瀑布模型开发方法、敏捷软件开发方法、DevOps 软件开发模式等不同的阶段。

持续交付代表一种软件交付的能力，打通开发、测试、生产的各个环节，自动持续、增量地交付产品，以达到随时都能发布的能力，涉及一系列的开发实践方法。持续交付分为持续集成、持续部署、持续发布等阶段。

得益于云原生环境下的敏捷基础设施以及容器+镜像技术，对于开发人员所提交的每一次代码变更，通过工具（如 Maven、Jenkins）触发自动编译、构建、打包成镜像，自动部署到镜像仓库，持续交付服务器会将最新的镜像文件拉取到 Kubernetes 集群中，并采用逐步替换容器的方式对应用进行更新，在服务不中断的前提下完成应用自动更新。整个交付过程如工厂流水线一般逐个环节往下自动触发流转，如图 1-4 所示。

2006 年，ThoughtWorks 公司的 Jez Humble、Chris Read 和 Dan North 共同发表了一篇题为 "The Deployment Production Line"（部署生产线）的文章。文中讨论了软件部署带来的生产效率问题，并首次提出了 "部署生产线" 模式，对如何使自动化部署活动更轻松给出了 5 个指导原则。

（1）Automate your deployment process：自动化部署过程，无须人工干预。

（2）Each build stage should deliver working software：每个构建阶段都应该交付可工作的软件，即对中间产物的生产（如搭建软件运行环境）不应该是一个单独的阶段。

（3）Deploy the same artifacts in every environment：在不同环境中部署同一个构件（镜像），即将应用与运行时配置分开管理。

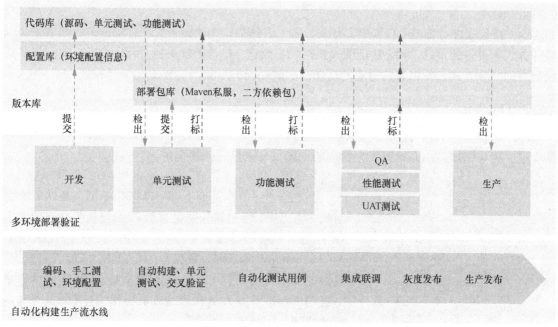

▲图1-4 交付过程（图片来自网络）

（4）Automate testing and deployment：自动化测试和部署，即根据测试目的，分层设置几个独立的质量关卡，只有满足预期的测试结果，才会执行后续的部署过程。

（5）Evolve your production line along with the application it assembles：部署生产线也应该随着应用程序的发展而不断演进。

持续交付关注"从提交代码到产品发布"的过程，随着某个构建逐步通过每个测试阶段，代码的质量一步步得以验证，我们对它的信心也在不断提高。当然，我们在每个阶段中对环境方面的资源投入也在不断增加，即越往后的阶段，其环境与生产环境越相似。持续交付是企业（尤其互联网企业）能够快速创新、可持续发展的重要技术保证，在高质量、低成本及无风险的前提下，不断缩短产品交付周期，从而与用户频繁互动，获得及时且真实的反馈，最终创造更多客户价值的产品能力。"目标驱动，从简单问题开始，持续改进"是持续交付过程的指导思想。为了获得健康良性的持续交付效果，我们总结了 4 个核心工作原则。

（1）坚持少做：小步快跑一直是互联网企业保持高速发展的制胜法宝，想办法对新业务、新创意尽早验证，通过不断反馈、迭代来演进完善我们的应用系统，而不是一次性设计一个"大而全且完美"的系统。

（2）持续分解问题：复杂的业务问题中一定会包含很多不确定因素，它们会影响解决问题的速度和质量。通过对问题的层层分解，可以让团队了解业务，更早识别出关键问题和风险。

（3）坚持快速反馈：需要第一时间分析和总结对已交付产品的反馈结果，了解已完成工作的质量和效果。

（4）持续改进并衡量：任何事必须有过程、有结果，无论做了什么样的改进，如果无法以某种方式衡量它的结果，就无法证明真正得到了改进。在着手解决每个问题之前，我们都要找到恰当的衡量方式，并将其与对应的功能需求放在同等重要的位置上，一起完成。

1.2.4　DevOps

DevOps 是一套将软件开发（Development，Dev）和系统运维（Operations，Ops）相结合的实践，旨在缩短应用系统开发生命周期，提供高质量的持续交付。

——维基百科"DevOps"

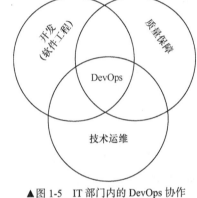

▲图 1-5　IT 部门内的 DevOps 协作

线上的任何操作及变更都可能产生不可预知的风险，因此一直以来，绝大部分企业对于 IT 系统执行严格的线上管控。线上系统的运维管理，经历了"PE、AppOps、DevOps、AIOps、NoOps"的不同发展阶段。从字面上来理解 DevOps 只是 Dev（开发人员）+Ops（运维人员），实际上，它是一组用于促进开发人员和运维人员协作的过程、方法和系统的统称，如图 1-5 所示。

DevOps 提倡通过一系列的技术和工具减少开发和运维之间的隔阂，实现从开发、构建到最终部署的全流程自动化，从而达到开发运维一体化。DevOps 是一套实践方法，在保证高质量的前提下缩短系统变更从提交到部署至生产环境的时间。DevOps 概念从 2009 年首次提出发展到现在，内容非常丰富，有理论，也有实践，包括组织文化、自动化、精益、反馈和分享等方面。

（1）组织架构、企业文化与理念等需要自上而下设计，用于促进开发部门、运维部门和质量保障部门之间的沟通、协作与整合。简单而言，组织形式类似于系统分层设计。

（2）自动化是指所有的操作都不需要人工参与，全部依赖系统自动完成，比如上述的持续交付过程必须自动化才有可能完成快速迭代。

（3）DevOps 的出现，得益于软件行业日益清晰地认识到，为了按时交付软件产品和服务，开发部门和运维部门必须紧密合作。

质量很重要，而保障交付软件质量的办法，一方面是各种测试，从最细粒度的单元测试一直到最接近用户感受的集成测试；另一方面是递进式的发布，逐渐扩大变更影响到的用户范围，及时发现，及时止损。将 DevOps 的理念引入整个系统的开发过程中，能够显著提升软件的开发效率，缩短软件交付的周期，更加适应当今快速发展的云原生时代。DevOps 强调的是高效组织团队之间如何通过自动化的工具协作和沟通来完成软件的生命周期管理，从而更快、更频繁地交付更稳定的软件。图 1-6 所示展示的是和 DevOps 相关的一些技术和工具。

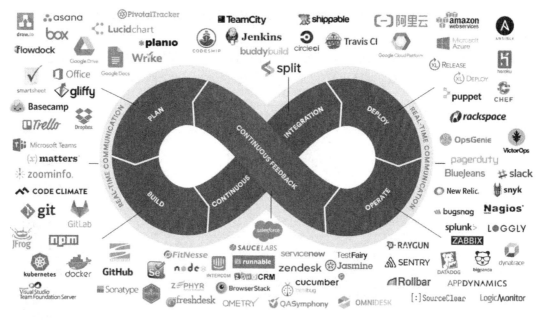

▲图 1-6 与 DevOps 相关的技术及工具（图片来自网络）

说到 DevOps，就必然会提到持续集成。持续集成是指在软件开发过程中，软件开发人员持续不断地将开发出来的代码和其他开发人员的代码进行合并，每次合并后自动进行编译、构建，并运行自动化测试进行验证，而不是等到最后各自开发完成后才合并在一起。持续集成能从根本上提高一个团队的软件开发效率。在软件开发过程中引入持续集成，可以帮助团队及时发现系统中的问题，并快速做出修复。这样不仅可以缩短软件开发的时间，而且可以交付更高质量的系统。

一个 DevOps 开发环境需要满足以下 8 点要求。

（1）环境一致性：在本地开发出来的功能，无论在什么环境下进行部署，都应该能得到一致的结果。

（2）代码自动检查：每次代码提交后，系统都应该自动对代码进行检查，以便及早发现潜在的问题，并运行自动化测试。

（3）持续集成：每次代码提交后，系统可以自动进行代码的编译和打包，无须运维人员手动进行。

（4）持续部署：代码集成完毕后，系统可以自动将运行环境中的旧版本应用更新成新版本应用，并且整个过程中不会让系统不可用。

（5）持续反馈：在代码自动检查、持续集成、持续部署的过程中，一旦出现问题，要能及时将问题反馈给开发人员和运维人员。开发人员和运维人员收到反馈后对问题及时进行修复。

（6）快速回滚：当发现本次部署的版本出现问题时，系统应能快速回退到上一个可用版本。

（7）弹性伸缩：当某个服务访问量增大时，系统应可以对这个服务快速进行扩容，保证用户的访问。当访问量回归正常时，系统能将扩容的资源释放回去，从而实现根据访问情况对系统进行弹性伸缩。

（8）可视化运维：提供可视化的页面，可实时监控应用、集群、硬件的各种状态。

为了满足以上 8 点要求，设计出的 DevOps 开发环境如图 1-7 所示。

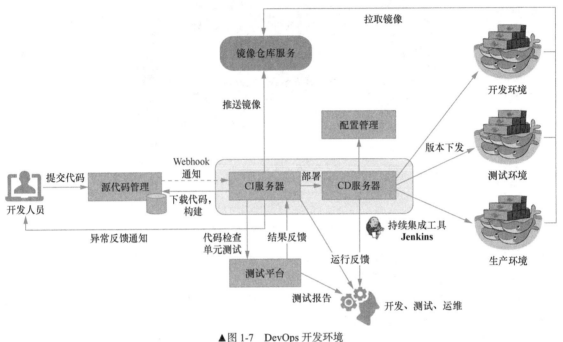

▲图 1-7　DevOps 开发环境

整个环境主要由以下 6 个部分组成。

（1）代码仓库 GitLab。

（2）容器技术 Docker。

（3）持续集成工具 Jenkins。

（4）代码质量检测平台 SonarQube。

（5）镜像仓库 Harbor。

（6）容器集群管理系统 Kubernetes。

整个环境的运行流程主要分为以下 6 步。

（1）开发人员在本地开发并验证完功能后，将代码提交到代码仓库。

（2）通过事先配置好的 Webhook 通知方式，当开发人员提交完代码后，部署在云端的持续集成工具 Jenkins 会实时感知，并从代码仓库中获取最新的代码。

（3）获取到最新代码后，Jenkins 会启动测试平台 SonarQube 对最新的代码进行检查以及执行单元测试，执行完成后在 SonarQube 平台上生成测试报告。如果测试未通过，则以发送电子邮件的方式通知研发人员进行修改，终止整个流程；如果测试通过，则将结果反馈给 Jenkins

并执行下一步。

（4）代码检查以及单元测试通过后，Jenkins 会将代码发送到持续集成服务器中，在服务器上对代码进行编译、构建，然后打包成能在容器环境中运行的镜像文件。如果中间有步骤出现问题，则通过发送电子邮件的方式通知开发人员和运维人员进行处理，并终止整个流程。

（5）将镜像文件上传到私有镜像仓库 Harbor 中保存。

（6）镜像上传完成后，Jenkins 会启动持续交付服务器，对云环境中运行的应用进行版本更新，整个更新过程中会确保对服务的访问不中断。持续交付服务器会将最新的镜像文件拉取到 Kubernetes 集群中，并采用逐步替换容器的方式对应用进行更新，在服务不中断的前提下完成更新。

通过上述几步，我们就可以简单实现一个 DevOps 开发环境，实现代码从提交到最终部署的全流程自动化。通过一系列工具和自动化的技术来降低运维的难度，促进研发运维一体化。一般来说，DevOps 会要求研发人员负责更多的业务运维或应用运维的工作。在平台类软件维护的场景中，极端情况下会将传统运维的工作拆分为两部分——应用运维和平台运维。应用运维是指包括应用本身的可用性、容量、业务正确性、监控与告警在内的所有与业务相关的应用本身的运维。平台运维是指包括底层 IaaS 层以及支撑应用运维的系统本身的维护。研发人员负责应用运维，可以在不借助其他团队的支持且资源充足的情况下，自行完成应用的全生命周期的管理。

DevOps 的完整执行需要企业内部组织流程的配合和改造。图 1-8 所示为某大型互联网公司内部研发体系与工作流程，不同岗位角色的人参与整个产品生命周期的不同阶段：市场→需求→视觉交互→demo 原型→开发测试→集成部署→上线发布→评测反馈的完整的持续交付过程。DevOps 鼓励小团队协作，因为小团队维护少量的服务，可以快速决策、快速发布，充分利用 DevOps 的能力。

1.2.5　云原生应用十二要素

"十二要素"英文全称为 The Twelve-Factor App，其定义了一个优雅的互联网应用，在设计过程中，需要遵循的一些基本原则和云原生有异曲同工之处。十二要素由 Heroku 创始人 Adam Wiggins 首次提出并开源，由众多经验丰富的开发者共同完善。这综合了他们关于 SaaS 应用几乎所有的经验和智慧，是开发此类应用的理想实践标准和方法论指导。

（1）使用标准化流程自动配置，从而使新加入的开发者花费最低的学习成本快速上手这个项目。

（2）和操作系统之间尽可能地划清界限，在各个系统中提供最强的可移植性。

（3）适合部署在现代的云计算平台，从而在服务器和系统管理方面节省资源。

（4）将开发环境和生产环境的差异降至最小，并使用持续交付实施敏捷开发。

（5）可以在工具、架构和开发流程不发生明显变化的前提下实现扩展。

这套理论适用于任意语言和后端服务（数据库、消息队列、缓存等）开发的应用程序。通过强化详细配置和规范，类似"约定优于配置"的原则，特别在大规模的软件生产实践中，这

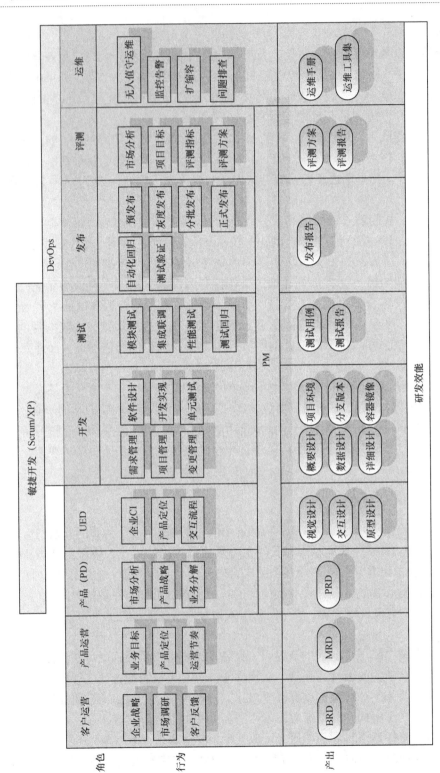

▲图 1-8 某互联网公司内部研发体系与工作流程

些约定非常重要，从无状态到水平横向扩展的过程，从松耦合架构关系到部署环境。如图 1-9 所示，基于十二要素的上下文关联，软件生产就变成一个个单一的部署单元；多个联合部署的单元组成一个应用，多个应用就可以组成一个复杂的分布式应用系统。

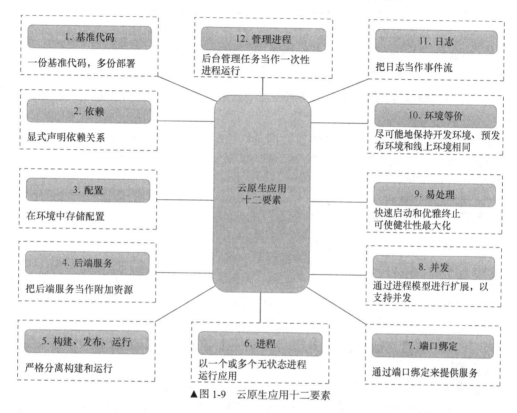

▲图 1-9 云原生应用十二要素

下面介绍十二要素的具体说明（这部分内容参考十二要素官网），很多开发人员在实际工作过程中可能也是按照其中的一些原则规范进行开发的，因此读者看到这些要素说明会觉得很熟悉和自然，事物原本就是这样的，只不过我们平时没有意识到这些抽象概念而已。

1. 基准代码

一份基准代码（codebase），多份部署（deploy）。

在类似于 SVN 等集中式版本控制系统中，"基准代码"是指控制系统中的代码仓库；而在 Git 等分布式版本控制系统中，"基准代码"则是指最上游的代码仓库。

基准代码和应用之间总是保持如下一一对应的关系。

（1）一旦有多个基准代码，就不能称为一个应用，而是一个分布式系统。分布式系统中的每一个组件都是一个应用，每一个应用可以分别使用十二要素进行开发。

（2）多个应用共享一份基准代码是有悖于十二要素原则的。解决方案是将共享的代码拆分为独立的类库，然后使用"依赖管理"策略去加载它们。

尽管每个应用只对应一份基准代码，但可以同时存在多份部署。每份"部署"相当于运行了一个应用的实例。通常会有一个生产环境，一个或多个预发布环境。此外，每个开发人员都会在自己本地环境运行一个应用实例，这些都相当于一份部署。

所有部署的基准代码相同，但每份部署可以使用其不同的版本。比如，开发人员可能有一些提交还没有同步至预发布环境，预发布环境也有一些提交没有同步至生产环境。但它们都共享一份基准代码，我们就认为它们只是相同应用的不同部署而已。

部署的环境性质多种多样，如应用环境既有开发环境、测试环境、生产环境等，也有某种环境的多个介质，如容器、虚拟机、物理服务器等。运行环境和配置参数有较大差别，但是程序源码只有一份基准的版本。

在云原生应用架构中，所有的基础设施都是代码配置（Infrastructure as Code），即可编程式基础设施，整个应用通过配置文件就可以编排出来，而不再需要手动干预，做到基础服务也可以通过版本跟踪管理。

2. 依赖

显式声明依赖关系（dependency）。

十二要素规则下的应用程序不会隐式依赖系统级的类库，它一定通过"依赖清单"确切地声明所有依赖项。此外，在运行过程中，通过"依赖隔离"工具来确保程序不会调用系统中存在但清单中未声明的依赖项。这一做法会统一应用到生产环境和开发环境中，比如通过合适的工具（Maven、Bundler、NPM），应用可以很清晰地对部署环境公开和隔离依赖，而不是模糊地对部署环境产生依赖。无论用什么工具，依赖声明和依赖隔离都必须一起使用，否则无法满足十二要素原则。

在容器应用中，应用的依赖、环境的依赖和软件的安装等，都是通过 Dockerfile 来完成声明的，通过配置能明确把依赖关系（包括版本）都图形化地明确展示出来，不存在黑盒。

显式声明依赖的优点之一是为新进开发者简化了环境配置流程。新进开发者可以检出应用程序的基准代码，安装编程语言环境和它对应的依赖管理工具，只需通过一个"构建命令"来安装所有的依赖项，即可开始工作。

十二要素应用同样不会隐式依赖某些系统工具（如 ImageMagick 或 curl）。虽然这些工具存在于几乎所有的系统中，但终究无法保证所有未来的系统都能支持应用顺利运行，或是能够和应用兼容。如果应用必须使用某些系统工具，那么这些工具应该被包含在应用之中。

3. 配置

在环境中存储配置。

通常，应用的配置在不同部署环境（预发布环境、生产环境、开发环境等）会有很大差异，这其中包括如下内容。

（1）数据库、Memcached，以及其他后端服务的配置。

（2）第三方服务的证书。

（3）每份部署特有的配置，如域名以及所依赖的外部服务地址等。

有些应用在代码中使用常量保存配置，这与十二要素所要求的代码和配置严格分离显然大相径庭。配置文件在各部署间存在巨大差异，代码却完全一致。

判断一个应用是否正确地将配置排除在代码之外，一个简单的方法是看该应用的基准代码是否可以立刻开源，而不用担心会暴露任何敏感的信息。

十二要素推荐将应用的配置存储于环境变量（env vars、env）中。环境变量可以非常方便地在不同的部署中做修改，而不改变一行代码；与配置文件不同，不小心把它们签入代码仓库的概率微乎其微；与一些传统的解决配置问题的机制（如 Java 的属性配置文件）相比，环境变量与语言和系统无关。

实例根据不同的环境配置而运行在不同的环境中，此外，实现配置即代码（Configuration as Code）。在云环境中，无论是统一的配置中心，还是分布式的配置中心，都有很好的实践方式，比如 Nacos 通过命名空间实现不同环境的配置隔离，以及 Docker 的环境变量使用。

在十二要素应用中，环境变量的粒度要足够小，且相对独立。它们永远不会组合成一个所谓的"环境"，而是独立存在于每个部署之中。当应用程序不断扩展，需要更多种类的部署时，这种配置管理方式能够做到平滑过渡。

4. 后端服务

把后端服务（backing service）当作附加资源。

后端服务是指程序运行所需的通过网络调用的各种服务，如数据库、消息队列、简单邮件传输协议（Simple Mail Transfer Protocal，SMTP）邮件服务，以及缓存等。

十二要素应用不会区别对待本地或第三方服务。对应用程序而言，两种都是附加资源，通过一个统一资源定位器（Uniform Resource Locator，URL）或其他存储在配置中的服务定位/服务证书来获取数据。十二要素应用的任意部署都应该可以在不进行任何代码改动的情况下，将本地 MySQL 数据库换成第三方服务［例如云数据库关系型数据库服务（Relational Database Service，RDS）］。类似地，本地 SMTP 服务应该也可以和第三方 SMTP 服务互换。在上述两个例子中，仅需修改配置中的资源地址。

每个不同的后端服务是一份资源。例如，一个 MySQL 数据库是一个资源，两个 MySQL 数据库（用来数据分区）就被当作两个不同的资源。十二要素应用将这些数据库都视作附加资源，这些资源和它们附属的部署保持松耦合。

部署可以按需加载或卸载资源。例如，如果应用的数据库服务由于硬件问题出现异常，管理员可以从最近的备份中恢复，即卸载当前的数据库，然后加载新的数据库，整个过程都不需要修改代码。

5. 构建、发布、运行

严格分离构建和运行。

将基准代码转化为一份部署（非开发环境）需要经过以下 3 个阶段。

（1）构建阶段：是指将代码仓库转化为可执行包的过程。构建时会使用指定版本的代码，获取和打包依赖项，编译成二进制文件和资源文件。

（2）发布阶段：会将构建的结果和当前部署所需配置相结合，并能够立刻在运行环境中投入使用。

（3）运行阶段（或者说"运行时"）：是指针对选定的发布版本，在执行环境中启动一系列应用程序进程。

十二要素应用严格区分构建、发布、运行 3 个阶段。举例来说，直接修改处于运行状态的代码是非常不可取的做法，因为这些修改很难再同步回构建阶段。部署工具通常提供了发布管理工具，最引人注目的功能是退回至较旧运行稳定的发布版本。在云原生应用中，基于容器的 Build-Ship-Run 和这 3 个阶段完全吻合，也是 Docker 对本原则的最佳实践。

每一个发布版本必须对应一个唯一的发布 ID，例如可以使用发布时的时间戳（2011-04-06-20:32:17）或是一个自增的数字（v100）。发布的版本就像一本只能追加的账本，一旦发布就不可修改，任何的变动都应该产生一个新的发布版本。

新的代码在部署之前，需要开发人员触发构建操作。但是，运行阶段不一定需要人为触发，而是可以自动进行，如服务器重启，或进程管理器重启一个崩溃的进程。因此，运行阶段应该保持尽可能少的模块，这样假设半夜发生系统故障，即使缺少开发人员，也不会引起太大问题。构建阶段是可以相对复杂一些的，因为错误消息能够立刻显示在开发人员面前，从而得到妥善处理。

6. 进程

以一个或多个无状态进程运行应用。

在运行环境中，应用程序通常是以一个和多个进程运行的。十二要素应用的进程必须无状态且无共享。任何需要持久化的数据都要存储在"后端服务"内，如数据库。

所有的应用在设计时就被认为随时随地会失败，面向失败而设计，因此进程可能会被随时拉起或消失，特别是在弹性扩缩容阶段。

内存区域或磁盘空间可以作为进程在做某种事务型操作时的缓存，例如要下载一个很大的文件，对其操作并将结果写入数据库的过程。十二要素应用根本不用考虑这些缓存的内容是否可以保留给之后的请求来使用，这是因为应用启动了多种类型的进程，将来的请求多半会由其他进程来服务。即使在只有一个进程的情形下，先前保存的数据（内存或文件系统中）也会因为重启（如代码部署、配置更改或运行环境将进程调度至另一个物理区域执行）而丢失。

一些互联网系统依赖于"黏性 session"（sticky session），这是指将用户 session 中的数据缓存至某进程的内存中，并将同一用户的后续请求路由到同一个进程。黏性 session 是十二要素极力反对的，session 中的数据应该保存在诸如 Memcached 或 Redis 等带有过期时间的缓存中。

7. 端口绑定

通过端口绑定（port binding）来提供服务。

互联网应用有时会运行于服务器的容器之中。例如 PHP 经常作为 Apache httpd 的一个模块来运行，正如 Java 运行于 Tomcat 中。

十二要素应用完全自我加载，不依赖任何网络服务器即可创建一个面向网络的服务。互联网应用通过端口绑定来提供服务，并监听发送至该端口的请求。

超文本传输协议（HyperText Transfer Protocol，HTTP）并不是唯一一个可以由端口绑定提供的服务，其实几乎所有服务器软件都可以通过进程绑定端口来等待请求。还要指出的是，端口绑定这种方式也意味着一个应用可以成为另一个应用的后端服务，调用方将服务方提供的相应 URL 当作资源存入配置，以备将来调用。

在容器应用中，应用统一通过暴露端口来提供服务，尽量避免通过本地文件或进程来通信，每种服务通过服务发现来路由调用。

8. 并发

通过进程模型进行扩展，以支持并发。

任何计算机程序，一旦启动，就会生成一个或多个进程。互联网应用采用多种进程运行方式。例如，PHP 进程作为 Apache 的子进程存在，随请求按需启动。Java 进程则采取了相反的方式，在程序启动之初 Java 虚拟机（Java Virtual Machine，JVM）就提供了一个超级进程储备了大量的系统资源（CPU 和内存），并通过多线程实现内部的并发管理。在上述两个例子中，进程是开发人员可以操作的最小单位。

在十二要素应用中，进程是"一等公民"。十二要素应用的进程主要借鉴于 Unix 守护进程模型。开发人员可以运用这个模型去设计应用架构，将不同的工作分配给不同的进程类型。例如，HTTP 请求可以交给 web 进程来处理，而常驻的后台工作则交由 worker 进程负责。

上述进程模型会在系统急需扩展时大放异彩。十二要素应用的进程所具备的无共享、水平分区的特性意味着添加并发会变得简单而稳妥。这些进程的类型和每个类型中进程的数量被称作进程构成。

在互联网的服务中，业务的爆发随时可能发生，因此不太可能通过硬件扩容来随时提供扩容服务，而需要依赖横向扩展能力进行扩容。

9. 易处理

快速启动和优雅终止可使健壮性最大化。

十二要素应用的进程是易处理的（disposable），即它们可以瞬间开启或停止。这有利于快速、弹性地伸缩应用，迅速部署变化的代码或配置，稳健地部署应用。

进程应当追求最短启动时间。在理想状态下，进程从输入命令到真正启动并等待请求应该只需很短的时间。更短的启动时间提供了更敏捷的发布和扩展过程，此外还增加了健壮性，因为进程管理器可以在授权情形下容易地将进程移到新的物理机器上。

一旦接收终止信号（即 SIGTERM），进程就会优雅地终止。就网络进程而言，优雅终止是指停止监听服务的端口，即拒绝所有新的请求，并继续执行当前已接收的请求，然后退出。

此类型的进程所隐含的要求是 HTTP 请求大多很短（不会超过几秒），而在长时间轮询中，客户端在丢失连接后应该马上尝试重连。

对 worker 进程来说，优雅终止是指将当前任务退回队列，有锁机制的系统则需要确定释放了系统资源。此类型的进程所隐含的要求是，任务都应该"可重复执行"，这主要通过将结果包装进事务或使用重复操作幂等来实现。

进程还应当在面对突然死亡时保持健壮，例如底层硬件故障。虽然这种情况比优雅终止发生的概率小得多，但终究有可能发生。十二要素应用应该可以设计能够应对意外的、不优雅的终结。

云最大的优势就是弹性及分布式，根据业务的高低峰值，经常需要能实现快速灵活、弹性的伸缩应用。由于不可控的硬件等因素，应用可能随时会发生故障，因此需要应用在架构设计上尽可能无状态化，应用既能随时随地被拉起，也能随时随地销毁，同时保证进程最短启动时间和架构的可弃性，也可以提供更敏捷的发布及扩展过程。

10. 环境等价

尽可能地保持开发环境、预发布环境和线上环境相同。

从以往经验来看，开发环境和线上环境之间存在着很大差异，主要表现在以下 3 个方面。

（1）时间差异：开发人员正在编写的代码可能需要几天、几周，甚至几个月才会上线。

（2）人员差异：开发人员编写代码，运维人员部署代码。

（3）工具差异：开发环境或许使用 Nginx、SQLite、Windows，而线上环境使用 Apache、MySQL 以及 Linux。

十二要素应用想要做到持续部署，就必须缩小本地与线上差异，对应上面所述的 3 个方面如下。

（1）缩小时间差异：开发人员可以在几小时，甚至几分钟内就部署代码。

（2）缩小人员差异：开发人员不仅要编写代码，还应该密切参与部署过程以及关注代码在线上的表现。

（3）缩小工具差异：尽量保证开发环境与线上环境的一致性。

十二要素云原生应用与传统应用在环境及部署运维方面的差异如表 1-1 所示。

表 1-1　　　　　　　　　　云原生应用和传统应用部署运维的对比分析

对比项	传统应用	十二要素云原生应用
每次部署间隔	数周	几小时
开发人员与运维人员	不同的人	相同的人
开发环境与线上环境	不同	尽量接近

后端服务是保持开发与线上等价的重要部分，例如数据库、队列系统，以及缓存。许多语言提供了简化获取后端服务的类库，例如不同类型服务的适配器。开发人员有时会认为在本地

环境中使用轻量级的后端服务具有很强的吸引力，而那些重量级的、健壮的后端服务应该在生产环境中使用。

十二要素应用的开发人员应该反对在不同环境间使用不同的后端服务，即使适配器已经几乎可以消除使用上的差异。这是因为，不同的后端服务意味着会突然出现不兼容，从而导致测试、预发布时都表现正常的代码在线上可能会出现问题。这些问题会给持续部署带来阻力。从应用程序的生命周期来看，消除这种阻力需要付出很大的代价。

不同后端服务的适配器仍然是有用的，因为它们可以使移植后端服务变得简单。但应用的所有部署（包括开发、预发布以及线上环境），都应该使用同一个后端服务的相同版本。

在容器化应用中，通过运行 Dockerfile 文件构建的环境能做到版本化，因此可保证各个不同环境的差异性，同时能大大减少环境不同带来的排错等沟通成本问题。

11. 日志

把日志当作事件流。

日志使应用程序运行的动作变得透明。在基于服务器的环境中，日志通常被写在硬盘的一个文件里，但这只是一种输出格式。

日志应该是事件流的汇总，将所有运行中进程和后端服务的输出流按照时间顺序收集起来。尽管在回溯问题时可能需要看很多行，但日志最原始的格式确实是一个事件占一行。日志没有确定开始和结束，但随着应用在运行会持续增加。

十二要素应用本身从来不考虑存储自己的输出流，不应该试图去写或者管理日志文件。相反，每一个运行的进程都会直接地标准输出（stdout）事件流。在开发环境中，开发人员可以通过这些数据流实时地在终端看到应用的活动。

在预发布或线上部署中，每个进程的输出流由运行环境截获，并将其与其他输出流整理在一起，然后一并发送给一个或多个最终的处理程序，用于查看或长期存档。对应用来说，这些存档路径不可见也不可配置，而是完全交给程序的运行环境管理。

这些事件流可以输出至文件，或在终端实时观察。最重要的是，输出流可以发送到 Splunk 等日志索引及分析系统或 Hadoop/Hive 等通用数据存储系统。这些系统为查看应用的历史活动提供了如下强大而灵活的功能。

（1）找出过去一段时间内特殊的事件。

（2）图形化一个大规模的趋势，比如每分钟的请求量。

（3）根据用户定义的条件实时触发警报，比如每分钟的报错超过某个警戒线。

日志是系统运行状态的部分体现，无论是系统诊断、业务追踪，还是后续大数据的分析处理服务。Docker 提供标准的日志服务，用户可以根据需求进行自定义的插件开发来处理日志。

12. 管理进程

后台管理任务当作一次性进程运行。

进程构成（process formation）是指用来处理应用的常规业务（比如处理 Web 请求）的一组进程。与此不同，开发人员经常希望执行一些管理或维护应用的一次性任务，举例如下。

（1）运行数据移植。

（2）运行一个控制台（也被称为 REPL shell）来执行一些代码，或针对线上数据库做一些健康检查或安全巡检。

（3）运行一些提交到代码仓库的一次性脚本。

一次性管理进程应该和正常的常驻进程使用同样的环境。这些管理进程和任何其他的进程一样使用相同的代码和配置，基于某个发布版本运行。后台管理代码应该随其他应用程序代码一起发布，从而避免同步问题。

十二要素尤其青睐那些提供了 REPL shell 的语言，因为那会让运行一次性脚本变得简单。在本地部署中，开发人员直接在命令行使用 shell 命令调用一次性管理进程。在线上部署中，开发人员依旧可以使用 ssh 或运行环境提供的其他机制来运行这样的进程。

1.3 CNCF

说到云原生，就不得不提及云原生计算基金会（Cloud Native Computing Foundation，CNCF）。CNCF 由 Google 于 2015 年 7 月发起成立，隶属于 Linux 基金会。其目标愿景是"致力于使云原生计算具有普遍性和可持续性，维护和集成云原生开源技术，围绕一系列高质量项目建立社区，支持容器化编排的微服务架构应用"。其职责范围是促进云原生标准制定，促进生态系统的发展和演变，管理项目，推进云原生社区发展。CNCF 自成立开始，便得到业界的广泛关注，众多世界知名云厂商以及相关云生态公司参与其中，短短几年，CNCF 会员（白金会员、金牌会员、银牌会员）就达到四五百家（国内的阿里云、华为云、京东相继成为 CNCF 的白金会员）。

1.3.1 CNCF 生态蓝图

从 2016 年 11 月开始，CNCF 开始维护了一个名为 Cloud Native Landscape 的生态蓝图（读者可在 GitHub 官网搜索"Cloud Native Landscape"查看），汇总目前比较流行的云原生产品及其技术，并加以分类，希望能为企业构建云原生体系提供参考。

CNCF 列出的生态只是一个参考，很多产品并没有出现在这里，在构建云原生应用时不必拘泥于此。构建企业级云原生架构是一个过程，企业应用发展的不同阶段也会选择不同的工具和平台，并没有所谓"标准"的做法。CNCF 把目前所涉及的云原生相关的产品、技术和生态分为 8 个主要的领域及方向，具体如下。

1. 云基础设施（cloud）

按云的部署位置可以分为公有云和专有云（私有云）。

公有云是指云基础设施部署在互联网上，用户可以通过互联网渠道直接获取云厂商提供的云产品服务（IaaS、PaaS、SaaS）。这样大大降低用户使用云产品的门槛，同时节省用户自建 IDC 机房的初期一次性投入，即开即用，按需付费。企业一般会选择其中一个云厂商提供的平台来使用，也有不少企业同时选择两种或者多种云服务商，以提高可用性和避免厂商锁定。

专有云是指用户在自己的 IDC 机房，采用云的技术及产品搭建自己专属的云平台环境。专有云平台除了可以使用商业云厂商提供的云底座，还可以使用开源的虚拟化技术搭建，如 VMware、OpenStack、ZStack、CloudStack 等。建设专有云的成本很高，但是出于数据安全以及自主可控的考虑，一些用户会选择专有云。另外，当公司成长到一定规模时，专有云建设也是必要的。除了能缩减成本，还能提高技术实力，而且有更高的灵活性满足内部的各种需求。

2. 环境部署（provisioning）

有了物理机和虚拟机，在运行容器服务之前，我们还需要为容器准备标准化的基础环境，如自动化部署工具、容器镜像工具、安全工具等，以支持基础设施的运维自动化。IaaS 层提供了硬件网络基础，环境部署提供了软件工具底座，二者共同支撑了容器运行平台的地基。

3. 运行时（runtime）

运行时是容器核心的云原生技术，为容器运行提供虚拟化隔离的运行支撑环境，包括虚拟化的计算资源、虚拟化的存储资源、虚拟化的网络环境。

（1）云原生计算：Linux Container（LXC）容器是一种内核轻量级的操作系统层虚拟化技术，通过 Linux 的 Namespace 和 Cgroup 两大机制来实现资源的隔离和限制管理，它为应用软件及其依赖组件提供了一个资源独立的运行环境。LXC 容器技术在 2008 年就已经出现，但一直不温不火。直到 2013 年年初，Docker 开源容器引擎的出现，才让容器技术变得炙手可热。2015 年，由 Google、Docker、CoreOS、IBM、微软、红帽等厂商联合发起的开放容器联盟（Open Container Initiative，OCI）组织成立，并于 2016 年 4 月推出了第一个开放容器标准，标准主要包括运行时标准（runtime）和镜像标准（image）。标准的推出有助于为成长中的市场带来稳定性，让企业能放心采用容器技术，用户在打包、部署应用程序后，可以自由选择不同的容器运行时标准。同时，镜像打包、建立、认证、部署、命名也都能按照统一的规范来进行。随着容器运行时的稳定，普通用户对其关注度会逐渐下降。如果把运行时比作内核，那么容器调度系统就是操作系统，开发者应该更关心操作系统的功能和性能，只有遇到特殊需求或者问题时才会关注内核。

（2）云原生存储：容器从一出现就非常契合微服务中无状态服务的设计理念，因此初期甚至给一些人留下了容器只适合无状态服务的印象，但是随着容器技术的成熟和用户理念的变化，容器目前已经全面进入有状态服务领域。因为容器的生命周期很短的特点，所以容器的状态（存储的数据）必须独立于容器的生命周期，也正因如此，容器的存储变得非常重要。Docker 的数据持久化存储主要有两种方式——数据卷（data volume）和数据卷容器（data volume container），在第 3 章会详细介绍。

（3）云原生网络：绝大部分云厂商为用户提供了虚拟专有云服务（Virtual Private Cloud，VPC），便于用户构建云环境下可定制的虚拟网络方案。网络最重要的功能是提供不同计算资源的连通，随着虚拟化和容器技术的发展，传统的网络方案已经无法满足云计算快速增长、不断变化的网络需求。Docker 安装时会自动在宿主机上创建 3 个网络模式：主机（host）模式、桥接（bridge）模式、容器（container）模式。3.5 节中将介绍 Docker 的网络模式与连接方式。

4.　编排和管理（orchestration & management）

当在生产环境中使用容器时，单台主机上的容器已经不能满足需求，因而需要管理多主机容器集群，也就需要有一个工具能够提供资源管理、容器调度和服务发现等功能，保证多主机容器能够正常工作。可以说，对于云原生系统，容器编排调度才是核心。

Kubernetes 是世界上最受欢迎的容器编排平台和第一个 CNCF 项目。Kubernetes 帮助用户构建、扩展和管理应用程序及其动态生命周期。Kubernetes 最初是由 Google 开发的，现在有超过 2300 名贡献者，并且被世界上许多行业中一些具有创新性的公司使用。集群调度功能可以让开发人员构建云原生应用，更加关注代码，而不是操作。Kubernetes 面向未来的应用程序开发和基础设施管理可以在本地或云端进行，无须绑定供应商或云提供商。

5.　应用层（App definition and development）

容器平台最终还是要运行应用的，最主要的应用当然是各个公司的业务，除此之外还有一些比较通用的行业应用，可以根据需求提供类似于应用市场的功能。应用层提供的技术及产品，既包括涉及跟应用开发相关的基础产品（如数据库、消息队列、缓存、流计算等），也包括跟应用开发相关的软件过程管理（如代码库、镜像库、DevOps）。

技术是为业务服务的，应用仍旧是所有应用系统的最终目的。保证应用快速稳定地测试、构建、部署、升级、支持，减少代码开发时间，降低人力成本，快速响应业务需求，降低应用的运维和使用成本，这些目标在任何时代、任何技术变化趋势中都不会发生改变。

6.　平台服务（platform）

平台服务是指基于容器技术的更上一层的封装，对开发人员、运维人员提供更加友好的、便捷的、基于容器的应用开发能力，让容器作为一种基础设施服务开箱即用——容器即服务（Container as a Service，CaaS）。随着 Kubernetes 的快速发展，很多以 Kubernetes 为容器管理平台和应用管理的公司应运而生，大幅降低了用户使用 Kubernetes 管理容器的门槛。

容器技术把微服务的概念弄得火热，随后也让 Serverless 这个词出现了大众的面前。既然容器能够屏蔽基础设施，让开发者只关心交付的应用（容器镜像），那么我们可不可以更进一步，让开发者也不需要关心交付的镜像，而只关注业务的核心逻辑呢？这就是 Serverless 的想法。开发者定义好基于事件触发的业务逻辑，其他一切都交给平台，当用户发出请求或者其他事件发生时，平台会根据事先的配置自动运行相应的业务逻辑代码，从而实现真正的按需服务。如果说容器关心的是应用，那么 Serverless 关心的则是函数，由此也催生出一些新的应用开发模式，如函数即服务开发模式（Functions as a Service，FaaS）、后端即服务开发模式（Backend as a Service，BaaS）、小程序开发模式等。Serverless 让用户零门槛地使用容器作为应用的部署载体，Serverless 不是没有服务器，而是应用不用关心服务器和系统，只需关注代码，平台提供者将处理其余部分工作，让应用开发更加专注于业务。

7. 监控分析（observability & analysis）

监控系统的运行健康，以确保业务的稳定可靠，是运维工作的主要内容。基于云原生的应用平台建立起来之后，我们要保证整个平台能够正常工作，保证运行在其上的服务不会因为平台错误而不可用，而且还要知道应用整体的运行情况，提前对某些可能出错的地方进行预警，一旦出错能够提供合适的信息进行调试和修复等，这都是监控（observability）和分析（analysis）要做的工作。

监控分析包括运行监控（主机监控、容器监控、应用监控）、分布式日志（日志采集、实时流计算、日志分析）、分布式追踪（全链路追踪、架构感知）等应用领域。监控分析是容器平台运维的重中之重，云原生建设降低了应用部署、升级、构建、测试的难度，但是把难度下沉到容器平台，原来的运维工具和思路需要变化以适应新的容器平台，了解集群中正在发生的事情、及时发现可能出现的问题，才能保证业务应用稳定高效地运行。

8. 合作伙伴（special）

一个生态的良性发展一定少不了众多领域的参与者及合作伙伴。CNCF 成立短短几年时间，得到国际知名云厂商以及众多软件服务商的支持和参与。截至 2019 年，CNCF 会员（白金会员、金牌会员、银牌会员）已将近 500 家。不同厂商在云原生生态的不同领域贡献自己的产品、技术以及服务（认证、培训、咨询），让整个生态得到蓬勃发展。各种标准的制定也加速了云原生生态的融合，打通不同领域产品交互的屏障，降低用户技术选择与平台迁移的成本。

1.3.2 CNCF 路线图

为了帮助企业推动云原生应用的落地，从而更好地适应环境与业务的发展，CNCF 给出了云原生应用路线图——Trail Map（参考 CNCF 在 GitHub 官网的 Landscape 页面），以便在应用上云过程中为用户提供指导建议。路线图分成 10 个步骤来实施，每个步骤都涉及用户或平台开发者将云原生技术在实际环境中落地时需要循序渐进思考和处理的问题，企业在不同的步骤可以结合 Landscape 中列出的产品或服务进行选择。

（1）容器化。容器化是云原生的第一步，如果不对应用程序进行容器化，就无法实现云原生。容器是一个标准的软件单元，它将代码及其所有依赖关系打包起来，这样应用程序就可以从一个计算环境快速、可靠地运行到另一个计算环境。至于应用程序的大小和类型，都是无关紧要的。Docker 是容器化的首选平台，你可以将任意大小的应用程序和依赖项，甚至在模拟器上运行的一些程序，都进行容器化。Docker 容器镜像是一个轻量级、独立、可执行的软件包，包含运行应用程序所需的所有内容。随着时间的推移，你还可以对应用程序进行分割，并将未来的功能编写为微服务。

（2）CI/CD。设置 CI/CD 环境，从而使源代码上的任意修改都能够自动通过容器进行编译、测试，并被部署到预生产环境，甚至生产环境中，部署过程中如果有任何异常，可以方便快速地回滚到上一个稳定的版本。软件开发模式从最初的瀑布模型，到后来的敏捷开发，再到今天的 DevOps，这是现代开发人员构建出色产品的技术路线。随着 DevOps 的兴起，出现了 CI/CD 和持续部署的新方法，而传统的软件开发和交付方式在迅速变得过时。在传统开发模式下，多数公司的软件发布频次是每月、每季度甚至每年，而在 DevOps 时代，每周、每天甚至每天多次发布都是常态。

（3）应用编排。容器编排主要是管理容器的生命周期，尤其是在大规模复杂的生产环境中，软件团队使用容器编排来控制和自动化许多任务。Kubernetes 是目前市场上应用编排领域中使用最广泛的工具，还有其他编排工具，如 Docker swarm、Mesos 等。Helm Charts 可以用来帮助应用开发和发布者用于定义、安装和升级 Kubernetes 上运行的应用。

（4）监控和分析。在这个步骤中，用户需要为平台选择监控、日志以及跟踪的相关工具。Kubernetes 提供了有关应用程序在容器集群上的资源使用情况的详细信息，并不提供应用运行监控的解决方案，但我们可以将许多现有的云原生产品集成到 Kubernetes 集群中。例如，将 Prometheus 用于监控、Fluentd 用于日志、Jaeger 用于整个应用调用链的追踪。通过这些信息，我们可以评估应用程序的性能，并可以消除瓶颈，从而提升整体性能。

（5）微服务及服务网格。容器技术激发了微服务及服务网格的快速发展，微服务是云原生架构下应用之间交互的主要方式。服务网格，顾名思义就是连接服务、发现服务、健康检查、路由，并用于监控来自互联网的入口。服务网格通常还具有更复杂的操作要求，如灰度发布、限流降级、访问控制和端到端身份验证。

Istio 提供了对整个服务网格的行为洞察和操作控制，提供了完整的解决方案以满足微服务应用程序的各种需求。CoreDNS 是一种快速灵活的工具，可用于发现服务。Envoy 和 Linkerd 都提供服务的健康检查、请求路由和负载均衡等功能，以支持服务网格体系结构。

（6）网络及策略。云原生架构下启用更灵活的网络层非常重要。要启用更灵活的网络，要使用符合容器网络接口（Container Network Interface，CNI）的网络项目，如 Calico、Flannel 以及 Weave Net 等软件用于提供更灵活的网络功能。Open Policy Agent（OPA）是一种通用策略引擎，其使用范围包括从授权和准入控制到数据过滤等。

（7）分布式数据库和存储。实现持久层的分布式，根据其实现方案分为分布式数据库中间件与分布式数据库两种形式，其目标都是为了实现数据库持久层的弹性和伸缩能力。

分布式数据库中间件本身不是一个数据库，而是数据库之上的一层分布式代理，如阿里巴巴的分布式关系型数据库服务（Distributed Relational Database Service，DRDS）以及开源的 Vitess、Mycat。分布式数据库中间件负责解析应用提交的 SQL，根据拆分路由策略把解析后的 SQL 路由到后端的物理数据库中执行，以实现分库分表、读写分离、平滑扩容等功能。

分布式数据库本身提供了分布式的能力，不会出现单机数据库中可能会出现的单机资源性能的瓶颈。如阿里巴巴的 PolarDB 数据库产品，通过数据库的计算存储分离，可以提供很好的弹性和伸缩能力，但同时需要专业的容器存储予以支持，它既可以存储在同一物理位置的多台计算机中，也可以分散在彼此互联的计算机网络上。

CoreOS 和 Kubernetes 等项目中都用到了 etcd 组件，其作为一个高可用强一致性的分布式键值数据库，用于服务发现。etcd 安装配置使用简单，提供 HTTP API 访问。

（8）流和消息处理。当应用需要比 JSON-REST 这个模式更高的性能时，可以考虑使用 gRPC 或者 NATS。gRPC 是一个通用的远程过程调用（Remote Procedure Call，RPC）框架（类似各种框架中的 RPC 调用），NATS 是一个发布、订阅和负载均衡的消息队列系统。

（9）容器镜像库和运行环境。可以使用 Harbor 作为镜像私库进行存储以及对镜像的内容进行扫描。容器并非只有 Docker 一种，容器的运行环境更是如此，可以选择不同的容器运行环境，但需要注意选择具有 OCI 兼容性的方案，比如 containerd 或 cri-o。

（10）软件分发。最后可以借助 Notary 等软件用于软件的安全发布。Notary 实现了更新框架（The Update Framework，TUF）；TUF 提供了一个框架（一组库、文件格式和使用程序），可用于保护新的和现有的软件更新系统。该框架应该能够使应用程序免受软件更新过程中所有已知攻击的影响。它不涉及公开关于正在更新的软件（以及客户机可能正在运行的软件）或更新内容的信息。

1.4　企业应用上云

移动互联网的飞速发展带动各种创新业务的涌现，企业的业务需求发生了根本的改变。传统的 IT 系统是基于业务需求实现的，它忠实地反映了系统设计的初衷，这也是 IT 系统应该做到的，如果业务需求不再发生变化，它将非常完美。但是事与愿违，业务需求远没有那么稳定，它的变化速度远远超出信息系统的应变能力。从业务角度来看，这样快速的变化是正常的，也是企业应对客户与市场变化的必然要求。随着业务需求的不断变化，系统持续增加、流程不断优化、系统越来越不堪重负，传统企业的 IT 架构正面临着诸多的挑战，如图 1-10 所示。在大规模分布式业务构建的统一计算环境中，企业业务协作的范围已经从企业内部走向基于极端开放、动态的产业生态链按需协同。前所未有的分布和开放的特性，意味着企业 IT 系统的应用架构、开发与运维、互操作框架、通信协议、高可用要求等多个方面与传统架构有着本质的区别。

一场以 IT 技术为主体的科技革命浪潮正席卷而来，云计算、大数据、人工智能、物联网、区块链等新技术正加速应用落地。在这些新技术中，作为基础设施，云计算是这场科技革命的承载平台，全面支撑着各类新技术和新应用。伴随着这波浪潮，数字经济已经成为发展趋势，各企业都在进行或准备进行数字化转型，而上云则是企业数字化转型的起点。工业和信息化部于 2018 年印发《推动企业上云实施指南（2018—2020 年）》，其中指出：到 2020 年，力争实现企业上云环境进一步优化，企业上云意识和积极性明显提高，上云比例和应用深度显著提升，云计算在企业生产、经营、管理中的应用广泛普及。上云给企业带来新的发展动力，通过技术变革驱动流程创新和业务创新。应用上云是企业实现数字化转型的第一步，它会给企业带来很多好处，如图 1-11 所示。

挑战一：应用架构	挑战二：应用开发	挑战三：应用运维
➤ 重复的数据模型和业务的开发和维护 ➤ 打通业务发展带来的多个"烟囱"的协作和开发成本 ➤ 本末倒置的"SOA"体系导致业务无法真正沉淀，核心业务"服役"期满后推倒重建的现象频频出现	➤ 开发成本高，代码重复率高 ➤ 垂直的技术架构，很少拆分，难以共享 ➤ 模块之间依赖强，无法做到开发时间的把控 ➤ 需求变更困难，无法满足新业务快速创新和敏捷交付	➤ 运维效率低，测试、部署成本高：业务运行在一个进程中，因此系统中任何程序的改变，都需要对整个系统重新测试并部署 ➤ 可靠性差：某个应用bug，会导致整个进程死机，影响其他正常的应用 ➤ 引入分布式架构，提出对运维的要求
挑战四：高性能要求	挑战五：高可用要求	挑战六：交互体验
➤ 无法应对互联网等不确定性大规模流量 ➤ 面向未来的互联网以及物联网等新业务领域会带来更高性能要求 ➤ 传统架构存在无法水平扩展、同步调用流程长的问题 ➤ 可伸缩性差：水平扩展只能基于整个系统进行扩展 ➤ 必须引入分布式架构	➤ 传统架构的高可用通过容灾/主备等实现 ➤ 核心系统高可用直接关系到业务是否可正常开展 ➤ 引入分布式架构的同时必须确保高可用 ➤ 数据库层无法做到有效灵活的平滑扩容 ➤ 传统应用架构无法有效利用资源的弹性，架构限制了不能快速弹性利用资源	➤ 前端开发需要适配多种类型终端 ➤ 快速响应前端业务的创新和修改需求 ➤ 做到简洁、清晰、易用、友好 ➤ 做到稳定、快速、展现合理、提示到位

▲图 1-10　传统企业架构面临的问题和挑战

更低的TCO

对比自建IDC，云上拥有整体更低的总拥有成本（Total Cost of Ownership，TCO），并且每年在持续降低

高可用与高可靠

更加专业的开发及运维投入，使云厂商提供云基础设施比线下IDC高得多的可用性和可靠性

安全与合规

云上安全策略包括安全防护策略、数据安全策略、安全合规策略

全球通用的技术栈

全球数千万开发者的选择，绝大多数云产品兼容开源生态

敏捷创新

利用云原生的计算、存储、数据和大数据能力，大大缩短开发周期，实现对业务需求的敏捷响应

触手可及的智能

利用专业云厂商丰富的AI产品，完成各种场景的智能化

▲图 1-11　应用上云为企业带来新的发展动力

云平台能促进软件架构复用，架构和开发技术栈统一，提高开发效率，加快应用部署，缩短业务开发周期，帮助企业降低时间成本，方便其更加专注于自身业务的拓展。据 IDC 预测，全球数据量正迎来爆发，将从 2018 年的 33 ZB 增长到 2025 年的 175 ZB。推动这一增长的重要因素之一是云计算具备弹性扩容、按需使用、按量付费等优点，云数据中心正成为企业新的数据存储库，2021 年公共云数据量将超过传统数据中心，如图 1-12 所示。

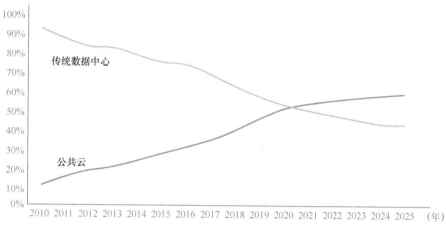

▲图1-12 存储在公共云和传统数据中心的数据对比

　　在实现应用迁移上云的过程中,一般会面临已有业务系统改造和新建业务系统两种场景。新建业务系统只需要按照应用上云的标准要求进行架构设计、开发、编码和测试,实现相对简单。已有业务系统迁移上云则需要面临数据迁移以及业务系统改造等问题。应用迁移上云一般分为迁云方案制定、迁云过程执行、云上应用护航 3 个主要的过程,如图 1-13所示。

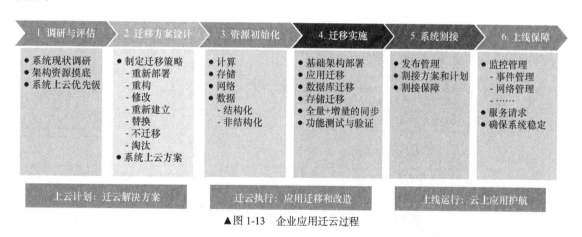

▲图1-13 企业应用迁云过程

　　企业应用上云,按其使用云产品的深入程度分为云托管模式(IaaS 上云)和云原生模式(PaaS 上云)两种类型。IaaS 解决了物理机资源的资源管理和资源供给问题,通过对计算、存储和网络的统一和抽象化实现基础资源的统一化供给。IaaS 没有跨越开发和运维之间的鸿沟,开发人员仍然需要关注运行在操作系统上的各种基础中间件。PaaS 的目标是为应用提供运行所需的各种基础软件,提供实际业务的开发运行环境,从而让业务系统的开发更加简便、高效。

1.4.1 云托管模式

　　企业上云是指企业通过互联网将企业的基础设施、管理及业务部署到云端上,即可利用网络便捷地获取云计算服务商提供的计算、存储、软件、数据等服务，从而提高资源配置效率、降低信息化建设成本、促进共享经济发展、加快新旧转换。企业把生产和管理的数据存储到云上，把企业日常经营管理非涉密的系统或软件部署到云上，把企业生产能力、设计（开发）能力及产品放在云上，也可以从云上获取企业想要的计算（存储）资源、软件资源、订单资源、第三方服务资源等。企业应用上云的第一阶段是基础设施上云（IaaS 层），类似于阿里云、华为云、微软 Azure、亚马逊 AWS 等，都提供云计算、云存储、云上开发等基础设施服务。根据云的部署位置又可以进一步细分为公有云、专有云（私有云）和混合云 3 种不同的云形态。

对于基础设施上云，我们一般称之为"云托管模式"，企业只是把原本部署在 IDC 机房服务器上的应用改为部署在云上虚拟机（或容器）中，应用的架构基本没有发生任何改变，上云的改造成本低、风险低。基础设施上云给企业带来的好处是减少机房一次性投入的资金压力，业务流量变化时可充分利用云的弹性随时扩缩容，提高资源利用率，利用云厂商提供的专业且统一的云资源运维可大幅降低企业的 IT 运维成本，降低运维风险，提高系统的稳定性、可靠性。表 1-2 所示为云托管与传统的自建 IDC 机房的优缺点对比。

表 1-2　　　　　　　　　　　　云托管与自建 IDC 机房对比

对比项	云托管模式	自建 IDC 机房
机房部署	云厂商统一考虑能源优化设计，电源使用效率（Power Usage Effectiveness，PUE）低	传统交流电服务器设计 PUE 高
	骨干机房，出口带宽大，独享带宽	机房质量参差不齐，用户选择困难，以共享带宽为主
	边界网关协议（Border Gateway Protocol，BGP）多线机房，全国访问流畅均衡	以单线和双线为主
操作易用	内置主流的操作系统	需用户自备操作系统，自行安装
	可在线更换操作系统	无法在线更换操作系统 需要用户重装
	Web 在线管理，简单方便	没有在线管理工具，维护困难
	手机验证密码设置，安全方便	重置密码麻烦，且被破解的风险高
容灾备份	三副本数据设计，单份数据损坏时可在短时间内快速恢复	用户自行搭建，使用普通存储设备，价格高昂
	用户自定义快照	没有提供快照功能 无法做到自动故障恢复
	发生硬件故障事故时可快速自动恢复	数据损坏时需用户修复
安全可靠	有效阻止 MAC 欺骗和地址解析协议（Address Resolution Protocol，ARP）攻击	很难阻止 MAC 欺骗和 ARP 攻击
	有效防护 DDoS 攻击，可进行流量清洗和黑洞	清洗和黑洞设备需要另外购买，价格昂贵
	端口入侵扫描、挂马扫描、漏洞扫描等附加服务	普遍存在漏洞挂马和端口扫描等问题

续表

对比项	云托管模式	自建 IDC 机房
灵活扩展	开通云服务器非常灵活 可以在线升级配置	服务器交付周期长
	带宽升降自由	带宽一次性购买，无法自由升降
	在线使用负载均衡，轻松扩展应用	硬件负载均衡，价格昂贵，设置也非常麻烦
节约成本	使用成本门槛低	使用成本门槛高
	无须一次性大投入	一次性投入巨大，闲置浪费严重
	按需购买，弹性付费 灵活应对业务变化	无法按需购买 必须为业务峰值满配

从上面的对比分析不难看出，与传统的自建 IDC 机房相比，企业直接利用云厂商提供的基础设施具有更高的成本优势，以及高可用性、安全性和弹性等优势，云托管极大地简化和降低了提供 IT 服务的复杂性和成本，减少企业的 IT 运维人员投入。而且随着资源规模扩大到一定阶段，系统的复杂度将会由量变引起质变，自建 IDC 机房的风险及成本会大幅提高，相比较而言，用云厂商 IaaS 基础设施的优势将会更加明显，如图 1-14 所示。

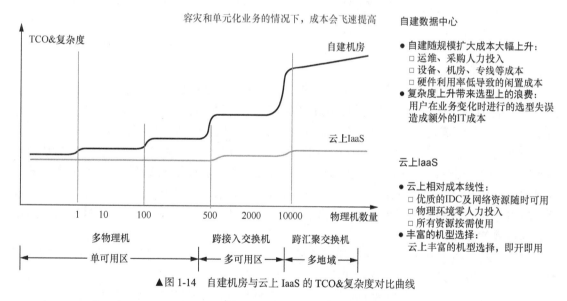

▲图 1-14　自建机房与云上 IaaS 的 TCO&复杂度对比曲线

1.4.2　云原生模式

IaaS 是企业应用上云的初始阶段，重点解决成本及运维的问题，应用的系统架构几乎没有发生任何改变，只不过把原先部署在 IDC 机房服务器中的应用改为部署在云上的虚拟机或容器中。业务系统上云，不是为了上云而上云，最重要的是要能够发挥出云的特点，达到原生云的效果，实现 CI/CD，DevOps 一体化敏捷管理。要实现系统的敏捷部署、弹性扩展、动态迁移、故障自愈、数据更加安全可靠等，就需要系统针对云原生的分布式、去中心化、一切资源服务化、弹性等特点，做相应的改造或者开发新的业务系统来代替原业务功能。

业务应用在云上的演进方向是，通过云上现有的服务构建系统，基于云产品来做技术选型，使应用开发、工具链、CI/CD、运行托管、运维诊断都在云上完成。

原有的 IT 架构难以向云端迁移。云大多以虚拟化、开源技术、分布式技术为主，而原有的 IT 架构大多使用了小型机或 x86 服务器、相对重量级的中间件和数据库、以闭源厂商的产品为准，因此无法把现有的系统直接搬上云，必须做云化改造。采用云原生架构，使用适合云部署的技术，如虚拟化、容器化、微服务化，同时基础设施要建立相应的计算、网络、存储等资源池，采用计算虚拟化、软件定义存储（Software Defined Storage，SDS）、软件定义网络（Software Defined Network，SDN）、容器 Docker 等技术，提供 IaaS、PaaS、SaaS、CaaS 等云服务。只有采用云原生架构去重构应用系统，才能充分发挥云的优势，为应用提供高可用、弹性伸缩、稳定可靠、开发与运维一体化的持续敏捷发布能力，赋予业务快速低成本试错的能力，以技术驱动业务创新。云原生架构的优势如图 1-15 所示。

IaaS 云改变了服务器的使用方式，新上一套系统，用户无须新部署一台新服务器，而是新建一个虚拟机就够了。但用户还必须创建好虚拟机、配置好运行环境才能部署系统。使用 PaaS 云，既不用创建虚拟机，也不用配置环境了，用户需要做的就是把应用部署到云平台上，即可使用。要想使用数据库，既不必使用数据库服务器、安装操作系统、安装数据库，也无须完成复杂的配置，所要做的只是在云平台上选择创建一个数据库服务，然后绑定到应用上就可以使用了，这就是 PaaS 云带来的变化。

这样做的好处很多。首先，PaaS 云为我们完成了除应用本身之外几乎所有的配置管理工作，我们所关心的只是与自身应用相关的开发部署运维管理，对应用的管理也变成了只是一条指令或者一个按钮就可以完成的事情。而像数据库、缓存、消息队列等基础工具，PaaS 云平台也都将其作为服务提供给我们，开箱即用。其次，PaaS 云还将系统冗余变成了常规功能。在传统架构中，冗余是很昂贵的，这意味着我们需要配备冗余服务器或者设计一套分布式的软件架构。但在 PaaS 云上，只需一条指令就可以为一个应用创建多个实例，几乎是零成本。最后，PaaS 还可以自动实现资源扩展，应用故障时自动重启等功能，相当于一个 24 小时不间断服务的运维工程师。

更进一步，由于 PaaS 云将底层的基础运行环境标准化为容器，因此进一步提升了软件开发的自动化程度，开发人员提交代码即可。对于集成测试、打包、部署、启动、运维，PaaS 云全部无须考虑，这就是所谓的 DevOps。PaaS 云的出现缩短了代码开发到应用部署所花费的时间，降低了软件开发运维的成本。这就意味着更少的人可以做更多的事情，更短的时间可以做出更加快速的响应。PaaS 云平台将分布式架构的开发成本降得极低，所以我们可以将大而全的系统分拆成一个个小的服务，即所谓的微服务架构。微服务架构提高了大型系统开发团队的协同效率，有效规避了单体架构下牵一发而动全身的迭代风险。每个小团队负责开发运维若干微服务，小团队可自主选择微服务内部的技术栈及产品发布策略，跨团队之间通过接口契约进行交互协同，职责边界清晰，小步快跑的互联网发布思维能更好地支撑业务的持续创新。

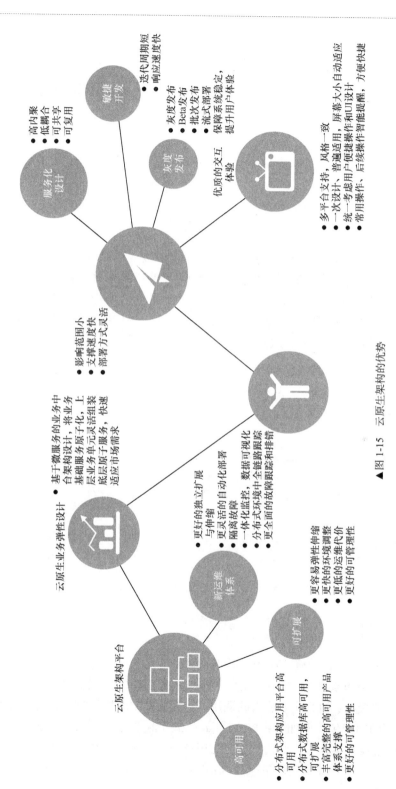

▲图 1-15　云原生架构的优势

第2章 企业应用架构演进

企业应用架构会随着业务的变化不断演进，每一种架构在某一阶段都非常好地支撑了当时的业务模式。信息化技术刚开始应用于业务时，我们可能使用一个单机软件就可以实现一个信息系统。随着技术的发展和逐步复杂的业务需求，企业应用架构又经历了客户端/服务器（Client/Server，C/S）、浏览器/服务器（Browser/Server，B/S）、面向服务的架构（Service-Oriented Architecture，SOA）、前后端分离、微服务架构、Serverless 等阶段，如图 2-1 所示。

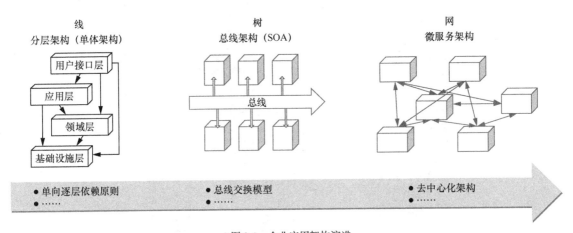

▲图 2-1 企业应用架构演进

2.1 单体架构

单体应用（monolith，也叫巨石应用）并不是单机应用，生产环境的单体应用通常是在一个集群环境下的多个节点部署的。单体应用架构是指业务功能的实现全部在一个进程（process）内完成。用户请求的接收、相关业务逻辑的调用、从数据库中获取数据等处理全部在一个进程内完成。一个应用的归档包（例如 war 格式或 jar 格式）包含了应用所有功能的应用程序，放入 Tomcat 等 Web 容器里运行，我们通常称之为单体应用。架构单体应用的方法论，我们称之为单体应用架构，这是一种比较传统的架构风格。

从 C/S 架构开始就已经是面向网络的架构模式了，虽然只是在局域网中。这个阶段的用户都是企业内部用户，C/S 架构通过客户端程序为用户提供服务，客户端将处理过的数据通过网络保存到数据库。由于 C/S 架构是胖客户端方式，因此这个架构的优势是客户的操作体验非常好，至今仍有一些系统在使用 C/S 模式；缺点是对客户端的维护困难，不同的操作系统、不同的版本、不同的品牌都给客户端应用的开发和运维人员造成很大的困扰。

随着 Web 技术和 Java 的兴起，B/S 架构通过浏览器作为客户端很好地解决了这个问题。从 B/S 架构开始，应用是面向互联网搭建的。在 B/S 模式中，应用架构进一步细分，基于模型-视图-控制器（Model-View-Controller，MVC）开发框架成为 B/S 架构的主流。MVC 是一种软件设计典范，用一种业务逻辑、数据、界面显示分离的方法组织代码，将业务逻辑聚集到一个部件里，在改进和个性化定制界面及用户交互的同时，不需要重新编写业务逻辑。MVC 被独特地发展起来，并用于将传统的输入、处理和输出功能映射到一个逻辑的图形化用户界面的结构中。在 Java 体系中，Struts、Spring 等开源社区进一步推动了 B/S 架构体系的成熟与完善。B/S 架构逐步成为企业信息化的主流架构，一直延续至今。

2.2 分布式架构

随着互联网业务的兴起与壮大以及移动化的发展，应用系统的用户逐步从内部用户发展为客户端用户。在这个阶段，应用遇到的最大挑战是性能的问题，分布式架构逐步代替了单体架构来实现应用性能的横向扩展。早期的 B/S 虽然很好地实现了企业内部单体应用系统的架构，但随着企业信息化的进一步发展，单体应用系统越来越复杂，规模也越来越庞大。一个大型应用系统动辄需要成百上千人的团队共同开发维护，没有一个人能够完全掌控整个系统，应用部署牵一发而动全身，每次应用上线都隐含着不确定性和全局风险，这给开发管理带来巨大的挑战。技术决策链路长，开发效率低下。为解决单体应用面临的各种问题，技术人员以垂直拆分、水平拆分等不同手段，把一个大型单体应用系统拆分为若干独立的小应用系统。每个小应用系统由一个团队负责开发维护，团队可自主选择该应用的系统架构及技术栈，应用的发布部署也更加自由灵活，应用之间通过分布式服务的方式进行交互，以企业 JavaBean（Enterprise JavaBean，EJB）、WebService、消息队列（Message Queue，MQ）为代表的分布式架构逐渐成为大型复杂应用系统的技术选择。

在技术变革中，架构进一步被细分。

（1）第一个细分：前后端进行了分离。这样做带来很多好处：可以提高并发访问量，静态内容可以放到内容分发网络（Content Delivery Network，CDN）上，降低网络压力；多端协同（移动端、浏览器端）可以更好地复用后端代码；前端设计更加专业，能更好地提升客户的满意度。

（2）第二个细分：后端进行了服务化的拆分。服务化的拆分是由于应用变得越来越复杂，一个应用往往需要几百人甚至上千人进行开发，开发协同成了一个很大的问题，服务化则很好地解决了这个问题。分布式架构将应用拆分为若干小的应用单元，每个小的应用单元只需要十几人甚至更小的团队，避免了上千人的大规模协同开发，大大提高了协同的效率。在互联网开发团队管理中，很重要的两个比萨原则（the two pizza principle）就是强调小团队的高效运行。

分布式架构是由一组通过网络进行通信、为了完成共同的任务而协同工作的计算机节点组成的系统架构。分布式系统的出现是为了用廉价、普通的机器完成单台计算机无法完成的计算和存储任务，其目的是利用更多的机器处理更多的业务以及数据。

需要明确的是，我们不能为了分布式而分布式，当应用规模不大时，单体架构恰恰是开发、运行最高效的一种模式。只有当单体应用规模越来越大，以至于系统的处理能力无法满足日益增长的计算、存储任务，且硬件的提升（加内存、加磁盘、使用处理能力更强的 CPU）成本高到得不偿失，应用程序也不能进一步优化时，我们才需要考虑分布式系统架构。分布式系统要解决的问题本身就是和单体应用系统一样的，而由于分布式系统多节点、通过网络通信的拓扑，会引入很多单体应用系统所没有的一致性与性能问题，为了解决这些问题又会引入更多的机制、协议，带来更多的问题。

2.3　SOA

随着分布式架构应用系统的水平+垂直拆分，应用系统以及服务的规模急剧上升，服务之间的相互调用关系盘根错节，系统烟囱林立、数据孤岛和应用协同又成为了企业信息化的问题。系统集成成为一个比较重要的问题，服务总线应运而生，它也算是 SOA 的雏形阶段。SOA 是一个组件模型，它将应用程序的不同功能单元（称为服务）通过这些服务之间定义良好的接口和契约联系起来。接口是采用中立的方式进行定义的，它应该独立于实现服务的硬件平台、操作系统和编程语言。SOA 可以根据需求通过网络对松耦合的粗粒度应用组件进行分布式部署、组合和使用。服务层是 SOA 的基础，可以直接被应用调用，从而有效控制系统中与软件代理交互的人为依赖性。

SOA 站在系统的角度解决了企业系统间的通信问题，把原先散乱、无规划的系统间的网状结构梳理成规整、可治理的系统间星形结构，这一步往往需要引入一些产品，比如企业服务总线（Enterprise Service Bus，ESB）以及技术规范、服务管理规范。这一步解决的核心问题是"有序"，使构建在各种各样的系统中的服务可以以一种统一和通用的方式进行交互。

通过服务的抽取和服务总线来实现应用系统的互通互联，消除数据孤岛。服务总线不是 SOA，而仅仅是通过服务抽取与暴露来解决互通互联的问题。SOA 还有更重要的工作——对企业应用进行整体布局。单体应用都是局部业务的实现，SOA 则希望能够统筹全局，实现企业应用系统的全局协同，这是 SOA 非常出色的一点，但尚未在企业中被应用起来，SOA 就走向了没落。SOA 的整体架构分为 3 层：最底层是单体应用，可记录系统，满足局部的业务能力；中间层是 SOA 层，实现各个单体应用之间的协同，满足企业内部核心的业务流程；最上层是门户层，实现协同业务或新业务的暴露。SOA 如图 2-2 所示。但可惜的是，SOA 被用于集成场景，只停留在最初级的阶段就没有再往后发展，因为这个理念中有一个非常大的问题：组织架构上没有变化，这样全局的协同谁来负责？按照之前的组织架构划分，单体应用刚好够用，只要系统数据能串联起来，无所谓业务的优化和系统。从技术上看，架构过于臃肿和庞大，涉及的技术和环节太多，落地也比较困难。但是不可否认，SOA 是从企业全局思考的开始。

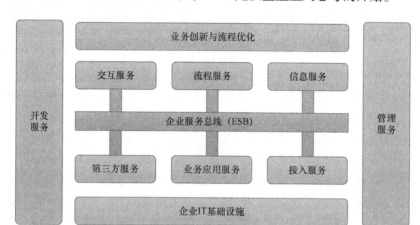

▲图 2-2　SOA

　　SOA 是一种粗粒度、松耦合的服务架构，服务之间通过简单、精确定义的接口进行通信，不涉及底层编程接口和通信模型。SOA 将能够帮助软件工程师们站在一个新的角度（企业全局视角）理解企业级架构中的各种组件的开发、部署形式，它将帮助企业系统架构者更迅速、更可靠、更具复用性地架构整个业务系统。站在功能的角度，SOA 把业务逻辑抽象成"可复用、可组装"的服务，通过服务的编排实现业务的快速再生，其目的是把原先固有的业务功能转变为通用的业务服务，实现业务逻辑的快速复用，这一步解决的核心问题是"复用"。实施 SOA 的关键目标是实现企业 IT 资产的最大化作用。较之以往，SOA 系统能够更加从容地面对业务的急剧变化。

　　SOA 按照业务功能单元进行拆分，分为交互服务、信息服务等。每一个服务都是单体服务，单体服务之间通过企业服务总线进行交互。SOA 仅进行了垂直方向的拆分，对每个服务并没有按照水平方向进一步拆分，因此 SOA 的拆分也不彻底。SOA 的提出是在企业业务应用领域，是要将紧耦合的系统划分为面向业务的、粗粒度、松耦合、无状态的服务。服务发布出来供其他服务调用，一组互相依赖的服务就构成了 SOA 系统。

　　基于这些基础服务，可以将业务过程用类似于业务过程执行语言（Business Process Execution Language，BPEL）流程的方式编排起来，而 BPEL 反映的是业务处理的过程。这些过程对于业务人员更直观，调整也比硬编码的代码更容易。为了更好地实施 SOA，企业还需要对服务治理投入资源，比如服务注册库、监控管理等。以 IBM 为代表的大型国际企业对 SOA 的发展起到了重要的推动作用，其提出的"业务服务化，服务流程化，流程标准化"的三化理念更是提供了企业实施 SOA 改造的方法论指导。

2.4　微服务架构

　　从本质上看，现在企业应用存在的问题是，单体应用架构的设计都是针对应用本身的设计，而不是针对企业的设计。SOA 是真正意义上的面向企业全局的设计，但是 SOA 并没有发挥出 SOA 设计者预期的效果，而沦为一种应用集成的工具。具体分析，有 3 个原因：第一，过于偏重技术，技术要求偏高；第二，实施 SOA 的都是第三方，是按照项目来实施的，很难按照企业的需求长期有效地对 SOA 的服务进行优化迭代，以达到预期的目的；第三，大家对 SOA 的理解存在偏差，以为 SOA 就是集成的工具或者流程再造的工具。

微服务的出现，让大型项目开发变得更加轻量化，降低了开发难度，提高了协同效率和开发效率，也大大降低了耦合度。这里也引入业界对微服务的定义：

> 微服务架构是一种架构模式，它提倡将单一应用程序划分成一组小的服务，服务之间互相协同、互相配合，为用户提供最终价值。每个服务运行在其独立的进程中，服务与服务间采用轻量级的通信机制互相沟通（通常是基于 HTTP 协议的 REST API）。每个服务都围绕着具体业务进行构建，并且能够被独立地部署到生产环境、类生产环境等。另外，应当尽量避免统一的、集中式的服务管理机制，对具体的一个服务而言，应根据业务上下文，选择合适的语言、工具对其进行构建。
>
> ——维基百科 "microservice"

微服务与 SOA 看似都是分布式服务化架构，但在服务设计理念以及系统运行架构方面，二者有着本质的区别。

1. 服务粒度

SOA 的出现其实是为了解决历史问题，即企业在信息化的过程中会有各种各样互相隔离的系统，需要有一种机制将它们整合起来，所以才会有 ESB 的出现。这也造成了 SOA 初期宏大的服务概念，通常指定的是一个可以独立运作的系统（这样看，好像服务间天然的松耦合），这种做法相当于"把子系统服务化"。为了避免或减少服务之间的交叉引用，方便进行服务的编排，SOA 提供了粗粒度的服务能力，即大块业务逻辑的封装。而微服务则更加轻量化，提供单独任务或小块业务逻辑的服务封装；按照微服务的初衷，服务要按照业务的功能进行拆分，直到每个服务的功能和职责单一，甚至不可再拆分为止。这样每个服务都能独立部署，方便扩容和缩容，能够有效地提高利用率。拆分得越细，服务的耦合度越小，内聚性越好，越适合敏捷发布和上线。

2. 去中心化

SOA 下服务的注册发现以及路由调用一般会通过 ESB，从名称就能知道，ESB 的概念借鉴了计算机组成原理中的通信模型——总线，所有需要和外部系统通信的系统都接入 ESB，看似完美地兼容了现有的互相隔离的异构系统，可以利用现有的系统构建一个全新的松耦合的异构的分布式系统。但在实际使用中，它还是会有很多的缺点。首先，ESB 本身就很复杂，这大大增加了系统的复杂度和维护量。其次，由于 ESB 想要做到所有服务都通过一个通路通信，其本身就是一个中心化的思路，因此 ESB 很容易成为系统运行的瓶颈。微服务虽然也有一个"服务注册中心"，但一般只用于应用系统启动时注册或拉取服务地址，服务消费者会把这些地址列表缓存在本地客户端，真正调用时并不会通过服务注册中心，而是直接从本地客户端的服务地址缓存中读取目标地址信息，点对点地发起服务调用，因此运行效率比经过中心节点路由转发要高很多，是一个"去中心化"的运行架构，消除了单点瓶颈，可扩展性也会更强。SOA 与微服务架构的差异如图 2-3 所示。

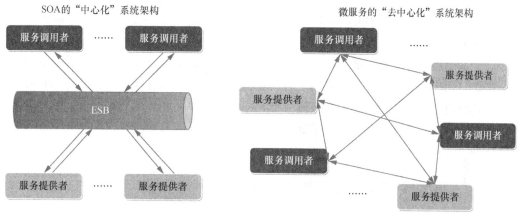

▲图 2-3　SOA 的"中心化"架构与微服务的"去中心化"架构对比

微服务应用开发和发布更加敏捷，当开发者对一个传统的单体应用程序进行变更时，必须做详细的 QA 测试，以确保变更不会影响其他特性或功能。但有了微服务，开发者可以更新应用程序的单个组件，而不会影响其他的部分。测试微服务应用程序仍然是必需的，但它更容易识别和隔离问题。随着容器技术的发展，微服务的部署也更加方便，从而加快开发速度，并支持 DevOps 和持续应用程序开发。从这一点上看，微服务能够在企业应用的敏捷性上带来一定的优势。

微服务应用采用的技术更加轻量、通用和开放，能够有效地降低对开发者的技术要求。每个微服务一般是自封闭的一个功能模块，有自己的业务逻辑和数据，可以独立部署独立扩展。微服务一般会提供一个固定的模块边界，允许不同的服务用不同的技术栈，由不同的团队管理，服务之间通过接口和契约进行交互。从微服务的划分上看，开发者开发的业务模块更加聚焦，这既在降低对开发人员的要求，也在降低 IT 对企业的要求。

微服务应用往往比传统的应用能更有效地利用计算资源，这是因为它们通过扩展组件来处理功能瓶颈问题。这样一来，开发人员只需要为额外的组件部署计算资源，而不需要部署一个完整的应用程序的全新迭代。最终的结果是有更多的资源可以提供给其他任务，满足企业应用扩展的需求。

微服务架构在设计上是针对单体应用的优化，但是如果将微服务架构突破单体应用，而从企业全局进行微服务设计时，则会发现微服务架构能够非常好地满足企业在敏捷性上的需要。

2.5　服务网格架构

采用微服务架构后，应用系统能够做到快速迭代、持续交付。但微服务架构也存在一些明显的弊端：第一，对于采用 RPC 协议的微服务架构，不同微服务之间的调用存在协议绑定的问题；第二，开发人员除了关注业务逻辑的实现，还需要在微服务模块中处理一系列问题，比如服务注册、服务发现、服务通信、负载均衡、服务熔断、请求超时重试等，这是非常糟糕的。业务开发团队的强项在于业务理解，而不是技术。

能否让业务开发人员仅关注业务开发，而不再关心服务间通信以及请求管理功能呢？服务网格（service mesh）架构解决了这个问题，它是微服务概念的延伸，目的是让业务开发人员真正从琐碎的技术中解脱，更加聚焦于业务本身。

在服务网格模式中，每个服务都配备了一个代理"sidecar"（边车），用于服务之间的通信。这些代理通常与应用程序代码一起部署，并且不会被应用程序所感知。将这些代理组织起来形成了一个轻量级网络代理矩阵，也就是服务网格。这些代理不再是孤立的组件，它们本身是一个有价值的网络。服务网格呈现出一个完整的支撑态势，将所有的服务"架"在网格之上，其部署模式如图 2-4 所示。

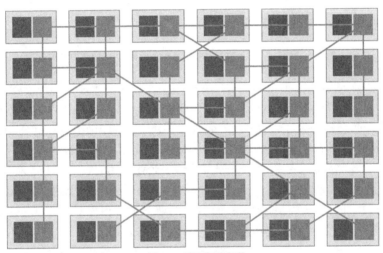

▲图 2-4　服务网格架构

服务网格是用于处理微服务和微服务通信的"专用基础设施层"，通常被实现为与应用程序代码一起部署的轻量级网络代理矩阵。它通过这些代理来管理复杂的服务拓扑，可靠地传递服务之间的请求。从某种程度上说，这些代理接管了应用程序的网络通信层，并且不会被应用程序所感知。

sidecar 本身只是一个孤立的组件，但通过服务网格控制面把这些组件连接成一个有价值的网络。随着微服务部署被迁移到更复杂的运行时中，如 Kubernetes 和 Mesos，人们开始使用一些平台上的工具来实现网格网络这一想法。他们实现的网络正从互相隔离的独立代理，转移到一个合适的并且有些集中的控制面上来，如图 2-5 所示。

在实际运行过程中，服务调用流量仍然直接从 sidecar 代理流向 sidecar 代理，但是控制面知道每个 sidecar 代理实例。控制面使代理能够实现诸如访问控制和度量收集等功能。

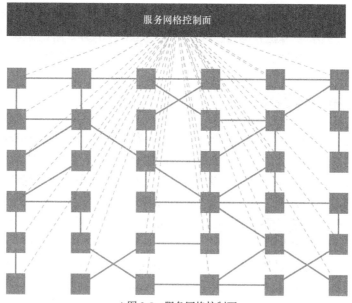

▲图 2-5　服务网格控制面

　　服务网格是云原生技术栈中一个非常关键的组件。Linkerd 项目在启动一年多之后正式成为 CNCF 的官方项目，并拥有了众多的贡献者和用户。Istio 是由 Google、IBM、Lyft 联合开发的开源项目，2017 年 5 月发布第一个版本 release 0.1.0，发布之后便得到业界的广泛关注与青睐。Istio 提供一种简单的方式来建立已部署的服务的网络，具备负载均衡、服务到服务认证、监控等功能，而不需要改动任何服务代码。Istio 在服务网络中统一提供了许多关键功能。（以下内容来自 Istio 官方文档。）

　　（1）流量管理：控制服务之间的流量和 API 调用的流向，使调用更可靠，并使网络在恶劣情况下更加健壮。

　　（2）可观察性：了解服务之间的依赖关系，以及它们之间流量的本质和流向，从而提供快速识别问题的能力。

　　（3）策略执行：将组织策略应用于服务之间的互动，确保访问策略得以执行，资源在消费者之间良好分配。策略的更改是配置网格，而不是修改应用程序代码。

　　（4）服务身份和安全：为网格中的服务提供可验证身份，并提供保护服务流量的能力，使其可以在不同可信度的网络上流转。

　　除此之外，Istio 针对可扩展性进行了设计，以满足不同的部署需要。

　　（1）平台支持：Istio 旨在各种环境中运行，包括跨云、预置、Kubernetes、Mesos 等。最初专注于 Kubernetes，但很快将支持其他环境。

　　（2）集成和定制：策略执行组件可以扩展和定制，以便与现有的访问控制列表（Access Control List，ACL）、日志、监控、配额、审核等解决方案集成。

　　这些功能极大地减少了应用程序代码，降低了底层平台和策略之间的耦合，使微服务更容易实现。服务网格架构通过 sidecar 将服务治理与业务解耦并下沉到基础设施层，使应用更加轻量化，让业务开发更聚焦于业务本身，以体系化、规范化的方式解决微服务架构下的各种服务治理挑战，提升了可观察性、可诊断性、治理能力和快速迭代能力。

2.6　Serverless 架构

云计算技术，尤其是容器技术的发展，让计算资源作为服务而不是服务器的概念开始出现在人们的眼前。Serverless（无服务器）是一种构建和管理基于微服务架构的完整流程，允许用户在服务部署级别而不是服务器部署级别来管理应用部署，甚至可以管理某个具体功能或端口的部署，这能让开发者快速迭代，更快速地开发软件。Serverless 是一种架构理念，其核心思想是将提供服务资源的基础设施抽象成各种服务，以 API 的方式提供给用户按需调用，真正做到按需伸缩、按使用收费。

Serverless 架构是传统云计算平台的延伸，是 PaaS 向更细粒度的 BaaS 和 FaaS 的发展，真正实现了当初云计算的目标。目前业界较为公认的 Serverless 架构主要包括两个方面，即提供计算资源的函数服务平台 FaaS 以及提供托管云服务的后端服务 BaaS。

（1）函数即服务（FaaS）是一项基于事件驱动的函数托管计算服务。通过函数服务，开发者只需要编写业务函数代码并设置运行的条件，无须配置和管理服务器等基础设施。函数代码运行在无状态的容器中，由事件触发且短暂易失，并完全由第三方管理，基础设施对应用开发者完全透明。函数以弹性、高可靠的方式运行，并且按实际执行资源计费，不执行则不产生费用。

（2）后端即服务（BaaS）覆盖了应用可能依赖的所有第三方服务，如云数据库、身份验证、对象存储、消息队列等服务，开发人员通过 API 和由 BaaS 服务商提供的 SDK，能够集成所需的所有后端功能，而无须构建后端应用，更不必管理虚拟机或容器等基础设施，就能确保应用的正常运行。

Serverless 规模在扩展性方面由于充分利用云计算的特点，因此其扩展是平滑的，同时由于 Serverless 是基于微服务的，而一些微功能、微服务的云计算是按需付费的，因此有助于降低整体运营费用。Serverless 架构是在传统容器技术和服务网格上发展起来的，侧重于让使用者只关注自己的业务逻辑。从最早的物理服务器开始，我们在不断地抽象或者虚拟化服务器，以便提供更加轻量、更灵活控制、更低成本的基础设施。服务器越来越轻量化的演进过程如同人类的进化过程一般，如图 2-6 所示。

Serverless 为用户带来的成本节省分为 3 个方面。

（1）开发成本：Serverless 为开发者提供 BaaS、FaaS 等即开即用的服务，降低应用开发的门槛，提升开发效率。

（2）运行成本：运行过程中资源根据请求量随需动态拉起，业务低峰时及时释放，提升资源利用率，减少资源浪费。

▲图 2-6 服务器的演进过程

（3）运维成本：绝大部分运维工作由云厂商平台提供的专业团队以及工具技术完成，用户几乎无须对 IaaS 基础设施及 PaaS 层资源进行维护，只需关注自身应用的运行状态，降低运维成本。

服务器技术发展是为上层应用系统提供更加敏捷的基础设施服务，轻量化意味着更强的弹性、更短的启动时间。弹性是云的核心能力，而在云原生 Serverless 架构下，这种弹性将表现得更加极致（如图 2-7 所示），无须提前评估业务并预置资源，所有的资源随需秒级拉起，用完即释放，真正做到按需付费。

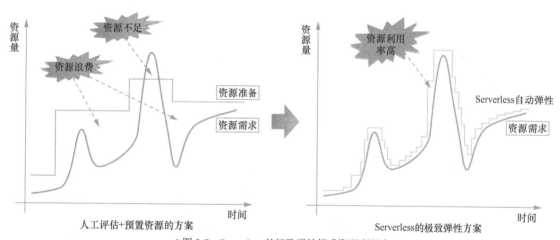

▲图 2-7　Serverless 的极致弹性提升资源利用率

物理机的性能在过去的几十年里始终保持以摩尔定律的速度在增长，这就导致单个应用根本无法充分利用整个物理机的资源，所以需要有一种技术解决资源利用率的问题。简单地想，如果一个应用不能占满整个物理机的资源，就多部署几个，但在同一个物理机下混合部署多个应用，又会出现各种冲突以及资源争抢的问题。因此开发人员想出各种各样的虚拟化技术来共享机器资源，提升资源利用率，同时又能确保应用之间有一定的隔离性以解决冲突与资源争抢的问题。

（1）使用 Xen、KVM 等虚拟化技术，隔离硬件和运行在其上的操作系统。

（2）使用云计算进一步地自动管理这些虚拟化的资源。

（3）使用 Docker 等容器技术，隔离了应用的操作系统与服务器的操作。

（4）有了 Serverless，我们可以隔离操作系统，乃至更底层的技术细节。

Serverless 让用户零门槛地使用容器作为应用的部署载体，Serverless 不是没有服务器，而是应用不用关心服务器和系统，而只需关注代码，平台提供者将处理其余部分工作，剩下的运维等工作都不需要操心。这样消除了对传统的海量持续在线服务器组件的需求，降低了开发和运维的复杂性，降低了运营成本，并缩短了业务系统的交付周期，使用户能够专注在价值密度更高的业务逻辑的开发上。Serverless 是真正的按需使用，请求到来时才开始运行，而且是按运行时间和所占用的资源来计费的，由于业务及流量的不确定性，对初创期的互联网企业而言，能大幅减少企业的 IT 成本。

Serverless 是一种架构思想，秒级启动、极致弹性、按需计费、无限容量、不用关心部署位置、支撑全托管免运维的后端服务。基于容器及 Kubernetes 等行业标准，通过创新地应用极致弹性技术，托管传统应用，让用户不再关心容量评估，从容应对突发流量，大幅提升运维效率；加速中间件和开发框架轻量化，使用户在 FaaS 及轻应用框架上更自由、更便捷地探索和创新。

第二部分　云原生技术

3.1　Docker 概述

云原生的核心技术之一就是容器，容器为云原生应用程序增加了更多优势。使用容器，我们可以将微服务及其所需的所有配置、依赖关系和环境变量移动到全新的服务器节点上，而无须重新配置环境，这样实现了强大的可移植性。

很多人会以为 Docker 等于容器，其实 Docker 并不等于容器。容器的概念始于 1979 年提出的 Unix chroot（实现进程间隔离），而 Docker 直到 2013 年才发布第一个版本。容器的历史可追溯到 Linux 操作系统，和虚拟机一样，容器技术也是一种资源隔离的虚拟化技术。我们追溯它的历史，会发现它的技术雏形早已有之：容器利用了 Linux 的内核功能，Linux 中容器的核心概念（cgroups、namespaces 和 filesystems）在独立的区域运行，我们可以把容器形象地理解为：

容器=cgroups（资源控制）+namespaces（访问隔离）+rootfs（文件系统）+engine（容器生命周期管理）

容器的神奇之处在于将这些技术融为一体，以实现最大的便利性。

3.1.1　容器和虚拟机

虚拟化是指创建某些资源的虚拟（而不是实际）版本的行为，包括虚拟计算机硬件平台、存储设备和计算机网络资源。虚拟化始于 20 世纪 60 年代，是一种将大型计算机提供的系统资源在不同应用程序之间进行逻辑划分的方法。

——维基百科 "virtualization"

虚拟化技术可针对具体应用系统创建特定目的的虚拟环境，安全，效率高，快照、克隆、备份、迁移等非常方便。系统虚拟化是将一台物理计算机虚拟成一台或多台虚拟计算机系统，每个计算机系统都有自己的虚拟硬件，其上的操作系统认为自己运行在一台独立的主机上，计算机软件在一个虚拟平台上，而不是真实的硬件平台上运行。虚拟化技术可以扩大硬件的容量，简化软件的重新配置过程，允许一个平台同时运行多个操作系统，并且应用程序可以在相互独立的空间内运行而互不影响。虚拟化技术在降低硬件成本的同时，还可以显著提高系统的工作效率和安全性。

　　容器和虚拟机都是虚拟化技术，其目标是为上层应用提供资源隔离的运行环境，但容器和虚拟机在实现技术上有着本质的区别。图 3-1 所示的为虚拟机和容器的架构对比。

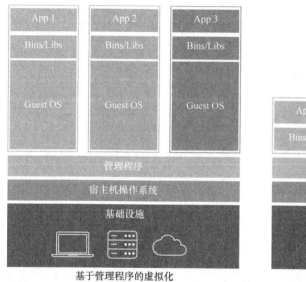

▲图 3-1　虚拟机和容器的架构对比

　　容器是在 Linux 上本机运行，并与其他容器共享主机的内核，无须模拟操作系统指令，它是运行在宿主机上的一个独立的进程。在操作系统（Operating System，OS）的基础上进行虚拟化以及进程资源隔离，占用的 CPU/内存资源不比其他任何可执行文件多，非常轻量。容器镜像的大小一般在 MB 级，可以在数秒内被拉起（不考虑容器内应用的启动时间）。

　　相比之下，虚拟机运行的是一个完整的访客操作系统，每个虚拟机中都有一个独立的操作系统内核，通过软件模拟宿主机的操作系统指令，虚拟出多个 OS，然后在 OS 的基础上构建相对独立的程序运行环境，因此隔离效果要比容器好一些。应用通过虚拟机管理程序对主机资源进行虚拟访问，需要的资源要比容器多得多。由于包含操作系统内核，虚拟机的体量也要比容器大得多，大小一般在 GB 级，启动时间一般在分钟以上（同样不考虑虚拟机内应用的启动时间）。

　　容器的核心价值体现在三大方面：**敏捷**、**弹性**、**可移植**。与传统的虚拟机相比，容器有以下显著优势。

　　（1）与宿主机使用同一个内核，性能损耗小。

　　（2）不需要指令级模拟。

（3）不需要即时（just-in-time）编译。

（4）容器可以在 CPU 核心的本地运行指令，不需要任何专门的解释机制。

（5）避免了准虚拟化和系统调用替换中的复杂性。

（6）轻量级隔离，在隔离的同时还提供共享机制，以实现容器与宿主机的资源共享。

表 3-1 从不同维度对比了容器技术与传统虚拟机技术的各种特性。

表 3-1　　　　　　　　　　　　　　容器和虚拟机的对比

特性	容器	虚拟机
启动时间	秒级	分钟级
性能	接近原生	较弱
内存占用	很小	较多
硬盘使用	一般为 MB 级	一般为 GB 级
运行密度	单机支持上千个容器	一般几个到几十个以内
隔离性	安全隔离	安全隔离
可移植性	优秀	一般

由此可见，相比传统虚拟机，容器技术在很多应用场景下具有巨大的优势。

3.1.2　Docker 的历史与版本

2010 年，几个年轻人在美国旧金山成立了一家做 PaaS 平台的公司——dotCloud，并于 2013 年年初开源了其基于 Linux Container 技术的核心管理引擎 Docker。Docker 大大降低了容器技术的使用门槛，具有轻量级、可移植、虚拟化、与语言无关等特性，将编写好的程序做成镜像即可随处部署和运行，彻底统一了开发、测试和生产环境，还能进行资源管控和虚拟化。

Docker 是一个开源的应用容器引擎，基于 Go 语言开发并遵循 Apache 2.0 协议开源，由 dotCloud 公司主导研发。Docker 可以让开发者将他们的应用以及依赖包打包到一个轻量级可移植的容器中，然后发布到任何流行的 Linux 服务器，也可以实现虚拟化。容器完全使用沙箱机制，相互之间不会有任何接口（类似于 iPhone 的 App），并且容器开销极小。Docker 一经开源，便得到开发者以及国际知名云厂商的青睐，迅速成长为云计算相关领域最受欢迎的开源项目，Amazon、Google、IBM、Microsoft、Red Hat 和 VMware 等大厂商纷纷表示支持 Docker 技术或准备支持。2016 年，微软也在 Windows 系统上提供了对容器的支持，Docker 可以以原生方式运行在 Windows 上，而不需要使用 Linux 虚拟机。基本上到这个时间节点，Docker 所代表的容器技术就已经很成熟了，再往后就是容器云的发展，由此衍生出多种容器云的平台管理技术，其中以 Kubernetes 最为出众。这样一些细粒度的容器集群管理技术，也为微服务的发展奠定了基石。

2013 年 10 月，dotCloud 公司更名为 Docker 股份有限公司。2014 年 8 月，Docker 宣布把 PaaS 的业务 "dotCloud" 出售给平台服务提供商 cloudControl，dotCloud 的历史正式告一段落。

Docker 开源产品自 2013 年 3 月开始推出 0.1.0 版本，到 2017 年 2 月的 1.13 版本都采用 x.x 的形式命名版本号。后来为了专注于 Docker 的商业业务，Docker 公司将 Docker 项目改名为 Moby，交由社区自行维护，将 Docker 本身拆分为 Docker-CE（免费版）和 Docker-EE（商业版），由 Docker 公司自己维护。表 3-2 详细列举并说明了各个版本的 Docker。

表 3-2　　　　　　　　　　　　　　　不同版本的 Docker

版本名	版本号	说明
Docker（docker.io，docker-engine）	1.×.×	以前的 Docker 开源版本 docker.io 由 Ubuntu 发布 docker-engine 由 Docker 公司官方发布
Moby	YY.MM	更名后由社区维护的开源项目
Docker-CE	YY.MM 例如，19.06 代表 2019 年 6 月	由 Docker 公司维护的免费版本，CE 分为 Edge 和 Stable 版本 Edge: 月版本，每月发布一次 Stable: 季度版本，每季度最后一月发布一次
Docker-EE	YY.MM	Docker 商业版，只有 Stable 版本，每季度发布一次

3.1.3　Docker 的构成

Docker 是 C/S 架构的程序，Docker 客户端向 Docker 守护进程（Docker daemon）发起请求，守护进程负责构建、运行和分发 Docker 容器，处理完成后返回结果。

图 3-2 所示为官方 Docker 引擎（Docker engine）的组成架构，作为 Docker 的核心，它采用客户-服务器的软件模式，包括 3 个组成部分。

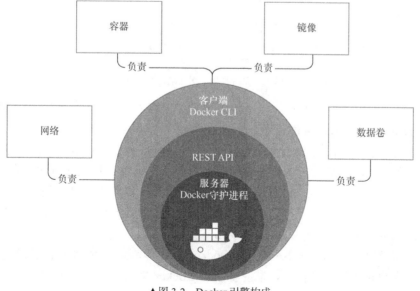

▲图 3-2　Docker 引擎构成

（1）服务器：Docker 守护进程，对应指令"dockerd"，用于创建管理 Docker 对象，包括容器、镜像、网络、卷（volume）等。

（2）描述性状态转移（Representational State Transfer，REST）API：提供用于与 Docker 守护进程进行通信并下达指令的接口。

（3）命令行界面（Command-Line Interface，CLI）客户端：提供命令行接口，对应指令"docker"，通过 REST API 与守护进程进行通信并下达指令。

Docker 客户端和守护进程既可以在同一个系统上运行，也可以将 Docker 客户端连接到远程 Docker 守护进程，CLI 使用 REST API 通过脚本或直接通过 CLI 命令来控制 Docker 守护进程或与之交互。守护进程创建并管理 Docker 对象，如镜像、容器、网络和数据卷。Docker 客户端通过守护进程操作 Docker 容器，而容器是通过镜像创建的，Docker 镜像保存在 Docker 仓库中，整个 Docker 架构如图 3-3 所示。

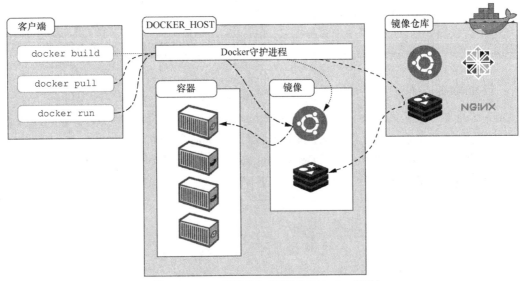

▲图 3-3　Docker 系统架构（图片来自 Docker 官网）

从图 3-3 可以看出，要在 Docker 宿主机上拉起并运行 Docker 容器，与 3 个组件密切相关，分别是 Docker 镜像、Docker 镜像仓库、Docker 容器。

（1）Docker 镜像（image）：镜像是容器的基石，容器基于镜像启动，镜像就像是容器的源代码，保存了用于容器启动的各种条件（应用代码，二方库、环境变量和配置文件等）。

（2）Docker 镜像仓库（registry）：Docker 镜像仓库用于保存用户创建的镜像，仓库分为公有和私有两种。Docker 公司自己提供了仓库 Docker Hub，可以在 Docker Hub 上创建账户，保存并分享自己创建的镜像，当然也可以架设私有镜像仓库。

（3）Docker 容器（container）：容器是 Docker 的执行单元（运行时），通过镜像启动，容器中可以运行客户端的多个进程。如果说镜像是 Docker 生命周期的构建和打包阶段，那么容器则是启动和执行阶段。

3.1.4　Docker 处理流程

在介绍了 Docker 的构成后，下面介绍如何使用 Docker。

首先要在 Linux 服务器上安装 Docker 软件包，并启动守护进程（Docker daemon）；然后就可以通过 Docker 客户端发送各种指令，守护进程执行完指令后，向客户端返回结果。

假如我们要启动一个新的 Docker 应用"app1"，整个工作的处理流程大致如图 3-4 所示。

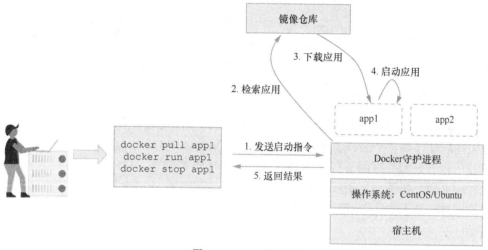

▲图 3-4　Docker 处理流程

（1）Docker 客户端向守护进程发送启动 app1 指令。

（2）因为我们的 Linux 服务器只安装了 Docker 软件包，并没有安装 app1 相关软件或服务，所以 Docker 守护进程发请求给 Docker 镜像仓库，在仓库中检索 app1 的软件镜像。

（3）如果找到 app1 应用，就把它下载到我们的服务器上。

（4）Docker 守护进程启动 app1 应用。

（5）把启动 app1 应用是否成功的结果返回给 Docker 客户端。

Docker 的其他操作（比如停止或删除 Docker 应用）的处理流程和启动类似，这里就不再一一介绍了。

3.1.5　Docker 的优势

Docker 支持将应用打包进一个可移植的容器中，重新定义了应用开发、测试、部署上线的过程，核心理念是"一次构建，到处运行"（build once, run anywhere），其典型应用场景是在开发和运维上提供持续集成和持续部署的服务。

1. 标准化和版本控制

Docker 是软件工程领域的"标准化"交付组件，最恰到好处的类比是"集装箱"。

集装箱将零散、不易搬运的大量货物封装成一个整体。其更重要的意义在于提供了一种通用的封装货物的标准，卡车、火车、货轮、桥吊等运输或搬运工具采用此标准，隧道、桥梁等也采用此标准。以集装箱为中心的标准化设计大大提高了物流体系的运行效率。

传统的软件交付物包括应用程序、依赖软件安装包、配置说明文档、安装文档、上线文档等非标准化组件。Docker 的标准化交付物称为"镜像"，它包含了应用程序及其所依赖的运行环境，大大简化了应用交付的模式。

除此之外，Docker 容器还可以像 Git 仓库一样，可以让你提交变更到 Docker 镜像中，并通过不同的版本来管理它们。设想如果你因为完成了一个组件的升级而导致整个环境被损坏，Docker 可以让你轻松地回滚到这个镜像的前一个稳定的版本。

2. 一次构建，多次交付

类似于集装箱的"一次装箱，多次运输"，Docker 镜像可以做到"一次构建，多次交付"。当涉及应用程序多副本部署或者应用程序迁移时，更能体现 Docker 的价值。

得益于容器开源社区的流行，容器技术已经形成事实标准，Docker 的好处之一就是可移植性。在过去的几年里，几乎所有主流的云计算提供商都将 Docker 融入它们的平台，并增加了各自的支持。基于 Docker 容器镜像能够很容易地移植到其他云厂商的平台上，应用不用做任何改动。

3. 应用隔离

集装箱可以有效做到货物之间的隔离，使化学物品和食品可以堆放在一起运输。Docker 可以隔离不同应用程序，但是比虚拟机开销小。

Docker 能够确保每个容器都拥有自己的资源，并且和其他容器是隔离的。你可以用不同的容器来运行使用不同堆栈的应用程序。除此之外，如果你想在服务器上直接删除一些应用程序是比较困难的，因为这样可能引发依赖关系冲突，而 Docker 可以帮你确保应用程序被完全清除，因为不同的应用程序运行在不同的容器上，如果你不再需要一个应用程序，那么可以简单地通过删除容器来删除这个应用程序，并且在宿主机操作系统上不会留下任何的临时文件或者配置文件。

除了上述好处，Docker 还能确保每个应用程序只使用分配给它的资源（包括 CPU、内存和磁盘空间）。一个特殊的软件将不会使用全部的可用资源，否则将导致性能降低（故障蔓延），甚至让其他应用程序完全停止工作。

3.1.6　Docker 常用命令

Docker 的安装过程在此不再赘述，读者可自行搜索安装方法。Docker 客户端通过命令行或者其他工具使用 Docker SDK 与 Docker 守护进程通信。Docker 客户端非常简单，我们可以直接输入 docker 命令来查看 Docker 客户端的所有命令选项。

```
[root@izuf6dyp7wo3gf77qmt1cqz docker]# docker

Usage:  docker [OPTIONS] COMMAND

A self-sufficient runtime for containers

Options:
      --config string      Location of client config files (default "/root/.docker")
  -c, --context string     Name of the context to use to connect to the daemon (overrides DOCKER_HOST env var,
                           context use")
  -D, --debug              Enable debug mode
  -H, --host list          Daemon socket(s) to connect to
  -l, --log-level string   Set the logging level ("debug"|"info"|"warn"|"error"|"fatal") (default "info")
      --tls                Use TLS; implied by --tlsverify
      --tlscacert string   Trust certs signed only by this CA (default "/root/.docker/ca.pem")
      --tlscert string     Path to TLS certificate file (default "/root/.docker/cert.pem")
      --tlskey string      Path to TLS key file (default "/root/.docker/key.pem")
      --tlsverify          Use TLS and verify the remote
  -v, --version            Print version information and quit

Management Commands:
  builder     Manage builds
  config      Manage Docker configs
  container   Manage containers
  context     Manage contexts
  engine      Manage the docker engine
  image       Manage images
  network     Manage networks
  node        Manage Swarm nodes
  plugin      Manage plugins
  secret      Manage Docker secrets
  service     Manage services
```

可以通过命令 docker command --help 更深入地了解指定的 Docker 命令使用方法。例如，查看 docker run 指令的具体使用方法：

```
[root@izuf6dyp7wo3gf77qmt1cqz docker]# docker run --help

Usage:  docker run [OPTIONS] IMAGE [COMMAND] [ARG...]

Run a command in a new container

Options:
      --add-host list                 Add a custom host-to-IP mapping (host:ip)
  -a, --attach list                   Attach to STDIN, STDOUT or STDERR
      --blkio-weight uint16           Block IO (relative weight), between 10 and 1000, or 0 to disable
      --blkio-weight-device list      Block IO weight (relative device weight) (default [])
      --cap-add list                  Add Linux capabilities
      --cap-drop list                 Drop Linux capabilities
      --cgroup-parent string          Optional parent cgroup for the container
      --cidfile string                Write the container ID to the file
      --cpu-period int                Limit CPU CFS (Completely Fair Scheduler) period
      --cpu-quota int                 Limit CPU CFS (Completely Fair Scheduler) quota
      --cpu-rt-period int             Limit CPU real-time period in microseconds
      --cpu-rt-runtime int            Limit CPU real-time runtime in microseconds
  -c, --cpu-shares int                CPU shares (relative weight)
      --cpus decimal                  Number of CPUs
      --cpuset-cpus string            CPUs in which to allow execution (0-3, 0,1)
      --cpuset-mems string            MEMs in which to allow execution (0-3, 0,1)
  -d, --detach                        Run container in background and print container ID
      --detach-keys string            Override the key sequence for detaching a container
      --device list                   Add a host device to the container
      --device-cgroup-rule list       Add a rule to the cgroup allowed devices list
      --device-read-bps list          Limit read rate (bytes per second) from a device (default [])
      --device-read-iops list         Limit read rate (IO per second) from a device (default [])
      --device-write-bps list         Limit write rate (bytes per second) to a device (default [])
      --device-write-iops list        Limit write rate (IO per second) to a device (default [])
      --disable-content-trust         Skip image verification (default true)
```

下面介绍 Docker 一些常用的命令。

Docker 基本命令如表 3-3 所示。

表 3-3　　　　　　　　　　　　　　　　　　Docker 基本命令

命令名	命令语法	命令说明	命令范例
info	docker info [OPTIONS]	检查当前容器的安装情况（包括镜像数、容器数、多少个物理机节点等）	docker info
version	docker version [OPTIONS]	查看当前安装的 Docker 版本	docker version

Docker 容器生命周期管理命令如表 3-4 所示。

表 3-4　　　　　　　　　　　　　　　　Docker 容器生命周期管理命令

命令名	命令语法	命令说明	命令范例
run	docker run [OPTIONS] IMAGE [COMMAND] [ARG...]	用某一个镜像在后台运行一个容器，run 命令加上 -d 参数可以在后台运行容器，--name 指定容器名为 apache。-p 将宿主机的 8080 端口映射到容器里的 80 端口（-p 端口随机映射）	docker run -d --name apache -p 8080:80 <docker 镜像 id /镜像名称> docker run -d --name tomcat -p 80:8080 tomcat:latest
create	docker create [OPTIONS] IMAGE [COMMAND] [ARG...]	创建一个新的容器，但不启动它	docker create --name mynginx nginx:latest
start stop restart	docker start/stop/restart [OPTIONS] CONTAINER [CONTAINER...]	启动/停止/重启某个容器	docker start/stop/restart <docker 容器 id>
kill	docker kill [OPTIONS] CONTAINER [CONTAINER...]	终止一个运行中的容器 kill 和 stop 的区别： kill 不管容器是否同意，直接执行 kill -9 强行终止；stop 是首先给容器发送一个 TERM 信号，让容器做一些退出前必需的保护性、安全性操作，然后让容器自动停止运行	docker kill <docker 容器 id>
rm	docker rm [OPTIONS] CONTAINER [CONTAINER...]	删除一个或多个（空格分隔）容器	docker rm -vf <docker 容器 id>
exec	docker exec [OPTIONS] CONTAINER COMMAND [ARG...]	在运行的容器中执行命令，进入某一个容器（bash 是一个命令处理器，通常运行于文本窗口中，并能执行用户直接输入的命令）	docker exec -it <docker 容器 id> bash

Docker 容器操作命令如表 3-5 所示。

表 3-5　　　　　　　　　　　　　　　　　　Docker 容器操作命令

命令名	命令语法	命令说明	命令范例
ps	docker ps [OPTIONS]	显示某一个组件 xxxx 的容器列表（sudo docker ps -a 表示列出当前节点下的所有容器，命令前加 sudo 表示只在当前节点执行）	docker ps -a|grep xxxx

命令名	命令语法	命令说明	命令范例
inspect	docker inspect [OPTIONS] NAME|ID [NAME|ID...]	获取容器/镜像的元数据信息	docker inspect <docker 容器 id> |grep -i host 查看容器所在宿主机 IP 地址
top	docker top [OPTIONS] CONTAINER [ps OPTIONS]	查看容器中运行的进程信息，支持 ps 命令参数。容器运行时不一定有/bin/bash 终端来交互执行 top 命令，而且容器还不一定有 top 命令，这时可以使用 docker top 来查看容器中正在运行的进程	docker top mynginx
stats	docker stats [OPTIONS] [CONTAINER...]	实时显示容器资源（CPU、内存）使用统计，在容器里用 free、cat/proc/meminfo 等指令看到的是物理机的内存，并非容器的	docker stats <docker 容器 id>
events	docker events [OPTIONS]	从服务器获取实时事件	docker events --since= "1467302400"
logs	docker logs [OPTIONS] CONTAINER	查看容器内的标准日志输出	docker logs <docker 容器 id>
port	docker port [OPTIONS] CONTAINER [PRIVATE_PORT [/PROTO]]	列出指定的容器的端口映射	docker port mynginx
cp	docker cp [OPTIONS] SRC_PATH|- CONTAINER: DEST_PATH	用于容器与宿主机之间的数据复制，如：docker cp 4c9328:/tmp/index.php/tmp（容器复制到宿主机） docker cp /tmp/siniu.txt 4c9328e:/tmp/（宿主机复制到容器）	docker cp ./aa.txt 4c9328e: /tmp/
diff	docker diff [OPTIONS] CONTAINER	从创建容器以来，列出容器文件系统中已更改的文件和目录。跟踪 3 种不同类型的变化。 A：添加一个文件或目录 B：文件或目录被删除 C：文件或目录已更改	docker diff 1fdfd1f54c1b
commit	docker commit [OPTIONS] CONTAINER [REPOSITORY[:TAG]]	将容器转化为一个镜像，即执行 commit 操作，完成后可使用 docker images 查看	docker commit -m "newbies centos-jdk8-tomcat7" -a "siniu" 9de47f5c1e70 siniu/centos-jdk8-tomcat7:0.0.1
update	docker update [OPTIONS] CONTAINER [CONTAINER...]	修改运行中的容器配置，即时生效，无须重启容器	如修改内存：docker update --memory=16g --memory-swap=20g {cid} 把 memory-swap 设置得比 memory 大即可

Docker 本地镜像管理命令如表 3-6 所示。

表 3-6 <span></span> **Docker 本地镜像管理命令**

命令名	命令语法	命令说明	命令范例
images	docker images [OPTIONS] [REPOSITORY[:TAG]]	列出本地宿主机上的镜像	docker images
history	docker history [OPTIONS] IMAGE	查看指定镜像的分层结构以及创建历史	docker history runoob/ubuntu:v3
inspect	docker image inspect [OPTIONS] NAME|ID [NAME|ID...]	获取镜像的元数据信息（如镜像分层信息）	docker image inspect a91500863279
rmi	docker rmi [OPTIONS] IMAGE [IMAGE...]	删除本地一个或多个镜像（空格分隔）	docker rmi -f <image 镜像 id>
tag	docker tag [OPTIONS] IMAGE[:TAG] [REGISTRYHOST/] [USERNAME/] NAME[:TAG]	标记本地镜像 将镜像 ubuntu:15.10 标记为 runoob/ubuntu:v3 镜像	docker tag ubuntu:15.10 runoob/ubuntu:v3
build	docker build [OPTIONS] PATH | URL | -	使用 Dockerfile 文件构建 Docker 镜像（-t 设置 tag 名称，命名规则 registry/image:tag. 表示使用当前目录下的 Dockerfile 文件）	docker build -t repos_local/centos-jdk7-tomcat7:0.0.1 .
export	docker export [OPTIONS] CONTAINER	将一个容器导出为文件，用于以后用 import 命令将容器导入为一个新的镜像	docker export -o my_ubuntu_v3.tar a404c6c174a2
import	docker import [OPTIONS] file|URL|- [REPOSITORY[:TAG]]	从归档文件中创建镜像	docker import my_ubuntu_v3.tar runoob/ubuntu:v4
save	docker save [OPTIONS] IMAGE [IMAGE...]	将指定镜像保存成 tar 归档文件 save 将一个镜像导出为文件,再使用 load 命令将文件加载为一个镜像，会保存该镜像的所有历史记录。比 export 命令导出的文件大，因为会保存镜像的所有历史记录 export 将一个容器导出为文件，再使用 import 命令将容器导入为一个新的镜像，相比 save 命令，容器文件会丢失所有元数据和历史记录，仅保存容器当时的状态，相当于虚拟机快照	docker save -o my_ubuntu_v3.tar runoob/ubuntu:v3
load	docker load [OPTIONS]	加载使用 docker save 命令导出的镜像	docker load --input my_ubuntu_v3.tar

Docker 镜像仓库命令如表 3-7 所示。

表 3-7 <span></span> **Docker 镜像仓库命令**

命令名	命令语法	命令说明	命令范例
login	docker login [OPTIONS] [SERVER]	登录一个 Docker 镜像仓库，如果未指定镜像仓库地址，则默认为官方仓库 Docker Hub docker login -u <用户名> -p <密码> <Docker Hub 服务器地址>	docker login -u siniu@aliyun.com registry.cn-shanghai.aliyuncs.com -p mypassword

续表

命令名	命令语法	命令说明	命令范例
logout	docker logout [OPTIONS] [SERVER]	退出一个 Docker 镜像仓库，如果未指定镜像仓库地址，则默认为官方仓库 Docker Hub	docker logout
pull	docker pull [OPTIONS] NAME[:TAG|@DIGEST]	从镜像仓库中拉取或者更新指定镜像到本地	docker pull registry.cn-hangzhou. aliyuncs.com/lxepoo/apache-php5: latest
push	docker push [OPTIONS] NAME[:TAG]	将本地的镜像上传到镜像仓库，执行该命令前要先登录镜像仓库	docker push centos_nginx:v1
search	docker search [OPTIONS] TERM	从镜像仓库查找镜像	docker search nginx

图 3-5 展现了完整的 Docker 命令关系。

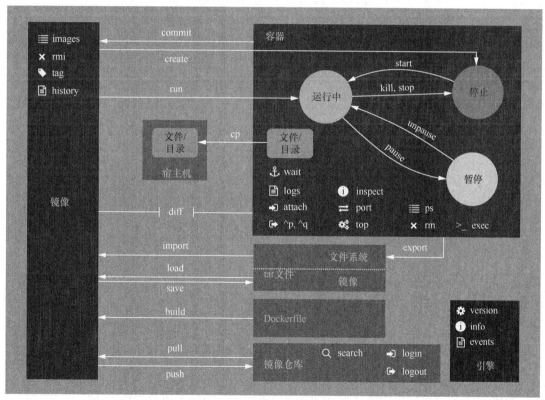

▲图 3-5　Docker 命令关系（图片来自 Docker 官网）

3.2 Docker 分层设计

在介绍 Docker 技术和组件之前，我们先重点了解 Docker 的分层设计理念。我个人认为分层设计是 Docker 一个非常核心的实现思路，只有了解分层设计的原理，才能更好地理解 Docker 的镜像、容器等运行过程。

3.2.1　分层设计与写时拷贝

一个应用要在一台机器上运行起来，需要依赖非常多的外部环境，有操作系统、应用服务器、虚拟机、二方库、应用程序包、配置文件等。为了实现"一次构建，到处运行"的目标，我们需要把这些依赖全部打包到一起，以屏蔽环境的差异性。应用程序包的大小一般是几兆字节到几十兆字节，但一个操作系统却有好几吉字节。如果要把这些所有的依赖都打包进来，整个部署包就会非常大，无法做到快速分发部署。

为了解决部署包过大使分发下载慢的问题，Docker 引入了分层的概念。把一个应用分为任意多个层，比如操作系统是第一层，依赖的库和第三方软件是第二层，应用的软件包和配置文件是第三层。如果两个应用有相同的底层，就可以共享这些层。

假如应用 A 和应用 B 的操作系统版本是一样的，它们就可以共享这一层。安装应用 A 时需要下载操作系统层；安装应用 B 时则不用下载操作系统层，只需下载它的依赖包和自身的软件包，如图 3-6 所示。因为一个企业或者一个项目中只使用一两个操作系统，所以部署应用时基本无须再下载操作系统，只需下载应用程序包就可以了。这大大减少了安装部署时的下载量。

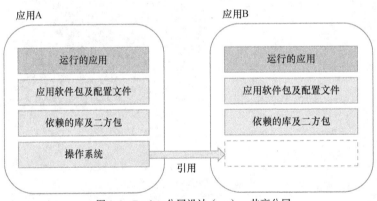

▲图 3-6　Docker 分层设计（一）：共享分层

读者细想会发现，这种共享分层明显会存在冲突的问题，即共性和个性的冲突。比如，应用 A 需要修改操作系统的某个配置，而应用 B 不需要修改。如何解决这个冲突呢？Docker 参考了 Java 的子类继承机制，设计了有优先级的层次，上层和下层有相同的文件和配置时，上层覆盖下层，以上层的数据为准。我们给每个应用设置一个优先级最高的空白层，如果需要修改下层的文件，就把这个文件复制到优先级最高的空白层进行修改，即写时拷贝（Copy-on-Write，COW）策略，保证下层的文件不做任何改变。这样，从应用 A 的角度来看，文件已经修改成功了，而从应用 B 的角度看，文件没有发生任何改变，如图 3-7 所示。

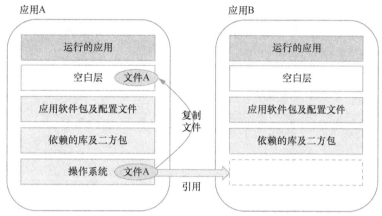

▲图 3-7　Docker 分层设计（二）：写时复制

Docker 的分层设计和写时拷贝策略解决了包含操作系统的应用程序比较大的问题，但并没有解决虚拟机启动慢的问题。主流的虚拟机（KVM、Xen、VMWare、VirtualBox 等）一般比较笨重，通过软件模拟硬件指令，启动一个虚拟机一般需要数分钟时间，这对于云环境下要求快速弹性伸缩的能力明显是不满足的，如何把虚拟机做到轻量化呢？

以 LXC、OpenVZ 为代表的容器类虚拟机是一种内核虚拟化技术，与宿主机运行在相同的Linux 内核（共享宿主机的操作系统），不需要指令级模拟，性能消耗非常小，是一种非常轻量级的虚拟化容器，容器的系统资源消耗和一个普通的进程差不多。Docker 就是利用 LXC（后来又推出 Libcontainer）让虚拟机变得轻量化。

Libcontainer 是 Docker 中用于容器管理的包。它基于 Go 语言实现，通过管理 namespaces、cgroups、capabilities 以及文件系统来进行容器控制。2013 年 Docker 刚发布时，它是一款基于LXC 的开源容器管理引擎，把 LXC 复杂的容器创建与使用方式简化为 Docker 自己的一套命令体系。随着 Docker 不断发展，它开始有了更远大的目标，那就是反向定义容器的实现标准，将底层实现都抽象化到 Libcontainer 的接口。这就意味着底层容器的实现方式变成了一种可变的方案，无论是使用 namespace、cgroups 技术，还是使用 systemd 等其他方案，只要实现了 Libcontainer 定义的一组接口，Docker 都可以运行。这也为 Docker 实现全面的跨平台带来了可能。

在 Docker 的官方仓库里，只需有完整的文件系统和程序包，没有动态生成新文件的需求。当把它下载到宿主机上运行以对外提供服务时，有可能修改文件（比如应用启动参数、日志输出），需要有空白层用于写时拷贝。Docker 把这两种不同的状态做了区分，分别叫作镜像（image）和容器（container），如图 3-8 所示。

仓库中的应用都是以镜像的形式存在的，把镜像从 Docker 镜像仓库中下载到本地宿主机，以这个镜像为模板启动应用，就叫作容器。镜像是只读的，容器是可读写的，容器和镜像的关系如图 3-9 所示。

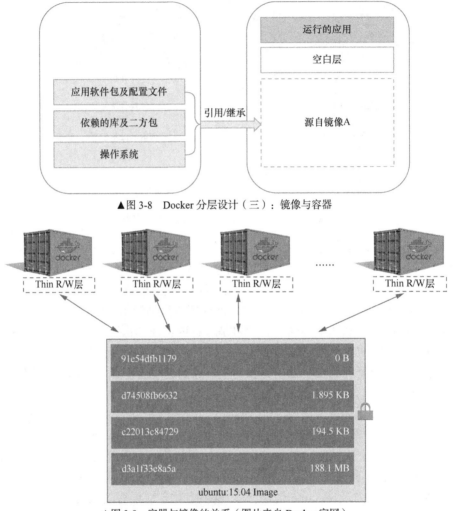

▲图 3-8　Docker 分层设计（三）：镜像与容器

▲图 3-9　容器与镜像的关系（图片来自 Docker 官网）

综上所述，镜像是指分层的、可被 LXC/Libcontainer 理解的文件存储格式。Docker 应用以这种格式发布到 Docker 镜像仓库中，供用户下载使用。把应用镜像从 Docker 镜像仓库下载到本地宿主机上，以镜像为模板，在一个容器类虚拟机中把这个应用启动起来，这个虚拟机就叫作容器。在 Docker 的世界里，镜像和容器是两大核心概念，几乎所有的指令和文档都是围绕这两个概念展开的。

3.2.2　镜像分层管理

通过 Docker 分层设计，我们已经了解了镜像的分层原理，本节我们通过具体的镜像来看一个镜像的层次结构，以加深对 Docker 镜像的理解。

Docker 中的镜像分为基础镜像（base image）和扩展镜像。基础镜像为上层应用提供操作系统内核，通常是各种 Linux 发行版的 Docker 镜像，比如 Ubuntu、Debian、CentOS 等。简单来说，基础镜像就是没有 from 或者 from scratch（空白镜像）开头的 Dockerfile 所构建出来的镜像。基础镜像有两层含义。

（1）不依赖其他镜像，从空白镜像构建。

（2）其他镜像以基础镜像为基线进行扩展。

Linux 系统包含内核空间 kernel 和用户空间 rootfs 两部分，如图 3-10 所示。容器只使用各自的 rootfs，但共用宿主机的 kernel，这就产生基础镜像的最底层分层结构。

不同 Linux 发行版的区别主要是 rootfs。比如 Ubuntu 14.04 使用 upstart 管理服务，apt 管理软件包；而 CentOS 7 使用 systemd 和 yum。这些都是用户空间上的区别，Linux kernel 差别不大，如图 3-11 所示。所以 Docker 可以同时支持多种 Linux 镜像，模拟出多种操作系统环境。

▲图 3-10　基础镜像

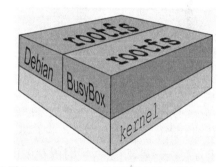

▲图 3-11　不同 Linux 发行版的主要区别是 rootfs，kernel 都一样

一台宿主机上的所有容器都共用宿主机的 kernel，在容器中无法对 kernel 升级。大部分镜像是基于基础镜像构建的，所以通常使用的是官方发布的基础镜像，可以在 Docker Hub 里找到。图 3-12 所示是 CentOS 的基础镜像。

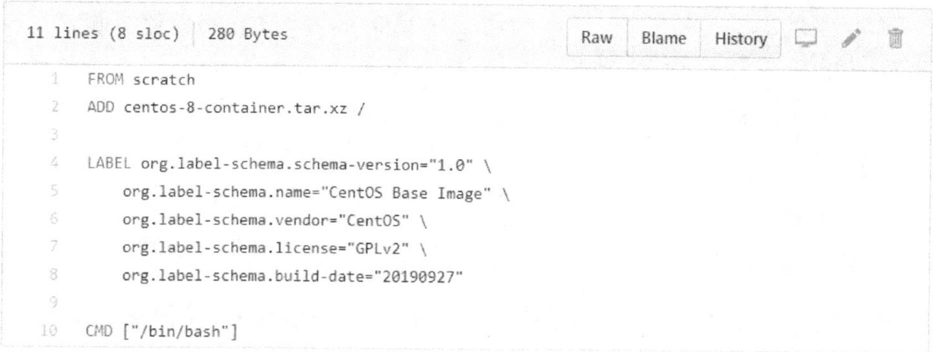

```
11 lines (8 sloc)    280 Bytes                    Raw  Blame  History  🖵  ✏  🗑

1    FROM scratch
2    ADD centos-8-container.tar.xz /
3
4    LABEL org.label-schema.schema-version="1.0" \
5        org.label-schema.name="CentOS Base Image" \
6        org.label-schema.vendor="CentOS" \
7        org.label-schema.license="GPLv2" \
8        org.label-schema.build-date="20190927"
9
10   CMD ["/bin/bash"]
```

▲图 3-12　CentOS 的 Dockerfile

ADD centos-8-container.tar.xz / 命令将本地的 CentOS 8 的 tar 包添加到镜像，并解压到根目录下，生成/dev、/proc、/bin、/usr、/var 等。我们既可以自己构建基础镜像，也可以直接使用 Docker Hub 上已有的基础镜像。如图 3-13 和图 3-14 所示，从镜像仓库拉取 CentOS 镜像。

```
[root@manager1 ~]# docker pull centos
Using default tag: latest
latest: Pulling from library/centos
729ec3a6ada3: Pull complete
Digest: sha256:f94c1d992c193b3dc09e297ffd54d8a4f1dc946c37cbeceb26d35ce1647f88d9
Status: Downloaded newer image for centos:latest
docker.io/library/centos:latest
[root@manager1 ~]#
```

▲图 3-13　从 Docker Hub 拉取 CentOS 基础镜像

```
[root@manager1 ~]# docker images centos
REPOSITORY              TAG              IMAGE ID           CREATED            SIZE
centos                  latest           0f3e07c0138f       6 weeks ago        220MB
[root@manager1 ~]#
```

▲图 3-14　查看本地机器上的 CentOS 镜像

可以看到，最新的 CentOS 镜像只有 220 MB，比较小。这是因为 Docker 镜像在运行时直接使用 Docker 宿主机的 kernel，因此 CentOS 镜像中只包含用户空间 rootfs 部分的程序包。

与 CentOS 镜像类似，新镜像从基础镜像一层一层叠加生成，每安装一个软件，就在现有镜像的基础上增加一层。如果多个镜像从相同的基础镜像构建而来，那么 Docker 宿主机只需在磁盘上保存一份基础镜像，同时内存中也只需加载一份基础镜像，就可以为所有容器服务了，而且镜像的每一层都可以被共享。创建镜像时，分层可以让 Docker 只保存我们添加和修改的部分内容。其他内容基于基础镜像，不需要存储，读取基础镜像即可。如此，当我们创建多个镜像时，所有的镜像共享基础镜像，节省了磁盘空间。

如果多个容器共享一份基础镜像，当某个容器修改了基础镜像的内容（如/etc 下的文件），这时其他容器的 /etc 是否也会被修改呢？从 3.2.1 节中可知，当一个容器启动时，一个新的可写层被加载到镜像的顶部。这一层通常被称作"容器层"，"容器层"之下的都叫"镜像层"。容器层可以读写，容器所有文件变更都发生在这一层，而镜像层只允许读取。整个容器及镜像分层结构如图 3-15 所示。

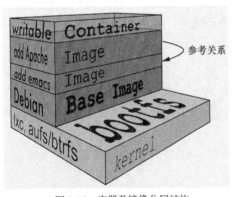

▲图 3-15　容器及镜像分层结构

镜像的分层结构即镜像制作过程中的操作，通过 docker history <镜像 id / 镜像名称>命令即可查看，如图 3-16 所示。

```
[root@manager1 ~]# docker images
REPOSITORY                                          TAG       IMAGE ID        CREATED       SIZE
centos                                              latest    0f3e07c0138f    6 weeks ago   220MB
registry.cn-shanghai.aliyuncs.com/siniu/centos_nginx  v1      a91500863279    7 weeks ago   557MB
[root@manager1 ~]#
[root@manager1 ~]# docker history a91500863279
IMAGE           CREATED        CREATED BY                                      SIZE      COMMENT
a91500863279    7 weeks ago    /bin/sh -c #(nop)  VOLUME [/data]               0B
<missing>       7 weeks ago    /bin/sh -c #(nop)  CMD ["-g" "daemon off;"]     0B
<missing>       7 weeks ago    /bin/sh -c #(nop)  ENTRYPOINT ["nginx"]         0B
<missing>       7 weeks ago    /bin/sh -c #(nop)  ENV PATH=/usr/local/nginx…   0B
<missing>       7 weeks ago    /bin/sh -c #(nop)  EXPOSE 80                    0B
<missing>       7 weeks ago    /bin/sh -c ./configure --user=nginx --group=…   30.7MB
<missing>       7 weeks ago    /bin/sh -c #(nop) WORKDIR /usr/local/src/ngi…   0B
<missing>       7 weeks ago    /bin/sh -c useradd -M -s /sbin/nologin nginx    296kB
<missing>       7 weeks ago    /bin/sh -c yum install -y libxslt-devel -y g…   102MB
<missing>       7 weeks ago    /bin/sh -c yum install -y gcc gcc-c++ glibc …   216MB
<missing>       7 weeks ago    /bin/sh -c #(nop) ADD file:6c0d878d1e0d60252…   6.12MB
<missing>       2 months ago   /bin/sh -c #(nop)  CMD ["/bin/bash"]            0B
<missing>       2 months ago   /bin/sh -c #(nop)  LABEL org.label-schema.sc…   0B
<missing>       2 months ago   /bin/sh -c #(nop) ADD file:4e7247c06de9ad117…   202MB
[root@manager1 ~]#
```

▲图 3-16　通过 docker history 命令查看镜像分层结构

另外我们也可以通过 docker image inspect <镜像 id / 镜像名称>命令查看镜像的元数据信息，其中包括镜像的分层信息，如图 3-17 所示。

```
[root@manager1 ~]# docker image inspect a91500863279
[
    {
        "Id": "sha256:a915008632797e6a7c2195d6dba0d4714c034a78b4296b77
        "RepoTags": [
            "registry.cn-shanghai.aliyuncs.com/siniu/centos_nginx:v1"
        ],
        "RepoDigests": [
            "registry.cn-shanghai.aliyuncs.com/siniu/centos_nginx@sha2
        ],
        "Parent": "",
        "Comment": "",
        "Created": "2019-09-23T04:21:45.298152502Z",
        "Container": "495828147d3e064b71a81f279b3483bb565be7b76e204ee5
        "ContainerConfig": {
            "Hostname": "495828147d3e",
            "Domainname": "",
            "User": "",
            "AttachStdin": false,
            "AttachStdout": false,
            "AttachStderr": false,
            "ExposedPorts": {
                "80/tcp": {}
            },
            "Tty": false,
            "OpenStdin": false,
            "StdinOnce": false,
            "Env": [
                "PATH=/usr/local/nginx/sbin:/usr/local/sbin:/usr/local
            ],
            "Cmd": [
                "/bin/sh",
```

```
        "Architecture": "amd64",
        "Os": "linux",
        "Size": 557498284,
        "VirtualSize": 557498284,
        "GraphDriver": {
            "Data": {
                "DeviceId": "7",
                "DeviceName": "docker-253:1-396311-aba558
                "DeviceSize": "10737418240"
            },
            "Name": "devicemapper"
        },
        "RootFS": {
            "Type": "layers",
            "Layers": [
                "sha256:877b494a9f30e74e61b441ed84bb74b14
                "sha256:54fbff02dd62f183faeec793e77e9221c
                "sha256:298439a1972a3c3b29e4bec14c30d9dff
                "sha256:f91a465315489cc7d1d5918938b26b9e3
                "sha256:9278313d48a53d465b46908da93d6aef9
                "sha256:d1f469ff693a3aba57bf4eca9d854d8be
            ]
        },
        "Metadata": {
            "LastTagTime": "0001-01-01T00:00:00Z"
        }
    }
]
[root@manager1 ~]#
```

▲图 3-17　通过 docker image inspect 命令查看镜像元数据信息

3.2.3　镜像版本变更管理

对软件开发而言，版本迭代、版本回退是常有的事，Docker 对于版本变更管理又有什么特别之处呢？假如对于一个应用的 Docker 镜像，它的 1.0 版本有 3 层，第一层有 1 GB，第二层有 300 MB，第三层有 10 MB，接下来我们需要对它做如下修改。

（1）修改位于第一层的文件 A。

（2）删除位于第二层的文件 B。

（3）添加一个新文件 C。

Docker 会新增一个第四层，针对上面的修改需求，处理方法如下。

（1）把第一层的文件 A 复制到第四层，修改文件 A 的内容→A'。

（2）在第四层把文件 B 设置为不存在→B-。

（3）在第四层创建一个新文件 C→C+。

通过增加一个第四层，将版本变更为 1.1，整个修改过程如图 3-18 所示。

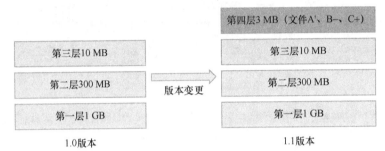

▲图 3-18　镜像版本变更

现在我们把镜像的 1.1 版本发布到 Docker 镜像仓库，镜像仓库中已经存在这个镜像的 1.0 版本，也就是说存储有这个镜像的第一层（1 GB）、第二层（300 MB）、第三层（10 MB）。我们上传 1.1 版本时，不需要重复上传前三层，只需要把第四层（只有 3 MB）上传到 Docker 镜像仓库，这样可以大幅减小新镜像版本上传的程序包。同样，对应用方而言，如果想把这个容器应用程序从 1.0 版本升级到 1.1 版本，因为本地宿主机已经有这个镜像的前三层，所以它只需从 Docker 镜像仓库把第四层（3 MB）下载下来，就可以运行 1.1 版本，因此应用的版本升级非常快捷轻量。

综上所述，Docker 不仅具有控制版本变更的能力，还能够利用分层的特性做到增量更新，这个分层继承上层覆盖的设计对于大规模分布式环境（几百上千个节点）下版本的分发部署是非常重要的，为云原生下的 CI/CD 奠定了良好的基础。

3.3　Docker 三要素

镜像、容器、镜像仓库是 Docker 中最为核心的 3 个概念，组成了 Docker 的整个生命周期。这三者之间的运行关系如图 3-19 所示。

3.3.1　镜像

镜像是 Docker 三大核心概念中最重要的。自 Docker 产生之日起，镜像就是相关社区最为活跃热门的关键词。镜像是容器运行的前提，官方的 Docker Hub 网站已经提供了数十万个镜像供用户下载。Docker 运行（run）一个容器前，在本地需要存在对应的镜像。如果本地不存在，则从默认的镜像仓库下载对应的镜像（默认的镜像仓库是 Docker Hub 公共服务器中的仓库，也可以改为国内或者公司自己搭建的镜像仓库）。由于网络的问题，直接从 Docker 官方往本地拉取镜像会十分缓慢，这时我们可以通过国内的 Docker 服务提供商免费获取以加速拉取镜像服务。国内主流的云服务商（如阿里云、腾讯云、网易云等）都有相应的镜像仓库服务，读者可以自行选择其中一个镜像仓库服务并注册个人账号。

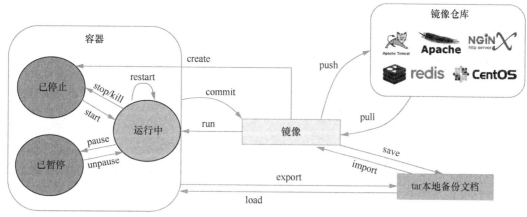

▲图 3-19 镜像、容器、镜像仓库三者运行关系

只要给出镜像的名字和标签，就能在官方仓库中定位一个镜像（采用 ":" 分隔 repository 和 tag ）。从官方仓库拉取镜像时，命令格式如下：

```
docker image pull <repository>:<tag> （或者 docker pull <repository>:<tag>）
```

关于镜像拉取命令，需要说明两点。

（1）如果没有在仓库名称后指定具体的镜像标签（tag），则 Docker 会默认拉取标签为 latest 的镜像。

（2）如果希望从第三方镜像仓库服务（非 Docker Hub）或者自建的私有镜像仓库获取镜像，则需要在镜像仓库前面加第三方仓库的域名系统（Domain Name System，DNS）名称，或者自建私有镜像仓库的地址端口，如下所示：

```
docker pull registry.cn-shanghai.aliyuncs.com/siniu/centos_nginx:v1
docker pull 139.196.163.46:5000/myregistry
```

镜像的拉取、上传、查看、删除等操作非常简单，在 3.1.6 节中已有介绍，这里不再赘述。我们重点关注创建镜像。创建镜像的方法主要有 3 种。

（1）基于已有的容器创建（commit 命令）。

（2）基于本地模板（tar）导入（import 命令）。

（3）基于 Dockerfile 文件创建（build 命令）。

其中，基于 Dockerfile 文件创建是最常见的方法，也是开发人员最熟悉和喜欢的代码编程模式。Dockerfile 是一个文本格式的配置文件，利用给定的指令描述基于某一个父镜像（from image×××）创建新镜像的过程。下面给出一个标准的创建 Nginx 服务的 Dockerfile 文件示例，其中主要步骤的作用已通过注释说明。

```
#Dockerfile 创建 Nginx 服务
#继承自 centos 基础镜像
FROM centos
#将 nginx 包放入/usr/local/src 并自动解压
ADD nginx-1.15.2.tar.gz /usr/local/src
#安装依赖包
RUN yum install -y gcc gcc-c++ glibc make autoconf openssl openssl-devel
RUN yum install -y libxslt-devel -y gd gd-devel GeoIP GeoIP-devel pcre pcre-devel
#创建用户
RUN useradd -M -s /sbin/nologin nginx
#改变当前目录到 nginx 安装目录
WORKDIR /usr/local/src/nginx-1.15.2
#编译 nginx
RUN  ./configure  -user=nginx  -group=nginx  -prefix=/usr/local/nginx  -with-file-aio
-with-http_ssl_module -with-http_realip_module … . --with-http_stub_status_module &&
make && make install
#EXPOSE 指令是声明运行时容器提供服务端口，这只是一个声明，在运行时并不会因为这个声明应用就会开启这个端
#口的服务
#在 Dockerfile 中写入这样的声明有两个好处，一个是帮助镜像使用者理解这个镜像服务的守护端口，以方便配置
#映射，另一个则是在运行时使用随机端口映射，也就是 docker run -P 时，会自动随机映射 EXPOSE 的端口
EXPOSE 80
#添加环境变量
ENV PATH /usr/local/nginx/sbin:$PATH
#entrypoint 的作用是，把整个容器变成了一个可执行的文件，这样就不能通过替换 CMD 的方法来改变创建容器的
#方式
#但是可以通过参数传递的方法影响容器内部，每个 Dockerfile 只能包含一个 entrypoint
#当定义了 entrypoint 以后，CMD 只能作为参数进行传递
ENTRYPOINT ["nginx"]
#相当于在容器执行: nginx -g "daemon off;"
CMD ["-g","daemon off;"]
#挂载数据卷，默认会映射到外部的: /var/lib/docker/volumes/xxxxxx/_data
VOLUME ["/data"]
# 构建 Image: docker build -t centos_nginx:v1 .
# 运行 container: docker run -d -p 80:80 centos_nginx:v1
```

编辑好 Dockerfile 文件后，可以通过 docker build 命令创建本地镜像。在使用 docker build 命令通过 Dockerfile 创建镜像时，会产生一个 build 上下文（context）。所谓的 build 上下文，就是 docker build 命令的 PATH 或 URL 指定的路径中的文件的集合。在镜像创建过程中可以引用上下文中的任何文件，比如 COPY 和 ADD 命令就可以引用上下文中的文件（不能复制上下文之外的本地文件）。对 COPY 和 ADD 命令来说，如果要把本地的文件复制到镜像中，那么本地的文件必须是在上下文目录中的文件。

docker build 过程如下：

```
[root@manager1 mynginx]# ll
total 1024
drwxr-xr-x 2 root root    4096 Sep 23 13:50 conf.d
-rw-r--r-- 1 root root     361 Sep 23 13:50 docker-compose.yml
-rw-r--r-- 1 root root    2222 Sep 23 12:13 Dockerfile
drwxr-xr-x 2 root root    4096 Sep 23 13:50 log
-rw-r--r-- 1 root root 1025746 Jul 24  2018 nginx-1.15.2.tar.gz
drwxr-xr-x 2 root root    4096 Sep 23 13:50 www
[root@manager1 mynginx]# docker build -t centos_nginx:v1 .
Sending build context to Docker daemon  1.033MB
Step 1/12 : FROM centos
 ---> 0f3e07c0138f
Step 2/12 : ADD nginx-1.15.2.tar.gz /usr/local/src
 ---> 52e13b232240
Step 3/12 : RUN yum install -y gcc gcc-c++ glibc make autoconf openssl openssl-devel
 ---> Running in 6b7851755a7d
CentOS-8 - AppStream                      1.7 MB/s | 6.3 MB      00:03
CentOS-8 - Base                           2.7 MB/s | 7.9 MB      00:02
CentOS-8 - Extras                         4.1 kB/s | 2.1 kB      00:00
Package glibc-2.28-42.el8.1.x86_64 is already installed.
Dependencies resolved.
================================================================================
 Package              Arch      Version            Repository    Size
================================================================================
Installing:
 autoconf             noarch    2.69-27.el8        AppStream     710 k
 gcc                  x86_64    8.2.1-3.5.el8      AppStream      23 M
 gcc-c++              x86_64    8.2.1-3.5.el8      AppStream      12 M
 make                 x86_64    1:4.2.1-9.el8      BaseOS        498 k
 openssl              x86_64    1:1.1.1-8.el8      BaseOS        664 k
 openssl-devel        x86_64    1:1.1.1-8.el8      BaseOS        2.3 M
Installing dependencies:
 cpp                  x86_64    8.2.1-3.5.el8      AppStream      10 M
 isl                  x86_64    0.16.1-6.el8       AppStream     841 k
 perl-threads-shared-1.58-2.el8.x86_64
 zlib-devel-1.2.11-10.el8.x86_64

Complete!
Removing intermediate container 6b7851755a7d
 ---> cc02a96eaad3
Step 4/12 : RUN yum install -y libxslt-devel -y gd gd-devel GeoIP GeoIP-devel pcre pcre-devel
 ---> Running in 6389b8e838c5
Last metadata expiration check: 0:00:46 ago on Thu Nov 14 08:13:30 2019.
No match for argument: GeoIP
No match for argument: GeoIP-devel
Package pcre-8.42-4.el8.x86_64 is already installed.
Error: Unable to find a match
The command '/bin/sh -c yum install -y libxslt-devel -y gd gd-devel GeoIP GeoIP-devel pcre pcre-devel'
[root@manager1 mynginx]#
```

构建好后，我们可以通过 docker images 命令查看一下本机镜像中是否已经存在刚刚构建的镜像（centos_nginx:v1）：

```
[root@manager1 ~]# docker images
REPOSITORY                                                TAG       IMAGE ID        CREATED          SIZE
centos_nginx                                              v1        7d15eac36988    3 minutes ago    463MB
centos                                                    latest    0f3e07c0138f    6 weeks ago      220MB
registry.cn-shanghai.aliyuncs.com/siniu/centos_nginx      v1        a91500863279    7 weeks ago      557MB
[root@manager1 ~]#
```

Dockerfile 由多条指令组成，每条指令在编译镜像时执行相应的程序以完成某些功能，由指令+参数组成，#作为注释起始符，虽然指令不区分大小写，但是一般建议指令使用大写，参数使用小写。Dockerfile 指令包括"配置指令"（配置镜像信息）和"操作指令"（具体执行操作）两类，表 3-8 是具体的指令及其说明。

表 3-8　　　　　　　　　　　　　　　　Dockerfile 指令

指令类型	指令	指令说明
配置指令	ARG	定义创建镜像过程中使用的变量
	FROM	指定所引用（继承）的父镜像
	LABEL	为所生成的镜像添加元数据标签信息
	EXPOSE	声明镜像内服务监听的端口
	ENV	指定环境变量
	ENTRYPOINT	指定镜像的默认入口命令
	VOLUMN	创建一个数据卷挂载点
	USER	指定运行容器时的用户名或 UID
	WORKDIR	配置工作目录
	ONBUILD	创建子镜像时指定自动执行的操作指令
	STOPSIGNAL	指定退出的信号值
	HEALTHCHECK	配置所启动容器如何进行健康检查
	SHELL	指定默认 shell 类型
操作指令	RUN	运行指定命令
	CMD	启动容器时指定默认执行的命令
	COPY	复制内容到镜像
	ADD	添加内容到镜像，与 COPY 类似，但提供另外两项额外的能力： （1）解压缩文件，并把它们添加到镜像中 （2）从 url 复制文件到镜像中

3.3.2　容器

　　容器是镜像的一个运行实例，不同的是它带有额外的可写层。虚拟机和容器最大的区别是容器更快并且更轻量级——与虚拟机运行在完整的操作系统之上相比，容器会共享其所在宿主机的操作系统/内核。我们可以认为 Docker 容器就是独立运行的一个或一组应用，以及它们所运行的必需环境。正如从虚拟机模板上启动虚拟机（Virtual Machine，VM）一样，用户也可以从单个镜像上启动一个或多个容器。实际上，一个容器实例就是宿主机上的一个独立进程。每次执行 docker run，就创建一个 Docker 容器进程，拥有独立的文件系统、网络和进程树。使用 docker ps 或者 docker container ls 可以查询运行的容器。

```
[root@izuf6dyp7wo3gf77qmt1cqz docker]# docker ps
CONTAINER ID   IMAGE           COMMAND                CREATED      STATUS      PORTS                      NAMES
d3d54bd22b0c   centos          "/bin/bash"            7 days ago   Up 6 days                              dbdata
03c7de4c6432   siniu/tomcat9   "/usr/local/apache-t…" 7 days ago   Up 7 days   0.0.0.0:8080->8080/tcp     mytomcat9
7a3a5addf1ca   registry        "/entrypoint.sh /etc…" 8 days ago   Up 8 days   0.0.0.0:5000->5000/tcp     silly_diffie
[root@izuf6dyp7wo3gf77qmt1cqz docker]#
```

这里着重介绍容器的创建过程。新建容器的方式有两个：一个是使用 docker container run 命令，另一个是使用 docker container create 命令。这两个命令的不同之处在于，create 命令新建的容器处于停止状态，还需要使用 docker container start 命令来启动它。

1. Docker 容器启动参数

由于容器是整个 Docker 技术栈的核心，create/run 命令支持的选项都十分复杂，每个选项都有特定的应用场景和用途，需要读者在实践中不断学习体会。选项主要包括如下几类：与容器运行模式相关、与容器环境配置相关、与容器资源限制和安全保护相关。在实际应用中，可以参考表 3-9 ~ 表 3-11 的选项及其说明进行合理的配置。

表 3-9　　　　　　　　　　　　　与容器运行模式相关的选项及其说明

选项	说明
-a, --attach=[ ]	是否绑定到标准输入、输出和错误
-d, --detach=true|false	是否在后台运行容器，默认为否
--detach-keys=""	从 attach 模式退出的快捷键，默认是 Ctrl+P、Ctrl+Q
--entrypoint=""	镜像存在入口命令时，覆盖为新的命令
--expose=[ ]	指定容器会暴露出来的端口或端口范围
--group-add=[ ]	运行容器的用户组
-i, --interactive=true|false	保持标准输入打开，默认为 false
--ipc=""	容器 IPC 命名空间，可以为其他容器或宿主机
--isolation="default"	容器使用的隔离机制，仅针对 Windows 守护进程有效，可选值为 default、process、hyperv
--log-driver="json-file"	指定容器的日志驱动类型，可以为 json-file、syslog、journald、gelf、fluentd、awslogs、splunk、etwlogs、gcplogs、none
--log-opt=[ ]	传递给日志驱动的选项
--net="bridge"	指定容器网络模式，包括 bridge、none、其他容器内网络、宿主机的网络或某个现有网络
--net-alias=[ ]	容器在网络中的别名
-P, --publish-all=true|false	通过 NAT 机制将容器标记暴露的端口自动映射到本地宿主机的临时端口
-p, --publish=[ ]	指定如何映射到本地宿主端口或端口范围
--pid=host	容器的 PID 命名空间
--userns=""	启用 userns-remap 时配置用户命名空间的模式
--uts=host	容器的 UTS 命名空间
--restart="no"	容器的重启策略，包括 no、on-failure[:max-retry]、always、unless-stopped 等
--rm=true|false	容器退出后是否自动删除，不能与 -d 同时使用
-t, --tty=true|false	是否分配一个伪终端，默认为 false
--tmpfs=[ ]	挂载临时文件系统到容器

续表

选项	说明
-v| --volume=[=[HOST-DIR:] CONTAINER-DIR:[:OPTIONS]]]	挂载宿主机上的数据卷到容器内
--volume-driver=""	挂载数据卷的驱动类型
--volumes-from=[ ]	从其他容器挂载数据卷
-w, --workdir=""	容器内默认的工作目录

表 3-10　　　　　　　　　　与容器环境配置相关的选项及其说明

选项	说明
--add-host=[ ]	在容器内添加一个宿主机名到 IP 地址的映射关系（通过/etc/hosts 文件）
--device=[ ]	映射物理机上的设备到容器内
--dns-search=[ ]	DNS 搜索域
--dns-opt=[ ]	自定义的 DNS 选项
--dns=[ ]	自定义的 DNS 服务器
-e, --env=[ ]	指定容器内环境变量
--env-file=[ ]	从文件中读取环境变量到容器内
-h, --hostname=""	指定容器内的宿主机名
--ip=""	指定容器的 IPv4 地址
--ip6=""	指定容器的 IPv6 地址
--link=[<name or id>:alias]	连接到其他容器
--link-local-ip=[ ]	容器的本地链接地址列表
--mac-address=""	指定容器的 MAC 地址
--name=""	指定容器的别名

表 3-11　　　　　　　　与容器资源限制和安全保护相关的选项及其说明

选项	说明
--blkio-weight=10~1000	容器读写块设备的 I/O 性能权重，默认为 0
--blkio-weight-device= [DEVICE_NAME:WEIGHT]	指定各个块设备的 I/O 性能权重
--cpu-shares=0	允许容器使用 CPU 资源的相对权重，默认一个容器能用满一个核的 CPU，用于设置多个容器竞争 CPU 时，各个容器相对能分配到的 CPU 时间占比 Docker 默认每个容器的权值为 1024。如果不设置或将其设置为 0，都将使用这个默认值。系统会根据每个容器的共享权值和所有容器共享权值和的占比来给容器分配 CPU 时间
--cap-add=[ ]	增加容器的 Linux 指定安全能力
--cap-drop=[ ]	移除容器的 Linux 指定安全能力

续表

选项	说明
--cgroup-parent=""	容器 cgroups 限制的创建路径
--cidfile=""	指定容器的进程 ID 号写到文件
--cpu-period=0	限制容器在 CFS 调度器下的 CPU 占用时间片（单位：μs），范围从 100ms~1s，即[100000,1000000]，用于绝对设置容器能使用的 CPU 时间
--cpu-quota=0	限制容器在 CFS 调度器下的 CPU 配额（单位：μs），必须不小于 1ms，即≥1000，用于绝对设置容器能使用的 CPU 时间
--cpuset-cpus=""	限制容器能使用哪些 CPU 核，用于设置容器可以使用的 vCPU 核，值可以为 0 ~ N,0,1
--cpuset-mems=""	NUMA 架构下使用哪些核心的内存
--device-read-bps=[ ]	挂载设备的读速率（bits per second）限制
--device-write-bps=[ ]	挂载设备的写速率（bits per second）限制
--device-read-iops=[ ]	挂载设备的读速率（以每秒读 I/O 次数为单位）限制
--device-write-iops=[ ]	挂载设备的写速率（以每秒写 I/O 次数为单位）限制
--health-cmd=""	指定检查容器健康状态的命令
--health-interval=0s	执行健康检查的间隔时间，单位可以为 ms、s、m、h
--health-retries=int	健康检查失败重试次数，超过则认为不健康
--health-start-period=0s	容器启动后执行健康检查的等待时间，单位可以为 ms、s、m、h
--health-timeout=0s	健康检查的执行超时时间，单位可以为 ms、s、m、h
--no-healthcheck=true|false	是否禁用健康检查
--init	在容器中执行一个 init 进程，来负责响应信号和处理僵尸状态子进程
--kernel-memory=""	限制容器使用内核的内存大小，单位可以为 B、KB、MB、GB
-m, --memory=""	限制容器内应用使用的内存大小，单位可以为 B、KB、MB、GB
--memory-reservation=""	当系统中内存过小时，容器会被强制限制内存到给定值，默认情况下等于内存限制值
--memory-swap="LIMIT"	限制容器使用内存和交换分区的总大小
--oom-kill-disable=true|false	内存耗尽时是否杀死容器
--oom-score-adj=""	调整容器的内存耗尽参数
--pids-limit=""	限制容器的 PID 个数
--privileged=true|false	是否给容器特权，如果是意味着容器内应用将不受权限的限制，一般不推荐
--read-only=true|false	是否让容器内的文件系统只读
--security-opt=[ ]	指定一些安全参数，包括权限、安全能力等
--stop-signal=SIGTERM	指定停止容器的系统信号
--shm-size=""	/dev/shm 的大小
--sig-proxy=true|false	是否代理收到的信号给应用，默认为 true，不能代理 SIGCHLD、SIGSTOP、SIGKILL 信号

续表

选项	说明
--memory-swappiness="0~100"	调整容器的内存交换分区参数
-u, --user=""	指定在容器内执行命令的用户信息
--userns=""	指定用户命名空间
--ulimit=[ ]	通过 ulimit 来限制最大文件数、最大进程数

2. Docker 容器 CPU、内存资源限制

表 3-11 中列出了容器运行时的资源限制。在使用 Docker 运行容器时，默认情况下，Docker 没有对容器进行硬件资源的限制。当一台主机上运行几百个容器，这些容器虽然互相隔离，但是底层使用着相同的 CPU、内存和磁盘资源。如果不对容器使用的资源进行限制，那么容器之间会互相影响，会导致容器资源使用不公平，甚至可能会导致主机和集群资源耗尽，服务完全不可用。

作为容器的管理者，Docker 自然提供了控制容器资源的功能。正如使用内核的 namespace 来做容器之间的隔离，Docker 也是通过内核的 cgroups 来做容器的资源限制，包括 CPU、内存、磁盘三大方面，基本覆盖了常见的资源配额和使用量控制。

Docker 内存控制内存异常（Out Of Memory Exception，OOME）在 Linux 系统上，如果内核探测到当前宿主机已经没有可用内存，那么会抛出一个 OOME，并且会开启 killing 去终止一些进程。

一旦发生 OOME，任何进程都有可能被终止，包括 Docker 守护进程在内，为此，Docker 特地调整了 Docker 守护进程的 OOM_Odj 优先级，以免它被终止，但容器的优先级并未被调整。经过系统内部复制的计算后，每个系统进程都会有一个 OOM_Score 得分，OOM_Odj 越高，OOM_Score 得分越高，（在 docker run 时可以调整 OOM_Odj）OOM_Score 得分最高的进程优先被终止。当然，也可以指定一些特定的重要的容器禁止被 OOME 终止，在启动容器时使用 –oom-kill-disable=true 指定。

（1）CPU 资源限制。

Docker 的资源限制和隔离完全基于 Linux cgroups，对 CPU 资源的限制方式也和 cgroups 相同。Docker 提供的 CPU 资源限制选项可以在多核系统上限制容器利用哪些虚拟 CPU（vCPU），而对容器最多能使用的 CPU 时间有两种限制方式：一是有多个 CPU 密集型的容器竞争 CPU 时，设置各个容器能使用 CPU 时间的相对比例；二是以绝对的方式设置容器在每个调度周期内最多能使用的 CPU 时间。

docker run 命令和 CPU 限制相关的所有选项及其说明如表 3-12 所示。

（2）内存资源限制。

Docker 提供的内存限制功能如下。

❑　容器能使用的内存和交换分区大小。

❑　容器的核心内存大小。

表 3-12   docker run 命令中的 CPU 资源限制选项及其说明

选项	说明
--cpu-shares=0	允许容器使用 CPU 资源的相对权重，默认一个容器能用满一个核的 CPU，用于设置多个容器竞争 CPU 时，各个容器相对能分配到的 CPU 时间占比 Docker 默认每个容器的权值为 1024。不设置或将其设置为 0，都将使用这个默认值。系统会根据每个容器的共享权值和所有容器共享权值和的占比来给容器分配 CPU 时间
--cpu-period=0	限制容器在 CFS 调度器下的 CPU 占用时间片（单位：微秒），范围为 100ms~1s，即[100000, 1000000]，用于绝对设置容器能使用的 CPU 时间
--cpu-quota=0	限制容器在 CFS 调度器下的 CPU 配额（单位：微秒），必须不小于 1ms，即≥1000，用于绝对设置容器能使用的 CPU 时间
--cpuset-cpus=""	限制容器能使用哪些 CPU 核，用于设置容器可以使用的 vCPU 核，值可以为 0~N,0,1
--cpuset-mems=""	NUMA 架构下使用哪些核心的内存

❑　容器虚拟内存的交换行为。
❑　容器内存的软性限制。
❑　是否终止占用过多内存的容器。
❑　容器被终止的优先级。

一般情况下，达到内存限制的容器在一段时间后就会被系统终止。用户内存限制就是对容器能使用的内存和交换分区的大小做出限制。使用时要遵循两条直观的规则：-m，--memory 选项的参数最小为 4 MB。--memory-swap 不是交换分区，而是内存加交换分区的总大小，所以--memory-swap 必须比-m,--memory 大。执行 docker run 命令时能使用的和内存限制相关的所有选项及其说明如表 3-13 所示。

表 3-13   docker run 命令中的内存资源限制选项及其说明

选项	说明
--kernel-memory=""	限制容器使用内核的内存大小，单位可以为 B、KB、MB、GB
-m, --memory=""	限制容器内应用使用的内存大小，单位可以为 B、KB、MB、GB
--memory-reservation=""	当系统中内存过小时，容器会被强制限制内存到给定值，默认情况下等于内存限制值
--memory-swap="LIMIT"	限制容器使用内存和交换分区的总大小
--oom-kill-disable=true|false	内存耗尽时是否终止容器
--oom-score-adj=""	调整容器的内存耗尽参数
--memory-swappiness="0~100"	调整容器的内存交换分区参数

（3）磁盘 I/O 配额控制。

相对于 CPU 和内存的配额控制，Docker 对磁盘 I/O 的控制相对不成熟，大多数必须在有宿主机设备的情况下使用，主要选项及其说明如表 3-14 所示。

表 3-14	磁盘 I/O 配额控制选项及其说明
选项	说明
device-read-bps	限制此设备上的读速率（bytes per second），单位可以为 KB、MB、GB
device-read-iops	通过每秒读 I/O 次数来限制指定设备的读速率
device-write-bps	限制此设备上的写速率（bytes per second），单位可以为 KB、MB、GB
device-write-iops	通过每秒写 I/O 次数来限制指定设备的写速率
blkio-weight	容器默认磁盘 I/O 的加权值，有效值范围为 10～100
blkio-weight-device	针对特定设备的 I/O 加权控制。其格式为 DEVICE_NAME:WEIGHT

3．进入运行中的 Docker 容器

创建并启动容器时，我们一般会加-d 参数，这样容器启动后会进入后台，用户无法看到容器中的信息，也无法进行操作。我们可以通过 docker exec 命令进入容器中查看容器运行情况或者执行某些操作行为，如图 3-20 所示。

```
[root@manager1 ~]# docker ps
CONTAINER ID        IMAGE                                                      COMMAND
f938e7bd9667        registry.cn-shanghai.aliyuncs.com/siniu/centos_nginx:v1    "nginx -g 'daemon of…"
4msg609eeptfk98rt
54727f7e887c        registry.cn-shanghai.aliyuncs.com/siniu/centos_nginx:v1    "nginx -g 'daemon of…"
ayq99j4ireogzjlox
3a549930e882        registry.cn-shanghai.aliyuncs.com/siniu/centos_nginx:v1    "nginx -g 'daemon of…"
84bmv0kpkiwtousx3
[root@manager1 ~]# docker exec -it f938e7bd9667 bash
[root@f938e7bd9667 nginx-1.15.2]# ps -ef|grep nginx
root         1        0  0 Sep23 ?        00:00:00 nginx: master process nginx -g daemon off;
nginx        7        1  0 Sep23 ?        00:00:01 nginx: worker process
root        23        8  0 13:40 pts/0    00:00:00 grep --color=auto nginx
[root@f938e7bd9667 nginx-1.15.2]#
```

▲图 3-20　通过 docker exec 命令进入容器

4．容器端口映射

除了通过网络访问，Docker 还提供了两个很方便的功能来满足服务访问的基本需求：一个是允许映射容器内应用的服务端口到本地宿主机；另一个是通过互联机制实现多个容器间通过容器名来快速访问。

当启动容器时，如果不指定对应参数，在容器外部是无法通过网络来访问容器内的网络应用和服务的。如果容器中运行的一些网络应用或者服务需要让外部能够访问时，我们一般会在启动参数中加 −P 或 −p 来指定端口映射，这样就可以实现外部访问容器内指定的端口。可以通过 docker ps 或者 docker port 查看端口映射信息，如图 3-21 所示。

5．容器之间互相访问

另一种方式是通过互联机制实现多个容器间通过容器名来快速访问。容器的互联是一种让

多个容器中应用进行快速交互的方式，会在源容器和接收容器之间建立连接关系。接收容器可以通过容器名快速访问到源容器，而不用指定具体的 IP 地址。使用--link 参数可以让容器之间安全地进行交互。

```
[root@docker ~]# docker ps
CONTAINER ID    IMAGE         COMMAND              CREATED        STATUS        PORTS        NAMES
f769af3e9847    nginx:latest  "nginx -g 'daemon ..."  3 seconds ago   Up 2 seconds
0.0.0.0:32768->80/tcp  nginx_1
[root@docker ~]#
[root@docker ~]# docker port nginx_1
80/tcp -> 0.0.0.0:32768
```

▲图 3-21　查看容器端口映射信息

创建一个数据库容器 db，创建一个 web 容器并将它连接到 db 容器，如图 3-22 所示，通过--link 参数连接两个容器。

```
[root@docker ~]# docker run -itd --name db --env MYSQL_ROOT_PASSWORD=example mariadb
b239b124946c99b7da63e00c22df802e9612fbe8bc636389205baf6c2f6963bd
[root@docker ~]# docker ps
CONTAINER ID    IMAGE     COMMAND                 CREATED        STATUS        PORTS        NAMES
b239b124946c    mariadb   "docker-entrypoint..."  3 seconds ago   Up 2 seconds
3306/tcp        db
[root@docker ~]#
[root@docker ~]# docker run -itd -P --name web --link db:db nginx:latest
42fa6662784010368b5e615d495e71920d85cc1bc089a5d181657514973ee90a
[root@docker ~]# docker ps
CONTAINER ID    IMAGE         COMMAND                 CREATED          STATUS        PORTS        NAMES
86ef0f632ffe    nginx:latest  "nginx -g 'daemon ..."  44 seconds ago    Up 43 seconds
80/tcp          web
b239b124946c    mariadb       "docker-entrypoint..."  About a minute ago  Up 59 seconds
3306/tcp        db
[root@docker ~]#
```

▲图 3-22　通过--link 参数连接两个容器

此时 web 容器已经和 db 容器建立连接关系：--link 参数的格式为--link name:alias，其中 name 是要连接的容器名称，alias 是这个连接的别名。Docker 相当于在两个互联的容器之间创建了一个虚拟通道，而不用映射它们的端口到宿主机上。在启动 db 容器时并没有使用-p 或者 -P 参数，从而避免了暴露数据库服务端口到外部网络上。实际上，当我们在启动参数中添加 --link 参数时，启动的容器内会在/etc/hosts 文件中添加主机名与 IP 地址的绑定关系，因此互联的容器之间是可以 ping 通的。

3.3.3　镜像仓库

镜像仓库是集中存放镜像的地方，Docker 提供一个注册（registry）服务器来保存多个镜像仓库，每个镜像仓库中又包含多个镜像，每个镜像有不同的标签（tag）。镜像仓库又分为公有仓库和私有仓库。Docker Hub 是 Docker 公司维护的公有仓库，图 3-23 所示为其官网首页，目前包括超过 10 万个镜像。用户既可以免费使用公有仓库，也可以购买私有仓库。

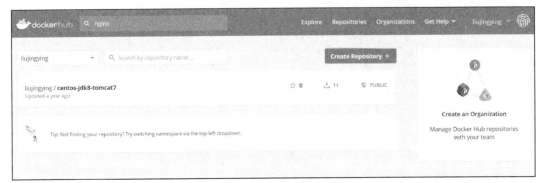

▲图 3-23　Docker Hub 首页

　　由于网络原因，从 Docker Hub（该仓库的服务器在国外）上下载镜像的速度太慢，或者 Docker 镜像拉取不下来，需要配置镜像加速器（要求 Docker 版本 1.10.0 以上）。我们一般会选择国内的某一家云服务商提供的镜像仓库服务，这里以阿里云为例（需要提前注册阿里云账号），如图 3-24 所示。其方法是：登录阿里云，选择弹性计算→容器镜像服务→镜像加速器→获取加速器地址。配置 Docker daemon 文件，重启 Docker 服务。

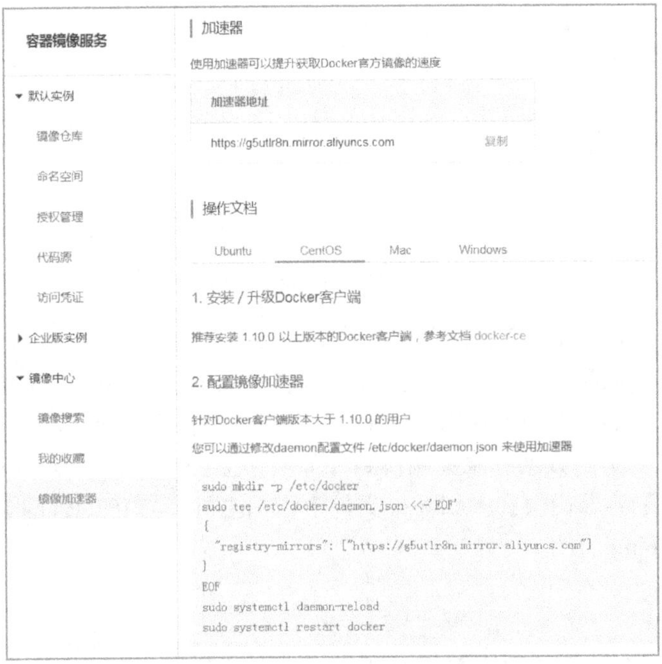

▲图 3-24　阿里云的镜像加速器

为了加速镜像下载，一般会配置镜像加速器，如图 3-25 所示。

```
[root@izuf6dyp7wo3gf77qmt1cqz docker]# pwd
/etc/docker
[root@izuf6dyp7wo3gf77qmt1cqz docker]# ll
total 8
-rw-r--r-- 1 root root  67 Nov 22 17:45 daemon.json
-rw------- 1 root root 244 Nov 20 17:13 key.json
[root@izuf6dyp7wo3gf77qmt1cqz docker]# cat daemon.json
{
  "registry-mirrors": ["https://g5utlr8n.mirror.aliyuncs.com"]
}
[root@izuf6dyp7wo3gf77qmt1cqz docker]#
```

▲图 3-25　本地配置镜像加速器

我们上传到 Docker Hub 的镜像可以被任何人访问，虽然可以用私有仓库，但不是免费的，或者某些项目环境无法访问互联网，所以我们有时需要搭建本地仓库来管理自己的私有镜像仓库。本地仓库的安装非常简单，Docker 已经将仓库开源了，我们直接下载安装即可，如图 3-26 所示。

```
[root@izuf6dyp7wo3gf77qmt1cqz docker]# docker pull registry
Using default tag: latest
latest: Pulling from library/registry
c87736221ed0: Pull complete
1cc8e0bb44df: Pull complete
54d33bcb37f5: Pull complete
e8afc091c171: Pull complete
b4541f6d3db6: Pull complete
Digest: sha256:8004747f1e8cd820a148fb7499d71a76d45ff66bac6a29129bfdbfdc0154d146
Status: Downloaded newer image for registry:latest
docker.io/library/registry:latest
[root@izuf6dyp7wo3gf77qmt1cqz docker]# docker run -d -p 5000:5000 --privileged=true -v /myregistry:/var/lib/registry registry
714d06925e0cdb9669fb53b39ae788ba5041644a557b7443134f18841778baf4
[root@izuf6dyp7wo3gf77qmt1cqz docker]# docker ps
CONTAINER ID        IMAGE               COMMAND               CREATED             STATUS              PORTS
714d06925e0c        registry            "/entrypoint.sh /etc…"  28 seconds ago      Up 27 seconds       0.0.0.0:5000->5000/tcp
[root@izuf6dyp7wo3gf77qmt1cqz docker]#
```

▲图 3-26　本地下载安装仓库

命令如下：

```
docker run -d -p 5000:5000 --privileged=true -v /myregistry:/var/lib/registry registry
```

其中，-d 是后台启动容器；-p 将容器的 5000 端口映射到本地宿主机的 5000 端口，5000是仓库服务端口；-v 将容器/var/lib/registry 目录映射到本地宿主机的/myregistry，用于存放镜像数据。

打开浏览器，访问 http://<IP>:5000/v2/_catalog，可以查看到{"repositories": []} 表示现在仓库中，没有镜像，如图 3-27 所示。

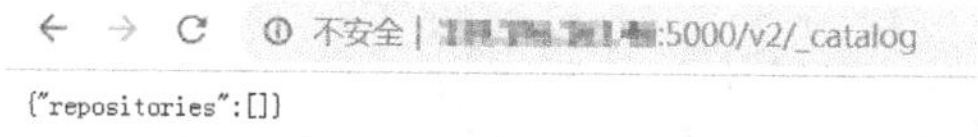

```
← → C  ① 不安全 | ███████:5000/v2/_catalog
["repositories":[]]
```

▲图 3-27　浏览器查看仓库中的镜像

上传到本地的镜像保存在/myregistry/docker/registry/v2/repositories/下，这时可以看到该目录下还没有任何镜像文件，如下所示：

```
[root@izuf6dyp7wo3gf77qmt1cqz /]# cd myregistry/
[root@izuf6dyp7wo3gf77qmt1cqz myregistry]# ll
total 0
[root@izuf6dyp7wo3gf77qmt1cqz myregistry]#
```

下面我们可以上传镜像到私有镜像仓库中，在上传之前，需要修改本地 Docker 的启动参数（vim/usr/lib/systemd/system/docker.service），添加内容"--insecure-registry 139.196.163.46:5000"，再重启 Docker 服务（systemctl daemon-reload，systemctl restart docker），如图 3-28 所示。

```
[root@izuf6dyp7wo3gf77qmt1cqz docker]# vim /usr/lib/systemd/system/docker.service
[Unit]
Description=Docker Application Container Engine
Documentation=https://docs.docker.com
BindsTo=containerd.service
After=network-online.target firewalld.service containerd.service
Wants=network-online.target
Requires=docker.socket

[Service]
Type=notify
# the default is not to use systemd for cgroups because the delegate issues still
# exists and systemd currently does not support the cgroup feature set required
# for containers run by docker
ExecStart=/usr/bin/dockerd --insecure-registry 139.196.163.46:5000 -H fd:// --containerd=/run/containerd/cont
ExecReload=/bin/kill -s HUP $MAINPID
TimeoutSec=0
RestartSec=2
Restart=always

# Note that StartLimit* options were moved from "Service" to "Unit" in systemd 229.
# Both the old, and new location are accepted by systemd 229 and up, so using the old location
# to make them work for either version of systemd.
StartLimitBurst=3

# Note that StartLimitInterval was renamed to StartLimitIntervalSec in systemd 230.
# Both the old, and new name are accepted by systemd 230 and up, so using the old name to make
# this option work for either version of systemd.
StartLimitInterval=60s
```

▲图 3-28　Docker 启动参数指向私有仓库

接下来，就可以上传本地镜像文件到私有仓库中，如图 3-29 所示。

```
[root@izuf6dyp7wo3gf77qmt1cqz myregistry]# docker images
REPOSITORY                                               TAG              IMAGE ID       CREATED
registry.cn-shanghai.aliyuncs.com/siniu/centos-jdk8-tomcat7  20190505182904   bf3f5cef4650   6 months ago
registry                                                 latest           f32a97de94e1   8 months ago
[root@izuf6dyp7wo3gf77qmt1cqz myregistry]#
[root@izuf6dyp7wo3gf77qmt1cqz myregistry]# docker tag registry 139.196.163.46:5000/myregistry
[root@izuf6dyp7wo3gf77qmt1cqz myregistry]# docker images
REPOSITORY                                               TAG              IMAGE ID       CREATED
registry.cn-shanghai.aliyuncs.com/siniu/centos-jdk8-tomcat7  20190505182904   bf3f5cef4650   6 months ago
139.196.163.46:5000/myregistry                           latest           f32a97de94e1   8 months ago
registry                                                 latest           f32a97de94e1   8 months ago
[root@izuf6dyp7wo3gf77qmt1cqz myregistry]# docker push 139.196.163.46:5000/myregistry
The push refers to repository [139.196.163.46:5000/myregistry]
73d61bf022fd: Pushed
5bbc5831d696: Pushed
d5974ddb5a45: Pushed
f641ef7a37ad: Pushed
d9ff549177a9: Pushed
latest: digest: sha256:b1165286043f2745f45ea637873d61939bff6d9a59f76539d6228abf79f87774 size: 1363
[root@izuf6dyp7wo3gf77qmt1cqz myregistry]#
```

▲图 3-29　上传本地镜像文件到私有仓库

上传后，可以通过浏览器看到私有仓库中我们刚上传的镜像文件，如图 3-30 所示。

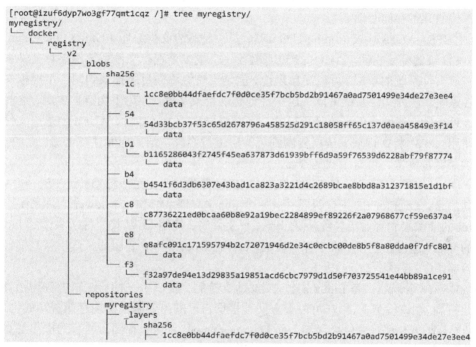

▲图 3-30　通过浏览器查看 registry 中的镜像

同时，在本地仓库目录（/myregistry/docker/registry/v2/repositories/）中也能够看到对应的镜像文件，如图 3-31 所示。

```
[root@izuf6dyp7wo3gf77qmt1cqz /]# tree myregistry/
myregistry/
└── docker
    └── registry
        └── v2
            ├── blobs
            │   └── sha256
            │       ├── 1c
            │       │   └── 1cc8e0bb44dfaefdc7f0d0ce35f7bcb5bd2b91467a0ad7501499e34de27e3ee4
            │       │       └── data
            │       ├── 54
            │       │   └── 54d33bcb37f53c65d2678796a458525d291c18058ff65c137d0aea45849e3f14
            │       │       └── data
            │       ├── b1
            │       │   └── b1165286043f2745f45ea637873d61939bff6d9a59f76539d6228abf79f87774
            │       │       └── data
            │       ├── b4
            │       │   └── b4541f6d3db6307e43bad1ca823a3221d4c2689bcae8bbd8a312371815e1d1bf
            │       │       └── data
            │       ├── c8
            │       │   └── c87736221ed0bcaa60b8e92a19bec2284899ef89226f2a07968677cf59e637a4
            │       ├── e8
            │       │   └── e8afc091c171595794b2c72071946d2e34c0ecbc00de8b5f8a80dda0f7dfc801
            │       │       └── data
            │       └── f3
            │           └── f32a97de94e13d29835a19851acd6cbc7979d1d50f703725541e44bb89a1ce91
            │               └── data
            └── repositories
                └── myregistry
                    └── layers
                        └── sha256
                            └── 1cc8e0bb44dfaefdc7f0d0ce35f7bcb5bd2b91467a0ad7501499e34de27e3ee4
```

▲图 3-31　本地仓库中的镜像文件

3.4　Docker 数据管理

Docker 中的数据主要分为两类：非持久化数据和持久化数据。

非持久化数据是不需要保存的运行过程临时数据，每个 Docker 容器都有自己的非持久化存储。非持久化存储自动创建，从属于容器，生命周期与容器一致，这意味着删除容器也会删除全部的非持久化数据。

如果希望将自己的容器数据持久化保留下来（如运行日志），则需要将数据存储在数据卷上。将宿主机上的某个目录与容器的某个目录（称为挂载点或数据卷）关联起来，容器上的挂载点下的内容就是主机的此目录下的内容。这样，我们修改宿主机上该目录的内容时，不需要同步容器，对容器来说是立即生效的。反之，容器向挂载点写数据，也会立刻在宿主机某个目录生效。数据卷与容器是解耦的，从而可以独立地创建并管理卷，并且卷并未与任何容器生命周期绑定，这意味着用户可以删除一个关联卷的容器，但是卷不会被同步删除。

3.4.1　非持久化数据

每个容器创建时都被自动分配了本地存储（非持久化数据），默认情况下，这是容器保存全部文件的地方。非持久化数据属于容器的一部分，并且与容器生命周期一致，随容器创建而创建，随容器删除而删除。在 Linux 系统中，容器的非持久化数据存储在目录/var/lib/docker/<storage-driver>/下。Docker 提供了多种存储驱动（storage-driver）来实现不同方式的数据存储，下面是常用的几种存储驱动。

（1）AUFS：AUFS 代表 AnotherUnionFS，是一种联合文件系统（Union Filesystem，Union FS），是文件级的存储驱动。AUFS 能透明覆盖一个或多个现有文件系统的层状文件系统，把多层合并成文件系统的单层表示。简单来说，就是支持将不同目录挂载到同一个虚拟文件系统下的文件系统。这种文件系统可以一层一层地叠加修改文件。无论下面有多少层，这些层都是只读的，只有最上层的文件系统是可写的。当需要修改一个文件时，AUFS 创建该文件的一个副本，使用 CoW 将文件从只读层复制到可写层进行修改，结果也保存在可写层。在 Docker 中，只读层就是镜像，可写层就是容器。

（2）OverlayFS：Overlay 是 Linux 内核 3.18 后支持的，也是一种 Union FS。和 AUFS 的多层不同的是，Overlay FS 只有两层———一个 upper 文件系统和一个 lower 文件系统，分别代表 Docker 的镜像层和容器层。当需要修改一个文件时，使用 CoW 将文件从只读的 lower 复制到可写的 upper 进行修改，结果也保存在 upper。在 Docker 中，底层的只读层就是镜像，可写层就是容器。

（3）Device mapper：是 Linux 内核 2.6.9 后支持的，提供了一种从逻辑设备到物理设备的映射框架机制。在该机制下，用户可以很方便地根据自己的需要制定实现存储资源的管理策略。AUFS 和 OverlayFS 都是文件级存储，而 Device mapper 是块级存储，所有的操作都直接对块进行操作，而不是对文件。Device mapper 驱动会先在块设备上创建一个资源池，然后在资源池上创建一个带有文件系统的基本设备，所有镜像都是这个基本设备的快照，而容器则是镜像的快照。所以在容器里看到的文件系统是资源池上基本设备的文件系统的快照，并没有为容器分配空间。当要写入一个新文件时，在容器的镜像内为其分配新的块并写入数据，这称为作用时分配。当要修改已有文件时，再使用 CoW 为容器快照分配块空间，将要修改的数据复制到在容器快照中新的块中进行修改。Device mapper 驱动默认会创建一个 100 GB 的文件包含镜像和容器。每一个容器被限制在 10 GB 的卷内，可以自己配置调整。

（4）Btrfs：Btrfs 称为下一代写时拷贝文件系统，并入 Linux 内核，也是文件级存储，但可以像 Device mapper 一样直接操作底层设备。Btrfs 把文件系统的一部分配置为一个完整的子文件系统，称为 subvolume。采用 subvolume，一个大的文件系统可以被划分为多个子文件系统，这些子文件系统共享底层的设备空间，在需要磁盘空间时便从底层设备中分配，类似于应用程序调用 malloc() 分配内存。为了灵活利用设备空间，Btrfs 将磁盘空间划分为多个 chunk。每个 chunk 可以使用不同的磁盘空间分配策略，比如某些 chunk 只存放元数据，某些 chunk 只存放数据。这种模型有很多优点，比如 Btrfs 支持动态添加设备。用户在系统中增加新的磁盘之后，可以使用 Btrfs 的命令将该设备添加到文件系统中。Btrfs 把一个大的文件系统当成一个资源池，配置成多个完整的子文件系统，还可以向资源池中添加新的子文件系统，而基础镜像则是子文件系统的快照，每个子镜像和容器都有自己的快照，这些快照都是 subvolume 的快照。

（5）ZFS：ZFS 文件系统是一个革命性的、全新的文件系统，它从根本上改变了文件系统的管理方式。ZFS 完全抛弃了"卷管理"，不再创建虚拟的卷，而是把所有设备集中到一个存储池中进行管理，用"存储池"管理物理存储空间。过去，文件系统都是构建在物理设备上的，为了管理这些物理设备，并为数据提供冗余。"卷管理"的概念提供了一个单设备的映像。而 ZFS 创建在虚拟的、称为"zpool"的存储池上。每个存储池由若干虚拟设备（virtual devices、vdevs）组成。这些虚拟设备既可能是原始磁盘，也可能是一个 RAID1 镜像设备，或是非标准独立冗余磁盘阵列（Redundant Arrays of Independent Disks，RAID）等级的多磁盘组。zpool 上的文件系统可以使用这些虚拟设备的总存储容量。

默认情况下，容器的所有存储都使用本地存储，所以 /var/lib/docker/<storage-driver>/ 目录下存储了本机所有容器的数据，如图 3-32 所示。

```
[root@izuf6dyp7wo3gf77qmt1cqz overlay2]# pwd
/var/lib/docker/overlay2
[root@izuf6dyp7wo3gf77qmt1cqz overlay2]# ll
total 128
drwx------ 4 root root 4096 Nov 22 18:12 0c1ed1e820e016169d7d12e080bc917c7f2bfac361bf0944fb386b70ad8fe1be
drwx------ 3 root root 4096 Nov 20 17:23 116ecbb12443919ec8f4005e565ac9765141dfa0fb91a8ff6c92c8ddb535dd8b
drwx------ 4 root root 4096 Nov 21 17:54 1d8dee29f95dec978d8c7ed1ea8f47a586b802ea787d4db6ec8aecc90c3e2f80
drwx------ 5 root root 4096 Nov 22 17:52 3038092e6f664a5e7fd3f94a3128b88b5cfe012a7618b909889e84032fba8683
drwx------ 5 root root 4096 Nov 22 17:52 3038092e6f664a5e7fd3f94a3128b88b5cfe012a7618b909889e84032fba8683-init
drwx------ 4 root root 4096 Nov 23 14:01 4f6060b1bb2c54446c23b47d1789c8ddb012baa07a10a7cef5851ee891a45e2ca
drwx------ 3 root root 4096 Nov 22 18:12 5101ea733de2574f739728a2c57600218d7e8fdebda8368342caeafbc16b4db3
drwx------ 4 root root 4096 Nov 22 17:52 5d4f362677775abab31aa3fafa773bf30d02fe4b078da8fb4bfd0f2fc47ca0cd
drwx------ 4 root root 4096 Nov 23 17:29 640ab35bd115a0bb15caccb174627e93fb0b7eb77154c94a80b3c1c30ab3338e
drwx------ 4 root root 4096 Nov 23 17:20 640ab35bd115a0bb15caccb174627e93fb0b7eb77154c94a80b3c1c30ab3338e-init
drwx------ 5 root root 4096 Nov 24 14:52 7009431bcb5ecc3beffc73996934e647ba3c642f6fd26580619773bc64ba37bc
drwx------ 4 root root 4096 Nov 23 17:17 7009431bcb5ecc3beffc73996934e647ba3c642f6fd26580619773bc64ba37bc-init
drwx------ 4 root root 4096 Nov 22 18:13 743c4a76374527123844f382d55b3f801473f5bb9c87acbcbdce51aa59402e0c
drwx------ 4 root root 4096 Nov 20 17:23 76675ecf8e50185af1964b5925656cf0f90724c7bffabb9f69037306cd89339e
drwx------ 4 root root 4096 Nov 22 18:12 88bd79506bdfc8bc248526ad9c45c239d0bb09a8694ac7d41a0b4088910f1558
drwx------ 4 root root 4096 Nov 23 17:29 939bd15732f7e6e115a6021076e8ad9bd89e03bc9260def1054c4ce8ea779773
drwx------ 4 root root 4096 Nov 23 17:26 939bd15732f7e6e115a6021076e8ad9bd89e03bc9260def1054c4ce8ea779773-init
drwx------ 5 root root 4096 Nov 23 16:49 964550376cc83694367990140a0e24c5a2fce8a033bf1c8a904066e5aaeb9a01
drwx------ 4 root root 4096 Nov 23 16:49 964550376cc83694367990140a0e24c5a2fce8a033bf1c8a904066e5aaeb9a01-init
drwx------ 3 root root 4096 Nov 15:53 97fa2bc38ffd43e048b5ca2ac8b5cf552c12530a92a424c588eaaca89dce636e
drwx------ 4 root root 4096 Nov 22 18:13 9de89b457e3aea84eb6e06dd853addeabc77f7aaa341937622fbf266de6b2908
drwx------ 4 root root 4096 Nov 17:26 a465b0bbae99dc1f72b55cc6f3773d050dc2fb7cfd495444b77e349b954e3b4d
drwx------ 4 root root 4096 Dec  1 12:30 a803a264c26d7afb111b64f0833c5ea9a1ebe816f15d944f621a4846977f3eff
drwx------ 4 root root 4096 Dec  1 12:29 a803a264c26d7afb111b64f0833c5ea9a1ebe816f15d944f621a4846977f3eff-init
drwx------ 4 root root 4096 Nov 20 17:53 b21954f3f05e537113e444296898a4cda2203eaa867b8df1079b288af9c77514
drwx------ 4 root root 4096 Nov 20 17:23 c0cb194629a5ca6c5a708dfc82916d7121b8d26c9a8fb0af03f2137c139de49d
drwx------ 4 root root 4096 Nov 23 14:01 c3424f446776991cb2972f9250e76b227f2e1bdc07205c84a03a0e1a352c9755
drwx------ 4 root root 4096 Nov 17:52 cebf8f5b49a2fd2ebfae8c79180c92c56249bdafec4dd0529c3806715a4170ae
drwx------ 4 root root 4096 Nov 23 14:02 d02324874ad21685e92e0faf27a78f388742812cf584b6810e446987417a7aa1
drwx------ 4 root root 4096 Nov 22 18:12 d97abacc218fa5992424e2b623d30ab66fe55fb19cd0124d0d58c9ddc6b032fe
```

▲图 3-32 本地存储中的文件目录

如果容器不产生持久化数据（无状态），那么本地存储即可满足容器运行的需求；但如果希望容器被销毁后数据依然存在，那么就需要用到持久化数据了。

3.4.2　持久化数据

默认容器的数据保存在容器的可读写层，当容器被删除时，其上的数据将会丢失。为了实现数据的持久性，需要选择一种数据持久化技术来保存数据，当前有以下几种方式。

（1）数据卷（volume）：也叫 Docker 容器管理数据卷（Docker managed volume），在 Docker 启动时用-v 或--volume 参数跟宿主机目录做绑定。如果是 Docker 17.06 或更高的版本，推荐使用--mount（同绑定挂载）。默认情况下，数据卷的存储空间来自宿主机文件系统中的某个目录，如/var/lib/docker/volumes/，Docker 系统外的程序不应该修改其中的数据。数据卷是官方推荐的持久化方案。

（2）绑定挂载（bind mount）：将宿主机中的文件、目录挂载到容器上，在 Docker 启动时用 mount 参数与宿主机目录做绑定。此方式与 Linux 系统的挂载方式很相似，即使会覆盖容器内已存在的目录或文件，也不会改变容器内原有的文件，挂载后会还原容器内原有的文件。其上的数据既可以被宿主机读写，也可以被挂载它的所有容器读写。

（3）tmpfs 挂载：tmpfs 挂载类型文件与普通文件的区别是只存在于宿主机内存中，不会持久化。

无论选择哪种挂载类型，从容器内部看都没有区别，它们都是目录或者文件。数据都寄存在宿主机上，只不过具体位置有所区别，如图 3-33 所示。

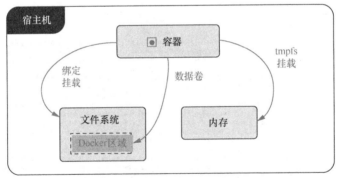

▲图 3-33　3 种数据持久化方案

1. 数据卷

数据卷是保存 Docker 容器生成和使用的数据的首选机制。绑定挂载依赖宿主机的目录结构，而卷完全由 Docker 管理。卷绑定安装有如下优点。

（1）与绑定装入相比，卷更易于备份或迁移。

（2）可以使用 Docker CLI 命令或 Docker API 管理卷。

（3）卷适用于 Linux 和 Windows 容器。

（4）可以在多个容器之间更安全地共享卷。

（5）卷驱动程序允许用户在远程宿主机或云提供程序上存储、加密卷的内容或添加其他功能。

（6）新卷可以通过容器预先填充其内容。

卷通常用于在容器的可写层中持久保存数据，因为卷不会增加使用它的容器的大小，并且卷的内容存在于给定容器的生命周期之外。卷挂载到容器文件系统的某个目录下，任何写到该目录下的内容都会被写到卷中。即使容器被删除，卷与其上的数据也依然存在，如图 3-34 所示。

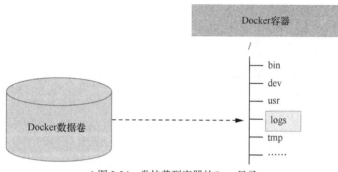

▲图 3-34　卷挂载到容器的/logs 目录

Docker 数据卷挂载到容器的/logs 目录，任何写入/logs 目录的数据都会被保存到卷中，容器删除后依然存在，而容器中的其他目录均使用临时的本地存储。

卷有独立的 docker volume 子命令集，使用 create 命令方便地创建一个名为 myvol 的卷：

```
docker volume create myvol
```

默认情况下，Docker 创建新卷时采用内置的本地（local）驱动，意味着本地卷只能被所在节点的容器使用；使用 -d 参数可以指定不同的驱动。创建的卷位于宿主机的 /var/lib/docker/volumes/ 目录下，新建的卷下只有一个_data 的空目录，如图 3-35 所示。

```
[root@izuf6dyp7wo3gf77qmt1cqz volumes]# pwd
/var/lib/docker/volumes
[root@izuf6dyp7wo3gf77qmt1cqz volumes]# ll
total 44
drwxr-xr-x 3 root root  4096 Nov 23 17:14 16d7ec1d1eeadb16baba6e66c2df207e2081c857f5c9fce461
drwxr-xr-x 3 root root  4096 Nov 20 17:26 3b4b58d00fffe4ae1498b03cc057e9445d7a7fccc0c55024d2
drwxr-xr-x 3 root root  4096 Nov 23 17:10 9d847a8ef7784aac6b2254fe3228b473de2f0a17ee6e17e62b
drwxr-xr-x 3 root root  4096 Nov 23 17:17 f663fcd4c42e7ffad3882994d9e22d1ce238eec5bfd165cebb
-rw------- 1 root root 32768 Nov 23 17:17 metadata.db
drwxr-xr-x 3 root root  4096 Nov 23 16:15 myvol
[root@izuf6dyp7wo3gf77qmt1cqz volumes]#
[root@izuf6dyp7wo3gf77qmt1cqz volumes]# tree myvol/
myvol/
└── _data

1 directory, 0 files
[root@izuf6dyp7wo3gf77qmt1cqz volumes]#
```

▲图 3-35　卷位于/var/lib/docker/volumes/目录下

除了 create 子命令，Docker 数据卷还支持 inspect（查看详情信息）、ls（列出已有数据卷）、prune（清理无用数据卷）、rm（删除数据卷）等，读者可以自行实践。可以通过 inspect 命令查看卷的详细信息，如图 3-36 所示。

```
[root@izuf6dyp7wo3gf77qmt1cqz ~]# docker volume ls
DRIVER              VOLUME NAME
local               3b4b58d00fffe4ae1498b03cc057e9445d7a7fccc0c55024d25c32bd87afd05f
local               9d847a8ef7784aac6b2254fe3228b473de2f0a17ee6e17e62bc3b5af00db2e9e
local               16d7ec1d1eeadb16baba6e66c2df207e2081c857f5c9fce4616f7252be92cfc5
local               f663fcd4c42e7ffad3882994d9e22d1ce238eec5bfd165cebb7b50adef00c0d7
local               myvol
[root@izuf6dyp7wo3gf77qmt1cqz ~]#
[root@izuf6dyp7wo3gf77qmt1cqz ~]# docker volume inspect myvol
[
    {
        "CreatedAt": "2019-11-23T16:49:35+08:00",
        "Driver": "local",
        "Labels": {},
        "Mountpoint": "/var/lib/docker/volumes/myvol/_data",
        "Name": "myvol",
        "Options": {},
        "Scope": "local"
    }
]
[root@izuf6dyp7wo3gf77qmt1cqz ~]#
```

▲图 3-36　通过 inspect 命令查看卷的详细信息

从图 3-36 中可以看到，"Driver"和"Scope"都是"local"的，这说明卷默认使用 local 驱动创建，只能用于当前 Docker 宿主机上的容器。Mountpoint 属性说明卷位于宿主机上的位置，这样新建 Docker 容器时就可以通过--mount 参数来挂载已经存在的卷。

```
docker run -d -p 8080:8080 --name="mytomcat9" --mount source=myvol,target=/home
siniu/tomcat9
```

容器启动后，所有在容器内挂载目录（/home）下操作的文件都会同步持久化到 myvol 卷中，即使容器被删除，卷中的文件也依然存在，如图 3-37 所示。

```
[root@izuf6dyp7wo3gf77qmt1cqz volumes]# docker run -d -p 8080:8080 --name="mytomcat9" --mount source=myvol,target=/home siniu/tomcat9
03c7de4c6432bcd7f2c716dd55a834e9ba0ccbfb09ca83b9cc30208f69a413e4
[root@izuf6dyp7wo3gf77qmt1cqz volumes]# docker ps
CONTAINER ID   IMAGE          COMMAND                  CREATED         STATUS         PORTS                      NAMES
03c7de4c6432   siniu/tomcat9  "/usr/local/apache-t…"   3 seconds ago   Up 2 seconds   0.0.0.0:8080->8080/tcp     mytomcat9
7a3a5addf1ca   registry       "/entrypoint.sh /etc…"   23 hours ago    Up 23 hours    0.0.0.0:5000->5000/tcp     silly_diffie
[root@izuf6dyp7wo3gf77qmt1cqz volumes]# docker exec -it 03c7de4c6432 bash
[root@03c7de4c6432 local]# cd /home
[root@03c7de4c6432 home]# echo "hello world!" > /home/myfile.txt
[root@03c7de4c6432 home]# ls
myfile.txt
[root@03c7de4c6432 home]# exit
exit
[root@izuf6dyp7wo3gf77qmt1cqz volumes]# tree myvol/
myvol/
└── _data
    └── myfile.txt

1 directory, 1 file
[root@izuf6dyp7wo3gf77qmt1cqz volumes]# cat /var/lib/docker/volumes/myvol/_data/myfile.txt
hello world!
[root@izuf6dyp7wo3gf77qmt1cqz volumes]#
```

▲图 3-37　写入容器内挂载目录中的文件会持久化到卷中

2. 数据卷容器

如果用户需要在多个容器之间共享一些持续更新的数据，最简单的方式是使用数据卷容器。数据卷容器也是一个容器，但是它是专门用来提供数据卷供其他容器挂载的。

首先创建一个数据卷容器 dbdata，并在其中创建一个数据卷挂载到/dbdata，如图 3-38 所示。

```
[root@izuf6dyp7wo3gf77qmt1cqz /]# docker run -it -v /dbdata --name dbdata centos
[root@d3d54bd22b0c /]# ls
bin  dbdata  dev  etc  home  lib  lib64  lost+found  media  mnt  opt  proc  root  run
[root@d3d54bd22b0c /]# cd dbdata/
[root@d3d54bd22b0c dbdata]# ls
[root@d3d54bd22b0c dbdata]#
```

▲图 3-38 创建数据卷容器

然后可以在其他容器启动时使用--volumes-from 参数来挂载 dbdata 容器中的数据卷，如下创建 db1、db2 两个容器，并从 dbdata 容器挂载数据卷：

```
docker run -it --volumes-from dbdata --name db1 centos
docker run -it --volumes-from dbdata --name db2 centos
```

此时，容器 db1、db2 都挂载同一个数据卷到相同的/dbdata 目录下，三个容器中的任何一个在该目录下写入文件时，其他容器都可以看到，如图 3-39 所示。

```
[root@izuf6dyp7wo3gf77qmt1cqz ~]# docker run -it --volumes-from dbdata --name db1 centos
[root@cf6f61b0db2d /]# ls
bin  dbdata  dev  etc  home  lib  lib64  lost+found  media  mnt  opt  proc  root  run  sbin
[root@cf6f61b0db2d /]# cd dbdata
[root@cf6f61b0db2d dbdata]# echo "hello world!" > mytestfile.txt
[root@cf6f61b0db2d dbdata]# cat mytestfile.txt
hello world!
[root@cf6f61b0db2d dbdata]#

[root@izuf6dyp7wo3gf77qmt1cqz ~]# docker run -it --volumes-from dbdata --name db2 centos
[root@0448f7d780aa /]# ls
bin  dbdata  dev  etc  home  lib  lib64  lost+found  media  mnt  opt  proc  root  run  sbin
[root@0448f7d780aa /]# cd d
dbdata/ dev/
[root@0448f7d780aa /]# cd dbdata/
[root@0448f7d780aa dbdata]# ls
mytestfile.txt
[root@0448f7d780aa dbdata]# cat mytestfile.txt
hello world!
[root@0448f7d780aa dbdata]#
```

▲图 3-39 通过数据卷容器实现多个容器之间共享数据

如果删除了挂载的容器（包括 dbdata、db1、db2），数据卷并不会被自动删除。要删除一个数据卷，必须在删除最后一个仍挂载它的容器时显式使用 docker rm –v 命令来指定同时删除关联的数据卷容器。

3.4.3 集群节点间共享存储

不论是数据卷，还是数据卷容器，都只能在同一个宿主机上的容器中才能访问。有时我们需要使不同宿主机节点的容器能够共享访问数据，以便实现应用的容错处理。在开发应用程序时，有两种方法可以实现此目的：一种方法是为应用程序添加逻辑，以便将文件存储在阿里云

OSS 或者 Amazon S3 等云对象存储系统上；另一种方法是使用支持将文件写入 NFS 或 Amazon S3 等外部存储系统的驱动程序创建共享卷。

　　Docker 能够集成外部存储系统，使集群的多个节点间共享外部存储数据变得可行。例如网络文件系统（Network File System，NFS）或 Amazon S3 可以共享应用到多个 Docker 宿主机，因此无论容器或服务副本运行在哪个节点上，都可以共享该存储，如图 3-40 所示。

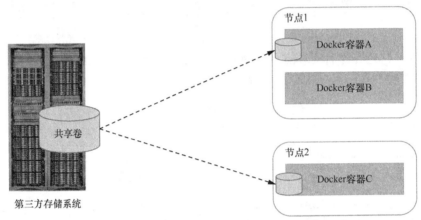

▲图 3-40　共享卷被不同节点上的多个容器共享

　　卷驱动程序允许你从应用程序逻辑中抽象底层存储系统。例如，如果你的服务使用具有 NFS 驱动程序（或其他分布式数据卷驱动）的共享卷，则可以更新服务来使用其他驱动程序（如在云中存储数据），而无须更改应用程序逻辑。

3.5　Docker 网络

3.5.1　网络命名空间

　　为了支持网络协议栈的多个实例，Linux 在网络协议栈中引入了网络命名空间。这些独立的协议栈被隔离到不同的命名空间中，处于不同命名空间中的网络协议栈是完全隔离的，彼此无法通信，就好像两个"平行宇宙"。通过对网络资源的隔离，就能在一台宿主机上虚拟多个不同的网络环境。Docker 正是利用了网络的命名空间特性，实现不同容器之间的网络隔离。Linux 环境下可以通过 ip netns 命名来创建及查看网络命名空间，如图 3-41 所示。

```
[root@izuf6dyp7wo3gf77qmt1cqz ~]# ip netns add mynet
[root@izuf6dyp7wo3gf77qmt1cqz ~]# ip netns list
mynet
[root@izuf6dyp7wo3gf77qmt1cqz ~]#
```

▲图 3-41　创建及查看网络命名空间

　　在 Linux 网络命名空间中，有独立的路由表及独立的 iptables 设置来提供包转发、网络地址转换（Network Address Translation，NAT）以及 IP 包过滤等功能。由于网络命名空间代表的是一个独立的协议栈，因此它们之间是互相隔离、无法通信的，在协议栈内部看不到对方。那么 Docker 又是如何实现容器之间以及容器与宿主机之间的通信呢？答案就是虚拟接口"veth"。虚拟以太网（virtual ethernet，veth）是成对出现的（veth pair），就像一个管道的两端，从这个管道一端的 veth 进去的数据会从另一端的 veth 出来，以此打通互相不可见的协议栈之间的壁垒。也就是说，你可以使用 veth 把一个网络命名空间连接到另一个网络命名空间或全局命名空间，物理网卡就存在这些命名空间里。如果想在两个网络命名空间之间通信，就必须有一对虚拟接口对，如图 3-42 所示。

▲图 3-42 网络命名空间及虚拟接口 veth

3.5.2 Linux 网络虚拟化

Docker 的本地网络实现其实利用了 Linux 上的网络命名空间和虚拟网络设备，了解 Linux 网络虚拟化技术有助于我们理解 Docker 网络的实现过程。Linux 的网络虚拟化是 LXC 项目中的一个子项目，LXC 包括文件系统虚拟化、进程空间虚拟化、用户虚拟化、网络虚拟化等，Docker 就是使用 LXC 的网络虚拟化来模拟多个网络环境。

Linux 网络虚拟化的类型如下。

（1）桥接：创建一个虚拟桥设备（网桥），网桥可以理解为一个软件交换机，负责挂载其上的接口之间进行包转发。将虚拟机连接至桥设备上，再给桥设备配置一个 IP 地址作为宿主机与外部通信的地址，即可完成与外网的通信（一起使用物理网卡的硬件功能），不过此时虚拟机使用的是公网地址。

（2）隔离：仅将需要互相通信的虚拟机的后半段网卡添加到同一个虚拟的桥设备上，即可完成虚拟机之间的通信，且与外网仍旧是物理机隔离。

（3）路由：将虚拟机关联至虚拟桥设备上，再给桥设备配置一个与虚拟机同段的 IP 地址（内网地址）作为虚拟机的网关（物理网卡是连接外网的，所以应该与内网 IP 地址不是一个段），最后打开物理主机的核心转达功能，即可让虚拟机 ping 外部主机，但是外部主机无法发送相应包，因为外部主机没有到达虚拟机的路由。

（4）NAT：在路由模型的基础上，为其配置源地址转换（Source NAT，SNAT）规则，即可完成真正的虚拟机与外网通信，且自己使用的是内网地址。但是这样还有一个问题，就是外网不能主动访问内网的虚拟机，除非再为其配置目标地址转换（Destination NAT，DNAT）规则。

了解网络基础的读者知道，要实现网络通信，机器需要至少一个网络接口（物理接口或者虚拟接口）与外界相通，并可以收发数据包。此外，如果不同子网之间要进行通信，还需要额外的路由机制。

　　Docker 中的网络接口默认是虚拟接口，虚拟接口的最大优势是转发效率高。这是因为 Linux 通过在内核中进行数据复制来实现虚拟接口之间的数据转发，即发送接口的发送缓存中的数据包将直接复制到接收接口的接收缓存中，无须通过外部物理网络设备进行交换。对本地系统和容器内系统来说，虚拟接口和一个正常的以太网卡并没有什么区别，但它的速度要快很多。

　　Docker 容器网络很好地利用了 Linux 虚拟网络技术，它在本地宿主机和容器内分别创建了一个虚拟接口 veth 并连通二者，这样的一对虚拟接口叫作 veth pair，如图 3-43 所示。

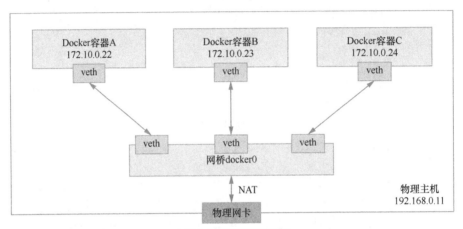

▲图 3-43　容器虚拟网络

　　一般情况下，Docker 创建一个容器时，会具体执行以下操作。

　　（1）创建一对虚拟接口，分别放到本地宿主机和新容器的命名空间中。

　　（2）本地宿主机一端的虚拟接口连接到默认的网桥 docker0（实际上是一个 Linux 网桥）或指定网桥上，并具有一个以 veth 开头的唯一名字，如 veth18。

　　（3）容器一端的虚拟接口将放到新创建的容器中，并修改名字为 eth0，这个接口只在容器的命名空间中可见。

　　（4）从网桥可用地址段中获取一个空闲地址分配给容器的 eth0（如 172.10.0.22/16），并配置默认路由网关为 docker0 网卡的内部接口 IP 地址（如 172.10.1.1/16）。

　　上述操作完成后，Docker 就创建了在宿主机和所有容器之间的一个虚拟共享网络。容器即可使用它所能看到的 eth0 虚拟网卡来连接其他容器以及访问外部网络。在使用 docker [container] run 命令启动容器时，可以通过 --net 参数来指定容器的网络配置。目前有 5 个可选值，分别是 bridge、container、host、none 和用户定义的网络，后面会具体介绍这些网络类型。

　　Linux 虚拟化网络都是基于网络命名空间 netns 实现的，netns 可以创建一个完全隔离的新网络环境，这个环境包括一个独立的网卡空间、路由表、ARP 表、IP 地址表、iptables 等。总之，与网络有关的组件都是独立的。

3.5.3　Docker 网络架构

在 3.3.2 节中，我们介绍了运行 Docker 容器时通过-p 参数实现容器与所在宿主机的端口映射，以及通过--link 参数实现容器之间的网络互通。随着 Docker 的快速发展，其网络架构也在不断演进。

不同于虚拟机或物理机，Docker 在容器内部运行应用时，这些应用之间的交互依赖大量不同的网络，这意味着 Docker 需要强大的网络功能。幸运的是，Docker 对于容器之间、容器与外部网络和虚拟局域网（Virtual Local Area Network，VLAN）之间的连接均有相应的解决方案。后者对于那些需要与外部系统（如虚拟机和物理机）的服务打交道的容器化应用至关重要。

Docker 在 1.9 版本中引入了一整套的 docker network 子命令和跨主机网络支持，可以通过 docker network --help 查看 Docker 网络命令说明。这允许用户可以根据他们应用的拓扑架构创建虚拟网络并将容器接入其所对应的网络。其实，早在 Docker 1.7 版本中，网络部分代码就已经被抽离并单独成为了 Docker 的网络库，即 Libnetwork。在此之后，容器的网络模式也被抽象成了统一接口的驱动。

为了标准化网络驱动的开发步骤并支持多种网络驱动，Docker 在 Libnetwork 中使用了容器网络模型（Container Network Model，CNM）。CNM 定义了构建容器虚拟化网络的模型，同时提供了可以用于开发多种网络驱动的标准化接口和组件。Libnetwork 是 Docker 对 CNM 的一种实现，提供了 Docker 核心网络架构的全部功能。不同的驱动可以通过插拔的方式接入 Libnetwork 来提供定制化的网络拓扑。为了实现开箱即用的效果，Docker 封装了一系列本地驱动，覆盖了大部分常见的网络需求，其中包括单机桥接网络（single-host bridge network）、多机覆盖网络（multi-host overlay），并且支持接入现有 VLAN。Libnetwork 和 Docker 守护进程及各个网络驱动的关系可以通过图 3-44 来形象地表示。

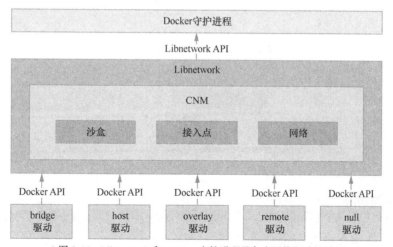

▲图 3-44　Libnetwork 和 Docker 守护进程及各个网络驱动的关系

　　Docker 网络架构由 3 个主要部分构成：CNM、Libnetwork 和驱动。Docker 守护进程通过调用 Libnetwork 对外提供的 API 完成网络的创建和管理等功能；Libnetwork 中则使用了 CNM 来完成网络功能的提供；而 CNM 中主要有沙盒（sandbox）、接入点（endpoint）和网络（network）3 种组件。

　　Libnetwork 中内置的 5 种驱动则为 Libnetwork 提供了不同类型的网络服务。后面会分别对 CNM 中的 3 个核心组件和 Libnetwork 的 5 种内置驱动进行介绍。

　　Docker 网络相关的命令及其说明如表 3-15 所示。

表 3-15　　　　　　　　　　　　　　　Docker 网络相关的命令及其说明

子命令	说明
docker network connect	将容器连接到网络
docker network create	创建新的 Docker 网络。默认情况下，在 Windows 上会采用 NAT 驱动，在 Linux 上会采用 Bridge 驱动。可以使用-d 参数指定驱动（网络类型）
docker network disconnect	断开容器的网络
docker network inspect	提供 Docker 网络的详细配置信息
docker network ls	列出运行在本地 Docker 宿主机上的全部网络
docker network prune	删除 Docker 宿主机上全部未使用的网络
docker network rm	删除 Docker 宿主机上的指定网络

3.5.4　容器网络模型

　　Libnetwork 中的 CNM 十分简洁，CNM 规定了 Docker 网络的基础组成要素，可以让上层使用网络功能的容器最大程度上无须关心底层实现。CNM 容器网络模型的结构如图 3-45 所示。

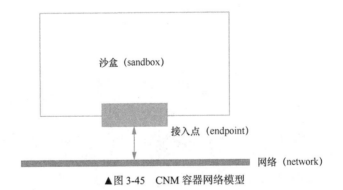

▲图 3-45　CNM 容器网络模型

　　CNM 模型包括 3 种基本组件。

　　（1）沙盒：代表一个容器所在独立的网络栈（准确地说，是其网络命名空间），包括以太网接口、端口、路由表以及 DNS 配置。

　　（2）接入点：代表网络上可以挂载容器的虚拟接口，会分配 IP 地址。就像普通网络接入点一样，接入点主要负责创建连接；在 CNM 模型中，接入点负责将沙盒连接到网络。

（3）网络：可以连通多个接入点的一个虚拟子网，是 IEEE 802.1d 网桥（虚拟交换机）的软件实现。

Docker 环境最小的调度单位是容器，CNM 则专门负责为容器提供网络功能。图 3-46 展示了 CNM 组件如何与容器进行关联，沙盒被放置在容器内部，为容器提供网络连接。

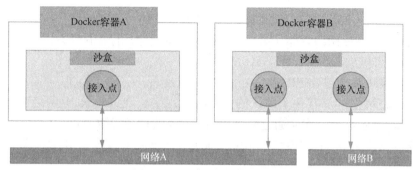

▲图 3-46　CNM 组件与容器进行关联

接入点与常见的网络适配器类似，一个接入点只能接入某一个网络，如果容器需要接入多个网络，那么需要多个接入点。容器 A 只有一个接口（接入点）并接入网络 A，容器 B 有两个接口（接入点）并分别接入网络 A 和 B。容器 A 与 B 之间是可以相互通信的，因为它们都接入了同一个网络 A。但如果没有三层路由器的支持，容器 B 的两个接入点之间是不能互相通信的。

由于采用了面向接口分层的解耦设计，关注点分离各司其职，对使用的容器管理系统来说，可以不关心具体底层网络如何实现、不同子网彼此如何隔离。只要插件能提供网络和接入点，那么只需把容器接入或者拔下，剩下的就由插件驱动自己去实现。这样就解耦了容器和网络功能，十分灵活。

CNM 网络创建过程是，Libnetwork 网络驱动把自己注册到网络控制器，网络控制器使用驱动类型来创建网络，然后在创建的网络上创建接口，最后把容器连接到接口上即可。销毁过程则正好相反，先从接入点上卸载容器，然后删除接入点和网络即可。

目前 CNM 支持 4 种网络驱动类型：null、bridge、overlay、remote。不同网络驱动的特性简单说明如下。

（1）null：不提供网络服务，容器启动后无网络连接。

（2）bridge：即 Docker 传统上默认用 Linux 网桥和 iptables 实现的单机网络。

（3）overlay：即用虚拟扩展局域网（Virtual eXtensible Local Area Network，VXLAN）隧道技术实现的跨宿主机容器网络。

（4）remote：扩展类型，预留给其他外部实现的方案，由第三方编写网络驱动，如 Calico、Contiv、Kuryr、Weave 等。

从位置上看，Libnetwork 上面支持 Docker，下面支持网络插件，自身处于十分关键的中间层。熟悉计算机网络协议模型的读者可以看出 Libnetwork 就是最核心的传输控制协议/网际协议（Transmission Control Protocol/Internet Protocol，TCP/IP）层。每个驱动都负责其上所有网络资源的创建和管理，为了满足复杂且不固定的环境需求，Libnetwork 支持同时激活多个网络驱动，这也意味着 Docker 环境可以支持一个庞大的异构网络。

3.5.5　单机桥接网络

最简单的 Docker 网络就是单机桥接网络，从其名称中可以看出两点。

（1）单机：意味着该网络只能在单个 Docker 宿主机上运行，并且只能与所在 Docker 宿主机上的容器进行连接。

（2）桥接：意味着这是 IEEE 802.1d 桥接的一种实现（二层交换机）。

每个 Docker 宿主机都有一个默认的单机桥接网络，在 Linux 上网络名为 bridge，在 Windows 上网络名为 NAT。除非通过命令行创建容器时指定参数--network，否则默认新创建的容器都会连接到该网络。图 3-47 中列出了 docker network ls 命令在刚完成安装的 Docker 宿主机上的输出内容。

```
[root@izuf6dyp7wo3gf77qmt1cqz ~]# docker network ls
NETWORK ID      NAME            DRIVER          SCOPE
2ee75ed27976    bridge          bridge          local
b7ece99b1a16    host            host            local
8699dfbf76e0    none            null            local
[root@izuf6dyp7wo3gf77qmt1cqz ~]#
```

▲图 3-47　输出内容

在 Linux 主机上，Docker 网络由 bridge 驱动创建，而 bridge 底层基于 Linux 内核中久经考验的 Linux 网桥技术。这意味着 bridge 是高性能且非常稳定的，同时可以通过标准的 Linux 工具来查看这些网络。图 3-48 所示为查看网桥信息。

```
[root@izuf6dyp7wo3gf77qmt1cqz ~]# ip link show docker0
3: docker0: <BROADCAST,MULTICAST,UP,LOWER_UP> mtu 1500 qdisc noqueue state UP mode DEFAULT
    link/ether 02:42:98:aa:d4:15 brd ff:ff:ff:ff:ff:ff
[root@izuf6dyp7wo3gf77qmt1cqz ~]#
[root@izuf6dyp7wo3gf77qmt1cqz ~]# ifconfig docker0
docker0: flags=4163<UP,BROADCAST,RUNNING,MULTICAST>  mtu 1500
    inet 172.17.0.1  netmask 255.255.0.0  broadcast 172.17.255.255
    ether 02:42:98:aa:d4:15  txqueuelen 0  (Ethernet)
    RX packets 39992  bytes 5971122 (5.6 MiB)
    RX errors 0  dropped 0  overruns 0  frame 0
    TX packets 59251  bytes 101196767 (96.5 MiB)
    TX errors 0  dropped 0 overruns 0  carrier 0  collisions 0

[root@izuf6dyp7wo3gf77qmt1cqz ~]#
```

▲图 3-48　查看 docker0 网桥信息

在 Linux Docker 宿主机上，默认的 bridge 网络被映射到内核中为 docker0 的 Linux 网桥。可以通过 docker network inspect bridge 命令查看该虚拟网络的详细信息，如图 3-49 所示。

```
[root@izuf6dyp7wo3gf77qmt1cqz ~]# docker network inspect bridge
[
    {
        "Name": "bridge",
        "Id": "2ee75ed279766122fa01851be988a25baf201efa0b93cbfb15f52e0d4a848fb9",
        "Created": "2019-11-22T17:52:35.658075152+08:00",
        "Scope": "local",
        "Driver": "bridge",
        "EnableIPv6": false,
        "IPAM": {
            "Driver": "default",
            "Options": null,
            "Config": [
                {
                    "Subnet": "172.17.0.0/16",
                    "Gateway": "172.17.0.1"
                }
            ]
        },
        "Internal": false,
        "Attachable": false,
        "Ingress": false,
        "ConfigFrom": {
            "Network": ""
        },
        "ConfigOnly": false,
        "Containers": {
            "03c7de4c6432bcd7f2c716dd55a834e9ba0ccbfb09ca83b9cc30208f69a413e4": {
                "Name": "mytomcat9",
                "EndpointID": "6854e6daf0aebe30ef4afb700f387d60dc221c433f90b1bf044290107060b870",
                "MacAddress": "02:42:ac:11:00:03",
                "IPv4Address": "172.17.0.3/16",
                "IPv6Address": ""
```

▲图 3-49   查看 bridge 虚拟网络详细信息

在输出的 bridge 网络信息中，"com.docker.network.bridge.name": "docker0"用于确认 bridge 网络和 Linux 内核中的 docker0 网桥之间的关系；在"Containers": { }中，可以看到接入 bridge 网络的所有容器，默认该宿主机上的所有容器都会接入 bridge 网络，同一个网络下的多个容器之间可以互相通信，当然我们也可以通过在容器启动的 docker run 命令中添加 --network 参数的方式指定容器所要加入的网络。docker0 网桥可以通过宿主机以太网接口的端口映射进行反向关联。虚拟网络、网桥以及与宿主机网卡之间的关系如图 3-50 所示。

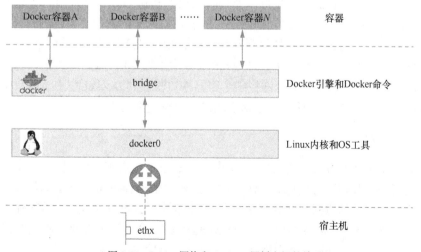

▲图 3-50   bridge 网络和 docker0 网桥之间的关系

这里的 docker0 网桥概念等同于交换机，为连在其上的设备转发数据帧。网桥上的 veth 网卡设备相当于交换机上的端口，可以将多个容器或虚拟机连接在上面。因为这些端口工作在二层，所以是不需要配置 IP 信息的。图 3-50 中的 docker0 网桥就为连在其上的容器转发数据帧，使同一台宿主机上的 Docker 容器之间可以相互通信。在 Docker 的桥接网络模式中，docker0 的 IP 地址作为连接于之上的容器的默认网关地址存在。

我们在宿主机上安装 Docker 引擎时，Docker 默认会创建 bridge 网络，该宿主机上所有的容器默认也会接入 bridge 网络，我们可以通过 docker network create 命令创建新的单机桥接网络，然后通过在容器启动 docker run 命令中添加--network 参数的方式指定容器所要加入的网络，如图 3-51 所示。

```
[root@izuf6dyp7wo3gf77qmt1cqz ~]# docker network rm mynetwork
mynetwork
[root@izuf6dyp7wo3gf77qmt1cqz ~]#
[root@izuf6dyp7wo3gf77qmt1cqz ~]#
[root@izuf6dyp7wo3gf77qmt1cqz ~]# docker network ls
NETWORK ID          NAME                DRIVER              SCOPE
2ee75ed27976        bridge              bridge              local
b7ece99b1a16        host                host                local
8699dfbf76e0        none                null                local
[root@izuf6dyp7wo3gf77qmt1cqz ~]# docker network create --driver bridge mynetwork
42600b7ad2018ce9211aa89fc6ae833dadf02193150ad42a6e4b185ef0c103ae
[root@izuf6dyp7wo3gf77qmt1cqz ~]#
[root@izuf6dyp7wo3gf77qmt1cqz ~]# docker network ls
NETWORK ID          NAME                DRIVER              SCOPE
2ee75ed27976        bridge              bridge              local
b7ece99b1a16        host                host                local
42600b7ad201        mynetwork           bridge              local
8699dfbf76e0        none                null                local
[root@izuf6dyp7wo3gf77qmt1cqz ~]#
[root@izuf6dyp7wo3gf77qmt1cqz ~]# docker run -it --name tc1 --network mynetwork centos
[root@accb705b52e2 /]#
```

▲图 3-51　Docker 中创建新的单机桥接网络

同一个网络中的不同容器之间是可以通过容器名互相访问的，这是因为所有的容器都注册在指定的 Docker DNS 服务上，所以同一网络下的容器可以解析其他容器的名称。在单机桥接网络模式下，不同网络下的容器之间如果要互相访问，则必须通过端口映射来避开容器名无法解析的限制。我们可以通过在容器启动 docker run 命令中添加 -d 参数的方式指定容器与宿主机的端口映射（见 3.3.2 节）。端口映射允许将某个容器端口映射到 Docker 宿主机端口上，对于配置中指定的 Docker 宿主机端口，任何发送到该端口的数据包都会被转发到容器。

3.5.6　多机覆盖网络

覆盖网络适用于多机环境，它会创建扁平的、安全的二层网络来连接多个宿主机，容器可以连接到覆盖网络并直接互相访问，这样不同宿主机上的容器就可以在链路层实现通信。覆盖网络是理想的容器间通信方式，具备良好的网络伸缩性。Docker 为覆盖网络提供了本地驱动，其背后是基于 Libnetwork 以及相应的 overlay 驱动来构建的，使得创建覆盖网络非常简单，只需在 docker network create 命令中添加 --d overlay 参数。

overlay 驱动默认采用 VXLAN 协议，在 IP 地址可以互相访问的多个宿主机之间搭建隧道，让容器可以互相访问。Docker 使用 VXLAN 隧道技术创建了虚拟二层覆盖网络。在 VXLAN 的设计中，允许用户基于已经存在的三层网络架构创建虚拟的二层网络。VXLAN 的独特之处在于它是一种封装技术，能使现存的路由器和网络架构看起来像普通的 IP/UDP 包一样，并且处理起来毫无问题。为了创建二层覆盖网络，VXLAN 基于现有的三层 IP 网络创建了隧道。读者可能听说过基础网络（underlay network）这个术语，它用于指代三层之下的基础部分。VXLAN 隧道两端都是 VXLAN 隧道终端（VXLAN Tunnel Endpoint, VTEP）。VTEP 完成了封装和解压的步骤以及一些功能实现所必需的操作，如图 3-52 所示。

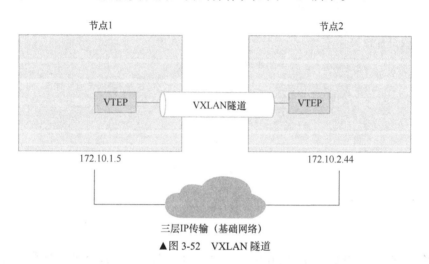

▲图 3-52　VXLAN 隧道

在两个节点之间建立 VXLAN 隧道之后，为了实现跨节点的容器间互联，我们需要在每台宿主机上都新建一个沙盒（网络命名空间）。沙盒就像一个容器，但其中运行的不是应用，而是当前宿主机上独立的网络栈。在沙盒内部创建一个名为 Br0 的虚拟交换机（又称作虚拟网桥）。同时，沙盒内部还创建了一个 VTEP，其中一端接入名为 Br0 的虚拟交换机，另一端接入宿主机网络栈（VTEP）。

在宿主机网络栈中的终端从宿主机所连接的基础网络中获取到 IP 地址，并以用户数据报协议（User Datagram Protocol，UDP）套接字（Socket）的方式绑定到 4789 端口（IANA 规定的 UDP 端口号）。不同宿主机上的两个 VTEP 通过 VXLAN 隧道创建了一个覆盖网络，这是 VXLAN 上层网络创建和使用所必需的。

接下来每个容器都会有自己的虚拟以太网（veth）适配器，并接入本地虚拟交换机 Br0。目前的拓扑如图 3-53 所示。

虽然宿主机所属网络互相独立，但两个分别位于不同宿主机上的容器却可以通过 VXLAN 上层网络进行通信。如图 3-53 所示，将节点 1 上的容器称为 C1，节点 2 上的容器称为 C2。

假设 C1 希望 ping 通 C2。C1 发起 ping 请求，目的 IP 为 C2 的地址 10.1.0.8，该请求的流量通过连接到虚拟交换机 Br0 的 veth 发出。虚拟交换机并不知道将包发送到哪里，因为在虚拟交换机的 MAC 地址映射表（ARP 映射表）中没有与当前目的 IP 对应的 MAC 地址，所以虚拟交换机会将该包发送到其上的全部端口。连接到 Br0 的 VTEP 接口知道如何转发这个数据帧，所以会将自己的 MAC 地址返回，这就是一个代理 ARP 响应，并且虚拟交换机 Br0 根据返回结果学会了如何转发该包。接下来虚拟交换机会更新自己的 ARP 映射表，将 10.1.0.8 映射到本地 VTEP 的 MAC 地址上。

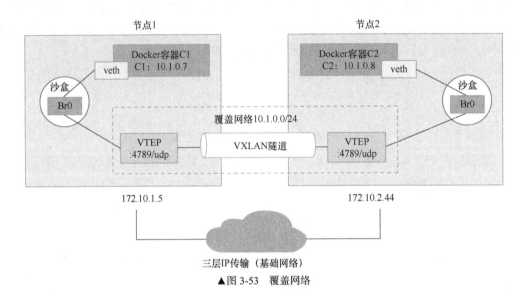

▲图 3-53　覆盖网络

现在虚拟交换机 Br0 已经学会如何转发目的为 C2 的流量，接下来所有发送到 C2 的包都会被直接转发到 VTEP 接口。VTEP 接口知道 C2，是因为所有新启动的容器都会将自己的网络详情采用网络内置的 Gossip 协议发送给同集群内的其他节点。

虚拟交换机将包转发到 VTEP 接口，VTEP 完成数据帧的封装，这样就能在底层网络传输。具体来说，封装操作就是把 VXLAN 的头部信息添加到以太帧中。VXLAN 的头部信息包含了 VXLAN 网络标识符（VXLAN Network Identifier，VNID），其作用是记录 VLAN 到 VXLAN 的映射关系。每个 VLAN 都对应一个 VNID，以便包可以在解析后被转发到正确的 VLAN。封装时会将数据帧放到 UDP 包中，并设置 UDP 的目的 IP 字段为节点 2 的 VTEP 的 IP 地址，同时设置 UDP Socket 端口为 4789。这种封装方式保证了底层网络即使不知道任何关于 VXLAN 的信息，也可以完成数据传输。

当包到达节点 2 之后，内核发现目的端口为 UDP Socket 端口 4789，同时还知道存在 VTEP 接口绑定到该 Socket。所以内核将包发给 VTEP，由 VTEP 读取 VNID，解压包信息，并根据 VNID 发送到本地名为 Br0 的连接到 VLAN 的虚拟交换机。在该虚拟交换机上，包被发送给容器 C2。

3.5.7　混合互联网络

前面已经介绍了单节点以及跨节点下多个 Docker 容器之间的互联互通，在企业实际的 IT

架构中，由于历史原因，会存在大量已有传统架构的应用需要集成，因此将容器化应用连接到外部系统以及物理网络的能力是非常必要的。常见的例子是部分容器化的应用需要与那些运行在物理网络和 VLAN 上的未容器化应用进行通信。这就涉及虚拟网络和物理网络之间的混合互联网络架构。

Docker 内置的 macvlan 驱动就是为此场景而生的。通过为容器提供 MAC 地址和 IP 地址，让容器在物理网络上成为"一等公民"，如图 3-54 所示。

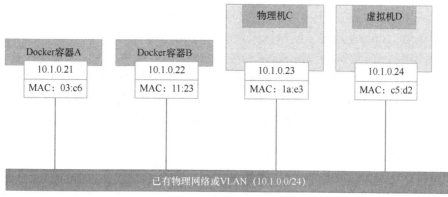

▲图 3-54　容器接入现有网络

macvlan 本身是 Linux 内核模块，其功能是允许在同一个物理网卡上配置多个 MAC 地址，即多个接口，每个接口可以配置自己的 IP 地址。macvlan 本质上是一种网卡虚拟化技术，其优点是性能优异，因为无须端口映射或者额外桥接，可以直接通过主机接口（或者子接口）访问容器接口；缺点是需要将主机网络接口卡（Network Interface Card，NIC）设置为混杂模式（promiscuous mode），这在大部分公有云平台上是不允许的。所以 macvlan 对于公司内部的数据中心网络来说很实用（假设公司网络组能接受 NIC 设置为混杂模式），但是 macvlan 在公有云上不可行。

创建 macvlan 网络的过程非常简单，直接在 Docker 创建网络命令 docker network create 中添加-d macvlan 参数即可。创建的 macvlan 网络可以是 bridge 模式或 802.1q trunk bridge 模式。

（1）在 bridge 模式中，macvlan 流量通过主机上的物理设备。

（2）在 802.1q trunk bridge 模式中，流量通过 Docker 在运行中创建的 802.1q 子接口，用户可以更细粒度地控制路由和过滤。

1. bridge 模式

要创建与给定物理网络接口桥接的 macvlan 网络，需要在 docker network create 命令中使用--driver macvlan，还需要指定 parent，这是流量在 Docker 宿主机上实际通过的接口。

```
$ docker network create -d macvlan --subnet=10.1.0.0/24 --gateway=10.1.0.1 -o parent=eth0
mymacvlan
```

2. 802.1q trunk bridge 模式

如果你指定了一个带有点的 parent 接口名称，例如 eth0.100，Docker 会将其解释为 eth0 的子接口并自动创建子接口。下面的命令会创建一个名为 mymacvlan100 的 macvlan 网络，该网络会连接到 VLAN 100。

```
$ docker network create -d macvlan --subnet=10.1.0.0/24 --gateway=10.1.0.1 -o parent=
eth0.100 mymacvlan100
```

macvlan 采用标准 Linux 子接口，需要为其标记目的 VLAN 网络对应的 ID。在本例中，目的网络是 VLAN 100，所以将子接口标记为.100（eth0.100）。

在创建过程中，还可以通过--ip-range 参数告知 macvlan 网络在子网中有哪些 IP 地址可以分配给容器，这些地址必须被保留，不能用于其他节点或者动态主机配置协议（Dynamic Host Configuration Protocol，DHCP）服务器，因为没有任何管理层功能来检查 IP 区域重合的问题。

macvlan 网络创建完成后，我们在新建容器时就可以通过--network 参数将容器部署到该网络中。

```
$ docker container run -d --name myweb1--network mymacvlan100 centos
```

macvlan 不依赖 Linux 网桥，容器只有一个 eth0。容器的接入点直接与主机的网络接口卡连接，这种方案使容器无须通过 NAT 和端口映射就能与外网直接通信（只要有网关）。在网络上与其他独立主机没有区别，因而能够实现与容器外其他物理机或者虚拟机的直接互联互通，搭建一个混合互联的异构网络环境。

3.5.8　网络访问控制

Docker 容器的网络访问控制主要通过 Linux 上的 iptables 防火墙软件来进行管理和实现。iptables 是 Linux 系统流行的防火墙软件，大部分发行版中自带 iptables。

Docker 安装完成后，将默认在宿主机系统上增加一些 iptables 规则，用于 Docker 容器和容器之间以及容器和外界的通信。iptables 是按照规则来办事的，规则（rule）其实就是网络管理员预定义的条件。规则的一般定义为：如果数据包头符合这样的条件，就这样处理这个数据包。规则存储在内核空间的信息包过滤表中，这些规则分别指定了源地址、目的地址、传输协议［如传输控制协议（Transmission Control Protocol，TCP）、UDP、互联网控制报文协议（Internet Control Message Protocol，ICMP）］和服务类型［如 HTTP、文件传输协议（File Transfer Protocol，FTP）和 SMTP］等。当数据包与规则匹配时，iptables 就根据规则所定义的方法来处理这些数据包，如放行（accept）、拒绝（reject）和丢弃（drop）等。配置防火墙的主要工作就是添加、修改和删除这些规则。

可以使用 iptables-save 命令查看宿主机中 Docker 引擎为我们设置的 iptables 规则信息，如图 3-55 所示。

其中，nat 表中的 POSTROUTING 链有如下一条规则：

```
-A POSTROUTING -s 172.17.0.0/16 ! -o docker0 -j MASQUERADE
```

```
[root@izuf6dyp7wo3gf77qmt1cqz ~]# iptables-save
# Generated by iptables-save v1.4.21 on Sun Dec  1 12:24:07 2019
*filter
:INPUT ACCEPT [382327:53484277]
:FORWARD DROP [0:0]
:OUTPUT ACCEPT [567605:398715929]
:DOCKER - [0:0]
:DOCKER-ISOLATION-STAGE-1 - [0:0]
:DOCKER-ISOLATION-STAGE-2 - [0:0]
:DOCKER-USER - [0:0]
-A FORWARD -j DOCKER-USER
-A FORWARD -j DOCKER-ISOLATION-STAGE-1
-A FORWARD -o br-aa792c7c92ed -m conntrack --ctstate RELATED,ESTABLISHED -j ACCEPT
-A FORWARD -o br-aa792c7c92ed -j DOCKER
-A FORWARD -i br-aa792c7c92ed ! -o br-aa792c7c92ed -j ACCEPT
-A FORWARD -i br-aa792c7c92ed -o br-aa792c7c92ed -j ACCEPT
-A FORWARD -o docker0 -m conntrack --ctstate RELATED,ESTABLISHED -j ACCEPT
-A FORWARD -o docker0 -j DOCKER
-A FORWARD -i docker0 ! -o docker0 -j ACCEPT
-A FORWARD -i docker0 -o docker0 -j ACCEPT
-A DOCKER -d 172.17.0.2/32 ! -i docker0 -o docker0 -p tcp -m tcp --dport 5000 -j ACCEPT
-A DOCKER -d 172.17.0.3/32 ! -i docker0 -o docker0 -p tcp -m tcp --dport 8080 -j ACCEPT
-A DOCKER-ISOLATION-STAGE-1 -i br-aa792c7c92ed ! -o br-aa792c7c92ed -j DOCKER-ISOLATION-STAGE-2
-A DOCKER-ISOLATION-STAGE-1 -i docker0 ! -o docker0 -j DOCKER-ISOLATION-STAGE-2
-A DOCKER-ISOLATION-STAGE-1 -j RETURN
-A DOCKER-ISOLATION-STAGE-2 -o br-aa792c7c92ed -j DROP
-A DOCKER-ISOLATION-STAGE-2 -o docker0 -j DROP
-A DOCKER-ISOLATION-STAGE-2 -j RETURN
-A DOCKER-USER -j RETURN
COMMIT
# Completed on Sun Dec  1 12:24:07 2019
# Generated by iptables-save v1.4.21 on Sun Dec  1 12:24:07 2019
*nat
```

▲图 3-55　查看 Docker 宿主机的 iptables 信息

参数说明如下。

（1）-s：源地址 172.17.0.0/16。

（2）-o：指定数据报文流出接口为 docker0。

（3）-j：动作为 MASQUERADE（地址伪装）。

这条规则关系着 Docker 容器和外部的通信，含义是源地址为 172.17.0.0/16 的数据包（即 Docker 容器发出的数据）当不是从 docker0 网卡发出时叫作 SNAT。这样一来，从 Docker 容器访问外网的流量，在外部看来就是从宿主机上发出的，外部感觉不到 Docker 容器的存在。

同样，外部想要访问 Docker 容器中的服务时该怎么办呢？我们启动一个简单的 Web 服务容器，观察 iptables 规则有何变化。

```
$ docker run -d -p 8080:8080 --name="mytomcat9" siniu/tomcat9
```

然后查看 iptables 规则，如图 3-56 所示。

可以看到，在 nat、filter 的 Docker 链中分别增加了一条规则，这两条规则将访问宿主机 8080 端口的流量转发到 172.17.0.3 的 8080 端口上（真正提供服务的 Docker 容器的 IP 地址和端口），所以外部访问 Docker 容器是通过 iptables 做 DNAT 实现的。

此外，Docker 的 forward 规则默认允许所有的外部 IP 访问容器时，可以通过在 filter 的 Docker 链上添加规则对外部的 IP 访问做出限制。不仅是与外部通信，Docker 容器之间互相通信也受到 iptables 规则限制。同一台宿主机上的 Docker 容器默认都连接在 docker0 网桥上，它们属于一个子网，这是满足相互通信的第一步。同时，Docker 守护进程会在 filter 的 FORWARD 链中增加一条 ACCEPT 的规则（--icc=true）：

```
-A FORWARD -i docker0 -o docker0 -j ACCEPT
```

```
-A FORWARD -i br-aa792c7c92ed -o br-aa792c7c92ed -j ACCEPT
-A FORWARD -o docker0 -m conntrack --ctstate RELATED,ESTABLISHED -j ACCEPT
-A FORWARD -o docker0 -j DOCKER
-A FORWARD -i docker0 ! -o docker0 -j ACCEPT
-A FORWARD -i docker0 -o docker0 -j ACCEPT
-A DOCKER -d 172.17.0.2/32 ! -i docker0 -o docker0 -p tcp -m tcp --dport 5000 -j ACCEPT
-A DOCKER -d 172.17.0.3/32 ! -i docker0 -o docker0 -p tcp -m tcp --dport 8080 -j ACCEPT
-A DOCKER-ISOLATION-STAGE-1 -i br-aa792c7c92ed ! -o br-aa792c7c92ed -j DOCKER-ISOLATION-STAGE-2
-A DOCKER-ISOLATION-STAGE-1 -i docker0 ! -o docker0 -j DOCKER-ISOLATION-STAGE-2
-A DOCKER-ISOLATION-STAGE-1 -j RETURN
-A DOCKER-ISOLATION-STAGE-2 -o br-aa792c7c92ed -j DROP
-A DOCKER-ISOLATION-STAGE-2 -o docker0 -j DROP
-A DOCKER-ISOLATION-STAGE-2 -j RETURN
-A DOCKER-USER -j RETURN
COMMIT
# Completed on Sun Dec  1 12:20:00 2019
# Generated by iptables-save v1.4.21 on Sun Dec  1 12:20:00 2019
*nat
:PREROUTING ACCEPT [7268:359812]
:INPUT ACCEPT [7268:359812]
:OUTPUT ACCEPT [14840:1064159]
:POSTROUTING ACCEPT [18156:1259143]
:DOCKER - [0:0]
-A PREROUTING -m addrtype --dst-type LOCAL -j DOCKER
-A OUTPUT ! -d 127.0.0.0/8 -m addrtype --dst-type LOCAL -j DOCKER
-A POSTROUTING -s 172.18.0.0/16 ! -o br-aa792c7c92ed -j MASQUERADE
-A POSTROUTING -s 172.17.0.0/16 ! -o docker0 -j MASQUERADE
-A POSTROUTING -s 172.17.0.2/32 -d 172.17.0.2/32 -p tcp -m tcp --dport 5000 -j MASQUERADE
-A POSTROUTING -s 172.17.0.3/32 -d 172.17.0.3/32 -p tcp -m tcp --dport 8080 -j MASQUERADE
-A DOCKER -i br-aa792c7c92ed -j RETURN
-A DOCKER -i docker0 -j RETURN
-A DOCKER ! -i docker0 -p tcp -m tcp --dport 5000 -j DNAT --to-destination 172.17.0.2:5000
-A DOCKER ! -i docker0 -p tcp -m tcp --dport 8080 -j DNAT --to-destination 172.17.0.3:8080
COMMIT
```

▲图 3-56　查看 iptables 规则

这是满足相互通信的第二步。当 Docker 守护进程启动参数--icc（表示是否允许容器间相互通信）设置为 false 时，以上规则会被设置为 DROP，Docker 容器间的相互通信就被禁止。在这种情况下，如果要让两个容器通信，需要在 docker run 时使用--link 选项。

3.6　Docker 三剑客

| Docker Machine | Docker Compose | Docker Swarm |

　　Docker Machine、Docker Compose 和 Docker Swarm 是 Docker 原生提供的三大编排工具，用来部署管理多个宿主机的 Docker 容器集群，号称"Docker 三剑客"。它们是 Docker 公司原生发布的工具，因此相比同期市场上其他工具而言，与 Docker 容器的兼容性更为出色，曾经在容器编排市场中处于主流的地位。但随着 Kubernetes 的崛起，越来越多厂商的支持与加入，以及 Kubernetes 社区的活跃，Kubernetes 已渐渐成为容器编排的事实标准。2017 年 10 月，Docker 公司宣布可以支持 Kubernetes 作为其企业版的编排管理，这基本宣告了容器编排的市场竞争格局已经收官，Kubernetes 成为最终的胜出者。基于此，本书只简单介绍 Docker 三剑客功能特点以及使用方式，以便让读者形成对 Docker 容器技术的完整知识体系。

3.6.1　Docker Machine

　　Docker Machine 是 Docker 官方提供的一个命令行工具，它可以帮助我们在远程的机器上安装 Docker，或在虚拟机 host 上直接安装虚拟机并在虚拟机中安装 Docker。我们还可以通过 docker-machine 命令来管理这些虚拟机和 Docker。Docker Machine 是生产环境使用 Docker 容器的第一步，能够实现在多种平台上快速安装和维护 Docker 运行环境，目的是简化 Docker 的安装和远程管理，它解决了集群环境下有很多主机都需要安装 Docker 的效率以及运维问题。Docker Machine 支持多种平台，可以使运维人员在很短的时间内在本地或云环境中搭建一套 Docker 主机集群。

　　Docker Machine 用于配置和管理 Docker 化的主机（带有 Docker 引擎的主机），运维人员可以使用一台 Docker Machine 主机在一个或多个虚拟机上安装 Docker 引擎。这些虚拟机既可以是本地的（就像使用 Docker Machine 在 macOS 或 Windows 系统中的 VirtualBox 中安装和运行 Docker 引擎一样），也可以是远程的（就像使用 Docker Machine 在云服务商的虚拟机上安装运行 Docker 引擎一样）。Docker Machine 主机也被称为管控机，要安装 Docker 引擎的主机被称为受控机，用 Docker Machine 安装 Docker 主机的原理如图 3-57 所示。

　　从技术上讲，Docker Machine 是一个框架，比较开放。对于任何提供虚拟机服务的平台，只要在这个框架下开发针对该平台的驱动，Docker Machine 就可以集成到该平台，在该平台上执行创建、删除、启动、停止 Docker 等行为。目前已经建成的云平台包括 AWS、IBM、Google、阿里云云服务器（Elastic Compute Service，ECS）、OpenStack、VirtualBox 等。

　　在不同平台上安装 Docker Machine 的过程都比较简单，读者可自行到 GitHub 中搜索并实践。安装好后，我们就可以通过 docker-machine 命令来安装管理 Docker 主机，如图 3-58 所示。

　　从命令行输出上可以看到，Docker Machine 通过 SSH 连接到指定节点，并在上面安装 Docker 引擎。因此，在使用 docker-machine 命令进行远程安装前，我们需要做一些准备工作。

　　（1）在目的主机上创建一个用户并加入 sudo 组。

　　（2）为该用户设置 sudo 操作不需要输入密码。

　　（3）把本地用户的 SSH public key 添加到目的主机上。

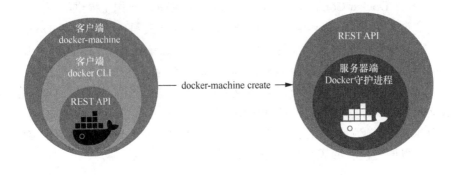

▲图 3-57　用 Docker Machine 安装管理 Docker 主机

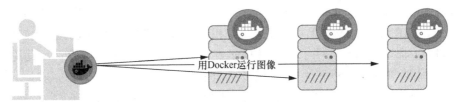

```
[root@manager1 ~]# docker-machine create --driver generic --generic-ip-address=172.19.0.195 mydocker
Running pre-create checks...
Creating machine...
(mydocker) No SSH key specified. Assuming an existing key at the default location.
Waiting for machine to be running, this may take a few minutes...
Detecting operating system of created instance...
Waiting for SSH to be available...
Detecting the provisioner...
Provisioning with centos...
Copying certs to the local machine directory...
Copying certs to the remote machine...
Setting Docker configuration on the remote daemon...
Checking connection to Docker...
Docker is up and running!
To see how to connect your Docker Client to the Docker Engine running on this virtual machine, run: docker-machine env mydocker
[root@manager1 ~]#
[root@manager1 ~]# docker node ls
ID                            HOSTNAME    STATUS    AVAILABILITY    MANAGER STATUS    ENGINE VERSION
tz46s4iqi5safkc839jr6lhy5 *   manager1    Ready     Active          Leader            19.03.2
vqu6npyrum5danp6zarpbuiqi     mydocker    Ready     Active                            19.03.2
5d1bvgc2zmdck6xq3yyjm3n6t     worker2     Ready     Active                            19.03.2
[root@manager1 ~]#
```

▲图 3-58　通过 docker-machine 命令安装管理 Docker 主机

　　create 命令本来用于创建虚拟主机并安装 Docker，因为本例中的目的主机已经存在，所以仅安装 Docker。-d 是--driver 的简写形式，主要用来指定使用什么驱动程序来创建目的主机。Docker Machine 支持在云服务器上创建主机，就是靠使用不同的驱动来实现，本例中使用的是 generic 驱动，目前支持的驱动类型可以参考 Docker 官网的列表说明。

　　Docker Machine 提供了一系列子命令，每个子命令又有一系列参数，可以通过docker-machine <COMMAND> -h 来查看具体子命令的参数说明。读者可以访问其官网查看最新的子命令列表以及每个子命令的帮助说明。

　　通过 Docker Machine 安装完成 Docker 环境后，再配合 Docker Compose 和 Docker Swarm

即可实现完整的 Docker 容器生命周期的管理。

3.6.2 Docker Compose

编排（orchestration）功能是复杂系统是否灵活和具有可操作性的关键。特别是在 Docker 应用场景中，编排意味着用户可以灵活地对各种容器资源实现定义和管理。在实际生产环境中，一个应用往往由许多服务构成，而 Docker 的最佳实践是一个容器只运行一个进程，因此运行多个微服务就要运行多个容器。我们知道，使用 Dockerfile 模板文件可以让用户很方便地定义一个单独的应用容器。但在实际工作中，我们经常会碰到需要多个容器相互配合来完成的某项任务，例如工作中的 Web 服务容器本身，往往会在后端加上数据库容器、缓存容器，以及会有负载均衡器等。多个容器协同工作需要一个有效的工具来管理它们，定义这些容器如何相互关联，因此 Docker Compose 应运而生。

作为 Docker 官方的编排工具，Docker Compose 的重要性不言而喻，它可以让用户编写一个简单的模板文件。模板文件是 Docker Compose 的核心，涉及的指令关键字比较多，但是大部分的指令与 docker run 相关参数的含义是类似的，默认的模板名是 docker-compose.yml（YAML 文件格式）。利用模板文件，用户可以快速地创建和管理基于 Docker 容器的应用集群，并定义多容器之间的关系。一个 docker-compose up 命令就可以运行完整的应用。使用 Docker Compose 可以简化容器镜像的构建以及容器的运行。以下是一个 docker-compose.yml 文件的配置示例：

```
# 基于 Redis 和 db 服务启动 Web 服务
version: '3'
services:
  web:
  build:
ports:
  - "80:8080"
  depends_on:
    - db
    - redis
  redis:
    image: redis
  db:
    image: postgres
```

第一行的 version: '3' 表示当前的配置文件使用的语法版本（Docker Compose 文件格式有 3 个版本，分别为 1、2.x 和 3.x。目前主流的 3.x 支持 Docker 1.13.0 及以上的版本）。

services 中的内容指明该应用一共定义了多少个服务（容器镜像）。在运行时，一个服务是指从该镜像启动的一个或多个容器。

在上述示例中，一共需要 3 个容器镜像。Web 服务由我们自己通过 build 命令构建（自动构建当前目录下的 Dockerfile 文件）；ports 建立宿主机和容器之间的端口映射关系；depends_on 指定 Web 服务依赖 db 和 redis 两个后端服务（depends_on 也解决有依赖关系的容器的启动顺序问题，在 v3 版本中使用 Docker Swarm 部署时将忽略该选项）。redis 和 db 服务则直接使用官方的镜像。

编辑保存 docker-compose.yml 文件后，我们可以直接在当前目录执行 docker-compose up 子命令来运行（先决条件是已经安装了 Docker 引擎和 Docker Compose），该命令的运行结果会成功拉起 4 个容器（--scale 选项指定某个 service 运行的容器个数，不指定则默认只拉起一个容器）。

```
$ docker-compose up -d --scale redis=2
```

docker-compose up 命令默认使用的配置文件是当前目录中的 docker-compose.yml 文件，我们可以通过 -f 选项指定一个其他名称的配置文件。通过上面的例子，我们对 Docker Compose 的运行流程有了大致的理解，接下来介绍 Docker Compose 中常常提及的两个核心概念。

（1）project：通过 Docker Compose 管理的一个项目被抽象地称为一个 project，它是由一组关联的应用容器组成的一个完整的业务单元。简单来说，就是一个 docker-compose.yml 文件定义一个 project。我们可以在执行 docker-compose 命令时通过 -p 选项指定 project 的名称，如果不指定，则默认是 docker-compose.yml 文件所在的目录名称。

（2）service：运行一个应用的容器，实际上可以是一个或多个运行相同镜像的容器。可以通过 docker-compose up 命令的 --scale 选项指定某个 service 运行的容器个数。

对应用来说，docker-compose.yml 模板文件也是一种非常不错的文档——其中定义了组成应用的所有服务，包括使用的镜像、网络和卷、暴露的端口，以及更多信息。基于此，我们可以融合开发与运维的工作边界，为 DevOps 提供最佳实践路径。Docker Compose 模板文件应该被当作代码保存在源代码仓库中。

Docker Compose 总体上并不复杂，本节只简要介绍了 docker-compose 的整体执行流程，主要目的是让读者理解它的工作原理。Docker Compose 是一个强有力的效率工具，相关的使用技巧等细节、docker-compose.yml 模板文件的更多语法，以及 docker-compose 的子命令说明，读者可以自行参考 Docker 官网的帮助文档说明。

3.6.3　Docker Swarm

Docker Swarm 和 Docker Compose 都是 Docker 官方容器编排项目，不同的是，Docker Compose 是在单个服务器或主机上创建多个容器的工具，而 Docker Swarm 可以在多个服务器或主机上创建容器集群服务，将一群 Docker 宿主机抽象成一个单一的虚拟主机。Docker Swarm（以下简称 Swarm）是一套较为简单的工具，用于管理 Docker 集群，使 Docker 集群暴露给用户时相当于一个虚拟的整体。作为容器集群管理器，Swarm 的优势之一是原生支持 Docker API，给用户的使用带来极大的便利。Swarm 使用标准的 Docker API 作为其前端的访问入口，因此各种形式的基于标准 API 的 Docker 客户端工具（Docker Compose、Docker SDK、各种管理软件等）均可以直接与 Swarm 通信，甚至 Docker 本身都可以很容易地与 Swarm 集成，这大大方便了用户将原本基于单节点的系统移植到 Swarm 上。同时，Swarm 内置了对 Docker 网络插件的支持，用户可以很容易地部署跨主机的容器集群服务。

Swarm 自己不运行容器，只是接受 Docker 客户端发来的请求，调度适合的节点来运行容器。这意味着，即使 Swarm 由于某些原因无法正常运行，集群中的节点也会照常运行，等 Swarm 重新恢复运行之后，它会收集重建集群信息。作为一个管理 Docker 集群的工具，Swarm 在使用前首先需要部署起来，可以单独将 Swarm 部署于若干管控节点（Swarm 本身也是集群部署的）。另外，还需要一个 Docker 集群，集群上每一个节点均安装有 Docker。图 3-59 是 Docker Swarm 的基本架构。

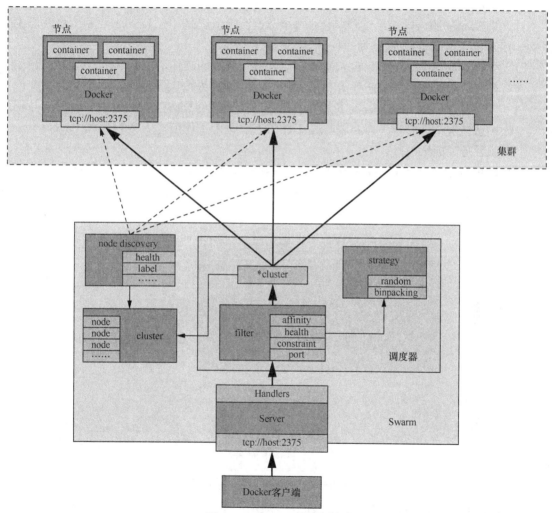

▲图 3-59 Docker Swarm 基本架构

从 Swarm 架构图中，我们可以看出 Swarm 的具体工作流程：Docker 客户端发送请求给 Swarm，Swarm 守护进程是一个调度器（scheduler）加路由器（router）；Swarm 处理请求并根据调度策略发送至相应的 Docker 节点；Docker 节点执行相应的操作并返回响应。

Swarm 架构中的重要概念如下。

（1）集群。

Swarm 集群为一组被统一管理起来的 Docker 主机，集群是 Swarm 所管理的对象，这些主机通过 Docker 引擎的 Swarm 模式相互沟通。集群中的部分主机可以作为管理节点响应外部的管理请求，其他主机作为工作节点来实际运行 Docker 容器。当然，同一个主机可以既作为管理节点，又作为工作节点。

（2）节点。

节点是 Swarm 集群的最小资源单位，每个节点实际上都是一台 Docker 主机（物理机或虚拟机）。Swarm 集群中的节点分为两种。

❑　管理节点（manager nodes）：负责响应外部对集群的操作请求，并维护集群中的资源，监控集群状态，分发任务给工作节点。一般推荐每个集群设置 5 ~ 7 个管理节点。

❑　工作节点（worker nodes）：负责执行管理节点安排的具体任务，为了提高资源利用率，默认情况下，管理节点自身也是工作节点。每个工作节点上运行代理（agent）来汇报任务完成情况。

用户既可以通过 docker node promote 命令将一个工作节点升级为管理节点，也可以通过 docker node demote 命令将一个管理节点降级为工作节点任务。Swarm 集群节点的关系如图 3-60 所示。

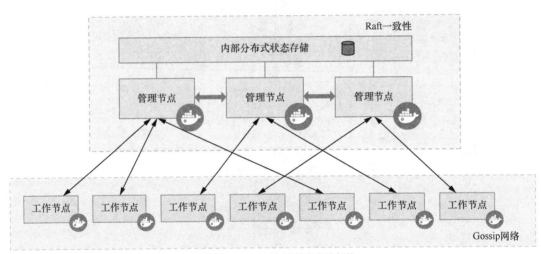

▲图 3-60　Swarm 集群节点主从架构

Swarm 集群是典型的主从（master-slave）架构，通过发现服务来选举中心管理节点，各个节点上运行代理接受中心管理节点的统一管理，集群会自动通过 Raft 协议分布式选举出中心管理节点，无须额外的发现服务支持，避免了单点的瓶颈问题，同时也内置了 DNS 的负载均衡和对外部负载均衡机制的集成支持。

Swarm 的配置和状态信息保存在一套位于所有管理节点上的分布式 etcd 数据库中。该数据库运行于内存中，并保持数据的最新状态，并且它几乎不需要任何配置，只作为 Swarm 的一部分被安装，无须管理。

（3）服务。

服务（service）是 Docker 支持复杂多容器协同场景的利器，一个服务是若干任务的定义，每个任务为某个具体的应用。当容器被封装在一个服务中时，我们称之为一个任务或一个副本，服务中增加了扩缩容、滚动升级以及简单回滚等特性。服务还包括对应的存储、网络、端口映射、副本个数、访问配置等参数。一般来说，服务需要面向特定的场景，例如一个典型的 Web 服务可能包括前端应用、后端应用、数据库、缓存等，这些应用都属于该服务的管理范畴。在创建服务时，需要指定要使用的容器镜像，以及要在正在运行的容器中执行哪些命令。Swarm 集群中的服务类型分为如下两种（可以通过-mode 指定）。

❑ 复制服务（replicated services）模式：默认模式，每个任务在集群中会存在若干副本，这些副本会被管理节点按照调度策略分发到集群中的工作节点上，此模式下可以使用 --replicas n 参数设置副本个数。

❑ 全局服务（global services）模式：通过 --mode global 参数设置全局服务模式，在每个节点上运行一个相同的任务，不需要预先指定任务的数量。每次增加一个节点到 Swarm 中，调度器就会创建一个任务，然后调度器把任务分配给新节点。该模式适合运行节点的检查，如应用监控等。

当部署服务到 Swarm，Swarm 管理节点接收用户对服务期望状态的定义，然后为服务在 Swarm 中的节点调度一个或多个副本任务，这些任务在 Swarm 的节点上彼此独立地运行。图 3-61 展示了 3 个 HTTP 服务器副本任务。3 个 HTTP 实例中的每一个是 Swarm 中的一个任务。

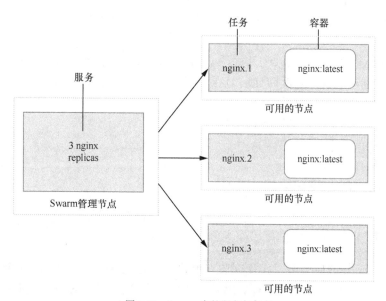

▲图 3-61　Swarm 中的服务与任务

容器是一个独立的进程。在 Swarm 模式中，每个任务（task）只调用一个容器。任务类似于调度程序放置容器的"插槽"。一旦容器处于活动状态，调度程序就会识别出任务处于运行状态。如果容器未通过健康检查或终止，则任务终止。

（4）任务。

任务是 Swarm 集群中最小的调度单位，即一个指定的应用容器。当用户通过创建或更新服务声明一个期望状态的服务时，调度器通过调度任务来实现期望的状态。例如，指定一个服务始终保持运行 3 个 HTTP 实例，调度器就创建 3 个任务，每个任务运行一个容器。容器是任务的实例化。如果一个 HTTP 容器之后出现故障停止，此任务被标志为失败，调度器就会创建一个新的任务来生成一个新容器。任务是一个单向机制，单向地执行一个系统状态，如assigned、prepared、running 等。如果一个任务失败了，调度器会删除这个任务和它的容器，然后创建一个新的任务来替换它。

要进一步理解 Swarm 的工作原理，可以先从 Swarm 提供的命令入手。Swarm 集群相关的操作命令主要如下。

❑　swarm init：在管理节点上创建一个新的集群。

```
$ docker swarm init --advertise-addr 172.19.0.194
```

--advertise-addr [:port] 参数指定管理节点服务地址及端口，执行完该命令会返回一个token串，这是集群的唯一 ID，后续加入集群的各个节点都需要这个 token 信息。默认的管理服务端口为 2377，需要在防火墙安全策略中放行，以便能被工作节点访问到。

❑　swarm join：加入一个新的节点到已有集群中。

```
$ docker swarm join --token SWMTKN-1-5qk0m91edswm….20n41sso9b822o7p306t6 172.19.0.194:
2377
```

在所有要加入集群的工作节点上执行 swarm join 命令，表示把这台主机加入指定的集群中。token 信息在创建集群时有返回显示，后续任何时候都可以在管理节点上执行 docker swarm join-token manager 命令进行查看。

```
[root@manager1 ~]# docker swarm join-token manager
To add a manager to this swarm, run the following command:

    docker swarm join --token SWMTKN-1-5qk0m91edswmwf9azp7qr37nob2jcye0k02mmxnaqf0vbvgfr5-6swqe0du2z35jjf7f1ujex3or 172.19.0.194:2377

[root@manager1 ~]#
```

❑　node list：列出集群中的节点信息。

```
[root@manager1 ~]# docker node ls
ID                           HOSTNAME      STATUS      AVAILABILITY      MANAGER STATUS      ENGINE VERSION
tz46s4iqi5safkc839jr6lhy5 *  manager1      Ready       Active            Leader              19.03.2
vqu6npyrum5danp6zarpbuiqi    mydocker      Ready       Active                                19.03.2
5d1bvgc2zmdck6xq3yyjm3n6t    worker2       Ready       Active                                19.03.2
[root@manager1 ~]#
```

创建好 Swarm 集群后，可以在管理节点上执行 docker service 相关的命令来部署 Docker 应用服务到集群中。Swarm 提供了对应用服务的良好支持，使用 Swarm 集群可以充分满足应用服务可扩展、高可用的需求。Docker 通过 service 命令来管理应用服务，主要包括 create、 inspect、logs、ls、ps、rm、rollback、scale、update 等子命令，读者可自行查阅 Docker 官网中 Swarm 相关文档的说明。

　　通过使用 Swarm，用户可以将若干 Docker 主机节点组成的集群当作一个大的虚拟 Docker 主机使用，并且原先基于单机的 Docker 应用可以无缝迁移到 Swarm 集群上来。通过使用服务，Swarm 集群可以支持多个应用组合编排构建的复杂业务，并很容易对其进行升级等操作。在生产环境中，Swarm 的管理节点要考虑高可用性和安全保护，一方面，多个管理节点应该分配到不同的容灾区域；另一方面，服务节点应该配合数字证书等手段进行限制访问。Swarm 功能已经被无缝嵌入 Docker 1.12 及以上版本中，用户可以直接使用 Docker 命令来完成相关功能的配置，对 Swarm 集群的管理将会更加简便。

第4章　Kubernetes

尽管容器技术已经出现很久，但它变得广为人知却是因为 Docker 容器平台的出现。Docker 是第一个使容器能在不同机器之间移植的系统。它不仅简化了打包应用的流程，还减少了打包应用的库和依赖，甚至整个操作系统的文件系统能被打包成一个简单的、可移植的包。这个包可以被用来在任何其他运行 Docker 的机器上使用。

Docker 是第一个使容器成为主流的容器平台，但并不意味着容器技术只有 Docker 一个，rkt 则是另一个 Linux 容器引擎。和 Docker 一样，rkt 也是一个运行容器的平台，它强调安全性、可构建性，并遵从开放标准。rkt 使用 OCI 容器镜像，甚至可以运行常规的 Docker 容器镜像。

由于容器的标准性、可移植性、可扩展性等优点，越来越多的企业生产系统开始使用容器作为应用部署的载体。随着分布式微服务系统架构的流行，企业生产系统应用节点个数呈爆发式增长，少则几百，多则几千上万。面对如此众多的应用节点（容器），其编排与日常运维管理成为重要的课题。

这时，容器编排市场出现了 Swarm 集群和 Kubernetes 集群两大阵营，相互竞争，各自发展。Swarm 是 Docker 官方推出的集群方案，Kubernetes 是脱胎于 Google 的一款为容器的应用部署和管理而打造的一套强大并且易用的管理平台（Borg 系统）。Kubernetes 积累了以 Google 为生产环境运行工作负载十多年的经验，并吸收了来自社区的最佳想法和实践。相比 Swarm 而言，Kubernetes 更擅长容器的管理，尤其在大规模复杂的企业级生产环境，Kubernetes 表现出强大的生命力。Kubernetes 功能完善，资源调度、服务发现、运行监控、扩容缩容、负载均衡、灰度升级、失败冗余、容灾恢复、DevOps 等样样精通，可实现大规模、分布式、高可用的 Docker 集群。Kubernetes 面向 PaaS，直接为解决业务的分布式架构、服务化而设计，完整定义了构建业务系统的标准化架构层，即 cluster、node、Pod、label 等一系列的抽象都是定义好的，为服务编排提供了一个简单、轻量级的方式。

Kubernetes 对于容器管理有诸多优势，再加上 Google 不遗余力地推广 Kubernetes，不仅加入 OpenStack 基金会，还联合其他 20 家公司成立开源组织 CNCF，就是为了保证 Kubernetes 未来在任何基础设施（公有云、私有云、裸机）上都能良好地运行，并推动开源以及合作伙伴社区共同开发容器工具集。越来越多的组织和个人加入 Kubernetes 社区，成为 Kubernetes 生态的贡献者和参与者，Kubernetes 经过近几年的快速发展，形成了一个大的生态环境。Kubernetes 目前已基本成为容器编排技术的事实标准。

综上，Kubernetes 为容器编排管理提供了完整的开源方案，并且社区活跃，生态完善，积累了大量分布式、服务化系统架构的最佳实践。因此，从设计模式、工具链、最佳实践和商业模式来看，Kubernetes 都将是未来市场最为主流的容器编排管理技术。

4.1　Kubernetes 的基本概念和术语

Kubernetes，源于希腊语，意为航海大师，缩写为 K8s，"8" 代表中间的 "ubernete" 8 个字母。Kubernetes 是 Google 团队发起并维护的开源容器集群管理系统，其前身 Borg 系统此前已经在 Google 内部应用了十几年，支撑每周数十亿规模的容器管理，积累了大量来自生产环境的宝贵实践经验。Kubernetes

底层基于 Docker、rkt 等容器技术，提供强大的应用管理和资源调度能力。Kubernetes 已经成为目前容器云领域影响力最大的开源平台，越来越多的企业、组织以及云厂商加入 K8s 的阵营，让 K8s 成为容器编排技术的事实标准，Kubernetes 也是 CNCF 第一个成功的产品。使用 K8s，用户可以轻松搭建和管理一个可扩展的生产级容器云。

（1）自动化容器的部署和复制。

（2）随时扩展或收缩容器规模。

（3）将容器分组管理并提供容器间的负载均衡。

（4）轻松升级应用程序容器的新版本。

（5）提供容器弹性，如果某个容器失效就替换它。

要想深入理解 K8s 的特性和工作机制，首先要掌握 K8s 模型中的核心概念，如图 4-1 所示，这些概念反映了 K8s 设计过程中对应用容器集群的认知模型。

为了更好地管理应用的生命周期，K8s 将不同的资源对象进行了进一步的抽象封装。学习 K8s 实际上就是要掌握这些不同的抽象对象。K8s 中每种对象都拥有一个对应的声明式 API。K8s 集群系统每支持一项新功能或引入一项新技术，一定会新引入对应的 API 对象，以支持对该功能的管理操作。

API 对象包括三大属性：元数据（metadata）、规范（spec）和状态（status）。元数据是用来标识 API 对象的，每个对象至少有 3 个元数据——namespace、name 和 uid。除此之外，还有各种各样的标签（label）用来标识和匹配不同的对象，例如用户可以用标签 env 来标识区分不同的服务部署环境，分别用 env=dev、env=testing、env=production 来标识开发、测试、生产的不同服务。规范描述了用户期望 K8s 集群中的分布式系统达到的理想状态（desired state），例如用户可以通过复制控制器（ReplicationController，RC）设置期望的 Pod 副本数为 3。状态描述了系统实际当前达到的状态，例如系统当前实际的 Pod 副本数为 2，那么复制控制器当前的程序逻辑就是自动启动新的 Pod，争取达到副本数为 3。通过这三大属性，用户可以定义让某个对象处于给定的状态（如多少 Pod 运行在哪些节点上）以及表现策略（如何升级、容错），而无须关心具体的实现细节。

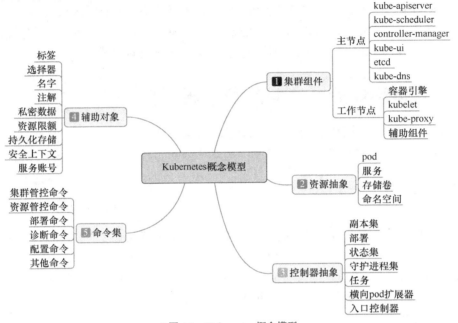

▲图 4-1　Kubernetes 概念模型

K8s 中所有的配置都是通过 API 对象的规范 spec 设置的，也就是说，用户通过配置系统的理想状态来改变系统，这是 K8s 的重要设计理念之一，即所有的操作都是声明式的，而不是命令式的。声明式操作在分布式系统中的好处是稳定，不怕丢操作或运行多次，例如设置副本数为 3 的操作，运行多次还是一个结果。而给副本数加 1 的操作就不是声明式的，运行多次结果就错了。

K8s 对集群中的资源进行了不同级别的抽象，每个资源都是一个 REST 对象，通过 API 进行操作，通过 json 或 yaml 格式的模板文件进行定义。每个模板文件中定义 apiVersion（如 v1）、kind（如 deployment、service）、metadata（包括名称、标签等）、spec（具体的操作定义）等信息。例如 mypod.yaml：

```
apiVersion: v1
kind: Pod
metadata:
  name: redis
  labels:
    app: mypod
spec:
  containers:
  - name: redis
    image: redis
```

```
    volumeMounts:
    - name: redis-storage
      mountPath: /data/redis
  volumes:
  - name: redis-storage
    emptyDir: {}
```

模板文件创建好后，可以直接通过 kubectl 命令执行模板文件，以便创建资源：

```
$ kubectl apply -f mypod.yaml
```

下面介绍 K8s 概念模型中的主要核心概念：K8s 集群。

K8s 是一个完备的分布式系统支撑平台。K8s 具有完备的集群管理能力，包括多层次的安全防护和准入机制、多租户应用支撑能力、透明的服务注册和服务发现机制、内建智能负载均衡器、强大的故障发现和自我修复功能、服务滚动升级和在线扩容能力、可扩展的资源自动调度机制，以及多粒度的资源配额管理能力。同时，K8s 提供了完善的管理工具，这些工具覆盖了包括开发、测试部署、运维监控在内的各个环节。因此，K8s 是一个全新的、基于容器技术的分布式架构解决方案，并且是一个一站式的、完备的分布式系统开发和支撑平台。

K8s 集群是一组节点，这些节点可以是物理服务器或者虚拟机，其上安装了 K8s 平台。图 4-2 展示了 K8s 集群，注意为了强调核心概念，该图有所简化。这里可以看到一个典型的 K8s 架构图。

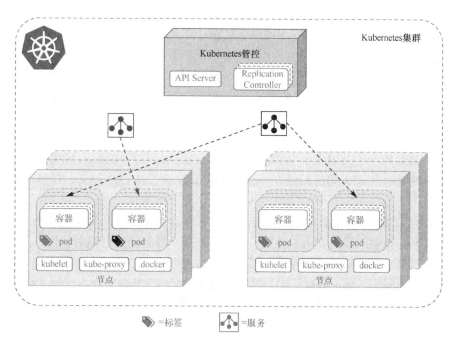

▲图 4-2   K8s 集群

K8s 集群是典型的主从架构，集群中的节点分为主节点（master node）和工作节点（worker node）。从图 4-2 中可以看到如下组件，使用特别的图标表示 service 和 label。

（1）容器组（pod）。

（2）容器（container）。

（3）标签（label）。

（4）复制控制器（ReplicationController）。

（5）服务（service）。

（6）节点（node）。

（7）Kubernetes 主节点（Kubernetes master）。

这些组件将在后续章节中一一介绍。

4.1.1　资源抽象对象

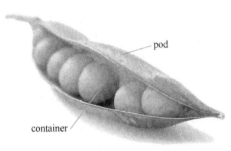

资源抽象对象主要包括 pod、服务、存储卷和命名空间。

1. pod

在 K8s 的设计中，最基本的管理单位是 pod，而不是容器（container）。pod 是 K8s 在容器上的一层封装，由一组运行在同一主机的一个或者多个容器组成。我们用 pod（豌豆荚）来形象地比喻这样的封装关系。

pod 是在 K8s 集群中运行部署应用或服务的最小单元，它是可以支持多容器的（但大多数情况下，一个 pod 只运行一个容器）。K8s 围绕 pod 进行创建、调度、停止等生命周期管理。pod 是短暂的、随时可变的，通常不带有状态。pod 的设计理念是支持多个容器在一个 pod 中共享网络地址和文件系统（共享相同的存储卷和网络命名空间），可以通过进程间通信和文件共享等简单高效的方式组合完成服务。当一个 pod 包含多个容器时，这些容器总是运行于同一个工作节点上，一个 pod 绝不会跨越多个工作节点。组成 pod 的若干容器往往存在共同的应用目的，彼此关联十分紧密。例如，一个 Web 应用于对应的日志采集应用、状态监控应用。如果单纯把这些相关的应用放在一个容器里，又会造成过度耦合，给管理和升级带来不便。

pod 是 K8s 集群中所有业务类型的基础，可以看作运行在 K8s 集群中的小机器人，不同类型的业务需要不同类型的小机器人去执行。pod 既保持了容器轻量解耦的特性，又提供了调度操作的便利性，在实践中提供了比单个容器更灵活和更有意义的抽象。目前 K8s 中的业务主要可以分为长期伺服型（long-running）、批处理型（batch）、节点后台支撑型（node-daemon）和有状态应用型（stateful application），分别对应的小机器人控制器为 Deployment、Job、DaemonSet 和 PetSet，后续章节中会一一介绍。

pod 生命周期包括 5 种状态。

（1）待定（pending）：已经被系统接受，但容器镜像还未就绪。

（2）运行（running）：分配到节点，所有容器都被创建，至少一个容器在运行中。

（3）成功（succeeded）：所有容器都正常退出，不需要重启，任务完成。

（4）失败（failed）：所有容器都退出，至少一个容器非正常退出。

（5）未知（unknown）：未知状态，例如所在节点无法汇报状态。

与其他资源类似，pod 是一个 REST 对象，用户可以通过模板文件来定义 pod 资源。

```
apiVersion: v1  #版本号
kind: Pod  # kind 定义一个 pod 资源
metadata:
  name: myapp-pod  #定义 pod 名字
  labels:  #定义标签
    app: myapp
spec:  #定义 pod 里的容器属性
  containers:
  - name: myapp-container  #定义容器名
    image: busybox  #定义容器使用镜像
    imagePullPolicy:[Always|Never|IfNotPresent]  #每次都重新下载镜像|仅使用本地镜像|先使用本
#地镜像，如果不存在再下载镜像。默认为 Always
    command: ['sh', '-c', 'echo Hello Kubernetes! && sleep 3600']  #容器启动命令列表
    ports:      #定义容器开放的端口号列表
    - containerPort: 8080    #定义 pod 对外开放的服务端口号，容器要监听的端口
```

2. 服务

K8s 主要面向的对象是持续运行并且无状态（stateless）的，一个 pod 只是一个运行服务的实例，随时可能在一个节点上停止，在另一个节点以一个新的 IP 启动一个新的 pod，因此不能以确定的 IP 和端口号提供服务（service）。要稳定地提供服务，需要服务发现和负载均衡能力。服务发现完成的工作是针对客户端访问的服务，找到对应的后端服务实例（一个后端服务通常有多个运行的 pod）。在 K8s 集群中，客户端需要访问的服务就是 service 对象。服务是定义一系列 pod 以及访问这些 pod 的策略的一层抽象。服务通过标签找到 pod。每个服务会对应一个集群内部有效的虚拟 IP，集群内部通过虚拟 IP 访问一个服务（请求时会将虚拟 IP 映射到 pod 的实际地址）。在 K8s 集群中，微服务的负载均衡是由 kube-proxy 实现的，它是一个分布式代理服务器，在 K8s 的每个节点上都有一个。这一设计体现了 K8s 的可伸缩性优势，需要访问服务的节点越多，提供负载均衡能力的 kube-proxy 就越多，高可用节点也随之增多。与之相比，我们平时在服务器端做反向代理和负载均衡时还要进一步解决反向代理的负载均衡和高可用问题。

每一个服务都会有一个字段（spec:type），用于定义该服务如何被调用（发现），这个字段的值可以为如下情况。

（1）ClusterIP：使用一个集群固定 IP，该地址只能在集群内解析和访问，这是默认选项。

（2）NodePort：从每个集群节点上映射服务到一个静态的本地端口（30000～32767），从集群外部也可以直接访问，并自动路由到内部创建的 ClusterIP。

（3）LoadBalancer：使用外部的路由服务，自动路由访问到创建的 NodePort 和 ClusterIP。

（4）ExternalName：是服务的特例。此模式主要面向运行在集群外部的服务，通过它可以将外部服务映射进 K8s 集群，且具备 K8s 内服务的一些特征（如具备 namespace 等属性），来为集群内部提供服务。此模式要求 kube-dns 的版本为 1.7 或以上。这种模式和前 3 种模式（除 headless service 外）最大的不同之处是重定向依赖的是 dns 层次，而不是通过 kube-proxy。

服务也是一个 REST 对象，用户可以通过模板文件来定义一个服务资源：

```
apiVersion: v1
kind: Service
metadata:
  name: nginx-svc
  labels:
    app: nginx
spec:
  type: ClusterIP
  ports:
    - port: 80
      targetPort: 80
  selector:
    app: nginx
```

3. 存储卷

K8s 集群中的存储卷（volume）与 Docker 的存储卷类似，不同之处在于 Docker 的存储卷作用范围为一个容器，而 K8s 的存储卷的生命周期和作用范围是一个 pod。每个 pod 中声明的存储卷由 pod 中的所有容器共享。K8s 支持多种分布式存储包括 GlusterFS 和 Ceph，也支持较容易使用的主机本地目录 hostPath 和 NFS。K8s 还支持使用持久存储卷声明（Persistent Volume Claim，PVC）逻辑存储。使用这种存储，存储的使用者可以忽略后台的实际存储技术［例如 Amazon 云服务（Amazon Web Service，AWS）、Google、GlusterFS 和 Ceph］，而将有关存储实际技术的配置交给存储管理员通过 PersistentVolume 来配置。

存储卷定义如下：

```
apiVersion: v1
kind: PersistentVolume
metadata:
  name: test-volume
  labels:
    failure-domain.beta.kubernetes.io/zone: us-central1-central1-b
spec:
```

```
capacity:
  storage: 400Gi
accessModes:
- ReadWriteOnce
gcePersistentDisk:
  pdName: my-data-disk
  fsType: ext4
```

4. 命名空间

命名空间（namespace）为 K8s 集群提供虚拟的隔离作用，将同一组物理资源虚拟为不同的抽象集群，避免不同租户的资源发生命名冲突，还可以进行资源的限额。用户在创建资源时可以通过 –namespace=<some_namespace> 来指定所属的命名空间。K8s 集群初始有两个命名空间，分别是默认命名空间 default 和系统命名空间 kube-system。除此之外，管理员可以创建新的命名空间以满足需要。

可以直接通过命令行创建命名空间：

```
$ kubectl create namespace mynamespace
```

或者通过模板文件定义命名空间：

```
apiVersion: v1
kind: Namespace
metadata:
  name: mynamespace
```

4.1.2　控制器抽象对象

虽然 pod 是 K8s 的最小调度单位，但是 K8s 并不会直接地部署和管理 pod 对象，而是要借助另一个抽象资源——控制器（controller）进行管理。控制器抽象对象基于对所操作对象的进一步抽象，附加了各种资源的管理功能，其实质是一种管理 pod 生命周期的资源抽象，并且针对一系列对象，并非单个的资源对象，其中包括 ReplicationController、ReplicaSet、deployment、StatefulSet、job 等。这些控制器面向特定场景提供了自动管理容器组功能，用户使用控制器时无须关心具体的容器组相关细节。

1. 副本集

副本集（ReplicaSet, RS）是一个基于 pod 的抽象，使用它可以让集群中始终维持某个 pod 所指定副本数的运行实例。副本集中的 pod 无任何差异，可以彼此替换。副本集对象一般不单独使用，而是作为部署（deployment）的理想状态参数使用。

副本集的 yaml 模板文件范例如下：

```
apiVersion: apps/v1
```

```
kind: ReplicaSet  # kind 定义一个 ReplicaSet 资源
metadata:
  name: frontend
  labels:
    app: guestbook
    tier: frontend
spec:
  replicas: 3  # 定义副本个数
  selector:
    matchLabels:
      tier: frontend
  template:
    metadata:
      labels:
        tier: frontend
    spec:
      containers:
      - name: php-redis
        image: gcr.io/google_samples/gb-frontend:v3
```

2. 部署

部署（deployment）和副本集都适合长期运行的应用类型。

部署是比副本集更高级的抽象，可以管理 pod 或者副本集，表示用户对 K8s 集群的一次更新操作。部署既可以是创建、更新一个新的服务，也可以是滚动升级一个服务。滚动升级一个服务实际就是创建一个新的 RS，然后逐渐将新 RS 中的副本数增加到理想状态，将旧 RS 中的副本数减小到 0 的复合操作。这样一个复合操作用一个 RS 是不太好描述的，所以用一个更通用的 deployment 来描述。以 K8s 的发展趋势来看，未来对所有长期伺服型的业务的管理，都会通过部署来完成。

在 K8s 看来，pod 资源是随时可能发生故障的，并不需要保证 pod 的运行，而需要在发生故障后重新生成。K8s 通过复制控制器来实现这一功能。

部署的 yaml 模板文件范例如下：

```
apiVersion: apps/v1
kind: Deployment
metadata:
  name: nginx-deployment
  labels:
    app: nginx
spec:
  replicas: 3
  selector:
    matchLabels:
```

```
      app: nginx
  template:
    metadata:
      labels:
        app: nginx
    spec:
      containers:
      - name: nginx
        image: nginx:1.7.9
        ports:
        - containerPort: 80
```

3. 状态集

管理带有状态的应用，某些应用需要关心 pod 的状态（包括各种数据库和配置服务等），挂载独立的存储。相比部署，状态集（Stateful Set）可以为 pod 分配一个独一无二的身份，确保在重新调度等操作时也不会互相替换。一旦某个 pod 发生故障退出后，K8s 会创建一个同名的 pod，并挂载原来的存储，以便 pod 中的应用继续执行，实现该应用的高可用性。

状态集的 yaml 模板文件范例如下：

```
apiVersion: apps/v1
kind: StatefulSet
metadata:
  name: web
spec:
  selector:
    matchLabels:
      app: nginx
  serviceName: "nginx"
  replicas: 3
  template:
    metadata:
      labels:
        app: nginx
    spec:
      terminationGracePeriodSeconds: 10
      containers:
      - name: nginx
        image: k8s.gcr.io/nginx-slim:0.8
        ports:
        - containerPort: 80
          name: web
        volumeMounts:
        - name: www
```

```
        mountPath: /usr/share/nginx/html
  volumeClaimTemplates:
  - metadata:
      name: www
    spec:
      accessModes: [ "ReadWriteOnce" ]
      storageClassName: "my-storage-class"
      resources:
        requests:
          storage: 1Gi
```

4. 守护进程集

守护进程集（Daemon Set）适合于长期运行在后台的伺服类应用，以确保节点上一定运行着某个 pod，一般用于采集日志、监控节点等。

守护进程集的 yaml 模板文件范例如下：

```
apiVersion: apps/v1
kind: DaemonSet
metadata:
  name: fluentd-elasticsearch
  namespace: kube-system
  labels:
    k8s-app: fluentd-logging
spec:
  selector:
    matchLabels:
      name: fluentd-elasticsearch
  template:
    metadata:
      labels:
        name: fluentd-elasticsearch
    spec:
      tolerations:
      - key: node-role.kubernetes.io/master
        effect: NoSchedule
      containers:
      - name: fluentd-elasticsearch
        image: quay.io/fluentd_elasticsearch/fluentd:v2.5.2
        resources:
          limits:
            memory: 200Mi
          requests:
            cpu: 100m
            memory: 200Mi
        volumeMounts:
```

```
      - name: varlog
        mountPath: /var/log
      - name: varlibdockercontainers
        mountPath: /var/lib/docker/containers
        readOnly: true
    terminationGracePeriodSeconds: 30
    volumes:
    - name: varlog
      hostPath:
        path: /var/log
    - name: varlibdockercontainers
      hostPath:
        path: /var/lib/docker/containers
```

5. 任务

任务（job）是 K8s 用来控制批处理型任务的 API 对象。批处理型业务与长期伺服型业务的主要区别是，批处理型业务的运行有头有尾，而长期伺服型业务在用户不停止的情况下要永远运行。任务管理的 pod 根据用户的设置，把任务成功完成后就自动退出。成功完成的标志根据不同的 spec.completions 策略而不同：单 pod 型任务有一个 pod 成功就标志完成；定数成功型任务保证有 N 个任务全部成功而标志完成；工作队列型任务根据应用确认的全局成功而标志完成。

任务的 yaml 模板文件范例如下：

```
apiVersion: batch/v1
kind: Job
metadata:
  name: pi
spec:
  template:
    spec:
      containers:
      - name: pi
        image: perl
        command: ["perl", "-Mbignum=bpi", "-wle", "print bpi(2000)"]
      restartPolicy: Never
  backoffLimit: 4
```

6. 横向 pod 扩展器

自动弹性伸缩，是指根据 pod 的资源使用率（如 CPU、内存）自动调整一个部署中 pod 的个数，以确保服务的高可用性。管理控制器会定期检查性能指标，在满足条件时触发横向 pod 扩展（HPA）。

7. 入口控制器

入口控制器（ingress controller）定义外部访问集群中资源的一组规则，用来提供七层负载均衡服务。

4.1.3　其他辅助对象

除了控制器抽象对象，K8s 还有一些管理资源相关的辅助对象，主要如下。

（1）标签（label）：是一个键值对，可以标记到资源对象上，用来对资源进行分类和筛选。

（2）选择器（selector）：基于标签概念的一个正则表达式，可通过标签来筛选出一组资源。

（3）名字（name）：用户提供给资源的别名，方便记忆和交流，同类资源不能重名。

（4）注解（annotation）：键值对，可以存放大量任意信息，一般用来添加对资源对象的详细说明，以提供给其他工具处理。

（5）私密数据（secret）：存放敏感数据，例如密码。

（6）资源限额（resource quota）：用来限制某个命名空间下对资源的使用，提供多租户支持。

（7）持久化存储（persistent volume）：确保在 pod 发生故障或退出时不会丢失数据。

（8）安全上下文（security context）：应用到容器上的系统安全配置，包括用户的身份和角色信息。

（9）服务账号（service account）：操作资源的用户账号。

4.2　Kubernetes 系统架构

4.2.1　K8s 整体架构

K8s 将集群中的机器划分为一个主节点（master node）和一群工作节点（worker node），其中，在主节点上运行着集群管理相关的一组进程 kube-apiserver、kube-controller-manager 和 kube-scheduler，这些进程实现了整个集群的资源管理、pod 调度、弹性伸缩、安全控制、系统监控和纠错等管理功能，并且都是全自动完成的。集群中的工作节点运行真正的应用程序，各自又通过若干组件的组合来实现。在节点上，K8s 管理的最小运行单元是 pod。工作节点上运行着 K8s 的 kubelet、kube-proxy 服务进程。这些服务进程负责 pod 创建、启动、监控、重启、销毁以及实现软件模式的负载均衡。图 4-3 是 K8s 的整体架构。

从图 4-3 中能够看出，这是典型的主从架构。

主节点（中央控制节点）是 K8s 集群的管理节点，负责管理集群，提供集群的资源数据访问入口，提供状态持久化（etcd）、对外对内接口（apiserver）、状态监测和回滚、状态更新（controller-manager）、调度（scheduler）等功能。kubectl 是 K8s 的命令行工具集，用于通过命令行与 API server 进行交互，而对 K8s 进行操作，实现在集群中进行各种资源的管理控制等操作，通过节点控制器来与工作节点交互。主节点内部架构如图 4-4 所示。

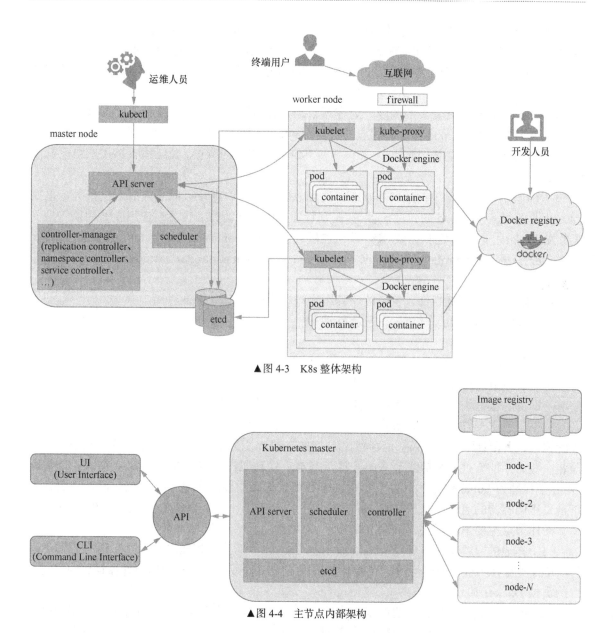

▲图 4-3　K8s 整体架构

▲图 4-4　主节点内部架构

从图 4-4 中可以看出主节点的核心组件以及内部的交互流程，主节点提供的核心组件如下。

（1）etcd 保存了整个集群的状态，K8s 默认使用 etcd 作为集群整体存储，当然也可以使用其他的技术。etcd 是一个简单的、分布式的、一致的键值存储，主要用于共享配置和服务发现。集群的所有状态都存储在 etcd 实例中，并具有监控的能力，因此当 etcd 中的信息发生变化时，能够快速地通知集群中相关的组件。

（2）API server 提供了资源操作的唯一入口（以开放标准的 REST 协议访问），并提供认证、授权、访问控制、API 注册和发现等机制。另外，API server 也作为集群的网关。默认情况下，客户端通过 API server 对集群进行访问，客户端需要通过认证，并使用 API server 作为访问节点和 pod（以及服务）的堡垒和代理/通道。

（3）scheduler 负责资源的调度，为容器自动选择运行的主机，按照预定的调度策略（预选策略和优选策略）将 pod 调度到相应的机器上；依据请求资源的可用性、服务请求的质量等约束条件，scheduler 监控未绑定的 pod，并将其绑定至特定的节点。K8s 也支持用户自己提供的调度器。

（4）controller 负责维护集群的状态，比如故障检测、内存垃圾回收、滚动更新等，也执行 API 业务逻辑（如 pod 的弹性扩容）；控制管理提供自愈能力、扩容、应用生命周期管理、服务发现、路由、服务绑定和提供。K8s 默认提供 replication controller、node controller、namespace controller、service controller、endpoints controller、persistent controller、daemonset controller 等控制器。

（5）kube-ui 为可选组件，自带的一套用来查看集群状态的 Web 界面。

（6）kube-dns 为可选组件，记录启动的 pod 和服务地址，提供域名到地址的转换映射。

（7）其他组件包括容器资源使用监控、日志记录等。

这些管理组件可以任意部署在相同或者不同的机器上，只要可以通过标准的 HTTP 接口相互访问即可。这意味着 K8s 的管理组件进行扩展将变得十分简单。

Slave，在 K8s 中叫作工作节点（worker node），这个节点既可以是物理机，也可以是 ECS 等虚拟机，负责具体工作，必须是容器化的（如 Docker 引擎）。在创建 K8s 集群过程中，都要预装一些必要的软件来响应主节点的管理。基本上这种架构都需要在 Slave 上安装一个代理（K8s 中代理为 kubelet），另外还有负责网络和负载均衡的接入代理（kube-proxy）。节点具体负责真正的容器的启停、状态监测、执行结果上报等工作。工作节点内部组件如图 4-5 所示。

工作节点主要由以下核心组件组成。

（1）本地的容器运行时环境（container runtime），负责镜像管理以及 pod 和容器的真正运行。K8s 本身并不提供容器运行时环境，但提供了接口，可以插入所选择的容器运行时环境，目前支持 Docker 和 rkt。

（2）kubelet 是节点上最主要的工作代理，用于汇报节点状态并负责维护 pod 的生命周期，也负责 volume（CVI）和网络（CNI）的管理。kubelet 是 pod 和节点 API 的主要实现者，负责驱动容器执行层。在 K8s 中，应用容器彼此是隔离的，并且与运行其的主机也是隔离的，这是对应用进行独立解耦管理的关键点。作为基本的执行单元，pod 可以拥有多个容器和存储卷，能够方便地在每个容器中打包一个单一的应用，从而解耦了应用构建时和部署时所关心的事项，方便在物理机或虚拟机之间进行迁移。API server 准入控制可以拒绝或者为 pod 添加额外的调度约束，但是 kubelet 才是 pod 能否运行在特定节点上的最终裁决者，而不是 scheduler 或者 DaemonSet。kubelet 默认使用 cAdvisor 进行资源监控，负责管理 pod、容器、镜像、数据卷等，实现集群对节点的管理，并将容器的运行状态汇报给主节点上的 API server。

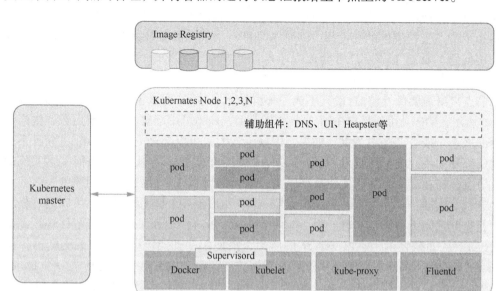

▲图 4-5　工作节点

（3）kube-proxy 代理对抽象的应用地址的访问，服务提供了一种访问一群 pod 的途径，kube-proxy 负责为服务提供集群内部的服务发现和应用的负载均衡（通常利用 iptables 规则），实现服务到 pod 的路由和转发。此方式通过创建一个虚拟的 IP 来实现，客户端能够访问此 IP，并能够将服务透明地代理至 pod。每个节点都会运行一个 kube-proxy，kube-proxy 通过 iptables 规则引导访问至服务 IP，并重定向至正确的后端应用。通过这种方式，kube-proxy 提供了一个高可用的负载均衡解决方案。服务发现主要通过 kube-dns 实现。

（4）辅助组件，可选，Supervisord 用来保持 kubelet 和 Docker 进程运行，Fluentd 用来转发日志等。

节点的重要属性有地址信息（address）、状态（condition）、资源容量（capacity）、节点信息（info）。这些属性用来标识节点的运行状态，并可以被外部组件访问识别。

目前 K8s 支持长期伺服服务（deployment）、批处理 job（运行完就结束）、DaemonSet 守护服务（比较有用，能起到代理作用，在每个节点上装一个）、stateful 服务（stateful 容器在使用分布式存储后，容器迁移过程中能够在新的容器中对应旧存储，例如挂载的目录等）。基本上这 4 类服务就能涵盖所有的在线交易类业务场景。

4.2.2　K8s 集群高可用架构

作为容器应用的管理平台，K8s 通过对 pod 的运行状态进行监控，并根据主机或者容器失效的状态将新的 pod 调度到其他节点上，实现应用层的高可用。K8s 可以在多个工作节点上启动并管理容器，如果某一个节点失效，K8s 主节点会自动监测，将该节点标记为不可用，不再向其调度新建的 pod，还会把该节点上正在运行的 pod 迁移到其他节点，以此实现工作节点运行的高可用。针对 K8s 集群，高可用架构还应包括以下两个层面的考虑：etcd 数据存储的高可用和主节点管控组件的高可用。etcd 本身是一个成熟的分布式存储系统，不需要我们关心高可用问题。那么主节点是否会成为单点瓶颈呢？下面来学习如何实现主节点的高可用部署。

　　主节点自身需要额外监控，使其不成为集群的单点故障，所以主节点需要进行高可用部署。如图 4-6 所示，K8s 高可用部署中有 3 个主节点（这是高可用部署的最少节点数，生产环境一般推荐部署 5 个或者 7 个主节点，如果应用规模较大，可以部署更多主节点），而且不同的主节点建议部署在不同的物理机上。etcd 自身是一个分布式数据存储系统，按照其多实例的部署方案，节点只需在启动时知道其他节点的 IP 地址和端口号即可组成高可用环境，多节点之间会自动进行数据同步。和通常的应用服务器一样，API server 是无状态的，可以运行任意多个实例，且彼此之间无须互相知道。为了能使 kubectl 等客户端和 kubelet 等组件连接到健康的 API server，从而减轻单台 API server 的压力，需使用基础架构提供的负载均衡器作为多个 API server 实例的入口。按照图 4-6 所示的部署方法，每个主节点上都运行了一个 etcd 实例，这样 API server 只需连接本地的 etcd 实例，无须再使用负载均衡器作为 etcd 的入口。

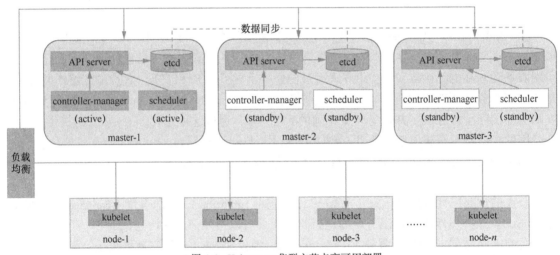

▲图 4-6　Kubernetes 集群主节点高可用部署

　　不同于 API server，主节点中的另外两个组件 controller-manager 和 scheduler 需要控制修改 K8s 集群，同时修改时可能引发并发问题。假设两个副本集控制器同时监控到需创建一个 pod，然后同时进行创建操作，就会创建出两个 pod。在 K8s 中，为了避免这个问题，一组此类组件的实例将选举出一个 leader（选举机制采用租赁锁 lease-lock 来实现），仅有 leader 处于活动状态（active），其他实例处于待命状态（standby），以保证同一时间只有一个实例可以对集群状态信息进行读写，避免出现同步问题和一致性问题。controller-manager 和 scheduler 也可以独立于 API server 部署，通过负载均衡器连接到多个 API server 实例。

K8s 建议主节点的 3 个核心组件（API server、controller-manager 和 scheduler）都以容器的形式启动，启动它们的基础工具是 kubelet，所以它们都以 static pod 的形式启动，并由 kubelet 监控和自动重启。kubelet 本身的高可用则通过操作系统来完成，如 Linux 的 systemd 系统进行管理。

4.2.3　K8s 网络架构

1. 网络模型

Docker 的网络架构分为单机桥接网络和多机覆盖网络。Docker 容器网络的原始模型主要有桥接（bridge）、主机（host）、容器（container）。桥接模型借助虚拟网桥设备为容器建立网络连接；主机模型设定容器直接共享使用节点主机的网络命名空间；容器模型是指多个容器共享同一个网络命名空间，从而彼此之间能够以本地通信的方式建立连接。

在复杂大规模应用的实际业务场景下，Docker 的网络模型变得异常复杂，难以管理维护。因此，K8s 设计了一种更简洁、清晰的网络模型，要求所有的容器都能够通过一个扁平的网络平面（在同一个 IP 网络中）直接进行通信，无论它们运行于集群的同一个节点还是不同节点上。K8s 网络的一个核心设计原则是每个 pod 拥有唯一的 IP 地址，即 IP 地址分配是以 pod 对象为单位，而不是容器。同一个 pod 内的所有容器共享同一个网络命名空间，这与 Docker 的网络模型有着本质上的区别。

K8s 的网络模型主要用于解决 4 类网络通信需求。

（1）同一个 pod 内容器间的通信（container to container）。

每一个 pod 有独立的 IP 地址，这个 PodIP 被该容器组内的所有容器共享，并且其他所有 pod 都可以路由到该容器组。其原理是根据 Docker 的容器模型而来。pod 对象内各个容器共享同一个网络命名空间（netns），它通常由构建 pod 对象的基础架构容器所提供，基础架构容器一般是由 pause 镜像启动的容器，其唯一任务是保留并持有一个网络命名空间。所有运行在同一个 pod 中的多个容器，与同一主机上的多个进程一样，彼此之间通过本地 I/O 接口完成交互。通过这种方式，即使 pod 内某一个容器终止，新的容器被创建出来代替这个容器，PodIP 也不会改变。这种 IP-per-pod 模型的巨大优势是，pod 和底层主机不会有 IP 地址或者端口冲突，我们不用担心应用使用了什么端口。IP-per-pod 满足后，K8s 唯一的要求是这些 PodIP 可以被其他所有 pod 访问，而不用管那些 pod 在哪个节点。

（2）pod 之间的通信（pod to pod）。

各个 pod 对象需要运行在同一个平面网络中，每个 pod 对象拥有一个集群内唯一的 IP 地址，并可以直接用于与其他 pod 进行通信，如图 4-7 所示。

每个 pod 通过桥接设备等持有 pod 平面网络的一个 IP 地址，pod 之间的通信或者 pod 与节点之间的通信类似于同一个 IP 网络中不同主机间的通信，其原理是根据 Docker 的桥接模型而来的。

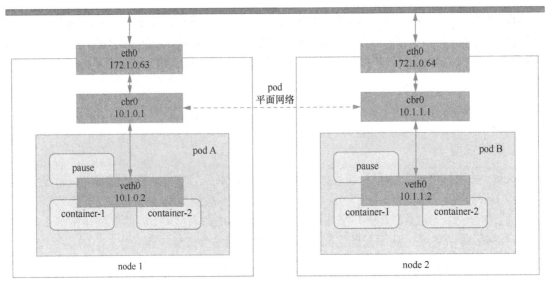

▲图 4-7　容器组网络

（3）服务到 pod 之间的通信（service to pod）。

在 K8s 体系中，pod 是不稳定的，pod 的 IP 地址会发生变化，所以 K8s 引入了服务的概念。服务（service）是一个抽象的实体，K8s 在创建服务实体时，为其分配了一个虚拟 IP。当外部需要访问 pod 里的容器提供的功能时，不直接使用 pod 的 IP 地址和端口，而是访问服务的这个虚拟 IP 和端口，由服务把请求转发给它背后的 pod。

服务资源的专有网络也称为集群网络（cluster network），需要在启动 kube-apiserver 时通过 "--service-cluster-ip-range=10.22.0.0/12" 的参数选项进行指定，每个服务对象在此网络中均拥有一个 ClusterIP 的固定地址。在创建服务时，K8s 根据服务的标签选择器（label selector）来查找 pod，据此创建与服务同名的 EndPoints 对象。当 pod 的地址发生变化时，EndPoints 也随之变化。服务接收到请求时，就能通过 EndPoints 找到对应的 pod。

服务对象创建或更改后由 API server 存储在 etcd 中，etcd 触发各个节点上的 kube-proxy，真正完成请求转发的是运行在节点上的 kube-proxy，因此在 K8s 体系架构中，服务只是一个虚拟概念，运行时并不存在服务的对象，服务的虚拟 IP 就是由 kube-proxy 实现的。这也意味着，虽然我们可以通过服务的 ClusterIP 和服务端口访问后端 pod 提供的服务，但该 ClusterIP 是 ping 不通的，原因是 ClusterIP 只是 iptables 中的规则，并不对应一个网络设备。kube-proxy 有两种请求转发模式：userspace 模式和 iptables 模式。在 K8s 1.1 版本之前默认的是 userspace 模式，K8s 1.2 版本后默认的是 iptables 模式。根据代理模式的不同，将其定义为相应节点上的 iptables 规则或 ipvs 规则，借此完成从服务的 ClusterIP 到 PodIP 之间的映射转发。

（4）集群外部到服务之间的通信（external to service）。

由上面的描述可知，集群外部一般通过服务来访问 pod 内的应用服务，集群外部的请求流量首先到达外部负载均衡，由其调度至某个工作节点的 NodePort 之上（该 NodePort 由服务定义映射关系），然后再根据工作节点的 kube-proxy 组件上的规则（iptables 或 ipvs）调度至某个目的 pod 对象。

上面介绍了 K8s 集群内部 4 种不同层次的网络通信方式，无论是哪种方式，如果要在容器中实现，都需要大量的操作步骤。为了简化系统架构，K8s 网络的实现不是集群内部自己实现的，而是依赖于第三方网络插件——CNI。K8s 支持 CNI 插件进行编排网络，以实现 pod 和集群网络管理功能的自动化。每次 pod 被初始化或删除时，kubelet 都会调用默认的 CNI 插件去创建一个虚拟设备接口附加到相关的底层网络，为 pod 配置 IP 地址、路由信息并映射到 pod 对象的网络命名空间。Flannel、Calico、Canal 等是目前比较流行的第三方网络插件。这 3 种网络插件实现 pod 网络方案的方式通常有虚拟网桥、多路复用（MacVLAN）、硬件交换（SR-IOV），读者可以自行搜索相关资料来了解每一种实现方案的技术细节，限于篇幅，本书不再展开说明。

2. 分层网络

构成 K8s 的网络架构是非常复杂的，有物理网络和虚拟网络。K8s 的网络设计原则是扁平分层的网络空间，在每一层网络空间中的资源可以互相访问，不同层次的网络空间通过网络路由规则进行映射访问。K8s 容器集群涉及的网络分层有以下 4 层。

（1）物理机网络：也叫节点网络，是最底层的网络，由物理机上的物理网卡负责通信。一般生产环境的物理机上至少有两个物理网卡，一个网卡用于带外运维管理，其他的网卡用于带内业务通信。如果有多个带内网卡，一般会被分配到不同的 vlan 中。

（2）虚拟机网络：通过 Linux 的网络虚拟化技术实现在一个物理集群中创建多个网络命名空间，每个网络命名空间下不同设备（物理的或虚拟的）之间通过 veth 进行通信。

（3）服务网络：它并不是一个真实存在的网络，而是一个虚拟概念，服务网络中的 IP 由 kube-proxy 通过 iptables 或 ipvs 路由规则实现，并不对应一个物理（或虚拟）的网络设备，因此无法 ping 通但可以通过 service-ip 访问。

（4）pod 网络：pod 是 K8s 中运行部署应用或服务的最小单元。K8s 网络模型设计的一个基础原则是，每个 pod 拥有一个独立的 IP 地址，并假定所有的 pod 在一个可以直接连通的、扁平的网络空间中，不管它们是否运行在同一个节点，都要求 pod 之间可以直接通过对方的 IP 地址进行访问。pod 网络需要借助 Kubenet 插件或 CNI 插件实现。

K8s 为 pod 和服务资源对象分别使用了各自的专有网络，容器组网络由 K8s 的网络插件配置实现，而服务网络则由 K8s 集群进行指定，如图 4-8 所示。

K8s 使用的网络插件需要为每个 pod 配置至少一个特定的地址，即 PodIP。PodIP 地址实际存在某个网卡（可以是虚拟机设备）上。

服务的地址是一个虚拟 IP 地址，没有任何网络接口配置在此地址上，它由 kube-proxy 借助 iptables 规则或 ipvs 规则重定向到本地端口，再将其调度到后端的 pod 对象。服务的 IP 地址是集群提供服务的接口，也称为 ClusterIP。

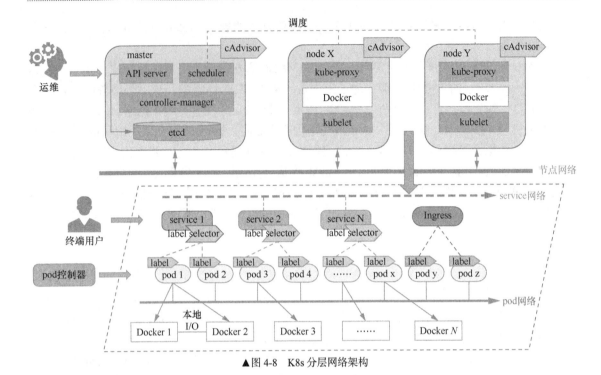

▲图 4-8　K8s 分层网络架构

3. 网络策略

　　网络策略（network policy）用于控制 pod 资源之间的通信，为 K8s 实现更精细的流量控制，实现租户隔离机制。网络策略是 K8s 的一种资源，通过标签（label）选择 pod，并指定其他 pod 或外部如何与这些 pod 通信。K8s 提供标准的资源对象 NetworkPolicy 来定义网络访问控制策略，以下是网络策略的定义范例。

```
apiVersion: networking.k8s.io/v1
kind: NetworkPolicy  # kind 定义一个 NetworkPolicy 网络策略
metadata:
  name: test-network-policy  # 定义 NetworkPolicy 的名字
  namespace: default  # 定义网络命名空间 default
spec:  # NetworkPolicy 规则定义
  podSelector:  #匹配拥有标签 role:db 的 pod 资源
    matchLabels:
      role: db  # 网络命名空间 default 下含有 label role=db 的 pod
  policyTypes:  # 不满足 ingress（流入）和 egress（流出）的网络访问都会被拒绝
  - Ingress
  - Egress
  ingress:  # 定义流入规则
  - from:
    - ipBlock:  # 172.17.0.0/16(除了 172.17.1.0/24) 的网络可以访问，其他的都被拒绝
        cidr: 172.17.0.0/16  #定义可以访问的网段
```

```
        except:  #排除的网段
        - 172.17.1.0/24
    - namespaceSelector:  # 在 label 为 project=myproject 的网络命名空间下都能访问到
      matchLabels:
        project: myproject
    - podSelector:  # 在网络命名空间 default 下只有 label 为 role=frontend 的 pod 能访问
      matchLabels:
        role: frontend
    ports:  #开放的协议和端口定义
    - protocol: TCP
      port: 6379  # 只能访问 pod 中的 6379 端口
  egress:  # 定义流出规则
  - to:
    - ipBlock:  # 只能访问 10.0.0.0/24 ，以及对应 5978 端口的目标
      cidr: 10.0.0.0/24
    ports:
    - protocol: TCP
      port: 5978
```

在 K8s 系统中，报文的流入（ingress）和流出（egress）的核心组件是 pod 资源，它们也是网络策略功能的主要应用对象。NetworkPolicy 对象通过 podSelector 选择一组 pod 资源作为控制对象。pod 的网络流量包含流入和流出两种方向。无论是流入还是流出流量，与选定的某 pod 通信的另一方都可使用"网络端点"予以描述。在流入规则中，网络端点也称为"源端点"，用 from 字段进行标识；在流出规则中，网络端点也称为"目标端点"，用 to 字段进行标识。默认情况下，所有 pod 是非隔离的，即任何来源的网络流量都能够访问 pod，没有任何限制。当为 pod 定义了 NetworkPolicy（网络命名空间中有任何 NetworkPolicy 对象匹配了某特定的 pod 对象），则只有 policy 允许的流量才能访问 pod。那些未匹配的 pod 对象依旧可以接受所有流量，如图 4-9 所示。（K8s 自 1.8 版本才支持流出网络策略，在该版本之前仅支持流入网络策略。）

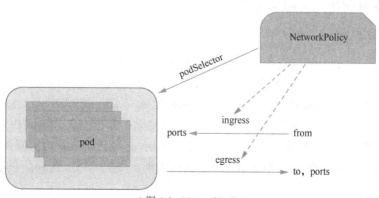

▲图 4-9　NetworkPolicy

NetworkPolicy 是定义在一组 pod 资源上用于管理流入流量和流出流量的规则，也可以对流入流出规则一起生效，规则的生效模式通常由 spec.policyTypes 进行定义。

K8s 的网络策略功能是由第三方的网络插件实现的，因此只有支持网络策略功能的网络插件才能进行配置网络策略，比如 Calico、Canal、kube-router 等。每种插件都有其特定的网络策略实现方式，它们的实现或依赖节点自身的功能，或借助于 Hypervisor 的特性[1]，也可能是网络自身的功能。网络策略实现一般有"策略控制器"（policy controller）和"策略执行引擎"（agent）两部分核心组件，如图 4-10 所示。

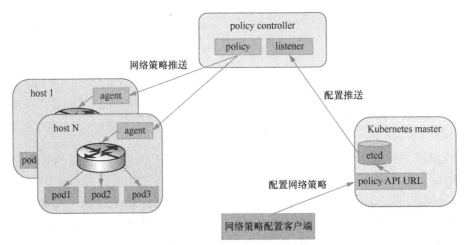

▲图 4-10　NetworkPolicy 组件框架

策略控制器用于监听创建 pod 时所生成的新 API 端点，并按需为其添加用户设置的网络策略。网络策略的生效执行通过策略执行引擎代理，例如可以通过节点的 iptables 规则来实现网络的访问控制功能。

4.3　Kubernetes 运行机制

4.3.1　应用运行原理

下面通过运行一个容器应用的过程来理解 K8s 组件是如何协作的。

开发者在开发一个应用后，打包 Docker 镜像上传到 Docker 镜像仓库，然后编写一个 yaml 部署描述文件来描述容器镜像、应用的结构和资源需求。此外，该部署描述文件还包括为内部或外部用户提供服务的组件且应该通过单个 IP 地址暴露，并使其他组件可以发现。开发者通过 kubectl（或其他应用）将部署描述文件提交到 API server，API server 将部署需求更新到 etcd。etcd 在 K8s 管理节点中的作用相当于数据库，其他组件提交到 API server 的数据都存储在 etcd

---

[1] Hypervisor 是一种将操作系统与硬件抽象分离的方法，以达到宿主机的硬件能同时运行一个或多个虚拟机作为 guest machine 的目的，能使这些虚拟机高效地分享宿主机硬件资源。

中。API server 非常轻量，并不会直接去创建或管理 pod 等资源，在多数场景下甚至不会去主动调用其他的 K8s 组件发出指令。其他组件通过和 API server 建立长连接，监听 etcd 中关心的对象，监听到变化后，执行所负责的操作。各组件的运行原理如图 4-11 所示。

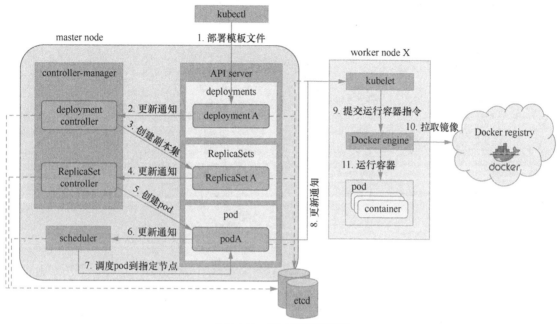

▲图 4-11　K8s 应用运行原理

以上所有的更新通知都由 etcd 产品的监听（watch）机制自动触发，以实现不同组件之间的完全解耦。如图 4-11 所示，controller-manager 中的控制器监听到新的部署描述后，根据部署描述创建 ReplicaSet、pod 等资源。scheduler 监听到新的 pod 资源后，结合集群的资源情况[1]，选定一个或多个工作节点运行 pod。工作节点上的 kubelet 监听到有 pod 被计划在自己的节点后，向 Docker 等本地容器运行环境发出启动容器的指令，Docker 引擎将按照指令从 Docker 镜像仓库拉取镜像，然后启动并运行容器。

一旦应用程序运行起来，K8s 就会不断地确认应用程序的部署状态是否始终与用户提供的描述相匹配。例如，如果用户指出需要运行 5 个 Web 服务器实例，那么 K8s 总是保持正好运行 5 个实例。一旦任一实例停止了正常工作，比如当进程崩溃或停止响应时，K8s 将自动重启它。同理，如果整个工作节点死亡或无法访问，K8s 将为在故障节点上运行的所有容器选择新节点，并在新选择的节点上运行它们。

当应用程序运行时，可以决定要增加或减少副本数，而 K8s 将分别增加附加的副本或停止多余的副本，甚至可以把决定最佳副本数目的工作交给 K8s（自动扩缩容）。它可以根据实时指标（如 CPU 负载、内存消耗、每秒查询或应用程序公开的任何其他指标）自动调整副本数。

---

[1] 调度是基于 pod 所需的计算资源，以及调度时每个节点未分配的资源。

由上面的应用运行原理可知，K8s 对于应用的管理主要是通过 yaml 部署描述文件来定义的。该描述包括容器镜像或者包含应用程序组件的容器镜像、这些组件如何相互关联，以及哪些组件需要同时运行在同一个节点上、哪些组件不需要同时运行等信息。以下是 deployment 部署描述文件（如 mydeploydemo.yaml）的范例，每一项都有注释说明，读者可以自行实践并体会不同配置项的功能用途。

```
apiVersion: apps/v1  #版本号
kind: Deployment  # kind 定义一个 Deployment 资源
metadata:
  name: nginx-deployment  #定义 Deployment 名字
  labels:  #定义标签
    app: nginx
spec:  #定义 Deployment 里 pod 属性
  replicas: 3  #定义 pod 的副本数
  selector:
    matchLabels:  #根据标签找到匹配的 pod
      app: nginx
  template:
    metadata:
      labels:  #定义 pod 的标签
        app: nginx
    spec:
      containers:
      - name: nginx  #定义容器名
        image: nginx:1.7.9  #定义容器使用的镜像
        ports:  #定义容器开放暴露的端口号列表
        - containerPort: 80  #定义 pod 对外开放的服务端口号，容器要监听的端口
```

deployment 部署描述文件（如 mydeploydemo.yaml）编辑保存后，我们使用 kubectl apply 命令从 yaml 文件创建指定的 pod。kubectl apply -f 命令用于从 yaml 或 json 文件创建任何资源（不只是 pod），后续章节中会单独介绍 kubectl 相关命令。

```
$ kubectl apply -f mydeploydemo.yaml
```

创建完成后，我们可以通过 kubectl get pods 命令查看已经创建的 pod 信息。

```
$ kubectl get pods --show-labels
NAME                                  READY   STATUS    RESTARTS   AGE      LABELS
nginx-deployment-75675f5897-7ci7o     1/1     Running   0          18s
app=nginx,pod-template-hash=3123191453
nginx-deployment-75675f5897-kzszj     1/1     Running   0          18s
app=nginx,pod-template-hash=3123191453
nginx-deployment-75675f5897-qqcnn     1/1     Running   0          18s
app=nginx,pod-template-hash=3123191453
```

4.3.2　应用访问机制

应用服务是部署在 pod 内的容器中运行的。应用服务的访问分为集群内访问和集群外访问，集群内访问可通过 pod 之间直接访问或者通过服务访问，服务资源为 pod 对象提供一个固定、统一的访问接口及负载均衡的能力，4.2.3 节中已有说明。这里重点讲述集群外如何访问 K8s 中的应用服务。

K8s 的集群网络属于私有网络，通常情况下，服务和 pod 的 IP 仅可在集群内部访问，无法接入集群外部的访问流量。集群外部的请求需要通过 NodePort 或 LoadBalancer 类型的服务资源，或者具有七层负载均衡能力的 ingress 资源，将集群外的请求转发到集群内的特定节点上，再由节点的 kube-proxy 将其转发给相关的 pod。

1. 将 pod 端口号映射到主机

将 pod 应用的端口号映射到主机上有两种方式。

（1）通过设置容器级的 hostPort，将 pod 内容器应用的端口号映射到主机上，这样用户就可以通过主机的 IP 地址来访问 pod 了。yaml 定义如下：

```
apiVersion: v1
kind: Pod
metadata:
  name: webapp
  labels:
    app: webapp
spec:
  containers:
  - name: webapp
    image: kubeguide/tomcat-app:v2
    ports:
    - containerPort: 8080
      hostPort: 8081
```

需要注意的是，当指定 hostPort 之后，同一台宿主机将无法启动该容器的第二份副本。而且，重新调度时该 pod 可能会被调度到不同的宿主机，因此需要维护一个 pod 与宿主机的对应关系。

（2）设置 pod 级的 hostnetwork=true，该 pod 中所有容器的端口号将直接被映射到宿主机上。如果容器的 ports 定义部分不指定 hostPort，则默认 hostPort 等于 containerPort。否则，指定的 hostPort 必须等于 containerPort 的值。yaml 定义如下：

```
apiVersion: v1
kind: ReplicationController
metadata:
  name: hostnetwork
```

```
    labels:
      app: hostnetwork
  spec:
    replicas: 1
    selector:
      app: hostnetwork
    template:
      metadata:
        labels:
          app: hostnetwork
      spec:
        hostNetwork: true
        containers:
        - name: hostnetwork
          image: kubeguide/tomcat-app:v2
          ports:
          - containerPort: 8080
```

pod 的生命周期是短暂的，根据应用的配置，K8s 会对 pod 进行创建、销毁，并根据监控指标进行扩缩容。K8s 在创建 pod 时可以选择集群中的任何一台空闲的主机，因此其网络地址是不固定的。由于 pod 的这一特点，因此一般不建议直接通过 pod 的地址去访问应用。

2. 将 service 端口号映射到主机

为了解决访问 pod 时不方便直接访问的问题，K8s 采用了服务（service）的概念。服务是对后端提供服务的一组 pod 的抽象，服务会绑定到一个固定的虚拟 IP 上。该虚拟 IP 只在 K8s 集群中可见，但其实该 IP 并不对应一个虚拟设备或者物理设备，而只是 iptables 中的规则，然后通过 iptables 将服务请求路由到后端的 pod 中。这种方式可以确保服务的消费者稳定地访问 pod 提供的服务，而不用关心 pod 的创建、删除、迁移等变化以及如何用一组 pod 来进行负载均衡。

服务的机制如图 4-12 所示，kube-proxy 监听 K8s 主节点增加和删除服务以及 endpoint 的消息，对于每一个服务，kube-proxy 创建相应的 iptables 规则，将发送到 Service ClusterIP 的流量转发到服务后端提供服务的 pod 的相应端口上。

服务类型（ServiceType）决定了其如何对外提供服务。根据类型不同，服务既可以只在 K8s 集群中可见，也可以暴露到集群外部。服务有 3 种类型：ClusterIP、NodePort 和 LoadBalancer。

（1）通过 ClusterIP 提供集群内访问。

ClusterIP 是服务的默认类型。这种类型的服务会提供一个只能在集群内才能访问的虚拟 IP，其实现机制在 4.1.2 节和 4.2.3 节中已有描述。

（2）通过 NodePort 提供外部访问入口。

将服务的类型设置为 NodePort，可以在集群中的主机上通过一个指定端口（30000～32767）暴露服务。通过集群中每台主机上的该指定端口都可以访问该服务，发送到该主机端口的请求会被 K8s 路由到提供服务的 pod 上。采用这种服务类型，可以在 K8s 集群网络外通过主机 IP：端口的方式访问服务。

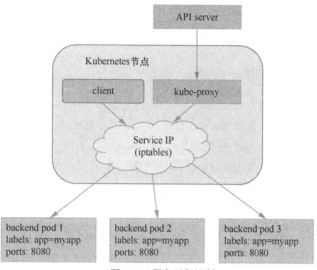

▲图 4-12　服务运行机制

下面是通过 NodePort 向外暴露服务的例子。注意，既可以指定一个 NodePort，也可以不指定。在不指定的情况下，K8s 会从可用的端口范围（30000～32767）内自动分配一个随机端口。

```
apiVersion: v1
kind: Service
metadata:
  name: nginx-svc
spec:
  type: NodePort
  ports:
    - port: 80
      nodePort: 30000
  selector:
    name: nginx  #通过 name=nginx 标签找到对应的 pod
```

通过 NodePort 从外部访问 pod 中的应用服务会存在一些问题。该方案适合自己做 demo 或者进行 POC 测试时使用，但不适用于生产环境。

（1）K8s 集群中主机的 IP 必须是一个固定且已知的 IP，即客户端必须知道该 IP。但集群中的主机是被作为资源池看待的，可以增加、删除。每台主机的 IP 一般是动态分配的，因此并不能认为 host IP 对客户端而言是固定且已知的。

（2）访问某一个固定的 host IP 存在单点故障。假如一台主机死机了，K8s 集群会把应用重新导入（reload）另一个节点上，但客户端就无法通过该主机的 NodePort 访问应用了。

（3）该方案假设客户端可以访问 K8s 主机所在的网络。在生产环境中，客户端和 K8s 主机网络可能是隔离的。例如客户端可能是公网中的一个手机 App，是无法直接访问主机所在的私有网络的。

因此，需要通过一个网关将外部客户端的请求导入集群的应用中。在 K8s 中，这个网关是一个 4 层的 LoadBalancer（IP+port 进行路由转发）。

3. 通过 LoadBalancer 提供外部访问入口

通过将服务的类型设置为 LoadBalancer，可以为服务创建一个外部 LoadBalancer。K8s 的文档中声明该服务类型需要云服务提供商的支持，仅用于在公有云（或专有云）服务提供商的云平台上设置服务的场景，云服务商创建的 LoadBalancer 不在 K8s 集群的管理范围中。对该服务的访问请求将会通过 LoadBalancer 转发到后端的 pod 上，负载均衡的分发实现依赖于云服务商的 LoadBalancer 的实现机制。下面是一个 LoadBalancer 类型的服务例子：

```
apiVersion: v1
kind: Service
metadata:
  name: nginx-svc
spec:
  type: LoadBalancer
  ports:
    - port: 80
  selector:
    name: nginx
```

部署该服务后，我们可以通过 kubectl 命令查看 K8s 创建的内容：

```
$ kubectl get svc nginx-svc
NAME            CLUSTER-IP      EXTERNAL-IP      PORT(S)         AGE
nginx-svc       10.1.21.13      106.15.134.41    80:30079/TCP    55s
```

K8s 为 nginx-svc 创建了一个集群内部可以访问的 ClusterIP 10.1.21.13。由于没有指定 NodePort 端口，K8s 选择了一个空闲的 30079 主机端口将服务暴露在主机的网络中，然后通知 cloud provider 创建了一个 LoadBalancer，输出部分的 EXTERNAL-IP（106.15.134.41）就是 LoadBalancer 的 IP，K8s 集群外部就可以通过该 IP 来访问集群内的 pod 应用及服务。

（1）通过 ingress 进行七层路由。

服务的表现形式为 IP:port，即工作在 TCP/IP 层（网络 4 层），而对于 HTTP 的服务来说，不同的 URL 地址经常对应不同的后端服务（基于路径路由功能），这些应用层的转发机制仅通过服务机制是无法实现的。K8s 从 1.1 版本开始新增了 ingress 资源对象，以实现 HTTP 层的业务路由机制。ingress 起到了七层负载均衡器和 HTTP 方向代理的作用，可以根据不同的 URL 把入口流量分发到不同的后端服务。外部客户端只看到 ingress 对外暴露的域名以及屏蔽了内部多个服务的实现方式。这种方式简化了客户端的访问，并增加了后端实现和部署的灵活性，可以在不影响客户端的情况下对后端的服务部署进行调整。

下面是 K8s ingress 配置文件的示例，在虚拟主机 mywebsite.com 下面定义了两个路径，其中/app 被分发到后端服务 s1，/web 被分发到后端服务 s2。

```
apiVersion: v1
kind: Ingress
metadata:
  name: mywebsite-ingress
spec:
  rules:
  - host: mywebsite.com
    http:
      paths:
      - path: /app
        backend:
          serviceName: s1
          servicePort: 80
      - path: /web
        backend:
          serviceName: s2
          servicePort: 80
```

这里 ingress 只描述了一个虚拟主机路径分发的要求，可以定义多个 ingress 来描述不同的七层分发要求，而这些要求需要由一个入口控制器来实现。入口控制器会监听 K8s 主节点得到 ingress 的定义，并根据 ingress 的定义对一个七层代理进行相应的配置，从而实现 ingress 定义中要求的虚拟主机和路径分发规则。入口控制器有多种实现，K8s 提供了一个基于 Nginx 的入口控制器。

K8s 使用了一个 ingress 策略定义和一个具体的入口控制器，两者结合并实现了一个完整的 ingress 负载均衡器。入口控制器基于 ingress 规则将客户端请求直接转发到服务对应的后端 pod 上，这样会跳过 kube-proxy 的转发功能。图 4-13 所示为定义的 HTTP 层路由的例子。

在浏览器中输入 http://mywebsite.com/app 或者 http://mywebsite.com/web，即可访问后端的服务，不过首先需要在本机主机文件中设置 mywebsite.com 域名对应的 IP 地址，生产环境需要申请正式的域名以及公网 IP，由 DNS 进行域名解析。

采用 ingress 加上 LoadBalancer 的方式，可以将 K8s 集群中的应用服务暴露给外部客户端。这种方式比较灵活，基本可以满足大部分应用的需要。但如果需要在入口处提供更强大的功能，如有更高的效率要求、需求进行安全认证、日志记录，或者需要一些应用的定制逻辑，则需要考虑采用微服务架构中的 API 网关模式，采用一个更强大的 API 网关作为应用的流量入口。

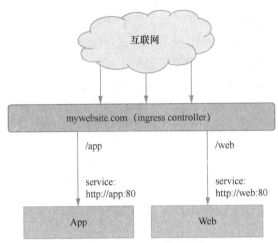

▲图 4-13　ingress 路由转发

（2）通过 CoreDNS 进行名称解析和服务发现。

在 K8s 系统中，用于名称解析和服务发现的 ClusterDNS 是集群的核心组件之一，集群中创建的每个服务对象都会由其自动生成相关的资源记录（resource record），资源记录标识了资源名称与 ClusterIP（或 endpoint）的对应关系。默认情况下，集群内的各 pod 资源也会自动配置 ClusterDNS 作为其名称解析服务器。名称解析和服务发现是 K8s 集群许多功能得以实现的基础服务，通常在集群安装完成后应该立即部署 ClusterDNS 的附加组件，否则集群将无法正常运行。

在 K8s 的发展过程中，ClusterDNS 服务经历了 3 个阶段。在 K8s 1.2 版本时，DNS 服务由 SkyDNS 提供；从 K8s 1.4 版本开始，SkyDNS 组件被 KubeDNS 替换；从 K8s 1.11 版本开始，K8s 集群的 DNS 服务由 CoreDNS 提供。CoreDNS 是 CNCF 的项目之一，是用 Go 语言实现的高性能、插件式、易扩展的 DNS 服务器。

创建服务对象时，CoreDNS 会为它自动创建资源记录用于名称解析和服务注册，pod 资源即可直接使用标准的 DNS 名称来访问服务资源。每个服务对象相关的 DNS 记录包含如下两项：

```
{SVCNAME}.{NAMESPACE}.{CLUSTER_DOMAIN}
{SVCNAME}.{NAMESPACE}.svc.{CLUSTER_DOMAIN}
```

CoreDNS 的总体架构如图 4-14 所示。

CoreDNS 运行时由多个 pod 组成，通过一个服务的固定 IP 对集群提供服务，为了让集群内所有的 pod 能够通过标准的 DNS 名称来访问服务，需要修改每个节点上的 kubelet 启动参数，即加上以下两个参数：

```
--cluster-dns=10.1.0.100  #该 IP 为 CoreDNS service 的固定 ClusterIP 地址
--cluster-domain=cluster.local  #为在 DNS 服务中设置的域名
```

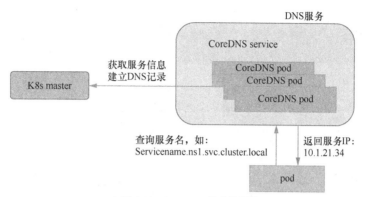

▲图 4-14 CoreDNS 的总体架构

--cluster-dns 指定了集群 DNS 服务的工作地址，--cluster-domain 定义了集群使用的本地域名。因此，系统初始化时会默认将 cluster.local 作为 DNS 的本地域使用，这些信息会在 pod 创建 pod 时，以 DNS 配置的相关信息注入它的/etc/resolv.conf 文件中。

```
$ cat /etc/resolv.conf
nameserver 10.1.0.100
search default.svc.cluster.local svc.cluster.local cluster.local
```

4.3.3 核心组件运行原理

在介绍核心组件运行原理之前，我们先回顾 K8s 的整体架构图，如图 4-3 所示。

K8s 是典型的主从架构，运维人员基于命令行工具 kubectl 通过主节点对集群进行管理维护，主节点把任务下发给工作节点，真正的任务在工作节点上执行。K8s 的核心组件包括主节点上的 API server、controller-manager、scheduler 以及工作节点上的 kubelet、kube-proxy。下面分别对这些核心组件进行讲解，包括其设计以及运行原理，以便更深入地理解 K8s 的整体架构。

1. API server 运行原理

K8s API server 的核心功能是提供 K8s 各类资源对象（pod、service、deployment 等）的增、查、改、删（create、retrieve、update、delete，CRUD）以及监听（watch）等 REST 操作接口。API server 已成为集群内各个功能模块之间数据交互和通信的中心枢纽，是整个系统的数据总线和数据中心。API server 的功能如下。

（1）提供了集群管理的 REST API（包括认证授权、数据校验以及集群状态变更）。

（2）提供其他模块之间的数据交互和通信的枢纽。（其他模块通过 API server 查询或修改数据，只有 API server 才能直接操作 etcd。）

（3）是资源配额控制的入口。

（4）拥有完备的集群安全机制。

API server 的工作原理如图 4-15 所示。

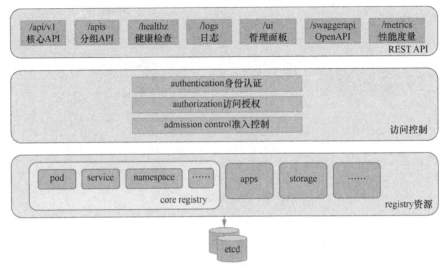

▲图 4-15　API server 分层架构

API server 的架构从上到下主要分为 4 层。

（1）REST API 层：主要以 REST 方式提供各种 API，除了有 K8s 资源对象的 CRUD 和 watch 等操作，还有健康检查、用户界面（User Interface，UI）、日志、性能指标等运维监控相关的 API。

（2）访问控制层：负责对用户身份认证、鉴权，控制对指定 K8s 资源对象的访问权限。

（3）资源层：K8s 把所有的资源对象都保存在注册表 registry 中，针对注册表中的各种资源分别定义了资源对象的类型、如何创建资源对象、如何转换资源的不同版本，以及如何将资源编码/解码为 json 或 protobuf 格式进行存储。

（4）etcd 数据库：用于持久化存储 K8s 资源对象的键值对数据库。etcd 的 watch API 对于 API server 非常重要，因为需要通过 watch 注册监听机制，但某一个资源对象状态发生变更时，etcd 监听器会自动通知并调用相应的处理方法，因此 API server 实现了资源对象的实时同步机制，使 K8s 在管理超大规模集群时，可以及时响应集群中的各种事件。

K8s 通过 kube-apiserver 进程提供服务，该进程运行在单个 K8s 主节点上，用户通过主节点的地址访问 K8s API，默认有如下两个端口。

（1）本地端口。

❑ 该端口用于接收 HTTP 请求，非认证或授权的 HTTP 请求通过该端口访问 API server。

❑ 该端口默认值为 8080，可以通过 API server 的启动参数"--insecure-port"的值来修改默认值。

❑ 默认的 IP 地址为"localhost"，可以通过启动参数"--insecure-bind-address"的值来修改该 IP 地址。

（2）安全端口。

❑ 该端口用于接收 HTTPS 请求，用于基于 token 文件或客户端证书及 HTTP base 的认证；用于基于策略的授权。

- ❑ 该端口默认值为 6443，可通过启动参数 "--secure-port" 的值来修改默认值。
- ❑ 默认 IP 地址为非本地（non-localhost）网络端口，通过启动参数 "--bind-address" 设置该值。
- ❑ 默认不启动 HTTPS 安全访问控制。

用户可以通过 kubectl 客户端命令行、kubectl proxy 代理程序或者自己开发管理控制台，通过编程代码的方式调用 K8s API server 上的 REST 接口。

K8s API server 最主要的 REST 接口是资源对象的增、删、改、查，另外还有一类特殊的 REST 接口——K8s proxy API 接口。这类接口的作用是代理 REST 请求，即 K8s API server 把收到的 REST 请求转发到某个节点上的 kubelet 守护进程的 REST 端口上，由该 kubelet 进程负责响应。作为集群的核心，K8s API server 负责集群各功能模块之间的通信，集群内各个功能模块通过 API server 将信息存入 etcd，当需要获取和操作这些数据时，通过 API server 提供的 REST 接口（GET/LIST/WATCH 方法）来实现，从而实现各模块之间的信息交互。

每个节点上的 kubelet 定期就会调用 API server 的 REST 接口报告自身状态，API server 接收这些信息后，将节点状态信息更新到 etcd 中。kubelet 也通过 API server 的 watch 接口监听 pod 信息，从而对节点机器上的 pod 进行增、删、改。

一个比较重要的交互场景是，scheduler 通过 API server 的 watch 接口监听到新建 pod 副本的信息后，它会检索所有符合该 pod 要求的节点列表，开始执行 pod 调度逻辑。调度成功后将 pod 绑定到目标节点上。

为了缓解集群各个模块对 API server 的访问压力，各功能模块一般采用缓存机制来减少与 API server 的交互次数，资源对象的数据变更时，通过 watch 监听方式通知所有的模板更新缓存数据。

2. controller-manager 运行原理

在 K8s 系统中拥有很多 controller，如图 4-16 所示，它们的职责是保证集群中各种资源的状态和用户定义（yaml）的状态一致，如果出现偏差，则修正资源的状态。controller-manager 是各种 controller 的管理者，是集群内部的管理控制中心，负责集群内的节点、pod 副本、服务端点（endpoint）、命名空间（namespace）、服务账号（ServiceAccount）、资源限额（ResourceQuota）的管理。当某个节点意外死机时，controller-manager 会及时发现并执行自动化修复流程，确保集群始终处于预期的工作状态。Controller-manager 由 kube-controller-manager 和 cloud-controller-manager 组成，kube-controller-manager 由一系列的控制器组成，cloud-controller-manager 在 K8s 启用 cloud provider 时才需要，用来配合云服务提供商的控制，包括一系列的控制器。

每个 controller 都负责一种特定资源的控制流程，通过 API server 提供的接口实时监控整个集群的每个资源对象的当前状态。当发生各种故障导致系统状态发生变化时，会尝试将系统状态修复到 "预期状态"。

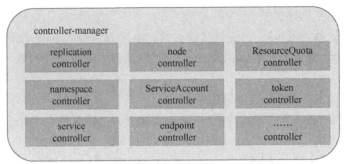

▲图 4-16　K8s controller-manager 结构图

3. scheduler 运行原理

kube-scheduler 作为一个单独的进程部署在主节点上，在整个系统中承担了承上启下的重要功能，负责分配调度 controller-manager 创建的新 pod 到集群内的节点上。它会监听 kube-apiserver 从而发现 PodSpec.NodeName 为空的 pod（即尚未分配节点的 pod），然后根据指定的算法将 pod 调度到合适的节点上，同时更新 pod 的 NodeName 字段，这一过程也叫绑定（bind）。目标节点上的 kubelet 服务进程接管后续工作，负责 pod 生命周期的后半部分，在 Docker 引擎中拉起容器。scheduler 的输入是需要被调度的 pod 和节点的信息，输出是经过调度算法筛选出的条件最优的节点，并将该 pod 绑定到这个节点上。整个过程如图 4-17 所示。

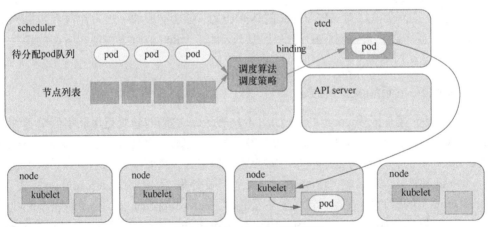

▲图 4-17　K8s scheduler 调度流程

在整个调度过程中涉及 3 个对象，分别是待调度的 pod 队列、可用节点列表，以及调度算法和调度策略。简单来说，就是通过调度算法调度为待调度 pod 队列中的每个 pod 从节点列表中选择一个最合适的节点。调度器需要充分考虑如下因素。

- ❑　公平调度。
- ❑　资源高效利用。

❑ 服务质量（Quality of Service，QoS）。

❑ 亲和性（affinity）和反亲和性（anti-affinity）。

❑ 数据本地化（data locality）。

❑ 内部负载干扰（inter-workload interference）。

分配到合适的节点后，目标节点上的 kubelet 通过 API server 监听到 K8s scheduler 产生的 pod 绑定事件，然后获取对应的 pod 清单，下载镜像并启动容器，完成整个调度过程。创建 pod 的整个流程的时序如图 4-18 所示。

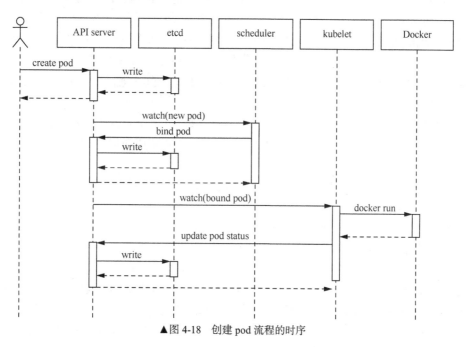

▲图 4-18 创建 pod 流程的时序

K8s scheduler 当前提供的默认调度算法分为两个阶段。

（1）预选。

遍历所有的目标节点，根据预选策略过滤掉不符合策略的节点。

（2）优选。

经过预选剩下的节点，需要经过优选策略选出一个最优的节点，并将 pod 绑定到该节点上。调度优选算法简单描述如下。

❑ 首先，scheduler 根据预选集合过滤掉不符合策略的节点。例如，如果 PodSpec 指定请求资源（resource request），那么 scheduler 会过滤掉没有足够资源的节点。

❑ 其次，scheduler 会根据优选函数集合（K8s 通过插件的方式加载调度算法提供者 AlgorithmProvider）从预选集合中过滤出来的节点中，选出一个最优的节点。

❑ 最终，得分最高的节点胜出（如果有多个得分相同的节点，会随机选取一个节点作为最终胜出的节点）。

4. kubelet 运行原理

在 K8s 集群中，每个节点（node，又称 minion）上都运行一个 kubelet 服务进程，默认监听 10250 端口，接收并执行主节点发来的指令，按照 PodSpec 描述来管理 pod 及 pod 中的容器。每个 kubelet 进程会在 API server 上注册节点自身信息，定期向主节点汇报节点的资源使用情况（健康检查），并通过 cAdvisor 监控节点和容器的资源（cAdvisor 是一个开源的分析容器资源使用率和性能分析的代理工具）。

kubelet 的主要功能包括节点管理、pod 管理、容器健康检查，以及容器资源监控。

（1）节点管理：节点管理主要是节点自注册和节点状态更新，kubelet 可以通过设置启动参数 "--register-node" 来确定是否向 API server 注册自己；如果没有自注册，则需要用户自己配置节点资源信息，同时需要告知 kubelet 集群上的 API server 的位置；kubelet 在启动时通过 API server 注册节点信息，并定时向 API server 发送节点新消息，API server 在接收到新消息后，将信息写入 etcd。

（2）pod 管理：kubelet 定期从所监听的数据源获取节点上 pod/container 的期望状态（运行什么容器、运行的副本数、网络或者存储如何配置等），并调用对应的容器平台接口达到这个状态。

（3）容器健康检查：kubelet 创建了容器之后还要查看容器是否正常运行，如果容器运行出错，就要根据 pod 设置的重启策略进行处理。

（4）容器资源监控：kubelet 会监控所在节点的资源使用情况，并定时向主节点报告，资源使用数据都是通过 cAdvisor 获取的。知道整个集群所有节点的资源情况，对于 pod 的调度和正常运行至关重要。

作为节点上的总管家，kubelet 由许多内部组件构成，如图 4-19 所示。

图 4-19 展示了 kubelet 组件中的模块以及模块间的划分。

（1）kubelet API：包括 10250 端口的认证 API、4194 端口的 cAdvisor API、10255 端口的只读 API 以及 10248 端口的健康检查 API。

（2）PLEG（Pod Lifecycle Event Generator）：PLEG 是 kubelet 的核心模块，PLEG 会一直调用 container runtime 获取本节点 containers/sandboxes 的信息，并与自身维护的 pods cache 信息进行对比，生成对应的 PodLifecycleEvent，然后输出到 eventChannel 中，通过 eventChannel 发送到 kubelet syncLoop 进行消费，然后由 kubelet syncPod 来触发 pod 同步处理过程，最终达到用户的期望状态。

（3）syncLoop：从 API 或者 manifest 目录接收 pod 更新，发送到 podWorkers 处理，大量使用 channel 处理来处理异步请求。

（4）辅助的 manager：如 cAdvisor、Volume Manager 等，处理 syncLoop 以外的其他工作。

（5）容器运行接口（Container Runtime Interface，CRI），负责与 container runtime shim 通信。

（6）容器执行引擎：如 dockershim、rkt 等。

（7）网络插件：目前支持 CNI 和 kubenet。

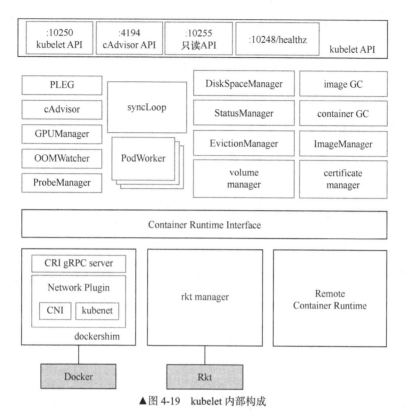

▲图 4-19　kubelet 内部构成

5. kube-proxy 运行原理

为了支持集群的水平扩展、高可用性，以及解决 pod 可随时被销毁和拉起的问题，K8s 抽象出了 service 的概念。service 是对一组 pod 的抽象，它会根据访问策略（如负载均衡策略）来访问这组 pod。K8s 在创建 service 时会为其分配一个虚拟的 IP 地址，客户端通过访问这个虚拟 IP 来访问后端的 pod 服务。

service 只是一个虚拟概念，真正将 service 的作用落地的是它背后的 kube-proxy。每台机器上都运行一个 kube-proxy 服务，用于监听 API server 中 service 和 endpoint 的变化情况，并通过 iptables 等为服务配置负载均衡（仅支持 TCP 和 UDP）。因为 iptables 机制针对的是本地的 kube-proxy 端口，所以在每个节点上都要运行 kube-proxy 组件，这样一来，在 K8s 集群内部，我们可以在任意节点上发起对 service 的访问请求。由于 kube-proxy 的作用，在 service 的调用过程中客户端无须关心后端有几个 pod，中间过程的通信、负载均衡以及故障恢复都是透明的。

kube-proxy 进程其实是一个真实的 TCP / UDP 代理，类似于 HA Proxy，负责从 service 到 pod 的访问流量转发，这种模式被称为用户空间（userspace）代理模式，kube-proxy 运行过程如图 4-20 所示。

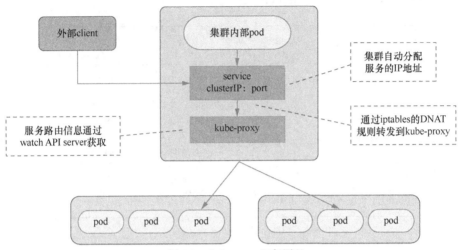

▲图 4-20   kube-proxy 运行原理

当某个集群内部 pod 以 ClusterIP 地址访问 service 时，这个流量会被 pod 所在主机的 iptables 转发到本机的 kube-proxy 进程，然后由 kube-proxy 建立起到后端 pod 的 TCP/UDP 连接，随后将请求转发到某个后端 pod 上，并在这个过程中实现负载均衡功能。

kube-proxy 既可以直接运行在物理机上，也可以以静态 pod 或者 DaemonSet 的方式运行。对于请求的转发，kube-proxy 当前支持以下 4 种实现。

（1）userspace：最早的负载均衡方案，它在用户空间监听一个端口，所有服务通过 iptables 转发到这个端口，然后在其内部负载均衡到实际的 pod。该方式最主要的缺点是效率低，有明显的性能瓶颈。

（2）iptables：目前推荐的方案，完全以 iptables 规则的方式来实现 service 负载均衡。该方式最主要的缺点是在服务多时产生太多的 iptables 规则，非增量式更新会引入一定的时延，在集群规模很大的情况下有明显的性能问题。

（3）ipvs：iptables 模式虽然实现起来简单，但集群规模增大以后存在明显的性能问题，于是从 K8s 1.8 版本开始引入第 3 代 IP 虚拟服务器（IP Virtual Server, IPVS）模式，并从 K8s 1.11 版本正式升级为 GA 稳定版。ipvs 采用增量式更新，并可以确保 service 更新期间连接保持不断开。

（4）winuserspace：同 userspace，但仅工作在 Windows 节点上。

综上所述，kube-proxy 的工作原理是监听 API server 中 service 和 endpoint 的变化情况，并通过 userspace、iptables、ipvs 或 winuserspace 等 proxier 来为服务配置负载均衡。截至写作本书时，kube-proxy 仅支持 TCP 和 UDP，暂不支持 HTTP 路由，并且也没有健康检查机制。这些可以通过自定义 IngressController 的方法来解决。

4.4　kubectl 命令

K8s API 是管理 K8s 集群各资源对象的唯一入口，它提供了一组 REST 风格的 API 用于管理操作集群状态，并将结果存储于 etcd 中。任何 REST 风格的 API 的核心概念都是"资源"（resource），它是具有类型、关联数据、同其他资源的关系，并可对其执行一组操作方法的对象。资源可以根据其特性进行分组，每个组是同一类型资源的集合，它仅包含一种类型的资源，并且各资源间不存在顺序关系，集合本身也是资源。对应于 K8s 中，pod、deployment、service 等都是资源类型，它们由相应类型的对象集合而成。

作为客户端 CLI 工具，kubectl 让用户通过命令行的方式对 K8s 集群进行操作管理，可以检查集群资源，创建、删除和更新组件，以及部署和管理应用程序。

kubectl 命令行的语法如下：

```
$ kubectl [command] [TYPE] [NAME] [flags]
```

其中，command、TYPE、NAME、flags 的含义说明如下。

（1）command：子命令，用于操作 K8s 集群资源对象的命令，如 create、delete、get、apply 等，详见表 4-1。

（2）TYPE：资源对象的类型，区分大小写，能以单数、复数或者简写形式表示，如 pods、services、deployments 等，详见表 4-2。

（3）NAME：资源对象的名称，区分大小写，如果不指定名称，系统将返回属于 TYPE 的全部对象列表。

（4）flags：kubectl 子命令的可选参数，如"-o"参数设置输出结果的格式。

kubectl 当前支持的命令及其参数非常丰富，适用于各种应用场景及用途，读者既可以在 Kubernetes 官方网站找到更多的命令帮助说明，也可以通过 kubectl help 查看命令的帮助信息。

4.4.1　kubeconfig

API server 通过认证（authentication）、授权（authorization）和准入控制（admission control）来管理对资源的访问请求，因此，来自于任何客户端（kubectl、kubelet、kube-proxy）的访问请求都必须事先完成认证后，方可进行后面的操作。API server 支持多种认证方式，客户端可以使用命令行选项或专有的配置文件（kubeconfig）提供认证信息。在开启了安全套接字层（Secure Socket Layer，SSL）/传输层安全（Transport Layer Security，TLS）的集群中，每次与集群交互时都需要身份认证，使用 kubeconfig（即证书方式）和 token 两种认证方式是最简单、最通用的认证方式。生产环境一般使用证书进行认证，其认证所需的信息会放在 kubeconfig 文件中。

包括 kubectl、kubelet、kube-controller-manager 等在内的 API server 的各类客户端都可以

使用 kubeconfig 文件提供接入多个集群的相关配置信息，包括各 API server 的 URL 以及认证信息等，如图 4-21 所示，而且能设置成不同的上下文环境，并在各个上下文之间快速切换。

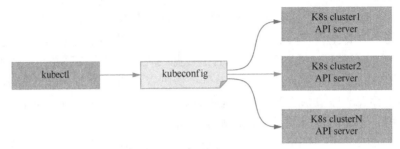

▲图 4-21　kubectl 与 kubeconfig

为了使 kubectl 找到并访问 K8s 集群，需要一个 kubeconfig 文件。当你使用 kube-up.sh 创建集群或成功部署 Minikube 集群时，该文件将自动创建。默认情况下，kubectl 配置文件位于 $HOME/.kube/config，用户也可以在命令行中通过 "--kubeconfig" 参数来指定自定义的配置文件。执行 kubectl config view 命令能够显示当前正在使用的配置文件内容。以下是 kubeconfig 文件的一个示例：

```
apiVersion: v1
kind: Config  #kind 为 Config 说明这是一个 kubeconfig 文件
clusters:  # 集群列表
- cluster:
    certificate-authority-data: xxx
    server: https://xxx:6443
  name: cluster1
- cluster:
    certificate-authority-data: xxx
    server: https://xxx:6443
  name: cluster2
contexts:  # 上下文列表
- context:
    cluster: cluster1
    user: kubelet
  name: cluster1-context
- context:
    cluster: cluster2
    user: kubelet
  name: cluster2-context
current-context: cluster1-context  # kubelet 当前使用的上下文
preferences: {}
users:  # 用户列表
- name: kubelet
  user:
```

```
         client-certificate-data: xxx
         client-key-data: xxx
```

不建议通过手动方式直接编辑修改 kubeconfig 文件，我们可以通过 kubectl config 命令来修改更新 kubeconfig 文件的内容，如下：

```
$ kubectl config set-credentials myself --username=admin --password=secret  # 设置客户端
#认证参数
$ kubectl config set-cluster local-server --server=http://localhost:8080  # 设置集群参数
$ kubectl config set-context default-context --cluster=local-server --user=myself  # 设
#置上下文参数
$ kubectl config use-context cluster-context  # 设置默认上下文
$ kubectl config set contexts.default-context.namespace the-right-prefix  # 设置默认上下
#文
$ kubectl config view  #打印 kubeconfig 文件内容
```

4.4.2 kubectl 子命令

kubectl 的子命令非常丰富，涵盖了对 K8s 集群的主要操作，包括所有资源对象的增删改查、配置运行等操作，如表 4-1 所示。

表 4-1　　　　　　　　　　　　　　kubectl 子命令列表

子命令	语法	说明
annotate	kubectl annotate (-f FILENAME | TYPE NAME | TYPE/NAME) KEY_1=VAL_1 ... KEY_N=VAL_N [--overwrite]　[--all]　[--resource-version=version] [flags]	添加或更新资源对象的注解
api-resources	kubectl api-resources [flags]	显示当前系统支持的资源对象类型
api-versions	kubectl api-versions [flags]	列出当前系统支持的 API 版本列表，格式为 "group/version"
apply	kubectl apply -f FILENAME [flags]	从配置文件（yaml/json）或 stdin（标准输入）对资源对象进行配置更新
attach	kubectl attach POD -c CONTAINER [-i] [-t] [flags]	附着到一个正在运行的容器上
autoscale	kubectl autoscale (-f FILENAME | TYPE NAME | TYPE/NAME) [--min=MINPODS] --max= MAXPODS [--cpu-percent=CPU] [flags]	对 RC 管理的 pod 进行自动弹性伸缩设置
cluster-info	kubectl cluster-info [flags]	显示集群信息
config	kubectl config SUBCOMMAND [flags]	修改 kubeconfig 文件
create	kubectl create -f FILENAME [flags]	从配置文件或 stdin 中创建资源对象
delete	kubectl delete (-f FILENAME | TYPE [NAME | /NAME | -l label | --all]) [flags]	根据配置文件、stdin、资源名称或标签选择器删除资源对象
describe	kubectl describe (-f FILENAME | TYPE [NAME_PREFIX | /NAME | -l label]) [flags]	描述一个或多个资源对象的详细信息
diff	kubectl diff -f FILENAME [flags]	查看配置文件与当前系统中正在运行的资源对象的差异

子命令	语法	说明
edit	kubectl edit (-f FILENAME | TYPE NAME | TYPE/NAME) [flags]	编辑资源对象的属性，实时更新
exec	kubectl exec POD [-c CONTAINER] [-i] [-t] [flags] [-- COMMAND [args...]]	执行一个容器中的命令
explain	kubectl explain [--recursive=false] [flags]	对资源对象属性的详细说明
expose	kubectl expose (-f FILENAME | TYPE NAME | TYPE/NAME) [--port=port] [--protocol=TCP|UDP] [--target-port=number-or-name] [--name=name] [--external-ip=external-ip-of-service] [--type=type] [flags]	将已经存在的一个 RC、service、deployment 或 pod 暴露为一个新的 service
get	kubectl get (-f FILENAME | TYPE [NAME | /NAME | -l label]) [--watch] [--sort-by=FIELD] [[-o | --output]=OUTPUT_FORMAT] [flags]	显示一个或多个资源对象的概要信息
label	kubectl label (-f FILENAME | TYPE NAME | TYPE/NAME) KEY_1=VAL_1 ... KEY_N=VAL_N [--overwrite] [--all] [--resource-version=version] [flags]	设置或更新资源对象的标签
logs	kubectl logs POD [-c CONTAINER] [--follow] [flags]	显示容器的日志
patch	kubectl patch (-f FILENAME | TYPE NAME | TYPE/NAME) --patch PATCH [flags]	以 merge 形式对资源对象的部分字段值进行修改
port-forward	kubectl port-forward POD [LOCAL_PORT:]REMOTE_PORT [...[LOCAL_PORT_N:]REMOTE_PORT_N] [flags]	将本机的某个端口映射到 pod 的端口号（一般用于临时测试或排查问题）
proxy	kubectl proxy [--port=PORT] [--www=static-dir] [--www-prefix=prefix] [--api-prefix=prefix] [flags]	将本机某个端口号映射到 API server
replace	kubectl replace -f FILENAME	从配置文件或 stdin 替换资源对象
rolling-update	kubectl rolling-update OLD_CONTROLLER_NAME ([NEW_CONTROLLER_NAME] --image=NEW_CONTAINER_IMAGE | -f NEW_CONTROLLER_SPEC) [flags]	对 RC 进行滚动升级
run	kubectl run NAME --image=image [--env="key=value"] [--port=port] [--replicas=replicas] [--dry-run=bool] [--overrides=inline-json] [flags]	基于一个镜像在 K8s 集群上启动一个 deployment
scale	kubectl scale (-f FILENAME | TYPE NAME | TYPE/NAME) --replicas=COUNT [--resource-version=version] [--current-replicas=count] [flags]	扩缩容一个 deployment、ReplicaSet、RC 中的 pod 数量
version	kubectl version [--client] [flags]	显示 K8s 系统的版本信息

读者可访问 Kubernetes 官方网站查看更多有关 kubectl 命令的帮助信息。

4.4.3　kubectl 可操作的资源对象类型

kubectl 可操作的资源对象类型如表 4-2 所示。

表 4-2　　　　　　　　　　　　　kubectl 可操作的资源对象类型

资源对象名称	缩写	是否支持命名空间	资源对象类型
bindings	—	true	binding
componentstatuses	cs	false	ComponentStatus
configmaps	cm	true	ConfigMap
endpoints	ep	true	endpoints
limitranges	limits	true	LimitRange
namespaces	ns	false	namespace
nodes	no	false	node
persistentvolumeclaims	pvc	true	PersistentVolumeClaim
persistentvolumes	pv	false	PersistentVolume
pods	po	true	pod
podtemplates		true	PodTemplate
replicationcontrollers	rc	true	ReplicationController
resourcequotas	quota	true	ResourceQuota
secrets	—	true	secret
serviceaccounts	sa	true	ServiceAccount
services	svc	true	service
mutatingwebhookconfigurations	—	false	MutatingWebhookConfiguration
validatingwebhookconfigurations	—	false	ValidatingWebhookConfiguration
customresourcedefinitions	crd, crds	false	CustomResourceDefinition
apiservices	—	false	APIService
controllerrevisions	—	true	ControllerRevision
daemonsets	ds	true	DaemonSet
deployments	deploy	true	deployment
replicasets	rs	true	ReplicaSet
statefulsets	sts	true	StatefulSet
tokenreviews	—	false	TokenReview
localsubjectaccessreviews	—	true	LocalSubjectAccessReview
selfsubjectaccessreviews	—	false	SelfSubjectAccessReview
selfsubjectrulesreviews	—	false	SelfSubjectRulesReview
subjectaccessreviews	—	false	SubjectAccessReview
horizontalpodautoscalers	hpa	true	HorizontalPodAutoscaler
cronjobs	cj	true	CronJob
jobs	—	true	job
certificatesigningrequests	csr	false	CertificateSigningRequest
leases	—	true	lease

续表

资源对象名称	缩写	是否支持命名空间	资源对象类型
events	ev	true	event
ingresses	ing	true	ingress
networkpolicies	netpol	true	NetworkPolicy
poddisruptionbudgets	pdb	true	PodDisruptionBudget
podsecuritypolicies	psp	false	PodSecurityPolicy
clusterrolebindings	—	false	ClusterRoleBinding
clusterroles	—	false	ClusterRole
rolebindings	—	true	RoleBinding
roles	—	true	role
priorityclasses	pc	false	PriorityClass
csidrivers	—	false	CSIDriver
csinodes	—	false	CSINode
storageclasses	sc	false	StorageClass
volumeattachments	—	false	VolumeAttachment

从 K8s 1.13.3 版本开始, 可以通过 kubectl api-resources 命令来查看当前系统所支持的资源对象类型。

在一个命令中也可以同时对多个资源对象进行操作, 以多个 TYPE 和 NAME 的组合表示, 示例如下：

```
# 获取多个 pod 的信息
$ kubectl get pod example-pod1 example-pod2

# 获取多种对象的信息
$ kubectl get pod/example-pod1 rc/example-rc1

# 同时应用于多个 yaml 文件
$ kubectl get pod -f pod1.yaml -f pod2.yaml
$ kubectl create -f pod1.yaml -f rc1.yaml -f service1.yaml
```

4.4.4　kubectl 参数列表

kubectl 命令行支持的公共启动参数如下。

（1）--alsologtostderr[=false]：同时输出日志到标准错误控制台和文件。

（2）--api-version=""：和服务端交互使用的 API 版本。

（3）--certificate-authority=""：用以进行认证授权的.cert 文件路径。

（4）--client-certificate=""：TLS 使用的客户端证书路径。

（5）--client-key=""：TLS 使用的客户端密钥路径。

（6）--cluster=""：指定使用的 kubeconfig 配置文件中的集群名。

（7）--context=""：指定使用的 kubeconfig 文件中的上下文名。

（8）--insecure-skip-tls-verify[=false]：如果为 true，将不会检查服务器凭证的有效性，这会导致你的 HTTPS 链接变得不安全。

（9）--kubeconfig=""：命令行请求使用的配置文件路径。

（10）--log-backtrace-at=:0：当日志长度超过定义的行数时，忽略堆栈信息。

（11）--log-dir=""：如果不为空，则将日志文件写入此目录。

（12）--log-flush-frequency=5s：刷新日志的最大时间间隔。

（13）--logtostderr[=true]：输出日志到标准错误控制台，不输出到文件。

（14）--match-server-version[=false]：要求服务端和客户端版本匹配。

（15）--namespace=""：如果不为空，那么命令将使用此 namespace。

（16）--password=""：API server 进行简单认证使用的密码。

（17）-s, --server=""：Kubernetes API server 的地址和端口号。

（18）--stderrthreshold=2：高于此级别的日志将被输出到错误控制台。

（19）--token=""：认证到 API server 使用的令牌。

（20）--user=""：指定使用的 kubeconfig 文件中的用户名。

（21）--username=""：API server 进行简单认证使用的用户名。

（22）--v=0：指定输出日志的级别。

（23）--vmodule=：指定输出日志的模块，格式为 pattern=N，使用逗号分隔。

每个子命令和特定的 flags 参数，可以通过 kubectl [command] -help 命令查看详细的帮助说明，读者可以自行探索实践，以便进一步了解每个参数的具体含义以及应用场景。

4.4.5　kubectl 输出格式

kubectl 命令可以用多种格式对结果输出进行自定义，输出的格式通过 "-o" 参数指定：

```
$ kubectl [command] [TYPE] [NAME] -o <output_format>
```

根据不同子命令的输出结果，可选的输出格式如表 4-3 所示。

表 4-3　　　　　　　　　　　　kubectl 命令支持的输出格式

输出格式	说明
-o custom-columns=<spec>	根据自定义列名进行输出，以逗号分隔
-o custom-columns-file=<filename>	从文件中获取自定义列表进行输出
-o json	以 json 格式显示结果
-o jsonpath=<template>	输出 jsonpath 表达式定义的字段信息
-o jsonpath-file=<filename>	输出 jsonpath 表达式定义的字段信息，来源于文件
-o name	仅输出资源对象的名称
-o wide	输出额外信息，对于 pod，将输出 pod 所在节点、名称
-o yaml	以 yaml 格式显示结果

4.5　Kubernetes 容器云

容器是当下最热门的软件开发及部署技术，容器屏蔽了不同云厂商底层 IaaS 基础设施的差异，为应用提供一个标准化的运行环境，Docker+K8s 让云原生应用既可以部署在公有云上，也可以部署在传统专有云上。因此，在快速迭代、快速开发之外，云原生应用成为实现应用在不同云之间自由迁移的一个有效手段。如今，容器云服务也成为各大主流云服务商的必争之地，Amazon Elastic Kubernetes Service（Amazon EKS）、微软 Azure Kubernetes Service（AKS）、阿里云容器服务（Alibaba Cloud Container Service for Kubernetes，ACK）、Google Kubernetes Engine（GKE）等都在不断强化自己的容器云服务功能，打造云端最佳的 Kubernetes 容器化应用运行环境，为用户提供方便快捷、易于管理的容器服务。

4.5.1　阿里云容器服务（ACK）

ACK 提供高性能可伸缩的容器应用管理服务，支持企业级 Kubernetes 容器化应用的生命周期管理。ACK 简化集群的搭建和扩容等运维工作，整合阿里云虚拟化、存储、网络和安全能力，打造云端最佳的 Kubernetes 容器化应用运行环境。

ACK 是全球首批通过 Kubernetes 一致性认证的服务平台，可以为用户提供专业的容器支持和服务。Kubernetes 软件一致性认证计划由 CNCF 发起推动，旨在确保兼容的 API 能够提供一致的 Kubernetes 服务和跨供应商平台的互操作性支持。ACK 包含了专有版 Kubernetes（Dedicated Kubernetes）、托管版 Kubernetes（Managed Kubernetes）、Serverless Kubernetes 这 3 种形态，方便用户按需选择，具体如表 4-4 所示。

表 4-4　　　　　　　　　　　　　ACK 三种形态对比

	专有版 Kubernetes	托管版 Kubernetes	Serverless Kubernetes
主节点	用户专属集群，可配置	阿里云托管	多租隔离，阿里云托管
工作节点	用户专属	用户专属	无节点
K8s 版本	可选，可升级		自动升级
多可用区、高可用	主节点-用户可配 工作节点-用户可配	主节点-默认高可用 工作节点-用户可配	控制平面-默认高可用 pod-用户可配
计费模型	Kubernetes 服务免费，需支付底层资源费用		Kubernetes 服务免费，需支付实际使用的资源费用
容量规划	需要，支持自动伸缩	需要，支持自动伸缩	不需要
使用场景	全场景支持	全场景支持	突发负载，如批处理、CI/CD 任务

（1）专有版 Kubernetes：需要创建 3 个主（高可用）节点及若干工作节点，可对集群基础设施进行更细粒度的控制，需要自行规划、维护、升级服务器集群。

（2）托管版 Kubernetes：只需创建工作节点，主节点由容器服务创建并托管。具备简单、低成本、高可用、无须运维管理 Kubernetes 集群主节点的特点，用户可以更多关注业务本身。

（3）Serverless Kubernetes：无须创建和管理主节点及工作节点，即可通过控制台或者命令配置容器实例的资源、指定应用容器镜像以及对外服务的方式，直接启动应用程序。

ACK 提供高性能可伸缩的容器应用管理服务，支持企业级 Kubernetes 容器化应用的生命周期管理，保证用户应用的敏捷上云。ACK 对外提供了标准开放的 API，支持应用无缝迁移到云，为第三方能力扩展，实现了灵活可定制的扩展机制。ACK 基于原生 Kubernetes 进行适配和增强，简化集群的搭建和扩容等工作，整合阿里云虚拟化、存储、网络和安全能力，打造云端最佳的 Kubernetes 容器化应用运行环境。图 4-22 是 ACK 的产品架构。

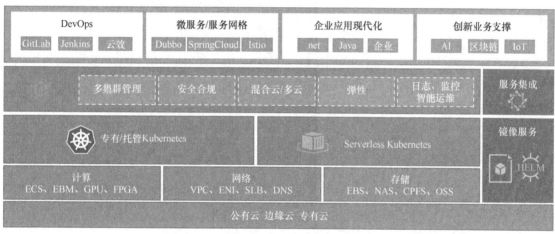

▲图 4-22　ACK 的产品架构

ACK 支持云原生 PaaS 架构，支持部署在神龙裸金属物理机、ECS 虚拟机上，支持对接阿里云的负载均衡（Server Load Balancer，SLB）、API 网关（Gateway，GW）、存储、云上数据库等云 PaaS 生态的诸多产品，能够满足客户对云计算短期和长期的需求。

如图 4-23 所示，ACK 容器平台技术架构完全兼容云原生 PaaS 生态，能有效支撑 DevOps和微服务框架的落地和使用。应用编排需要支持服务定义、资源管理、容器调度、健康检查和服务发现等诸多方面。

ACK 容器平台支持强大的网络、存储、混合集群管理、水平扩容、应用扩展等特性。使用原生 Kubernetes 作为编排引擎，可通过 kubectl 指令或者原生的 API 进行编排和管理。支持编排模板的创建、修改、删除，编排模板至少包含模板名称、模板描述、模板编排内容等信息。支持选择编排模板，模板选定后，可以在模板内容基础上调整应用编排内容，快速创建和发布应用。内置常用 Kubernetes 资源对象的编排模板，以便用户能够根据不同资源对象的内置模

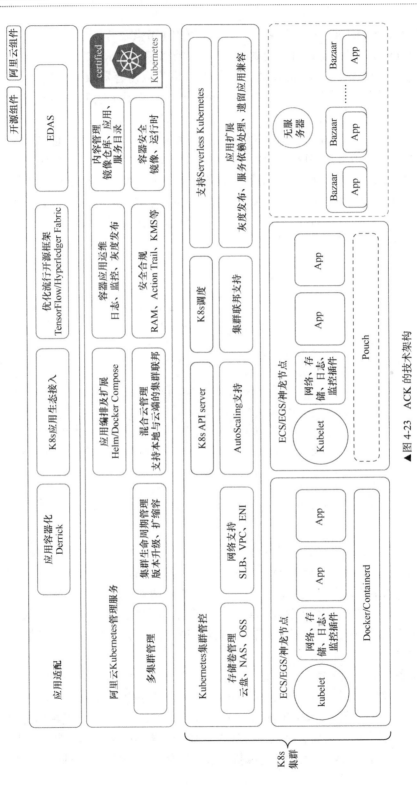

▲图 4-23　ACK 的技术架构

板快速创建 Kubernetes 资源对象，常用资源对象包括应用、服务、有状态应用、配置项、密钥、命名空间、存储卷等。

4.5.2　Amazon Elastic Kubernetes Service（Amazon EKS）

Amazon EKS 是一项托管服务，可让用户在 Amazon AWS 上轻松运行 Kubernetes，而无须支持或维护 Kubernetes 控制层面。Amazon EKS 跨多个可用区运行 Kubernetes 控制层面实例以确保高可用性，从而消除单点故障。Amazon EKS 可以自动检测和替换运行状况不佳的控制层面实例，并为它们提供自动版本升级和修补。Amazon EKS 还与许多 Amazon Web Services（AWS）集成，以便为应用程序提供可扩展性和安全性，举例如下。

（1）用于容器镜像的 Amazon ECR。

（2）用于负载均衡的 Elastic Load Balancing。

（3）用于身份认证的 IAM。

（4）用于隔离的 Amazon VPC。

此外还有用于访问私有网络的 AWS PrivateLink 和用于日志记录的 AWS Cloud Trail 等，让用户轻松构建企业级云原生应用系统。

Amazon EKS 运行最新版本的开源 Kubernetes 软件，且通过 CNCF 的 Kubernetes 软件一致性认证，因此用户可以使用 Kubernetes 社区的所有现有插件和工具。在 Amazon EKS 上运行的应用程序与在任何标准 Kubernetes 环境中运行的应用程序完全兼容，无论此类环境是在本地数据中心还是在公有云中运行，都是如此。这意味着，用户可以轻松地将任何标准 Kubernetes 应用程序迁移到 Amazon EKS，而无须修改任何代码。

Amazon EKS 为每个集群运行一个单租户 Kubernetes 控制层面，控制层面基础设施不在集群或 AWS 账户之间共享。此控制层面包含至少两个 API 服务器节点和跨区域内 3 个可用区运行的 3 个 etcd 节点。Amazon EKS 会自动检测并替换运行状况不佳的控制层面实例，并根据需要跨区域内的可用区重启它们。Amazon EKS 利用 AWS 区域的架构以保持高可用性。因此，Amazon EKS 能够提供确保 API 服务器终端节点可用性的服务级别协议（Service Level Agreement，SLA）。

Amazon EKS 使用 Amazon VPC 网络策略来将控制层面组件之间的流量限制到一个集群内。除非通过 Kubernetes 的基于角色权限控制（Role-Based Access Control，RBAC）策略授权，否则集群的控制层面组件无法查看或接收来自其他集群以及其他 AWS 账户的通信。这个安全且高可用的配置让 Amazon EKS 成为生产工作负载的可靠的建议配置。

用户使用 Amazon EKS 的流程也很简单，经过 4 个步骤即可完成集群创建及应用的部署，如图 4-24 所示。

（1）在 AWS 管理控制台中或使用 AWS CLI 或 AWS 开发工具包之一创建一个 Amazon EKS 集群。

（2）启动向此 Amazon EKS 集群注册的工作线程节点。AWS 为用户提供了一个可自动配置用户工作节点的 AWS CloudFormation 模板。

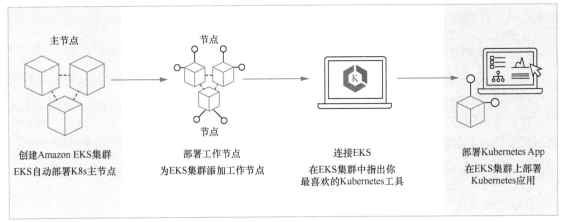

主节点

节点

节点

创建Amazon EKS集群
EKS自动部署K8s主节点

部署工作节点
为EKS集群添加工作节点

连接EKS
在EKS集群中指出你
最喜欢的Kubernetes工具

部署Kubernetes App
在EKS集群上部署
Kubernetes应用

▲图 4-24　Amazon EKS 的使用流程

（3）在集群准备就绪时，可以将常用 Kubernetes 工具（如 kubectl）配置为与集群通信。

（4）像在任何其他 Kubernetes 环境中一样，在 Amazon EKS 集群上部署和管理应用程序。

4.5.3　Azure Kubernetes Service（AKS）

微软的 AKS 让用户在 Azure 中轻松地部署托管的 K8s 集群，使部署和管理容器化应用程序变得容易。它提供无服务器 Kubernetes［一种整合的持续集成和持续交付（CI/CD）体验］以及企业级安全性和管理。将开发和运营团队统一到一个平台上，用户可以放心地快速生成、交付和缩放应用程序。

AKS 通过将大量管理工作卸载到 Azure，来降低管理 Kubernetes 所产生的复杂性和操作开销。作为一个托管型 Kubernetes 服务，Azure 可以自动处理运行状况监控和维护等关键任务。Kubernetes 主节点由 Azure 管理，用户只需管理和维护工作节点（与 ACK 的托管版 Kubernetes 一样）。作为托管型 Kubernetes 服务，AKS 是免费的，用户只需支付集群中的工作节点费用，不需支付主节点的费用。

用户可以在 Azure 管理控制台中使用 Azure CLI 或模板驱动型部署选项（例如资源管理器模板和 Terraform）来创建 AKS 集群。当用户部署 AKS 集群时，Azure 系统会为用户部署和配置 Kubernetes 主节点和所有工作节点。另外，也可在部署过程中配置其他功能，例如高级网络、Azure Active Directory 集成、监控，最大限度地减少基础设施维护。AKS 产品架构如图 4-25 所示。

作为微软的容器云产品，AKS 提供了对 Windows 操作系统的良好支持，Windows Server 容器支持目前正在 AKS 中以预览版提供。AKS 节点在 Azure 虚拟机上运行，可以将存储连接到节点和 pod、升级集群配置以及使用 GPU。AKS 支持运行多个节点池的 Kubernetes 集群，以支持混合操作系统和 Windows Server 容器。Linux 节点运行自定义的 Ubuntu OS 镜像，Windows Server 节点运行自定义的 Windows Server 2019 OS 镜像。无论用户是希望将.NET 应用程序迁移到 Windows Server 容器中、在 Linux 容器中实现 Java 应用程序的现代化，还是在公有云、边缘或混合环境中运行微服务应用程序，AKS 都可以提供解决方案。

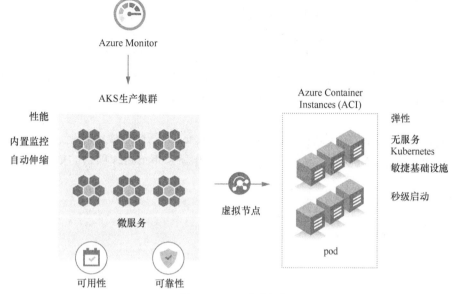

▲图 4-25　AKS 产品架构

AKS 已被 CNCF 认证为符合 Kubernetes 规范。

4.5.4　Google Kubernetes Engine（GKE）

作为 Kubernetes 产品的核心领导者，谷歌在容器云市场自然具有举足轻重的地位。GKE 是谷歌云于 2015 年推出的容器云服务，其基础是谷歌运行 Gmail 和 YouTube 等容器化服务超过 12 年的丰富经验。它融合了谷歌在提高开发效率、有效利用资源、自动化运行和开源灵活性等方面的最新创新成果，用于提供在线 Kubernetes 集群，方便用户低成本地使用容器服务。

考虑到 Kubernetes 的谷歌血统和 GKE 对于 AKS 或 Amazon EKS 的两年领先优势，GKE 在支持 Kubernetes 功能方面领先于其他主要管理型 Kubernetes 产品，主要体现在以下 4 个方面。

（1）GKE 与 Google Cloud 的很多功能相结合，GKE 中所有对 K8s 的操作都可以通过 Google Cloud Console 或命令行（gcloud 命令）进行。运行 GKE 集群时，用户可以获得 Google Cloud Platform 提供的高级集群管理功能所带来的好处，这些好处如下。

❑　Google Cloud Platform 针对 Compute Engine 实例提供的负载均衡功能。

❑　节点池可用于在集群中指定节点子集以提高灵活性。

❑　自动扩缩集群的节点实例数量。

❑　自动升级集群的节点软件。

❑　节点自动修复，以便保持节点的正常运行和可用性。

❑　利用 Stackdriver 进行日志记录和监控，让用户可以清楚了解自己集群的状况。

（2）GKE 的 Kubernetes 实例运行在谷歌自己的为容器优化的专用操作系统上。该操作系统源自 Chromium OS 项目，是谷歌自定义的、精简的和强化的 Linux 版本。虽然可以使用 Ubuntu，但运行容器优化的操作系统将使其保持由谷歌自身维护的安全基础。

（3）GKE 能够利用谷歌庞大的网络功能。只需很少的工作量，就可以在全球范围内设置 Kubernetes 集群并配置负载均衡，以便当用户访问某个服务时，被定向到地理位置最接近他们的集群。

（4）GKE 是 K8s 版本的更新同步，随着 Kubernetes 的新版本变得稳定，GKE 集群主实例会自动升级以运行这些新版本，以便用户可以利用开源 Kubernetes 项目的更新功能。

第 5 章　Prometheus

5.1　Prometheus 概述

Prometheus（意为普罗米修斯）是一套开源的系统监控告警框架，在谷歌的 BorgMon 监控系统的启发下，由工作在社交音乐平台 SoundCloud 公司的前谷歌员工在 2012 年创建，作为社区开源项目进行开发，并于 2015 年正式发布。Prometheus 于 2016 年被收录进 CNCF，是继 Kubernetes 之后 CNCF 的第 2 个毕业项目，在容器和微服务领域得到了广泛的应用，Prometheus 在开源社区也十分活跃。

> Prometheus 是希腊神话中最具智慧的神明之一，最早的泰坦巨神后代（泰坦十二神伊阿佩托斯与克吕墨涅的儿子），名字有"先见之明"（forethought）的意思。普罗米修斯不仅创造了人类，给人类带来了火，还教会了他们许多知识和技能。
>
> ——百度百科

5.1.1　Prometheus 简介

Prometheus 是一个开源的服务监控系统和时序数据库，由 Go 语言编写而成，是 CNCF 除 Kubernetes 之外收录的第 2 款产品，目前已成为 Kubernetes 生态圈中的核心监控系统，而且越来越多的项目（如 Kubernetes、etcd 等）提供了对 Prometheus 的原生支持，在 GitHub 上拥有近 3 万的 star，系统维持每隔一两周就会有一个小版本的迭代更新的速度，这足以证明社区对它的认可程度。

在数据采集方面，借助 Go 语言的高并发特性，单机 Prometheus 可以支持数百个监控节点的数据采集；在数据存储方面，Prometheus 自带的本地高性能时序数据库（Time Series Database，TSDB），单机每秒支持上千万监控指标的写入，同时，如果需要存储更大规模的历史监控数据，Prometheus 也可方便地支持远端存储。

作为新一代的云原生监控系统，Prometheus 相比传统监控系统（如 Nagios 或 Zabbix）具有如下优点。

（1）强大的多维度数据模型：时序数据由监控指标（metric）名字和键值对形式的标签构成，提供灵活的多维标签组合查询方式。

（2）灵活而强大的查询语句（PromQL）：在同一个查询语句中，可以对多个 metric 进行乘法、加法、连接、取分位数等操作。

（3）高效且灵活的存储方案：高性能本地时序数据库，单机可支持上千万的监控数据存储，同时可以根据需要对接第三方存储产品。

（4）易于管理：Prometheus Server 是一个单独的二进制文件，可直接在本地启动工作，不依赖分布式存储；并且提供了容器化部署镜像，可以方便地在容器中拉起监控服务。

（5）支持多种发现机制：支持通过静态文件配置和动态发现机制来发现被监控的目标对象，自动完成数据采集。Prometheus 目前支持 Kubernetes、etcd、Consul 等多种服务发现机制，减少运维手动配置，这对于云环境下的弹性伸缩非常重要。

（6）良好的可视化：有多种可视化图形界面，可以很方便地集合 Grafana 等图形用户界面（Graphical User Interface，GUI）组件进行监控结果的数据展示；基于 Prometheus 提供的 API，用户还可以实现自己的监控可视化 UI。

（7）易于伸缩：通过使用功能分区（sharing）+联邦集群（federation）可以对 Prometheus 进行扩展，形成一个逻辑集群；Prometheus 提供多种语言的客户端 SDK，这些 SDK 可以快速使应用程序纳入 Prometheus 的监控中。

（8）采用 HTTP：使用 pull 方式拉取数据，简单易用。

需要指出的是，因为采集的数据可能会丢失，所以 Prometheus 不适用于对采集的数据要求 100%准确的情形。Prometheus 在记录纯数字时间序列方面表现非常好，它既适用于面向服务器（虚拟机、容器）等硬件指标的监控，也适用于高度动态的面向服务架构的监控。对于现在流行的微服务，Prometheus 的多维度数据采集和数据筛选查询语言也非常强大。Prometheus 是为服务的可靠性而设计的，当服务出现故障时，可以让用户快速定位和诊断问题。它的搭建过程对硬件和服务没有很强的依赖。Prometheus 的价值在于可靠性，甚至在很恶劣的环境下，用户都可以随时访问它并查看系统服务各种指标的统计信息。

5.1.2　Prometheus 相关概念

1. 数据模型

Prometheus 存储的是时序数据，即按照相同时序（相同的名字和标签），以时间维度存储连续的数据的集合。时序（time series）是由监控指标（metric）名字，以及一组键值标签定义的，具有相同的名字以及标签的时序属于相同时序。

```
<metric name>{<label name>=<label value>, …}
```

时序的监控指标名字应该具有语义化，一般表示一个可以度量的指标，例如，http_requests_total 表示 HTTP 请求的总数。

时序的标签可以使 Prometheus 的数据更加丰富,能够区分具体不同的实例,用于过滤和聚合。它通过标签名(label name)和标签值(label value)这种键值对的形式,形成多种维度。例如 http_requests_total{method="POST"}可以表示所有 HTTP 中的 POST 请求。标签名由 ASCII 字符、数字和下划线组成,其中,双下划线(__)开头属于 Prometheus 保留,标签值可以是任何 Unicode 字符,支持中文。

Prometheus 指标采用标签的方式能够很好地与容器结合,无论是 Docker 还是 Kubernetes,都是通过标签来关联相关资源的。

2. 监控指标

Prometheus 的监控指标分为 counter(计数器)、gauge(仪表盘)、histogram(柱状图)、summary(摘要)4 种类型。

(1)counter:表示采集的数据是按照某个趋势(增加 / 减少)一直变化的(一般为持续增加),我们往往用它记录服务访问量、错误总数、启动时长等。

(2)gauge:表示采集的数据是瞬时的,与时间没有关系,表征指标的实时变化情况,往往可以用来记录 CPU 利用率、内存使用率、磁盘 I/O 等。

(3)histogram:主要用于表示一段时间范围内对数据进行采样的样本个数,服务端分位。提供 count 和 sum 全部值的功能,典型应用如请求耗时、响应大小。

(4)summary:summary 和 histogram 类似,主要用于表示一段时间内数据采样结果,不同的是客户端分位,无须消耗服务端资源。可按百分比划分跟踪的结果,如数据库的慢 SQL(rt>1s)的个数占比,HTTP 请求响应时间占比分布等。

3. 样本

时序中的每一个点称为一个样本(sample),样本形成实际的时序数据。样本由以下 3 个部分组成。

(1)指标(metric):metric name 和描述当前样本特征的键值对 labelsets。

(2)时间戳(timestamp):一个精确到毫秒的时间戳。

(3)样本值(value):一个 float 64 的浮点型数据表示当前样本的值。

例如:

```
<-------------- metric -------------------->        <-timestamp ->      <-value->
http_request_total{status="200", method="GET"}@1434417560938 => 94355
http_request_total{status="200", method="GET"}@1434417561287 => 94334
http_request_total{status="404", method="GET"}@1434417560938 => 38473
http_request_total{status="404", method="GET"}@1434417561287 => 38544
http_request_total{status="200", method="POST"}@1434417560938 => 4748
http_request_total{status="200", method="POST"}@1434417561287 => 4785
```

4. instance 和 job

instance：一个单独监控采集的目标，一般对应于一个进程。Prometheus 通过 HTTP 服务采集 instance 目标的监控数据。

job：一组具有相同采集目的的同种类型的 instance（例如为提高可伸缩性或可靠性而复制的过程）或者同一个采集进程的多个副本，称之为一个任务（job）。

当 Prometheus 监控采集一个目标时，会自动给这个采集目标的时序附加一些标签（例如instance、job），以便更好识别被监控的目标和区分管理。

（1）job：目标所属的已配置任务名称。

（2）instance：已抓取的目标 URL 的一部分。

```
http_requests_total{code="2",handler="graph",instance="172.18.238.200:9090",job="prom
etheus"}
http_requests_total{code="2",handler="rules",instance="172.18.238.200:9090",job="prom
etheus"}
http_requests_total{code="2",handler="status",instance="172.18.238.200:9090",job="prom
etheus"}
```

这 3 个 metric 的名字都一样，根据 handler 标签值的不同而被标识为不同的 metric。这类标签值只会向上累加，属于 counter 类型的 metric，且 metric 中包含 instance 和 job 这两个标签。

5.1.3　Prometheus 组成及架构

我们将通过 Prometheus 的基础架构来详细了解它的功能，以及如何实现监控和告警。图 5-1 为 Prometheus 官方文档中的架构图。

从图 5-1 中可以看出，Prometheus 的主要模块包括 Prometheus server、Service discovery、Pushgateway、exporters、Alertmanager、PromQL 以及图形界面。其大致的工作分为数据采集、数据存储、通知管理三大模块。

1. 数据采集

图 5-1 的左侧部分是各种符合 Prometheus 数据格式的 exporter。除此之外，为了支持推动数据类型的 agent，可以通过 Pushgateway 组件，将 push 转化为 pull（解决网络及防火墙的安全隔离问题）。Prometheus 甚至可以从其他的 Prometheus 获取数据，组建联邦集群。Prometheus 的基本原理是通过 HTTP 周期性抓取被监控组件的状态，任意组件只要提供对应的 HTTP 接口并且符合 Prometheus 定义的数据格式，就可以接入 Prometheus 监控。客户端库（client library）是集成在监控目标上的 agent，为需要监控的服务生成相应的 metric 并暴露给 Prometheus server。当 Prometheus server 来 pull 时，直接返回实时状态的 metric。

图 5-1 的上侧部分是服务发现，Prometheus 支持监控对象的自动发现机制，从而可以动态获取监控对象，这对于分布式云架构下的弹性伸缩尤其重要。

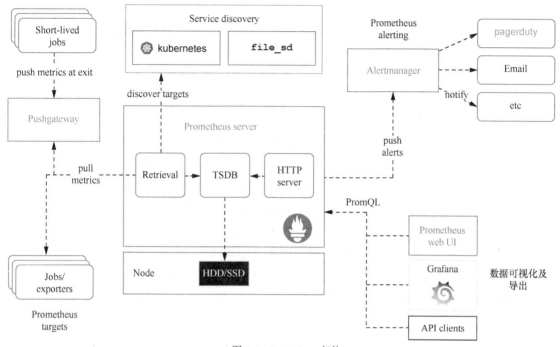

▲图 5-1　Prometheus 架构

exporter 将监控数据采集的端点通过 HTTP 服务的形式暴露给 Prometheus server，Prometheus server 通过访问该 exporter 提供的端点（endpoint），即可以获取到需要采集的监控数据。Exporter 分为以下两类。

（1）直接采集：这一类 exporter 直接内置了对 Prometheus 监控的支持，比如 cAdvisor、Kubernetes、etcd、Gokit 等，都直接内置了用于向 Prometheus 暴露监控数据的端点。

（2）间接采集：原有监控目标并不直接支持 Prometheus，因此需要通过 Prometheus 提供的 client library 编写该监控目标的监控采集程序，例如 Mysql exporter、JMX exporter、Consul exporter 等。

2. 数据存储

图 5-1 的中间部分是 Prometheus server，它是 Prometheus 组件中的核心部分，负责实现对监控数据的获取、存储及查询。Retrieval 模块定时拉取数据，并通过 storage 模块保存数据。在保存数据之前会通过 scrapeCache 组件进行指标的合法性校验，storage 通过以一定的规则清理和整理数据，并把得到的结果存储到新的时间序列中。Prometheus server 本身就是一个实时数据库，将采集到的 metric 数据按照时序的方式存储在本地磁盘中（从性能考虑，建议使用固态硬盘）。但本地存储的容量毕竟有限，建议不要保存超过一个月的数据。为了提高对大量历史监控数据持久化存储的能力，在 Prometheus 1.6 版本之后支持远端存储，可以根据需要配置第三方专门的分布式存储系统，如图 5-2 所示。

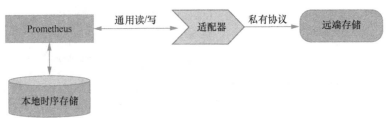

▲图 5-2　Prometheus 存储方案

为了适配各种远端存储，Prometheus 抽象了一组数据读写接口，适配器需要实现 Prometheus 的读/写接口，并且将读/写转化为每种远端分布式数据库各自的访问协议。

Prometheus server 内部包含 ruleManager 模块，负责创建管理并加载规则（Prometheus 中的规则分为告警规则和记录规则两种），按照不同规则的调度算法（周期性、定时、API 触发），调度运行已定义好的 alert.rules，记录新的时序或者向 Alertmanager 推送告警。

PromQL 为 Prometheus 提供查询语法，通过解析语法树，调用 storage 模块查询接口、获取监控数据。PromQL 提供对时序数据丰富的查询、聚合以及逻辑运算的能力。

3. 通知管理

图 5-1 的右侧部分是通知告警和页面展现，Prometheus 将告警推送到 Alertmanager，首先去除重复数据，然后通过 Alertmanager 根据配置文件对告警进行处理并执行相应动作，分组并路由到对应的接受方式，发出告警。Alertmanager 提供了十分灵活的告警方式。常见的接收方式有电子邮件、钉钉、PagerDuty、WebHook 等。Alertmanager 也是由 Go 语言开发的，主要功能如下。

（1）告警分组：将多条告警信息合并到一起发送。

（2）告警抑制：当告警已经发出时，停止发送由此告警触发的其他错误告警。

（3）告警静默：在一定时间段内不发出重复的告警。

Alertmanager 支持高可用，为了解决多个 Alertmanager 重复告警的问题，引入了 Gossip（Gossip 是一种去中心化、容错并保证最终一致性的协议），在多个 Alertmanager 之间通过 Gossip 同步告警信息。

数据展现除了 Prometheus 自带的 web UI，还可以通过 Grafana 等组件查询 Prometheus 监控数据，生成各种监控大盘。Grafana 是一个可视化面板，可以提供非常美观的图表和布局展示，以及功能齐全的度量仪表盘和图形编辑器，支持 Zabbix、InfluxDB、Prometheus、OpenTSDB、Elasticssearch 等作为数据源，且有丰富的插件，可以生成展示各种炫酷效果的监控大屏，如图 5-3 所示。

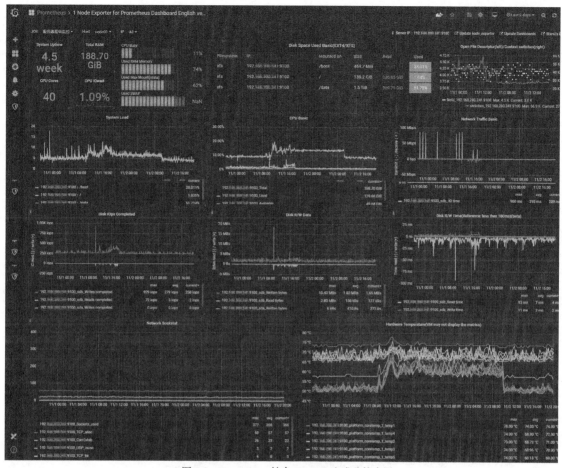

▲图 5-3　Prometheus 结合 Grafana 生成监控大屏

5.1.4　prometheus.yml 配置文件

Prometheus 启动时，默认使用的是同目录下的 prometheus.yml 文件作为系统的配置参数设置，当然也可以在执行 prometheus 命令时可以通过参数--config.file 来指定配置文件路径。在 Prometheus 服务运行过程中，如果配置文件有改动，可以给服务进程发送 SIGHUP 信号或向/-/reload 端点发送 HTTP POST 请求，来通知服务进程重新从磁盘加载配置。这样无须重启，避免了服务中断。

```
Curl -X POST http://localhost:9090/-/reload
```

prometheus.yml 文件是 Prometheus 运行最核心的一个配置参数，配置了很多属性，包括远端存储、告警配置等。下面将对主要属性进行解释：

```
# 默认的全局配置
global:
```

```
    scrape_interval:      15s  # 采集间隔 15s，默认为 1min 一次
    evaluation_interval: 15s  # 计算规则的间隔 15s，默认为 1min 一次
    scrape_timeout: 10s  # 采集超时时间，默认为 10s
    external_labels:  # 当和其他外部系统交互时的标签，如远端存储、联邦集群时
      prometheus: monitoring/k8s  # 如 prometheus-operator 的配置
      prometheus_replica: prometheus-k8s-1

# Alertmanager 的配置
alerting:
  alertmanagers:
  - static_configs:
    - targets:
      - 127.0.0.1:9093  # alertmanagers 的服务地址，如 127.0.0.1:9093
    alert_relabel_configs:  # 在抓取之前对任何目标及其标签进行修改
  - separator: ;
    regex: prometheus_replica
    replacement: $1
    action: labeldrop

# 一旦加载了告警规则文件，将按照 evaluation_interval（即 15s 一次）进行计算，rule 文件可以有多个
rule_files:
  # - "first_rules.yml"
  # - "second_rules.yml"

# scrape_configs 为采集配置，包含至少一个 job

scrape_configs:
  # Prometheus 的自身监控，将在采集到的时序数据上打上标签 job=xx
  - job_name: 'prometheus'
    # 采集指标的默认路径为：/metric，如 localhost:9090/metric
    # 协议默认为 http
    static_configs:
    - targets: ['localhost:9090']

# 远程读，可选配置，如将监控数据远程读写到 influxdb 的地址，默认为本地读写
remote_write:
  127.0.0.1:8090

# 远程写
remote_read:
  127.0.0.1:8090
```

　　在 Prometheus 的配置中，常用的就是 scrape_configs 采集配置，包含至少一个采集任务 job，比如添加新的监控项、修改原有监控项的地址采集频率等。最简单的配置如下：

```
scrape_configs:
```

```
- job_name: prometheus
  metrics_path: /metrics
  scheme: http
  static_configs:
  - targets:
    - localhost:9090
```

一个 job 任务的完整配置如下：

```
# job 将以标签形式出现在指标数据中，如 node-exporter 采集的数据，job=node-exporter
job_name: node-exporter
# 采集频率：30s
scrape_interval: 30s
# 采集超时：10s
scrape_timeout: 10s
# 采集对象的 path 路径
metrics_path: /metrics
# 采集协议：http 或者 https
scheme: https
# 可选的采集 url 的参数
params:
  name: demo
# 当自定义 label 和采集到的自带 label 冲突时的处理方式，默认冲突时会重名为 exported_xx
honor_labels: false
# 当采集对象需要鉴权才能获取时，配置账号密码等信息
basic_auth:
  username: admin
  password: admin
  password_file: /etc/pwd
# bearer_token 或文件位置 (OAuth 2.0 鉴权)
bearer_token: kferkhjktdgjwkgkrwg
bearer_token_file: /var/run/secrets/kubernetes.io/serviceaccount/token
# https 的配置，如跳过认证或配置证书文件
tls_config:
  # insecure_skip_verify: true
  ca_file: /var/run/secrets/kubernetes.io/serviceaccount/ca.crt
  server_name: kubernetes
  insecure_skip_verify: false
# 代理地址
proxy_url: 127.9.9.0:9999
# Azure 的服务发现配置
azure_sd_configs:
# Consul 的服务发现配置
consul_sd_configs:
# DNS 的服务发现配置
dns_sd_configs:
# EC2 的服务发现配置
```

```
  ec2_sd_configs:
# OpenStack 的服务发现配置
  openstack_sd_configs:
# file 的服务发现配置
  file_sd_configs:
# GCE 的服务发现配置
  gce_sd_configs:
# Marathon 的服务发现配置
  marathon_sd_configs:
# AirBnB 的服务发现配置
  nerve_sd_configs:
# Zookeeper 的服务发现配置
  serverset_sd_configs:
# Triton 的服务发现配置
  triton_sd_configs:
# Kubernetes 的服务发现配置
  kubernetes_sd_configs:
  - role: endpoints
    namespaces:
      names:
      - monitoring
# 对采集对象进行一些静态配置，如打上特定的标签
  static_configs:
  - targets: ['localhost:9090', 'localhost:9191']
    labels:
      my:   label
      your: label
# 在 Prometheus 采集数据之前，通过 Target 实例的 Metadata 信息，动态重新写入 Label 的值
#如将原始的 __meta_kubernetes_namespace 直接写成 namespace，简洁明了
  relabel_configs:
  - source_labels: [__meta_kubernetes_namespace]
    separator: ;
    regex: (.*)
    target_label: namespace
    replacement: $1
    action: replace
  - source_labels: [__meta_kubernetes_service_name]
    separator: ;
    regex: (.*)
    target_label: service
    replacement: $1
    action: replace
  - source_labels: [__meta_kubernetes_pod_name]
    separator: ;
    regex: (.*)
    target_label: pod
```

```
    replacement: $1
    action: replace
  - source_labels: [__meta_kubernetes_service_name]
    separator: ;
    regex: (.*)
    target_label: job
    replacement: ${1}
    action: replace
  - separator: ;
    regex: (.*)
    target_label: endpoint
    replacement: web
    action: replace
# 指标 relabel 的配置, 如丢掉某些无用的指标
metric_relabel_configs:
  - source_labels: [__name__]
    separator: ;
    regex: etcd_(debugging|disk|request|server).*
    replacement: $1
    action: drop
# 限制最大采集样本数, 超过了采集将会失败, 默认为 0 表示不限制
sample_limit: 0
```

在上边的配置文件中, 有很多***_sd_configs 的配置, 如 kubernetes_sd_configs, 就是用于服务发现的采集配置。5.2 节介绍 K8s 集群监控时, 我们就会用到这些自动服务发现的机制。关于这些配置项的具体含义及用途, 读者可以在实际应用过程中自行实践理解。

5.2 Prometheus 监控 K8s 集群

Prometheus 的流行和 Kubernetes 密不可分, 对于 K8s 的集群监控, 我们一般需要考虑以下几个方面。

（1）K8s 节点的监控: 比如节点的 cpu、load、disk、memory 等指标。

（2）内部系统组件的状态: 比如 kube-scheduler、kube-controller-manager、kubedns/coredns 等组件的运行状态。

（3）编排级的 metric: 比如 deployment、pod、DaemonSet、StatefulSet 等资源的状态、资源请求、调度和 API 延迟等数据指标。

下面介绍如何通过 Prometheus 监控 K8s 集群。Prometheus 有两种方式配置监控对象, 一种是通过静态文件配置, 另一种是动态发现机制。K8s 集群中的资源都是由 K8s 动态编排管理的, K8s 根据应用的运行状态以及节点的资源情况进行动态调度, 因此无法使用静态文件配置 K8s 集群的资源监控。

Prometheus 的自动发现机制由 Prometheus 架构图中的 Service discovery 模块负责。因为

Prometheus 采用的是 pull 方式来拉取监控数据，这种方式需要由 server 侧决定采集的目标有哪些，把这些信息配置在 Prometheus 的 prometheus.yml 配置文件中，在 scrape_configs 中配置各种 job。pull 方式的主要缺点就是无法动态感知新服务的加入，因此大多数监控默认支持服务发现机制，自动发现集群中的新端点，并加入配置中。Prometheus 支持多种服务发现机制，比如文件、DNS、Consul、Kubernetes、etcd、OpenStack、EC2 等。

```
//Prometheus 目前支持的服务发现类型
type ServiceDiscoveryConfig struct {
    StaticConfigs []*targetgroup.Group `yaml:"static_configs,omitempty"`
    DNSSDConfigs []*dns.SDConfig `yaml:"dns_sd_configs,omitempty"`
    FileSDConfigs []*file.SDConfig `yaml:"file_sd_configs,omitempty"`
    ConsulSDConfigs []*consul.SDConfig `yaml:"consul_sd_configs,omitempty"`
    ServersetSDConfigs []*zookeeper.ServersetSDConfig `yaml:"serverset_sd_configs,
omitempty"`
    NerveSDConfigs []*zookeeper.NerveSDConfig `yaml:"nerve_sd_configs,omitempty"`
    MarathonSDConfigs []*marathon.SDConfig `yaml:"marathon_sd_configs,omitempty"`
    KubernetesSDConfigs []*kubernetes.SDConfig `yaml:"kubernetes_sd_configs,omitempty"`
    GCESDConfigs []*gce.SDConfig `yaml:"gce_sd_configs,omitempty"`
    EC2SDConfigs []*ec2.SDConfig `yaml:"ec2_sd_configs,omitempty"`
    OpenstackSDConfigs []*openstack.SDConfig `yaml:"openstack_sd_configs,omitempty"`
    AzureSDConfigs []*azure.SDConfig `yaml:"azure_sd_configs,omitempty"`
    TritonSDConfigs []*triton.SDConfig `yaml:"triton_sd_configs,omitempty"`
}
```

基于服务发现的过程并不复杂，通过第三方提供的接口，Prometheus 查询到需要监控的 target 列表，然后轮询这些 target 获取监控数据。动态发现可以减少运维人员手动配置，在容器运行环境中尤为重要。通常容器集群的规模在几千甚至几万，如果每个容器都需要单独配置监控项，不仅工作量巨大，而且由于容器经常变动，后续维护异常麻烦。

针对 Kubernetes 环境的动态发现，Prometheus 通过监控 Kubernetes API 动态获取当前集群中所有主机、容器以及服务的变化情况，如图 5-4 所示。

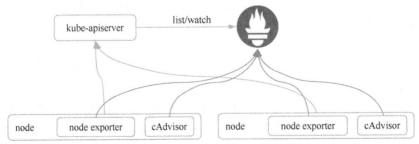

▲图 5-4　Prometheus 监控 K8s 集群资源

通过自动发现机制，Prometheus 可以动态获取节点和 pod 的变化，将 node exporter 和 cAdvisor 加入监控。目前主要支持 5 种服务发现模式，分别是 node、service、pod、endpoints

和 ingress，对应配置文件中的 role: node / role:service。例如，动态获取所有节点 node 的信息，可以添加如下配置：

```
- job_name: kubernetes-nodes
  scrape_interval: 1m
  scrape_timeout: 10s
  metrics_path: /metrics
  scheme: https
  kubernetes_sd_configs:
  - api_server: null
    role: node
# 通过指定 kubernetes_sd_config 的模式为 node，Prometheus 就会自动从 Kubernetes 中发现所有的节点
# 并将它们作为当前 job 监控的目标实例，发现的节点/metrics 接口是默认的 kubelet 的 HTTP 接口
    namespaces:
      names: []
  bearer_token_file: /var/run/secrets/kubernetes.io/serviceaccount/token
  tls_config:
    ca_file: /var/run/secrets/kubernetes.io/serviceaccount/ca.crt
    insecure_skip_verify: true
  relabel_configs:
  - separator: ;
    regex: __meta_kubernetes_node_label_(.+)
    replacement: $1
    action: labelmap
  - separator: ;
    regex: (.*)
    target_label: __address__
    replacement: kubernetes.default.svc:443
    action: replace
  - source_labels: [__meta_kubernetes_node_name]
    separator: ;
    regex: (.+)
    target_label: __metrics_path__
    replacement: /api/v1/nodes/${1}/proxy/metrics
    action: replace
```

对于 service、pod 也是同样的方式。需要注意的是，为了让 Prometheus 能够访问、获取 Kubernetes API，我们要对 Prometheus 进行访问授权，即 serviceaccount，否则就算配置了，也没有权限获取。

5.2.1 监控 K8s 集群节点

要通过 Prometheus 采集 K8s 集群节点的监控指标，必须让节点主动（或被动）提供 metric 数据，但节点本身不会提供这样的数据接口，我们可以通过 node_exporter 获取。顾名思义，node_exporter 就是抓取用于采集服务器节点的各种运行指标，目前 node_exporter 几乎支持所

有常见的监控点，比如 cpu、distats、loadavg、meminfo、netstat 等。我们使用 DeamonSet 控制器来部署 node_exporter 服务，这样每个节点都会运行一个 pod。如果我们从集群中删除或添加节点后，也会进行自动更新。

```
apiVersion: extensions/v1beta1
kind: DaemonSet
metadata:
  name: node-exporter
  namespace: kube-system
  labels:
    name: node-exporter
spec:
  template:
    metadata:
      labels:
        name: node-exporter
    spec:
# 由于我们要获取的数据是主机的监控指标数据，而 node-exporter 是运行在容器中的，因此在 pod 中需要配置
# 一些 pod 的安全策略
      hostPID: true
      hostIPC: true
      hostNetwork: true
      containers:
      - name: node-exporter
        image: prom/node-exporter:v0.16.0
        ports:
        - containerPort: 9100
# 加入了 hostNetwork:true 会直接将宿主机的 9100 端口映射出来，从而不需要创建 service，在宿主机上就会
# 有一个 9100 的端口
        resources:
          requests:
            cpu: 0.15
        securityContext:
          privileged: true
        args:
        - --path.procfs    #配置挂载宿主机（node 节点）的路径
        - /host/proc
        - --path.sysfs
        - /host/sys
        - --collector.filesystem.ignored-mount-points
        - '"^/(sys|proc|dev|host|etc)($|/)"'
# 需要将主机/dev、/proc、/sys 这些目录挂载到容器中，因为我们采集的很多节点数据都是通过这些文件来获取
# 系统信息的
        volumeMounts:
        - name: dev
          mountPath: /host/dev
```

```
          - name: proc
            mountPath: /host/proc
          - name: sys
            mountPath: /host/sys
          - name: rootfs
            mountPath: /rootfs
      tolerations:
      - key: "node-role.kubernetes.io/master"
        operator: "Exists"
        effect: "NoSchedule"
      volumes:
        - name: proc
          hostPath:
            path: /proc
        - name: dev
          hostPath:
            path: /dev
        - name: sys
          hostPath:
            path: /sys
        - name: rootfs
          hostPath:
            path: /
```

创建 node-exporter 后，我们可以在任意集群节点执行 curl 127.0.0.1:9100/metrics，只要能够获取 metric 数据，就说明 node-exporter 没有问题，可以正常采集集群节点的性能指标。

5.2.2 监控 K8s 的 pod

说到容器监控，我们自然会想到 cAdvisor。cAdvisor 是谷歌开源的容器资源监控和性能分析工具，它专门为容器而生，本身也支持 Docker 容器。在 K8s 中，我们不需要单独去安装 cAdvisor。作为 kubelet 内置的一部分程序，cAdvisor 可以直接使用。cAdvisor 的数据路径为 /api/v1/nodes/<node>/proxy/metrics。cAdvisor 可采集的监控数据包括容器的内存、CPU、网络 I/O、磁盘 I/O 等资源，同时提供了一个 Web 页面用于查看容器的实时运行状态。

我们可以直接通过 prometheus.configmap.yaml 文件中配置 cAdvisor 的监控 job 任务，来启动对 K8s 容器的监控，这里继续使用 role 为节点的服务发现模式，因为在每个节点下都有 kubelet，所以自然就有 cAdvisor 采集到的数据指标。

```
    - job_name: 'kubernetes-cadvisor'
      kubernetes_sd_configs:
      - role: node
      scheme: https
      tls_config:
        ca_file: /var/run/secrets/kubernetes.io/serviceaccount/ca.crt
```

```
#tls_config 配置的证书地址是每个 pod 连接 apiserver 所使用的地址
    bearer_token_file: /var/run/secrets/kubernetes.io/serviceaccount/token
#如要想要访问 apiserver 的信息，还需要配置一个 token_file
    relabel_configs:
    - action: labelmap
      regex: __meta_kubernetes_node_label_(.+)
    - target_label: __address__
      replacement: kubernetes.default.svc:443
    - source_labels: [__meta_kubernetes_node_name]
      regex: (.+)
      target_label: __metrics_path__
      replacement: /api/v1/nodes/${1}/proxy/metrics/cadvisor
```

　　配置并部署更新完成后（删除并重建 configmap 资源对象，K8s 会将其重新挂载到 Prometheus 的 pod 中，从而完成对配置文件的热更新，还需要通过 reload 接口动态加载配置文件，大概需要 1 ~ 2min），我们就可以通过 Prometheus 监控 K8s 集群中所有 pod 内容器的性能指标（CPU、内存、磁盘 I/O、网络 I/O）。

5.2.3　监控 K8s 的 API server

　　除了针对 K8s 整个集群节点的监控以及容器本身的监控，K8s 已经将 Prometheus 作为其监控工具的首选，所以 K8s 的每个组件都提供了 metric 数据接口，Prometheus 可以很方便地获取整个 K8s 集群的运行状态。

　　作为 K8s 最核心的组件，API server 的监控也是非常有必要的，对于 API server 的监控，我们可以直接通过 K8s 的 service 来获取。kube-apiserver 是 K8s 集群中的一个特殊组件，与其他资源组件有所不同，部署好后集群中默认会有一个名为 kubernetes 的 service 和对应的名为 kubernetes 的 endpoint。这个 endpoint 就是集群内的 kube-apiserver 的访问入口。要自动发现 service 类型的服务，需要使用 role 为 endpoints 的 kubernetes_sd_configs（自动发现），我们只需要在 configmap 里再添加 endpoints 类型的服务发现。

```
    - job_name: 'kubernetes-apiserver'
    #以 K8s 的角色(role)来定义采集，比如 node、service、pod、endpoints、ingress 等
    kubernetes_sd_configs:
    # 从 endpoints 获取 apiserver 数据
    - role: endpoints
    # 由于 K8s 对应的服务端口是 443，通过 https 访问 apiserver
    scheme: https
    tls_config:
      ca_file: /var/run/secrets/kubernetes.io/serviceaccount/ca.crt
    bearer_token_file: /var/run/secrets/kubernetes.io/serviceaccount/token
    #relabel_configs 允许在抓取之前对任何目标及其标签进行修改
    relabel_configs:
    # 选择哪些 label
```

```
  - source_labels:  [__meta_kubernetes_namespace,  __meta_kubernetes_service_name,
__meta_kubernetes_endpoint_port_name]
    # 上述选择的 label 的值需要与下述对应
    regex: default;kubernetes;https
    # 含有符合 regex 的 source_label 的 endpoints 进行保留
    action: keep
```

配置并部署更新完成后，可以在 Prometheus dashboard 的 Target 页面看到 kubernetes-apiserver 下面出现我们需要监控的实例。如果要监控其他系统组件，比如 kube-controller-manager、kube-scheduler，就需要单独手动创建 service（默认情况下，这些组件没有对应的 service），因为 kube-apiserver 服务默认在 default，而其他组件在 kube-system 的 namespace 下。其中，kube-scheduler 的指标数据端口为 10251，kube-controller-manager 的对应端口为 10252。读者可以自行尝试配置这几个组件的监控。

kube-apiserver 提供了整个 K8s 的接入服务，需要关注的指标主要是接口被请求的次数以及延迟。可以通过 apiserver_request_count 获取接口请求次数，PromQL 表达式如下：

```
sum(rate(apiserver_request_count[5m]))
by (resource, subresource, verb)
```

以上代码为通过 rate( ) 函数获取 5min 的变化率，然后通过 sum( ) 函数分别按照 K8s 资源（resource，具体包括 pod、deployment、configmap 等）和动作（verb，具体包括 get、put、watch、patch、list、delete 等）分析出针对某种资源的那个操作请求次数最多。

如果需要了解 kube-apiserver 的性能，则可以通过 apiserver_request_latencies_bucket 指标项获取延迟时间。

5.2.4 监控 K8s 的服务

apiserver 实际上是一种特殊的服务。如果我们要监控 K8s 中的其他普通服务，同样在 configmap 里添加 endpoints 类型的服务发现。

```
  - job_name: 'kubernetes-service-endpoints'
    kubernetes_sd_configs:
    - role: endpoints
    relabel_configs:
    - source_labels: [__meta_kubernetes_service_annotation_prometheus_io_scrape]
      action: keep
      regex: true
#上面这行配置表示我们只筛选有__meta_kubernetes_service_annotation_prometheus_io_scrape 的
#service，只有添加了这个声明才可以自动发现该服务
    - source_labels: [__meta_kubernetes_service_annotation_prometheus_io_scheme]
      action: replace
      target_label: __scheme__
      regex: (https?)
#如果是 https 证书类型，则我们还需要再添加证书和 token
```

```
      - source_labels: [__meta_kubernetes_service_annotation_prometheus_io_path]
        action: replace
        target_label: __metrics_path__
        regex: (.+)
      - source_labels: [__address__, __meta_kubernetes_service_annotation_prometheus_
io_port]
        action: replace
        target_label: __address__
        regex: ([^:]+)(?::\d+)?;(\d+)
        replacement: $1:$2
#指定一个抓取的端口，有的服务可能有多个端口。默认使用我们添加的 kubernetes_service 端口
      - action: labelmap
        regex: __meta_kubernetes_service_label_(.+)
      - source_labels: [__meta_kubernetes_namespace]
        action: replace
        target_label: kubernetes_namespace
      - source_labels: [__meta_kubernetes_service_name]
        action: replace
        target_label: kubernetes_name
```

这里在 relabel_configs 中做了大量的配置，特别是将 __meta_kubernetes_service_annotation_ prometheus_io_scrape 为 true 的指标保留下来。如果需要自动发现集群中的服务，就需要在服务的 annotation 区域添加 prometheus.io/scrape=true 的声明，否则该服务是无法被 Prometheus 自动监控到的。

```
apiVersion: v1
kind: Service
metadata:
  name: nginx-svc
  labels:
    app: nginx
  annotation:
    prometheus.io/scrape: "true"  #声明允许 Prometheus 采集数据
    prometheus.io/port: "9145"    #Prometheus 采集数据的端口
spec:
  type: ClusterIP
  ports:
    - name: nginx
      port: 80
      targetPort: 80
    - name: prom
      port: 9145
      targetPort: 9145
  selector:
    app: nginx
```

5.2.5 监控 kube-state-metrics

在 K8s 集群上 pod、DaemonSet、deployment、job、CronJob 等各种资源对象的状态也需要监控，这些指标主要来自 API server 和 kubelet 中集成的 cAdvisor，但是并没有具体的各种资源对象的运行状态指标（如 pod 副本数、job 运行次数等）。对 Prometheus 来说，需要引入新的 exporter 来暴露这些指标，于是 K8s 提供了一个 kube-state-metrics。它基于 client-go 开发，周期性轮询 API server，并将 K8s 的结构化信息转换为 metric 以生成相关指标数据，它不仅关注单个 K8s 组件的运行情况，而且关注内部各种对象的运行状况。

kube-state-metrics 已经给出了在 K8s 部署的文件，我们直接执行 yaml 文件即可完成部署。具体如下：

```
kube-state-metrics/
    ├── kube-state-metrics-cluster-role-binding.yaml
    ├── kube-state-metrics-cluster-role.yaml
    ├── kube-state-metrics-deployment.yaml
    ├── kube-state-metrics-role-binding.yaml
    ├── kube-state-metrics-role.yaml
    ├── kube-state-metrics-service-account.yaml
    ├── kube-state-metrics-service.yaml
```

将 kube-state-metrics 部署在 K8s 上之后，会发现 K8s 集群中的 Prometheus 会在 kube-state-metrics 的 job 下自动发现 kube-state-metrics，并开始采集各种资源对象的 metric，这是因为部署 kube-state-metrics 的 manifest 定义文件 kube-state-metrics-service.yaml 对服务的定义包含 prometheus.io/scrape: 'true'这样的一个注解。因此 kube-state-metrics 的 endpoint 可以被 Prometheus 自动发现。使用 kube-state-metrics 后的常用场景有以下几种。

```
#存在执行失败的 Job:
kube_job_status_failed{job="kubernetes-service-endpoints",k8s_app="kube-state-metrics"}==1
#集群节点状态错误:
kube_node_status_condition{condition="Ready",status!="true"}==1
#集群中存在启动失败的 pod:
kube_pod_status_phase{phase=~"Failed|Unknown"}==1
#最近 30min 内有 pod 重启:
changes(kube_pod_container_status_restarts[30m])>0
```

配合 Alertmanager 告警可以更好地自动监控 K8s 集群的运行健康状态，无须人工值守。关于 kube-state-metrics 暴露的所有监控指标，读者可以参考 kube-state-metrics 的文档。

5.3 Prometheus 监控传统应用

Prometheus 已经成为云原生应用监控的事实标准，在很多流行的云原生应用系统中已经实现了 Prometheus 的监控接口，如 etcd、K8s、CoreDNS 等，它们可以直接被 Prometheus 监控。

但还有很多传统的应用系统出现得远比 Prometheus 早，不能提供 Prometheus 标准的指标采集 HTTP 接口，因此无法直接被 Prometheus 所监控。

对于监控指标数据采集的接口规范，Prometheus 在面对众多繁杂的监控对象时并没有采用逐一适配的方式，因为这样做无疑会把自己拖入逐个定制开发的"深渊"，Prometheus "聪明地"定义了一套独特的监控数据规范，让其他应用去适配它的规范，只要符合这套规范的监控数据都可以被 Prometheus 统一采集、分析、保存和展示。通过这种方式，经过短短两三年时间就快速形成了以 Prometheus 为标准的监控生态。目前 Prometheus 生态已经覆盖几乎所有的应用系统，包括数据库、消息、HTTP 等多种类型组件的监控，如图 5-5 所示。

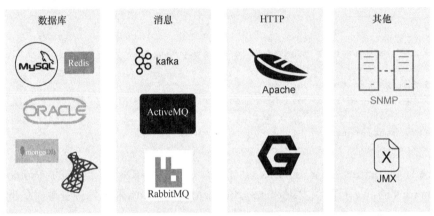

▲图 5-5　Prometheus 监控生态

Prometheus 需要为监控对象提供一个标准的 HTTP get 接口，调用接口每次都将返回所需的监控指标数据。监控指标数据以文本形式组织，这也是 Prometheus 的特别之处。和大多数基于 json 或者 protobuf 的数据格式不同，采用文本形式更加灵活，不必限制于特定的数据格式规范。文本的每行都代表一个监控指标数据。

为了支持各种中间件和第三方的监控，Prometheus 提供了 exporter。exporter 是一个采集监控数据并通过 Prometheus 监控规范对外提供数据的组件，可以理解成监控适配器，将不同指标类型和格式的数据统一转化为 Prometheus 能够识别的指标类型，如图 5-6 所示。

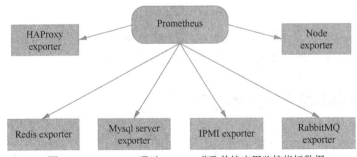

▲图 5-6　Prometheus 通过 exporter 获取传统应用监控指标数据

　　例如，Node exporter 主要通过读取 Linux 的/proc 以及/sys 目录下的系统文件来获取操作系统运行状态，redis exporter 通过 Redis 命令行获取指标，Mysql exporter 通过读取数据库监控表获取 MySQL 的性能数据。它们将这些异构的数据转化为标准的 Prometheus 格式，并提供 HTTP 查询接口。Prometheus 会周期性地调用这些 exporter 的 HTTP 接口获取 metric 数据。

　　为了帮助应用厂商更快地开发出稳定的 exporter，Prometheus 提供了各种语言的依赖库，官方的依赖库主要包括 Go、Java、Python、Ruby，读者可自行参考 GitHub 中的详细说明。

第6章 微服务

6.1 微服务架构概述

6.1.1 微服务架构的演进

在云计算时代，业务需求变化快，随着业务量和代码量的增加，传统单体架构的弊端日益凸显，严重制约业务的快速创新和交付，不符合互联网应用所追求的快速迭代更新，这就促使了微服务架构的兴起。微服务架构（microservice architecture）是一种架构设计理念，旨在通过将功能分解到各个分散的服务中来实现对解决方案的解耦。服务化是将企业资源以业务能力的形式组织起来，通过一定的技术架构对这些业务能力进行封装，形成易于消费的服务，从而实现业务能力粒度的复用、组装、维护和管理，以灵活迅捷地构筑特定业务目的的企业应用。服务化降低了新业务应用的建设成本和风险，缩短了周期并使大规模分布式架构的采用成为可能，具体体现在如下方面。

（1）业务能力的提供和消费方式标准化。

（2）业务能力之间的组装更灵活。

（3）应用实现更关注业务能力粒度的复用。

（4）复用不再限于单一系统应用内部，跨系统、跨部署的业务能力复用不再是障碍。

企业应用从单体架构到面向服务的架构（Service-Oriented Architecture，SOA），再到微服务架构，经历了一个逐步演进的过程。单体架构在产品初期表现出显著的成本及效率优势，能够快速响应业务需求。只有当业务复杂度达到一定程度后，微服务架构才会逐渐体现出其潜在的价值。单体架构与微服务架构在不同业务场景下的成本对比如图 6-1 所示。

微服务架构是一种面向互联网应用架构，通过将功能分解到各个相对独立的服务中，从而降低系统的耦合性。在分散的服务组件中使用云架构和平台式部署管理，使产品交付变得更加简单、高效。微服务架构并不是什么技术创新，而是企业应用开发过程发展到一定阶段时对技术框架的要求。随着企业应用系统越来域复杂，团队规模越来越大，沟通管理、组织协调成本越来越高，因此必须解决软件架构的层面问题。希望通过化繁为简的功能拆分，单一职责的关注点分离，来解决大型系统的团队协作问题。团队之间通过接口以及契约进行交互（契约包含输入/输出参数含义以及取值约束，如有些系统用 0/1 代表男/女，有些系统则用 X/Y 代表男/女），无须关心某个功能的内部实现，小团队可自由选择各自的技术栈以及产品演进路线，技术创新可以在局部先行先试，极大提高大型团队的联合工作效率。这是微服务架构给我们带来的技术之外的组织管理方面的好处。它使整个系统的分工更加明确，责任更加清晰，每个人专心负责为其他人提供更好的服务。企业应用系统从单体架构演变为分布式微服务架构是业务及技术发展的必然趋势，如表 6-1 和图 6-2 所示。

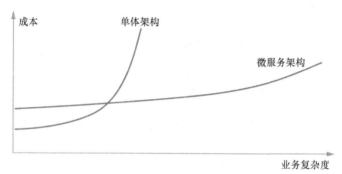

▲图 6-1　单体架构与微服务架构的成本对比

表 6-1　　　　　　　　　　传统单体架构与分布式微服务架构对比

项目 \ 名称		传统单体架构	分布式微服务架构
架构特点		传统 IOE 架构	x86 分布式架构
业务支撑		传统业务的适用场景 单体应用，交付周期长，缺乏业务敏捷性	业务互联网化的有效支撑 服务化应用，持续交付，业务敏捷
技术特点	高可用	传统架构存在单点（如 F5）	分布式架构保障全局无单点
	可扩展性	扩展存在瓶颈点，边际效应递减、扩容成本高昂	线性扩展，边际效应不递减、扩容成本低廉
	性能	中心化架构，存在中心点性能瓶颈（如存储）	分布式架构，各层完全线性扩展，无理论上的性能瓶颈点
成本收益		IOE 架构后期维护成本较高，硬件设备集成在少数厂商	分布式技术一次性投入，后续维护成本低，硬件设备选择范围广
自主可控		过多依赖传统 IOE 厂商	分布式技术开放且资源丰富，具备较强的自主可控能力
实施风险		方案成熟，已经积累丰富的开发生产运维经验，实施风险较低	实施难度较大，生产运维经验尚需积累，需控制实施范围及逐渐完善分布式技术平台，以降低实施风险

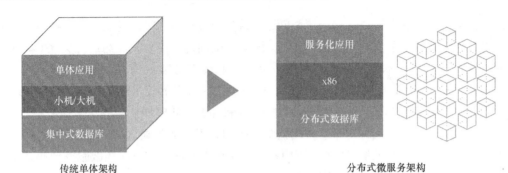

▲图 6-2　传统单体架构到分布式微服务架构是技术演进的必然趋势

6.1.2　微服务架构的特点

技术架构的目标是实现对业务发展提供有力支持，比如业务敏捷、应用弹性、持续交付。相比单体架构，微服务架构具有如下特点。

（1）每个微服务应用独立部署、独立运行（独立的进程），可以针对每一个微服务应用独立扩缩容。

（2）一个微服务应用内包括若干服务，服务粒度无特别标准，综合考虑复用性以及功能完整性，保持组织内部理解一致即可。

（3）微服务之间通过轻量级通信协议进行交互（基于 HTTP，而不是 SOAP）。协议风格分为 RPC 和 REST 两种。

（4）微服务应用之间通过标准的接口以及契约进行交互，每个微服务应用可以采用不同的技术栈实现。

（5）每个微服务应用都可以独立发布、独立升级，而不会影响其他的微服务应用，这种方式更容易实现对业务需求的快速响应。

（6）去中心化架构，服务注册中心只在应用启动时用以注册及推送服务，服务调用过程无须通过服务注册中心，而采用更高效的点对点调用（或通过第三方的服务网关路由）。

凡事都有两面性，那么在选择微服务解决了快速响应和弹性伸缩问题的同时，它又给我们带来了哪些挑战呢？如图 6-3 所示，微服务并非"银弹"，企业应用系统架构设计不能为了微服务而微服务，微服务带来功能解耦的同时，也提高了技术架构的复杂度，造成运行效率降低、全链路问题排查困难、数据一致性挑战等。很多公司和团队在尝试进行微服务的改造，但并没有实际微服务"踩坑"经验，甚至强行为了微服务而微服务，最终形成一个大型的分布式单体应用，即改造后的系统既没有微服务的快速扩容、灵活发布的特性，又让原本的单体应用失去了方便开发、部署容易的特性（项目拆为多个，开发和部署的复杂度都提高了），可以说得不偿失。

系统应用由原来的单体应用变成几十到几百个不同的应用，会产生服务间的依赖、服务如何拆分、内部接口规范、数据传递等问题。尤其是服务拆分，需要团队熟悉业务流程，懂得取舍，既要保证拆分的服务粒度符合"高内聚，低耦合"的基本原则，兼顾业务的发展以及公司的愿景，又要说服团队成员为之努力，并且积极投入，在多方中间取得平衡。

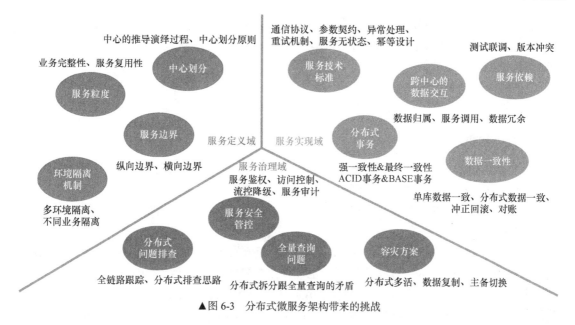

▲图6-3　分布式微服务架构带来的挑战

对于分布式系统，部署、测试和监控都需要大量的中间件来支撑，而且中间件本身也需要维护，原先单体应用中很简单的事务问题，转到分布式环境就变得很复杂。分布式事务一般采用简单的重试+补偿机制或者采用二阶段提交协议等强一致性方法，这取决于对业务场景的熟悉加上反复的权衡，相同问题还包括对强一致性（consistency）、可用性（availability）、分区容错性（partition tolerance）模型（CAP模型）的权衡。总之，微服务对团队整体的技术栈水平要求更高。

在业务复杂度不高、团队规模不大的初创企业，单体架构往往是更高效的开发模式。随着业务复杂度慢慢提高、团队规模逐渐变大，这时就可以考虑采用微服务架构来提升生产力了。至于转化的时间点，需要团队的架构师进行各方面衡量。就个人经验而言，团队发展到百人以上，单体架构无法适应业务发展的开发运维需求时，应用系统慢慢采用微服务架构进行重构就很有必要了。

6.1.3　微服务治理

自从微服务架构流行起来，越来越多的系统被拆分成了多个微服务。设想一下，如果你的系统由100个微服务构成，要对这100个微服务进行管理，这绝对是一个不小的挑战。因此，紧接着又出现了一堆让人头晕眼花的概念：服务注册发现、请求链路追踪、服务熔断、服务限流、服务管控配置、服务预警等。微服务治理的好坏决定了企业实施分布式微服务架构的成败。总体来说，微服务治理包括服务目录、服务路由、服务管控、服务监控4个部分的内容。服务治理的手段是从不同角度来确保服务调用的成功率。

1. 服务目录

服务注册发现：服务治理领域最重要的问题就是服务发现与注册。绝大部分微服务框架中引入了一个服务注册中心的概念，服务的注册与发现主要依赖这个服务注册中心。

健康检查：服务注册中心还需实时监听所有服务节点的健康状态，以及节点的上下线消息，及时更新推送服务地址信息。

服务配置：服务配置中心统一管理所有服务的路由规则，如黑白名单机制、同机房优先、服务权重等。

2. 服务路由

服务路由规则：根据配置中心配置的路由规则进行服务的路由指向，既可以在调用方本地路由，也可以由专门的组件（如负载均衡）进行路由处理。

灰度发布：服务路由必须支持灰度发布（金丝雀发布）的能力，将灰度流量路由到专门的灰度环境服务上。

服务负载均衡：对集群的服务调用进行负载均衡分发，确保集群内所有服务节点的流量分摊；负载均衡既可以在调用方本地处理，也可以由单独的负载均衡组件处理。

服务容错：服务调用并不总是一定成功的，可能的原因包括服务提供者节点自身死机、进程异常退出或者服务消费者与提供者之间的网络出现故障等。对于服务调用失败的情况，需要有手段自动恢复，来确保调用成功。

优雅上下线：确保服务上下线过程中对业务不造成任何影响，满足业务 7×24 小时不间断运行的要求。

3. 服务管控

服务隔离：提供不同环境（如开发、测试、生产）的服务隔离机制，以及不同租户之间的服务隔离。

服务鉴权：根据特定的安全策略对服务请求进行鉴权处理，确保每一次调用都在安全许可控制范围内。

限流降级：限流和降级是保护自身服务正常运行的两方面的手段。限流指的是当外部请求量太大时，进行主动拒绝（或者放入缓冲队列），确保系统不被压垮；降级指的是当依赖的第三方系统性能异常（或不可用）时，为了不被第三方系统拖垮，服务采取的降级处理，在一定时间段内用内部默认的逻辑替代第三方的处理，降级仅限于非核心链路上的第三方依赖。

4. 服务监控

服务拓扑：能够生成（或导出）当前有效的服务列表，以及服务之间的上下游依赖关系。

服务报表：记录每一次服务请求的审计日志，以不同维度生成服务报表（调用量、调用时长、状态分布、错误率等）。

服务调用链：支持服务调用链的追踪分析；在微服务架构下，由于进行了服务拆分，一次请求往往涉及多个服务，每个服务可能由不同的团队开发，使用了不同的编程语言，还有可能部署在不同的机器上，分布在不同的数据中心。服务追踪系统可以跟踪记录一次用户请求发起了哪些调用，经过哪些服务处理，并且记录每一次调用所涉及的服务的详细信息，通过日志快速定位是调用失败的环节。

6.1.4 微服务的组织架构

在开发一个单体应用时，一般参与设计、开发、测试、运维的人员相对较少（几十个人左右），大家都隶属于一个团队，沟通协调没有太大的问题。但是一旦应用的规模很大，需要多个团队开发，大家在组织架构上属于不同的团队，系统架构却又属于同一个系统，这样就会大大提高沟通协调成本。此时可以让系统架构与组织架构保持一致，将一个系统按照团队拆分成多个系统。对应到微服务，则需调整传统的组织架构，以适应微服务小、灵、快的特点，才能在短时间内快速持续交付。

对于微服务下的企业组织架构，最著名的方法论莫过于康威定律。康威定律主要包含 4 个核心定律。

第一定律：企业沟通方式会通过系统设计表达出来。

第二定律：投入再多的时间也没办法让任务完美至极，但总有时间能将它完成。

第三定律：线型系统和线型组织架构间有潜在的异质同态特性。

第四定律：大系统比小系统更适用于任务分解。

其核心理论是"设计系统的组织，其产生的设计和架构等价于组织间的沟通结构"。通俗来讲，就是什么样的团队结构，就会设计出什么样的系统架构。如果将团队拆分为前端、后端、平台、数据库（database，DB）、运维，那么系统也会按照类似的架构进行设计隔离。

传统企业一般采用职能型组织架构。按照职能进行纵向切分，不同职能人员属于不同的团队，例如产品团队、开发团队、测试团队、运维团队，各团队之间彼此独立。当需要做某一个项目时，临时从各团队抽调人员，项目完成之后，人员再回到各自的团队。这样的组织架构有一个主要的问题——沟通协调成本高。在企业中，跨部门协作是被员工抱怨最多但又最难解决的问题。传统职能型架构将一个项目中的人员切分到不同的团队，自然会提高人员之间的沟通成本，沟通成本太高会导致需求推进缓慢。需求从产品团队到运维团队，中间经历了层层关卡。反之，当生产出现问题时，从运维逐层反馈给产品的过程也很缓慢。

因此，职能型组织架构不能满足微服务的特点。微服务不仅是一个技术问题，还是一个组织管理问题。采用微服务架构后，企业的组织阵型也需要发生相应的调整，如图 6-4 所示。

在图 6-4 中，传统企业的团队是按职能划分的。开发一个项目时，会从不同的职能团队调集人员进行开发，开发完成后，人员各自回到自己的职能团队。实践证明，这种模式的效率是比较低的。而微服务架构下的组织阵型，将围绕每个业务线或产品，按服务划分团队。团队成员从架构到运维，形成一个完整的闭环，一直围绕在产品周围，进行不断地迭代，不会像传统的团队一样项目完成后就离开，这样开发效率会比较高。至于这种团队的规模，建议按照亚马逊的两个比萨原则，10 人左右的团队运转最为高效。

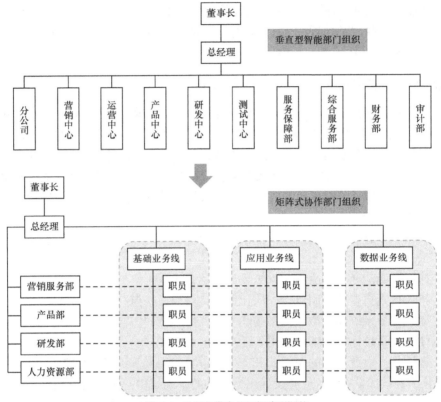

▲图 6-4　微服务带来的组织阵型调整

6.2 微服务设计原则

微服务设计以服务识别出的服务目录为基础,针对服务粒度、依赖组合关系做合理调整(更新服务目录和服务关联),并对服务接口(输入/输出异常)、服务应用分组以及部署方式,采用契约先行的方式并更好地支持可伸缩高可用(如无状态原则),为目标做进一步的设计,同时在性能、管控、安全等非功能性需求方面对接下来的服务实现阶段提出明确的要求(服务定义)。在这个设计服务模型的过程中会逐步明确并完善系统整体架构,主要如下。

(1)架构主题决策,例如有哪些不同的服务暴露、交互的场景以及在安全上的考虑等。

(2)系统组件模型,例如有哪些应用、各提供什么服务。

(3)系统部署模型,例如应用和数据的部署位置、部署方式、交互方式等。

在服务设计阶段,针对服务模型(服务目录+服务关联+服务定义)的设计是自上而下、由粗到细的,微服务设计有以下一些参考原则。

1. 服务化松耦合原则

解耦不同服务之间的依赖,以提供更具良好弹性伸缩的分布式系统。服务化松耦合包括 4

个不同的层面。

（1）实现的松耦合：这是基本的松耦合，即服务消费端不需要依赖服务契约的某个特定实现，这样服务提供端的内部变更就不会影响消费端，而且消费端未来还可以自由切换到该契约的其他提供端。

（2）时间的松耦合：典型的是异步消息队列系统，因为有中介者（broker），所以生产者和消费者不必在同一时间都保持可用性及相同的吞吐量，而且生产者也不需要立即得到回复。

（3）位置的松耦合：典型的是服务注册中心，消费端完全不需要直接知道提供端的具体位置，而通过服务注册中心来查找服务提供端的地址来访问。服务提供端应用扩容时，也由服务注册中心实时通知消费端新的服务地址。

（4）版本的松耦合：消费端不需要依赖服务契约的某个特定版本来工作，这就要求服务的契约在升级时尽可能地提供向下兼容性。

2. 服务依赖原则

服务设计开发过程会有上下游的依赖，每个服务应确保清晰的功能职责定位与边界。有关微服务之间的依赖设计原则，可以参考 Ganesh Prasad 在 2013 年提出的"将 SOA 思想视作一种面向依赖思想"。SOA 是一门对系统之间的依赖进行分析和管理的科学，"管理依赖"意味着消除不必要的依赖，并将合规依赖转变为易于理解的契约。服务之间的依赖遵从以下一些设计原则。

（1）业务层。

在业务层，对依赖的聚焦迫使我们将流程合理化并进行精简。业务流程需要能够追溯到组织机构的愿景、组织的任务和为执行组织机构战略所需的广泛功能（产品管理、工程、市场、销售等）。

❑ 可追踪性：实行核心治理，"确保每件完成的事情都与组织机构的愿景有关"。
❑ 极简主义：挑战未经业务验证的假设。
❑ 领域洞察：理解业务的本性，"从基本原则重新构想业务"。

（2）应用层。

在应用层，我们尝试对操作进行分组。注意，业务层已经将操作的运行时分组定义为流程，而在应用层，我们需要更加静态地对其进行分组。哪些操作是一类的，哪些不是？这是应用层需要考虑的依赖问题。然而，只有在下面的信息层才能找到这些问题的答案，因为只有当操作共享同一份数据模型时，它们才是"一类的"。

❑ 内聚与耦合：那些属于一类的操作应该归到一起，并且在不同的系统间仅保留低限度的联系。
❑ 实施与曝光：共用领域数据模型和业务逻辑的操作组都会转化为产品，而共用接口数据模型的操作组都会转化为服务。
❑ 变体与版本：识别出每个逻辑操作的多重并行类型，建立一种方法来支持其逻辑和接口的不断变更。

（3）信息（数据）层。

数据模型可以分为两组，分别是"外部"和"内部"。任何系统的"内部"数据模型又被称为"领域数据模型"，它们将永远不会对其他系统可见。与之相对应，系统的"外部"数据模型被称为"接口数据模型"，它们永远对外暴露并与其他系统分享。

- ❏　内部与外部：区分领域数据模型与接口数据模型。
- ❏　内容与上下文：将接口数据模型的核心数据元素与限定元素分离。
- ❏　抽象与具体：创建同时适用于内容和上下文元素的数据类型的层次结构。

（4）技术层。

服务之间的交互依赖面向接口以及契约，而非具体的实现。为了降低系统之间的耦合性，应尽可能减少直接依赖（如同步服务调用），更多地采用间接依赖（如异步消息）。

- ❏　捆绑依赖：在实现业务逻辑的过程中，避免在无关的组件之间引入新的依赖。
- ❏　后期绑定：推迟不可避免的依赖，直到最后责任点。
- ❏　完成工作的合适工具：使用合适的机制来实现逻辑。

3. 服务设计原则

（1）优化远程调用。

分析服务调用场景，选择较优的调用模式。

多路复用 TCP 长连接，多服务复用 TCP 长连接，以减少 TCP 建立连接的时间消耗并减少服务器的端口占用。

近年来，各种新的 Java 高效序列化方式层出不穷，不断刷新序列化性能的上限，例如 Hessian、ProtoBuf、Kryo、Thrift、Jackson 等开源框架。它们提供了非常高效的 Java 对象的序列化和反序列化实现，在典型场景中相比 JDK 标准的序列化方式（基于 Serializable 接口的标准序列化），其序列化时间开销可能缩短 95% 以上，生成二进制字节码的大小可能缩减 75% 以上。另外，这些高效 Java 序列化方式的开销也显著小于跨语言的序列化方式，如 Thrift 的二进制序列化或者 json 等。

（2）消除冗余数据。

尽量避免留有当前业务用例不需要的冗余字段，从而减小序列化和传输的开销。去除冗余字段也可以简化接口，从而避免给外部用户带来不必要的业务困惑。

（3）粗粒度契约。

在保证一定复用性的前提下，尽可能提供完整业务含义的服务粒度。

服务（service）的外部使用者对特定业务流程的了解程度不如组织内部的人，所以 service 的契约（即接口）通常需要粗粒度的，其中的某个操作就可能对应到一个完整的业务用例或者业务流程，这样既能减少远程调用次数，又能降低学习成本和耦合度。例如，article service 支持批量删除文章，面向对象（Object-Oriented，OO）接口中提供 deleteArticle（long id）供用户自己进行循环调用。

在面向服务（Service-Oriented，SO）接口中，则提供 deleteArticle(Set<Long> ids)供客户

端调用，将 N 次远程调用减少为一次。例如，对于下订单的用例，在一系列操作 addItem→addTax→calculateTotalPrice→placeOrder OO 接口中，我们完全可以让用户自己来灵活选择，分别调用这些细粒度的可复用的方法。

在 SO 接口中，我们需要将它们封装到一个粗粒度的方法中供用户做一次性远程调用，同时隐藏了内部业务的很多复杂性。另外，客户端也从依赖 4 个方法变成了依赖 1 个方法，从而大大降低了程序耦合度。多次跨网的远程调用变成了"一次跨网调用+多次内网调用"。

（4）通用契约。

由于 service 没有假设用户的范围，因此一般要支持不同语言和平台的客户端。但各种语言和平台在功能丰富性上有很大差异，这就决定了服务契约必须选择常见语言、平台以及序列化方式的最大公约数，才能确保 service 的广泛兼容性。由此，服务契约中不能出现某些语言独有的高级特性，参数和返回值也必须是被广泛支持的较简单的数据类型（比如不能有对象循环引用）。

（5）隔离变化。

避免 OO 程序内部可能作为核心的建模的领域模型（domain model）的对象进入客户端造成服务内部的重构导致客户端的频繁变化。

采用外观（Facade）和数据传输对象（Data Transfer Object，DTO）作为中介者和缓冲带，隔离内外系统，把内部系统变化对外部的冲击减少到较小的程度。

（6）契约先行。

详细规定双方合作的内容、合作的形式等，对双方形成强有力的约束和保障。

由业务、管理和技术等不同方面的人员共同参与定义出相应的契约。

工作能够并行不悖，不用相互等待。

（7）稳定和兼容的契约。

由于用户范围的广泛性，在公开发布之后就要保证相当的稳定性，不能随便被重构，即使升级也要考虑尽可能地向下兼容。

如果用契约先行的方式，以后频繁更改契约会导致开发人员不断重做契约到目标语言映射，非常麻烦。

SO 对契约的质量要求可能大大高于一般的 OO 接口，在理想的情况下，甚至可能需要专人（包括商务人员）来设计和评估 SO 契约（不管是否用契约先行的方式），而把内部的程序实现交给不同的人，两者之间用 Facade 和 DTO 做桥梁。

（8）契约包装。

服务的返回值（即 DTO）和服务接口（即 Facade）可能被消费端的程序到处引用，这样消费端程序就较强地耦合在服务契约上了。一旦更改契约或者消费端要选择完全不同的 service 提供端（有不同的契约），甚至改由本地程序自己来实现相关功能，修改工作量可能会非常大。在引用外部不确定性的微服务设计中，可以考虑包装远程 service 访问逻辑（引入适配层服务），称之为委托服务（delegate service）模式。它由消费端自己主导定义接口和参数类型，并将调用转发给真正的 service 客户端，从而对它的使用者完全屏蔽了服务契约。

4. 服务命名原则

指导原则是最大化服务的易用性。强烈建议使用服务使用者专业领域内有意义的名称，优先选用业务概念，而不是技术概念。

应使用名词对服务进行命名，使用动词对操作进行命名。

5. 服务粒度原则

服务粒度始终是一个具有争议性的问题，很难形成一致性的理解。其基本指导思想是综合考虑复用性以及功能完整性，尽量保持一个团队内部对于服务粒度的一致理解。服务应该是内聚而完整的。

（1）内聚。
- 创建功能内聚的接口，一组操作由于其功能相关而聚合到一起。
- 从服务使用者角度看待服务粒度的划分更加有效。
- 考虑基于功能实现的内聚性进行决策，实现细节不应影响接口设计。
- 使用时间内聚性原则，即把在短时间内一起使用的操作分组到一起。例如，RetrieveCustomerDetails、CheckCreditRating、CreateLoanFacility 和 TransferFunds 操作都可能在金融业务流程中依次出现。不过，时间内聚性并不意味着这些操作应该由同一个服务提供，CheckCreditRating 和 TransferFunds 就缺乏功能内聚性。

（2）完整性。
- 在为已知使用者创建服务时，完整性的问题尤其值得注意。
- 切记，服务应该为可复用的，因此需要考虑将来的使用者的可能需求。
- 如果不知道使用者需求，则很难提供正确的功能，因此就有可能存在将开发和测试工作浪费在提供将不会使用的操作上的风险。
- 服务通常作为测试和发布的单位。如果粒度过粗，将大量操作分组到单个服务中，则可能增加单个服务的使用者。服务的更改势必需要重新发布整个服务，从而对较多使用者带来影响。
- 服务使用者所面临的一个挑战就是找到正确的操作。
- 避免服务粒度的两个极端：提供仅有几个方法的很多服务；数十或数百个操作均集中在几个服务中。
- 基于多个因素进行折中，如可维护性、可操作性和易用性。

6. 服务无状态原则

微服务设计为可伸缩且可部署到高可用性基础结构中，此总体原则的一个推论就是，服务应该为无状态（stateless），而不应为有状态。无状态的服务可以轻易地被替代，如果一个服务出现异常，系统可以随时拉起一个新的服务来接管原有服务的工作；而有状态的服务伸缩起来非常复杂，可以通过将服务的状态外置到数据库、分布式缓存中，从而使服务变成无状态的。

无状态并不代表状态消失，而是把状态转移到分布式缓存或数据库中了。系统弹性伸缩时，还是要考虑分布式缓存以及数据库的承载压力。把状态信息统一转移到后端存储中，是为了把复杂度抽象到统一的位置，便于集中处理。例如，服务器端的 session 信息可以放在分布式缓存中，这一设计方法既可以让业务服务在一定范围内伸缩时不受状态限制，又可以把复杂度抽象到特定的位置，让专业领域开发人员统一做有状态的伸缩，明确的分工可以带来质量和效率的提升。

7. 持续演进原则

服务数量快速增长带来架构复杂度急剧升高，开发、测试、运维等环节很难快速适应，会导致故障率大幅增加，可用性降低。非必要情况下，应逐步划分、持续演进，避免服务数量的爆发性增长。这就类似于应用的灰度发布效果，先将几个不太重要的功能拆分到一个服务做实验，万一有问题也可以缩小故障影响范围。另外，除了业务服务数量的增加，还需要准备持续交付的工具、微服务框架等。随着分布式微服务的改造，系统的全链路追踪监控也要及时跟上，以便出问题时进行快速定位排查。

8. 服务管理原则

业务管理垂直化：以垂直业务划分开发、测试、运维团队，明确跨团队服务消费需求并定义服务契约，方便背对背模式；垂直化拆分以 10 人左右的开发维护团队为最小理想粒度。

数据归属单一化：主数据规则（可写）存储归属于单一业务域，跨域数据规则读写必须通过所属域的服务，不能直接访问对方的数据库。

系统组织层次化：划分服务的系统逻辑层次，大量复用的服务尽可能下沉，对服务依赖做逻辑层次上的限制。例如数据服务，在其上设置核心业务层（共享业务服务和规则服务）和再上层的系统业务层（组合、定制等）。定义层次规则，上层可调用同层或下层服务，禁止下层调用上层服务，禁止重要服务依赖非重要服务。

9. 服务契约原则

合适粒度原则：平衡可维护性与易用性。可提供普遍适用的粗粒度业务逻辑片段，根据需求增加精细化的服务接口。

强描述性原则：服务名（名词）及方法（动词）意义明确，表意精准，服务模式明确（同步、异步）。

内聚完整原则：从服务消费者的角度出发，考查服务提供业务能力的完整性，即功能组合的自洽。

语义接口原则：接口信息使用语义化封装，内外隔离，接口信息对象独立于服务内部的实现信息对象定义。

接口普遍适用原则：接口信息基本属性使用跨语言的基本类型（字符串、日期、数值等）。

扩展兼容原则：在保证易用性的前提下，尽可能考虑未来扩展，避免未来频繁更改接口。

6.3　服务化最佳实践

最后，总结面向企业级联机在线交易类应用微服务架构的最佳实践建议，以便读者在实际应用实施时作为参考，少走一些弯路。

1. 服务管理指导

（1）服务依赖指导：重要的服务不能依赖非重要服务。

（2）团队拆分指导：系统拆分时，团队规模大小以一个系统 10 个左右开发人员维护为宜（两个比萨原则）。

（3）服务拆分指导：服务拆分时，往往先拆分数据服务层，因为数据服务层往往是复用性高的一层；同一个业务领域内不要拆分。

（4）合并同类项：在服务设计过程中，要避免同类服务由不同服务单元提供；每个业务领域的通用规则需要沉淀成服务。

（5）版本向下兼容：服务要做到向前兼容。如果无法做到，则需要在管控机制上确保服务消费者能强制升级。

（6）组织架构适应：服务化架构的变化要使组织的架构能适应这种变化。

（7）服务部署分离：在部署服务单元时，读服务和写服务分离，核心服务和非核心服务分离，以确保整个服务单元的稳定性和可靠性。

（8）灵活可扩展：在服务接口定义时，要考虑服务需求的多样性和灵活性。

（9）安全先行：服务化时要首先考虑安全。

（10）动静分离：静态资源可以实现服务化，实现静态资源与动态资源分离，从而提高性能。

（11）服务埋点：通过在外层系统埋点，可以实现面向终端用户服务的精细管理，比如服务的容量、服务的性能等。

2. 服务实现指导

（1）超时保护：要提供超时控制。

（2）快速失败（fast fail）：只要发生错误，就立刻返回，避免服务调用时间过长。

（3）结果可预期：任何服务的调用结果一定是成功、失败、未知三者之一，如果是未知，则需要再次检查。

（4）服务无状态：在实现设计上确保服务无状态，避免让服务维护跨服务的会话上下文。

（5）可重入幂等：在实现设计上确保服务操作的幂等效果。

（6）异步解耦：能异步调用的服务尽量使用异步调用，从而提高系统响应速度并降低系统之间的耦合性。

（7）避免单点：服务的实现不能有单点。

（8）乱序可容忍：分布式架构会使任务、数据被处理的顺序可能不同于其产生的顺序，需要在实现设计上消除乱序对业务一致性的影响，要么让处理对顺序不敏感，要么以牺牲性能可扩展性为代价，强制实现处理的顺序性。

（9）高并发性能优化：高压场景下的服务调用链路需要特殊处理，可通过将链路缩短、异步化、批量化、缓存预热等多种提升性能的综合手段和处理方式。

6.4 微服务框架

6.4.1 High-Speed Service Framework（HSF）

HSF 是阿里巴巴内部应用最为广泛的 RPC 协议的微服务框架，阿里巴巴内部几乎全部的联机在线交易系统都是基于 HSF 实现服务之间的相互调用。HSF 是一个分布式 RPC 框架，联通各种不同的分布式系统，以服务的方式调用。其核心有服务注册中心（ConfigServer）、RPC 框架和服务治理（包括服务寻址、路由、限流等）。图 6-5 所示是 HSF 微服务框架，以及各个核心模块之间的交互流程。

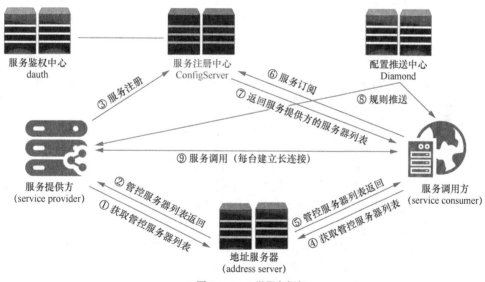

▲图 6-5　HSF 微服务框架

区别于传统的 SOA，HSF 微服务框架是一个"去中心化"的服务框架。整个系统中虽然有服务注册中心，但不管是服务提供方还是服务调用方，都只在应用启动时连接服务注册中心。服务提供方应用启动时负责把自身的服务和地址信息注册到服务注册中心。服务调用方应用启动时根据自身所订阅的服务信息，从服务注册中心拉取服务以及地址列表到应用本地缓存。运行过程真正发起某一个服务调用时，由调用方从本地缓存中找到对应的服务地址，并根据一定的负载均衡策略发起点对点的直接调用，即在运行过程中完全不依赖服务注册中心，是一个去中心化的点对点的调用结构，效率更高，应用弹性伸缩也更方便。在运行过程中如果有服务注册信息发生变更（如服务器端某些应用节点上下线），由配置推送中心（Diamond）负责实时监听服务地址变更并推送到所有的调用方。

　　HSF 底层的通信基于 Netty 设计实现高性能的服务器之间远程调用，支持多种序列化方式（java、hessian1、hessian2、kryo、fastjson 和 customized 等）和多种 RPC 协议（HSF、Dubbo等），高性能得益于快速高效的二进制协议，包括二进制序列化和 TCP。开发方式采用面向接口编程，对开发人员非常友好，真正实现远程调用跟本地方法调用开发无任何差异，通过 Java代理模式，能够透明地将本地调用转换为远程分布式调用。

　　服务器端负责服务的发布和处理请求，服务器端会首先启动一个 Netty 服务器，然后将服务注册到本地进程中，再将服务的元数据发布到 ConfigServer 上，包括服务名称、版本、地址等。限流、白名单、服务鉴权也在服务器端实现。HSF 对开发最大的价值是透明地将本地调用转换为远程调用，而无须改动业务代码，客户端通过代理模式，支持多种调用方式，分别是同步调用、future 并行调用、callback 异步回调、泛化调用，以及 HTTP 调用。

　　（1）默认是同步调用，HSF 客户端以同步调用的方式消费服务，客户端代码需要同步等待返回结果。同步的优点是调用机制简单，开发人员易于理解及编程；缺点是跨网络会有延迟阻塞、性能低，尤其在多次串行调用的应用场景下。

　　（2）future 和 callback 异步回调需要改动代码适应异步方式，但效率高。future 一般用于并行调用，在需要同时发起多个 HSF 调用，而这些调用之间没有先后依赖关系的情况下，可以通过 future 方式同时发起调用，等所有调用返回后再组装成最终结果返回给业务方。

　　（3）callback 异步回调利用 HSF 内部提供的回调机制，在指定 HSF 服务消费完毕得到返回结果时，HSF 框架会回调用户实现的 HSFResponseCallback 接口，客户端通过回调通知的方式获取结果。

　　（4）对于一般的 HSF 调用来说，HSF 客户端需要依赖服务的二方包，通过依赖二方包中的 API 进行编程调用，获取返回结果。但是泛化调用不需要依赖服务的二方包，可以直接发起 HSF 调用并获取返回结果。在平台型的产品中，泛化调用的方式可以有效减少平台型产品的二方包依赖，实现系统的轻量级运行。

　　（5）为了实现跨语言，HSF 新版本中支持将服务以 HTTP 的形式暴露出来，从而支持非Java 语言的客户端以 HTTP 进行服务调用。

　　HSF 服务治理包括服务发布和寻址，以及通过各种规则来实现诸如限流、白名单、授权、路由、同机房优先、单元化、动态分组、权重路由、降级等功能，配置和规则放在Diamond 集中管理，有专门的 ops 页面进行维护，所有客户端和服务器端都会订阅这些配置和规则。

　　对于服务提供方和消费方来说，HSF 的开发非常简单，几乎无任何约束，开发人员以面向接口的方式进行编程，在本地 java 服务方法上，通过注解（@HSFProvider、@HSFConsumer）或者可扩展标记语言（eXtensible Markup Language，XML）配置文件（ <hsf:provider .../>

<hsf:consumer .../>）的方式暴露以及订阅服务，具体开发过程可以参考阿里云的官网产品帮助文档。

6.4.2 Dubbo

Dubbo 是阿里巴巴于 2012 年开源的分布式服务框架（目前已是 Apache 顶级项目），是一款高性能、轻量级的开源 Java RPC 框架。它提供了三大核心能力：面向接口的远程方法调用，智能容错和负载均衡，以及服务自动注册和发现。当时服务化框架比较少，国内只有少数几个大型互联网公司采用自研的方式实现了服务化框架，所以 Dubbo 一经开源便受到了国内用户的热烈追捧。很多公司的服务化框架是基于 Dubbo 改进的，或者参考 Dubbo 的架构思想开发适用于本公司的服务化框架，国内比较著名的互联网企业有京东、当当等。

Dubbo 最大的特点是按照分层的方式来架构，使用这种方式可以使各个层之间解耦（或者最大限度地松耦合）。从服务模型的角度来看，Dubbo 采用的是一种非常简单的模型，要么是提供方提供服务，要么是消费方消费服务，所以基于这样的分层模型可以抽象出 Dubbo 的 4 个主要角色。

（1）服务提供方（provider）：暴露服务的服务器端应用程序。

（2）服务消费方（consumer）：调用远程服务的客户端应用程序。

（3）服务注册中心（registry）：负责服务注册与发现，有多种实现方式，包括 Zookeeper（用得最多）、Nacos（慢慢成为主流）、Redis、Multicast、Simple 等不同的注册中心实现。

（4）监控中心（monitor）：统计服务的调用次数和调用时间，实现比较简单，很少用于生产环境。

Dubbo 的主要模块以及调用流程可以直接参考官网的 Dubbo 微服务架构（见图 6-6）。

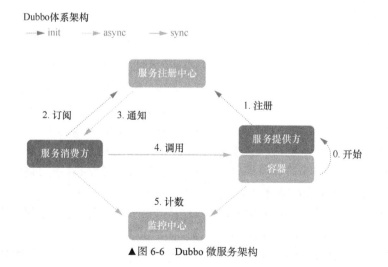

▲图 6-6 Dubbo 微服务架构

整个 Dubbo 微服务架构的运行过程相当简洁、清晰，分为 4 个主要的步骤。

（1）服务提供方启动并向服务注册中心注册自己的服务，持久化服务数据到注册中心。

（2）服务消费方启动，查询注册中心，注册中心返回提供方地址列表给消费方，消费方本地缓存这些服务及地址信息，如有变更（如节点上下线），注册中心将基于长连接推送变更数据给消费方。

（3）在运行过程中，消费方基于本地负载均衡算法，从本地缓存的提供方地址列表中选择提供方进行调用。

（4）消费方和提供方在内存中统计服务的调用次数和调用时间，定时发送统计数据给监控中心，监控中心进行数据的持久化，并提供数据查询接口。

Dubbo 简洁、清晰的设计思想一直被业界称赞。Dubbo 采用的是 Java Development Kit（JDK）标准的串行外设接口（Serial Peripheral Interface，SPI）扩展机制，微核心+插件式，平等对待所有的第三方插件，扩展性极佳。Dubbo 还做了大量可靠性相关的设计，包括集群容错（failover、failfast、failsafe、failback、forking、broadcast）、负载均衡策略（随机策略 random、轮询策略 RoundRobin、最少活性策略 LeastActive、一致性哈希策略 ConsistentHash）、并发控制、超时策略、线程池管理策略等。在远程通信方面，Dubbo 继承了当前主流的网络通信框架，支持多种协议（Dubbo、Hessian、HTTP、RMI、WebService、Thrift、Memcached、Redis），保证通信双方理解协议语义的基础上，确保了高效、稳定的消息传输。由于 Dubbo 将这些协议的实现进行了封装，因此无论是服务器端（开发服务）还是客户端（调用服务），都不需要关心协议的细节，只需要在配置中指定使用的协议，从而确保服务提供方与服务消费方之间的透明。

Dubbo 对于服务提供方以及消费方的开发也非常简单，几乎无任何约束，开发人员以面向接口的方式进行编程，在本地 Java 服务方法之上，通过注解（@Service、@Reference）或者 XML 配置文件（<dubbo:service .../> <dubbo:reference .../>）的方式暴露及订阅服务，具体开发过程可以参考产品的官网产品帮助文档。

6.4.3　Spring Cloud

得益于 Spring 在 Java 开发框架的绝对领导地位，Spring Cloud 自 2014 年 1.0 版本发布便得到市场的广泛关注，目前也是开源微服务领域事实上的标准，几乎超过半数的企业和开发人员选择 Spring Cloud 作为公司内部系统的微服务框架。Spring Cloud 建立在 Spring Boot 的基础之上（见图 6-7），使开发人员可以轻松上手并快速提高生产力。Spring Cloud 为最常见的分布式系统模式提供了简单易用的编程模型，帮助开发人员构建弹性、可靠和协调的应用程序。

Spring Cloud 基本上使用了现有的开源框架进行集成，学习的难度和部署的门槛比较低，对于中小型企业来说，更易于使用和落地。Spring Cloud 是一系列框架的有序集合，它利用 Spring Boot 的开发便利性巧妙地简化了分布式系统基础设施的开发，比如服务发现注册、配置中心、消息总线、负载均衡、断路器、数据监控、链路追踪等。Spring Cloud 并没有重复造轮子，而是将市面上开发得比较好的模块集成进去，进行封装，从而减少了各模块的开发成本。Spring Cloud 提供了构建分布式系统所需的"全家桶"，其子项目如下。

▲图 6-7　Spring Cloud 简化分布式系统的服务协调

（1）Spring Cloud Config：微服务配置中心，可以让用户把配置信息从代码和配置文件中剥离出来放到远程服务器，提供服务器端和客户端。服务器存储后端的默认实现使用 git（支持本地存储、git 以及 subversion），因此它能轻松支持标签版本的配置环境，以及可以访问用于管理内容的各种工具。它还是静态的，需配合 Spring Cloud Bus 实现动态的配置更新。

（2）Spring Cloud Bus：事件、消息总线，用于在集群（例如，配置变化事件）中传播状态变化，可与 Spring Cloud Config 联合实现热部署。

（3）Spring Cloud Netflix：针对多种 Netflix 组件提供的开发工具包，其中包括 Eureka、Hystrix、Ribbon、Zuul、Archaius 等。

（4）Netflix Eureka：由两个组件组成，分别为 Eureka 服务器端和 Eureka 客户端。Eureka 服务器端（Eureka server）用作服务注册中心，支持集群部署；Eureka 客户端是一个 Java 客户端，用来处理服务注册与发现。作为一个独立的部署单元，Eureka server 以 REST API 的形式为服务实例提供了注册、管理和查询等操作。同时，Eureka server 提供了可视化的监控页面，我们可以直观地看到各个 Eureka server 当前的运行状态和所有已注册服务的情况。

（5）Netflix Ribbon：Spring Cloud Ribbon 是一个基于 HTTP 和 TCP 的客户端负载均衡工具，基于 Netflix Ribbon 实现。通过 Spring Cloud 的封装，可以让我们轻松地将面向服务的 REST 模板请求自动转换成客户端负载均衡的服务调用。

（6）Netflix Hystrix：断路器，旨在通过控制服务和第三方库的节点，从而对延迟和故障提供更强大的容错能力。"断路器"本身是一种开关装置，当某个服务单元发生故障之后，通过断路器的故障监控（类似于熔断保险丝），向调用方返回一个符合预期的、可处理的备选响应（FallBack），而不是长时间地等待或者抛出调用方无法处理的异常，这样就保证了服务调用方的线程不会被长时间、不必要地占用，从而避免了故障在分布式系统中的蔓延，乃至雪崩。

（7）Netflix Zuul：微服务网关，提供 API 网关、路由、负载均衡等多种作用。类似于 Nginx 反向代理的功能，不过 Netflix 自己增加了一些配合其他组件的特性。在微服务架构中，后端服务往往不直接开放给调用方，而是通过一个 API 网关根据请求的 URL，路由到相应的服务。

当添加 API 网关后，在第三方调用方和服务提供方之间就创建了一面墙，这面墙直接与调用方通信进行权限控制，后将请求均衡分发给后台服务端。

（8）Netflix Archaius：配置管理 API，包含一系列配置管理 API，提供动态类型化属性、线程安全配置操作、轮询框架、回调机制等功能。

（9）Spring Cloud Feign：Feign 是一个声明式的 Web Service 客户端，它的目的是让 Web Service 调用更加简单。在 Spring Boot 程序的启动类加上注解（@EnableFeignClients）开启 Feign 的功能。它整合了 Ribbon 和 Hystrix，从而让用户不再需要显式地使用这两个组件。Feign 还提供了 HTTP 请求的模板，通过编写简单的接口和插入注解，我们就可以定义好 HTTP 请求的参数、格式、地址等信息。接下来，Feign 会完全代理 HTTP 的请求，用户只要像调用方法一样调用它（面向接口），就可以完成 HTTP 服务请求。

（10）Spring Cloud for Cloud Foundry：通过 OAuth2 协议绑定服务到 Cloud Foundry。Cloud Foundry 是 VMware 推出的开源 PaaS 云平台。

（11）Spring Cloud Sleuth：日志收集工具包，封装了 Dapper、Zipkin 和 HTrace 操作。

（12）Spring Cloud Data Flow：大数据操作工具，通过命令行方式操作数据流。

（13）Spring Cloud Security：安全工具包，为应用程序添加安全控制，主要是指 OAuth2。

（14）Spring Cloud Consul：封装了 Consul 操作。Consul 是一个服务发现与配置工具，可以与 Docker 容器无缝集成。

（15）Spring Cloud Zookeeper：操作 Zookeeper 的工具包，用于使用 Zookeeper 方式的服务注册和发现。

（16）Spring Cloud Stream：数据流操作开发包，封装了 Redis、Rabbit、Kafka 等发送和接收消息。

（17）Spring Cloud CLI：基于 Spring Boot CLI，以命令行方式快速建立云组件。

构建一个在线交易的分布式系统非常复杂且容易出错，Spring Cloud 为最常见的分布式系统模式提供了一个简单易用的编程模型，帮助开发人员构建弹性、可靠和协调的应用程序。Spring Cloud 是在 Spring Boot 的基础上构建的，使开发人员能够很容易地上手一个分布式系统的开发部署，并使最终的应用系统高效运行。图 6-8 所示的是 Spring Cloud 官网所推荐的分布式微服务应用系统的系统架构。

不同于阿里巴巴的 HSF 和 Dubbo 所采用的 RPC 通信协议，Spring Cloud 采用的是基于 HTTP 的 REST 方式。严格来说，这两种方式各有优劣。RPC 一般面向接口引用来调用远端服务，对开发人员更加友好，且 RPC 主要是基于 TCP/IP 的，调用参数采用二进制进行序列化，网络传输更加精简高效；RPC 的缺点是调用双方存在技术栈的强绑定。虽然从一定程度上来说，REST 方式牺牲了服务调用的性能，但避免了上面提到的原生 RPC 带来的问题。而且 REST 比 RPC 更灵活，天然具有跨语言的优势，服务提供方和调用方的依赖只依靠一纸契约，不存在代码级的强依赖，这在强调快速演进的微服务环境下，显得更加合适。

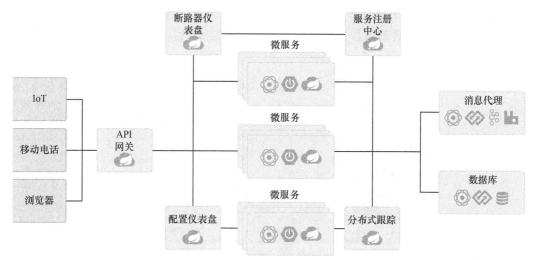

▲图 6-8　Spring Cloud 分布式微服务应用系统架构

在开发方面，得益于 Spring Boot 简洁高效的开发模式，开发人员在开发 Spring Cloud 微服务时，几乎没有额外的成本，直接在启动类上加一两行注解即可完成服务的注册发现。

6.4.4　gRPC

gRPC 是谷歌于 2015 年开源的技术框架，一个基于 HTTP/2 通信协议和 Protobuf 序列化的 RPC 实现，其前身是谷歌内部大量使用的 Stubby 服务间通信产品。gRPC 已被 CNCF 所收录，作为云原生架构的一个进程之间服务调用参考。

从实现和特性来看，gRPC 更多地考虑移动场景情况下客户端和服务器端的通信，正如其自称的 "general RPC framework that puts mobile and HTTP/2 first"。gRPC 继承了 HTTP/2 的诸多优秀特性，这些特性使 gRPC 在移动设备上有更好的表现，更节省空间，也更省电。HTTP/2 本身提供了连接多路复用、Body 和 Header 压缩等机制，gRPC 基于此可以提供比较高效的实现。

gRPC 默认使用 Protobuf 进行序列化和反序列化。Protobuf 是谷歌成熟的、开源的，用于结构化数据序列化的机制，是已经被证明的一种非常高效的序列化方式。同时，gRPC 也可以使用其他数据格式，比如 json。

在 gRPC 中，客户端应用可以像调用本地对象的方法一样直接调用部署在其他机器上的服务器端应用的方法。gRPC 降低了构建分布式应用和服务的难度。和其他 RPC 系统一样，gRPC 的核心也是服务定义，定义可以被远程调用的方法的入参和返回值。在服务器端，服务器应用实现方法并启动一个 gRPC 服务器来处理客户端调用；在客户端，有一个叫作 stub 的组件（客户端代理），提供和服务器端一致的接口方法，如图 6-9 所示。

gRPC 客户端和服务器端既可以在多种不同的环境下运行并相互通信，也可以使用 gRPC 支持的语言实现。gRPC 提供了 C、Java、Golang 的原生实现，对应的版本分别是 grpc、grpc-java、 grpc-go。gRPC 以 C 共享库的方式来支持 Node.js、Python、Ruby、Objective-C、PHP 和 C#等多种语言。其中 Java 语言的实现亦可以用于 Android 客户端，Objective-C 的实现主要针对 iOS 客户端。

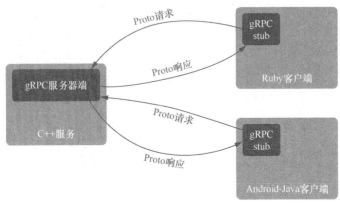

▲图 6-9　gRPC 通信模型

　　既然服务器之间调用是标准的客户/服务器（client/server，C/S）模型，那么我们直接用 REST API 不是也可以满足吗，为什么还需要 gRPC 呢？下面我们就来看看 gRPC 到底有哪些优势。

　　gRPC 和 REST API 都提供了一套通信机制，用于 C/S 模型通信，而且它们都使用 HTTP 作为底层的传输协议（严格地说，gRPC 使用的 HTTP/2，而 REST API 则不一定）。不过 gRPC 还是有以下一些特有的优势。

　　（1）gRPC 通过 Protobuf 来定义接口，从而可以有更加严格的接口约束条件。Protobuf 是一套类似于 json 或者 XML 的数据传输格式和规范，用于不同应用或进程之间进行通信时使用。Protobuf 通过接口定义语言（Interface Definition Language，IDL）文件参数类型及取值范围等约束。

　　（2）通过 Protobuf 可以将数据序列化为二进制编码，这会大幅减少需要传输的数据量，从而大幅提高性能。Protobuf 比 json、XML 等更快、更轻量、更小。

　　（3）gRPC 可以方便地支持流式通信，在批量发送数据的场景下能显著提升性能——接收数据时，不必等所有的消息全部接收到以后才开始响应，而是在接收到第一条消息就可以及时响应，边接收边处理，从而提高服务器端的并行处理能力。理论上通过 HTTP/2 就可以使用流式，但是通常 Web 服务的 REST API 似乎很少这么用，通常的流式数据应用（如视频流），一般都会使用专门的协议如 HLS、RTMP 等，这些就不是我们通常的 Web 服务了，而是有专门的服务器应用。

　　严格意义上讲，gRPC 并不算是一个完整的微服务框架，而只是一个轻量级远程服务调用技术。通常我们不会单独使用 gRPC，而是将 gRPC 作为一个组件进行使用。这是因为生产环境中在面对大并发的情况时，需要使用分布式系统来处理，而 gRPC 并没有提供分布式系统相关的一些必要组件。而且，真正的线上服务还需要提供包括负载均衡、限流熔断、监控告警、服务注册和发现等必要的组件。

6.4.5 服务网格（service mesh）

微服务的概念是 2014 年才被提出并得到广泛关注的。越来越多的系统基于微服务的理念进行开发或者重构，微服务很好地解决了不同系统之间的解耦以及相互调用。但对于规模更庞大的、已有的应用系统，如何纳入企业 IT 系统的整体架构中，继续发挥原有系统的价值，充分保护已有的投资，这是企业在进行 IT 系统升级时面临的一个普遍问题。在这样的背景下，2016 年由 Buoyant 公司首先提出了服务网格（service mesh）的理念，到 2017 年年底，service mesh 才开始较大规模被世人了解。

service mesh 推动微服务架构进入新时代。服务网格是一种非侵入式架构，用于处理服务到服务通信的专用基础设施层。它负责通过复杂的服务拓扑来可靠地传递请求，如图 6-10 所示。实际上，服务网格通常被实现为与应用程序代码一起部署的轻量级网络代理矩阵，并且它不会被应用程序所感知。

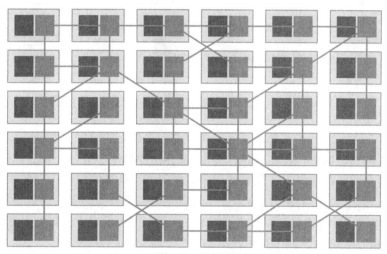

▲图 6-10 服务网格

service mesh 帮助应用程序在海量服务、复杂的架构和网络中建立稳定的通信机制。业务所有的流量都转发到 service mesh 的代理服务中，支撑应用之间透明的网络调用，可以确保应用的调用请求在复杂的微服务应用拓扑中可靠地穿梭。服务网格通常由一系列轻量级的网络代理组成，这通常被形象地称为边车（sidecar）模式，与应用程序部署在一起，但应用程序不需要知道它们的存在。服务网格以旁路的方式为应用系统提供服务发现、路由、负载均衡、健康检查和可观察性来帮助管理流量。

随着微服务部署被迁移到更复杂的运行时中去（如 Kubernetes 和 Mesos），人们开始使用一些平台上的工具来实现网格网络这一想法。而且随着云原生的崛起，service mesh 逐步发展为一个独立的基础设施，它们实现的网络正从互相之间隔离的独立代理转移到一个合适的并且有点集中的控制面上来。实际的服务流量仍然直接从代理流向代理，但是控制面知道每个代理实例。控制面使代理能够实现诸如访问控制和度量收集这样的功能，但这需要它们之间进行合作，如图 6-11 所示。

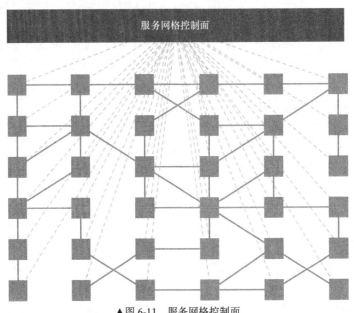

▲图 6-11　服务网格控制面

服务网格的最强大之处在于它不再把服务代理看作孤立的组件，而是通过网络把所有的服务代理组织管理起来，服务代理本身就是一个有价值的网络。service mesh 承担了微服务框架的所有功能，包括服务注册发现、负载均衡、熔断限流、认证鉴权、缓存加速、运行监控等。可以说，service mesh 是云原生下的微服务治理方案。微服务架构强调去中心化、独立自治、跨语言，service mesh 通过独立进程的方式进行了隔离，可以低成本实现微服务框架这些特性。

service mesh 已经成为云原生技术栈里的一个关键组件，各种 service mesh 实现的产品以及框架如雨后春笋般涌现出来，很多产品都已经成为 CNCF 的官方项目。下面介绍 4 个主流的 service mesh 框架。

1. Linkerd

2016 年 1 月，离开了推特的基础设施工程师 William Morgan 和 Oliver Gould 在 GitHub 上发布了 Linkerd 0.0.7 版本，业界第一个 service mesh 项目就此产生。Linkerd 基于推特的 Finagle 开源项目，大量复用了 Finagle 的类库，但是实现了通用性，成为了业界第一个 service mesh 项目。

Linkerd 根据动态路由规则确定请求是发给哪个服务的。在确定了请求的目标服务后，Linkerd 从服务发现端点获取相应的服务实例，并基于某些因素（比如最近处理请求的延迟情况）选择更有可能快速返回响应的实例，进而向选中的实例发送请求，并把延迟情况和响应类型记录下来。如果选中的实例发生死机、没有响应或无法处理请求，Linkerd 就把请求发送给另一个实例。如果一个实例持续返回错误，Linkerd 就会将其从负载均衡池中移除，并在稍后定时重试。Linkerd 以度量和分布式追踪的形式捕获上述行为的每一个方面，并将其发送到集中的度量系统。

2. Envoy

2016 年，Lyft 公司在 GitHub 上发布 Envoy 开源 1.0.0 版本。Envoy 是用 C++开发的高性能代理，提供服务间网络通信的能力，用于调度服务网格中所有服务的入站和出站流量，在性能和资源消耗上表现得非常出色。Envoy 实现了过滤和路由、服务发现、健康检查，提供了具有弹性的负载均衡。它在安全方面支持 TLS，在通信方面支持 gRPC。

被 Istio 收编之后，Envoy 专注于数据平面，Envoy 是 Istio 中负责"干活"的模块。如果将整个 Istio 体系比喻为一个施工队，那么 Envoy 就是底层负责搬砖的民工，所有体力活都由 Envoy 完成。所有需要控制、决策、管理的功能都由其他模块来负责，然后配置给 Envoy。

3. Istio

Istio 是谷歌、IBM、Lyft 联合开发的开源项目，2017 年 5 月发布第一个 0.1.0 版本。Istio 官方定义其为一个连接、管理和保护微服务的开放平台。谷歌和 IBM 的高调宣传加上社区反响热烈，很多公司一开始就纷纷表示支持 Istio。从谷歌和 IBM 联手决定推出 Istio 开始，Istio 就注定永远处于风口浪尖，备受瞩目，无论成败。Istio 面世之后，赞誉不断，尤其是 service mesh 技术的爱好者，可以说是为之一振。以新一代 service mesh 之名横空出世的 Istio，相比 Linkerd 优势明显，同时产品路线图上有众多令人眼花缭乱的功能。

Istio 提供一种简单的方式来建立已部署的服务的网络，具备负载均衡、服务到服务认证、监控等功能，而不需要改动任何服务代码。Istio 主要分为两个部分：数据平面（data plane）和控制平面（control plane）。数据平面负责微服务之间的网络通信以及执行控制平面下发的指令，用来代理业务服务的真正调用，控制平面用来管理所有网格服务的注册发现管理。Istio 实现了云原生下的微服务治理，能实现服务发现、流量控制、监控安全等。Istio 通过在一个 pod 里启动一个应用和 sidecar 方式实现透明代理。Istio 是一个可扩展性较高的框架，其不仅可以支持 K8s，还可以支持如 Mesos 等资源调度器。

Istio 力图解决微服务实施后需要面对的复杂的服务治理问题。Istio 是一个服务网格，但又不仅仅是服务网格。在 Linkerd、Envoy 等典型服务网格之上，Istio 提供了一个完整的解决方案，为整个服务网格提供行为洞察和操作控制，以满足微服务应用程序的多样化需求。Istio 在服务网格中统一提供了许多关键功能（来自官方文档）。

（1）流量管理：控制服务之间的流量和 API 调用的流向，使调用更可靠，并使网络在恶劣情况下更加健壮。

（2）可观察性：了解服务之间的依赖关系，以及它们之间流量的本质和流向，从而提供快速识别问题的能力。

（3）策略执行：将组织策略应用于服务之间的互动，确保访问策略得以执行，资源在消费者之间良好分配。策略的更改是通过配置网格而不是修改应用程序代码。

（4）服务身份和安全：为网格中的服务提供可验证身份，并提供保护服务流量的能力，使其可以在不同可信度的网络上流转。

除此之外，Istio 针对可扩展性进行了设计，以满足不同的部署需要。

（1）平台支持：Istio 旨在在各种环境中运行，包括跨云、预置、Kubernetes、Mesos 等。其最初专注于 Kubernetes，但很快将支持其他环境。

（2）集成和定制：策略执行组件可以扩展和定制，以便与现有的 ACL、日志、监控、配额、审核等解决方案集成。

这些功能大幅减少了应用程序代码，以及底层平台和策略之间的耦合，使微服务更容易实现。Istio 超越 Spring Cloud 和 Dubbo 等传统微服务框架，是在于它不仅仅带来了远超这些框架所能提供的功能，而且也不需要应用程序为此做大量的改动，开发人员不必为上面的功能实现进行大量的知识储备。

4. SOFAMesh

SOFAMesh 是蚂蚁金服于 2018 年开源的 service mesh 产品，SOFAMesh 在产品路线上跟随社区主流，选择了目前 service mesh 中最有影响力和前景的 Istio。SOFAMesh 在 Istio 的基础上提升性能，增加可扩展性，并在落地实践上做探索和补充，以弥补目前 Istio 的不足，同时保持与 Istio 社区的步调一致和持续跟进。SOFAMesh 在兼容 Istio 整体架构和协议的基础上，做出部分调整，如图 6-12 所示。

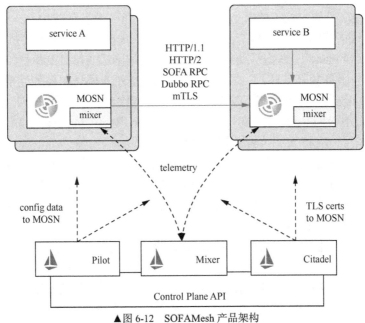

▲图 6-12　SOFAMesh 产品架构

（1）使用 Golang 语言开发全新的 sidecar，以替代 Envoy。

（2）为了避免 mixer 带来的性能瓶颈，mixer 部分功能合并到 sidecar。

（3）Pilot 和 Citadel 模块进行了大幅的扩展和增强。

（4）增加对 SOFA RPC、Dubbo 的支持。

SOFAMesh 的目标是打造一个更加务实的 Istio 落地版本，在继承 Istio 强大功能和丰富特性的基础上，为满足大规模部署下的性能要求以及应对落地实践中的实际情况而作必要的改进。读者可以访问 GitHub 中的官网文档查看其最新进展。

6.5　微服务通信

一个完整的微服务调用框架包含 3 个部分。

（1）通信框架：主要解决客户端和服务器端如何建立连接、管理连接以及服务器端如何处理请求的问题。

（2）通信协议：主要解决客户端和服务器端采用哪种数据传输协议的问题。

（3）序列化和反序列化：主要解决客户端和服务器端采用哪种数据编解码的问题。

通信框架提供了基础的通信能力，通信协议描述了通信契约，而序列化和反序列化则用于数据的编码和解码。一个通信框架既可以适配多种通信协议，也可以采用多种序列化和反序列化的格式，比如服务化框架 Dubbo 不仅支持 Dubbo 协议、远程方法调用（Remote Method Invocation，RMI）协议、HTTP 等，而且还支持多种序列化和反序列化格式，比如 Protobuf、json、Hessian 2.0、Thrift 以及 Java 序列化等。

远程服务调用是分布式服务框架的基础和核心功能。目前主流的分布式服务框架使用两种传输协议。

（1）RPC 协议：以 HSF、Dubbo、Thrift、gRPC、Motan 为代表的框架使用的协议。

（2）HTTP REST 协议：以 Spring Cloud 为代表的框架使用的协议。

6.5.1　RPC

远程过程调用（Remote Procedure Call，RPC）框架作为架构微服务化的基础组件，能大大降低架构微服务化的成本，提高服务调用方与服务提供方的开发效率，屏蔽跨进程调用函数（服务）的各类复杂细节，其调用原理如图 6-13 所示。让服务提供方像实现本地函数一样来实现分布式服务，开发人员不用考虑底层通信协议；让服务调用方像调用本地函数一样调用远端函数，多数 RPC 框架以面向接口的方式提供远程方法的调用，对开发人员非常友好。

客户端存根（client stub）用于存放服务器端地址信息，将客户端的请求参数数据信息打包成网络消息，再通过网络传输发送给服务器端。服务器端存根接收客户端发送过来的请求消息并进行解包，再调用本地服务进行处理。

RPC 的原理与我们平时打电话的过程非常相似。服务消费者叫作客户端，服务提供者叫作服务器端，两者通常位于网络上两个不同的地址，要完成一次 RPC 调用，就必须先建立网络连接。建立连接后，双方必须按照某种约定的协议进行网络通信，这个协议就是通信协议。双方能够正常通信后，服务器端接收到请求时，需要以某种方式进行处理，处理成功后，把请求结果返回给客户端。为了减少传输的数据大小，要对数据进行压缩，也就是对数据进行序列化。为了实现远程服务的调用，RPC 框架要做到如下最基本的 4 件事。

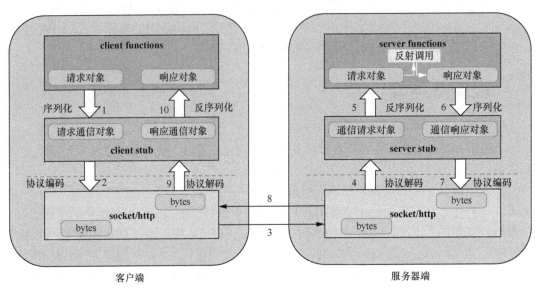

▲图 6-13　RPC 框架调用原理

1. 客户端如何找到服务器端地址

要完成一次服务调用，首先要解决的问题是服务调用方如何得到服务提供方的地址，其中注册中心扮演了关键角色，服务提供方把自己所提供的服务列表以及当前节点地址登记到注册中心，服务调用方就可以查询注册中心以得到服务提供方的地址。为了实现去中心化设计，多数 RPC 产品采用本地负载均衡策略，即调用方启动时从注册中心拉取服务地址信息后，在本地缓存，运行过程中真正发起调用时，直接从本地缓存读取服务地址信息，根据一定的负载均衡算法选取某一个地址，发起点对点的直接调用。这样就避免了中心化的服务总线进行服务路由，运行效率更高，弹性伸缩更方便。当服务器端地址信息发生变更时（如节点上下线），由注册中心实时推送变更信息到所有的调用方同步更新。

2. 服务器端如何处理请求

当使用基于 RPC 的进程间通信时，客户端向服务器端发起请求，服务器端处理该请求并发回响应。有些客户端可能处在阻塞状态直到得到响应，而有些客户端可能会有一个响应式的非阻塞架构。与使用消息机制的完全异步化架构不同，RPC 客户端都假定响应会及时到达。

在远程调用中，客户端和服务器端已经建立了网络连接，服务器端又该如何处理客户端的请求呢？通常来讲，服务器端 I/O 的方式通常分为 3 种处理方式：同步阻塞（Blocking I/O，

BIO）方式、同步非阻塞（Non-blocking I/O，NIO）方式、异步非阻塞（Asynchronous I/O，AIO）方式。

（1）同步阻塞方式。

客户端每发一次请求，服务器端就生成一个线程去处理。当客户端同时发起很多请求时，服务器端需要创建很多线程去处理每一个请求，如果达到了系统最大的线程数，新的请求就没法处理了。

（2）同步非阻塞方式。

NIO 本身是基于事件驱动思想来完成的，其主要解决的是 BIO 的高并发问题：在使用同步 I/O 的网络应用中，如果要同时处理多个客户端请求或是在客户端同时和多个服务器进行通信，就必须使用多线程来处理。也就是说，将每一个客户端请求分配给一个线程来单独处理。这样做虽然可以达到我们的要求，但同时又会带来另一个问题。由于每创建一个线程，就要为这个线程分配一定的内存空间（也叫工作存储器），而且操作系统本身对线程的总数有一定的限制。如果客户端的请求过多，服务器端程序可能会因为不堪重负而拒绝客户端的请求，甚至服务器可能因此而瘫痪。

NIO 基于 reactor，当 socket 有流可读或可写入 socket 时，操作系统会相应地通知应用程序进行处理，应用程序再将流读取到缓冲区或写入操作系统。也就是说，这时已经不是一个连接就要对应一个处理线程了，而是有效的请求对应一个线程。当连接没有数据时，是没有工作线程来处理的。BIO 与 NIO 的一个比较重要的不同之处在于，我们使用 BIO 时往往会引入多线程，每个连接对应一个单独的线程。而 NIO 使用单线程或者只使用少量的多线程，多个连接共用一个线程。

（3）异步非阻塞方式。

与 NIO 不同，当进行读写操作时，AIO 只需直接调用 API 的 read 或 write 方法。这两种方法均为异步的，对读操作而言，当有流可读取时，操作系统会将可读的流传入 read 方法的缓冲区，并通知应用程序；对写操作而言，当操作系统将 write 方法传递的流写入完毕时，操作系统主动通知应用程序。可以理解为，read/write 方法都是异步的，完成后会主动调用回调函数。

客户端只需要发起一个 I/O 操作后立即返回，等 I/O 操作真正完成以后，客户端会得到 I/O 操作完成的通知。此时客户端只需要对数据进行处理就可以了，而不需要进行实际的 I/O 读写操作，因为真正的 I/O 读取或者写入操作已经由内核完成了。这种方式的优势是客户端无须等待，不存在阻塞等待问题。

3. 如何进行序列化和反序列化

客户端和服务器端交互时将参数或结果转化为字节流在网络中传输，那么将数据转化为字节流或者将字节流转换成能读取的固定格式时，就需要进行序列化（数据编码）和反序列化（数据解码），序列化和反序列化的速度也会影响远程调用的效率。

常用的序列化方式分为两类：文本类（如 XML、json 等）、二进制类（如 Hessian、Thrift

等）。而具体采用哪种序列化方式，主要取决于 3 个方面的因素。

（1）支持数据结构种类的丰富度。数据结构种类支持得越多越好，这样对使用者来说在编程时更加友好，有些序列化框架如 Hessian 2.0 还支持复杂的数据结构（比如 Map、List 等）。

（2）跨语言支持。序列化方式是否支持跨语言也是一个很重要的因素，否则使用的场景就比较局限，比如 Java 序列化只支持 Java 语言，所以不能用于跨语言的服务调用。

（3）性能。主要看两点，一是序列化后的压缩比，二是序列化的速度。以常用的 protobuf 序列化和 json 序列化协议为例来对比分析，protobuf 序列化的压缩比和速度都要比 json 序列化高很多，所以对性能和存储空间要求比较高的系统选用 protobuf 序列化更合适；而 json 序列化虽然性能要差一些，但可读性更好，更适合对外部提供服务。

4. 如何进行网络传输（选择何种网络协议）

多数 RPC 框架会选择 TCP 作为传输协议，也有部分会选择 HTTP（如 gRPC 使用 HTTP/2）。不同的协议各有利弊，TCP 更加高效，而 HTTP 在实际应用中更加灵活。

6.5.2　RESTful

REST 全称是 Representational State Transfer，中文意思是表述性状态转移。它首次出现在 2000 年 Roy Fielding 的博士论文中，Roy Fielding 是 HTTP 规范的主要编写者之一。他在论文中提到："我写作这篇文章的目的，就是想在符合架构原理的前提下，理解和评估以网络为基础的应用软件的架构设计，得到一个功能强、性能好、适宜通信的架构。REST 指的是一组架构约束条件和原则。"如果一个架构符合 REST 的约束条件和原则，我们就称它为 REST 风格的（RESTful）架构。

REST 提供了一系列架构约束，当作为整体使用时，它强调组件交互的可扩展性、接口的通用性、组件的独立部署，以及那些能减少交互延迟的中间件。它强化了安全性，也能封装遗留系统。

——Roy Fielding

REST 中一个关键概念是"资源"，它把一切程序能够访问到的业务对象或者处理过程统一定义为资源。REST 使用 HTTP 动词来操作这些资源，并采用特定的语义规范，使用 URL 引用这些资源。例如，GET 请求返回资源的表示形式，该资源通常采用 XML 或者 json 的格式表示，但也可以使用其他格式（如二进制）。POST 请求创建新资源，PUT 更新资源，DELETE 删除资源。

RESTful 是一种网络应用程序 API 的设计风格和开发方式，基于 HTTP，可以使用 XML 格式定义或 json 格式定义。最常用的数据格式是 json。由于 json 能直接被 JavaScript 读取，因此以 json 格式编写的 REST 风格的 API 具有简单、易读、易用的特点，如图 6-14 所示。相比于 RPC 协议，HTTP 更规范、更标准、更通用，无论哪种语言都支持 HTTP。如果你想对外开放 API，开放平台外部的编程语言多种多样，你无法拒绝对每种语言的支持，现在开源中间件，基本最先支持的几个协议都包含 HTTP RESTful。

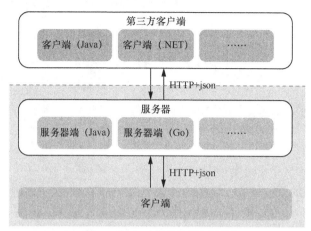

▲图 6-14　REST 风格的服务提供方

　　前后端分离架构、微服务架构都有一个共同的愿景：使不同的团队之间实现松耦合，各自能独立地开发和部署。这背后需要依靠一套设计良好的 API，它必须更加轻量、可靠、跨平台，因此 RESTful API 脱颖而出。系统应用提供 RESTful API 有什么好处呢？由于 API 就是把 Web App 的功能全部封装，因此通过 API 操作数据可以把前端和后端的代码隔离，使得后端代码易于测试，前端代码编写更简单。REST 风格协议的特点如下。

　　（1）每个统一资源标识符（Uniform Resource Identifier，URI）代表一种资源。任何事物只要有被引用的必要，它就是一个资源；要让一个资源可以被识别，需要有一个唯一标识，在 Web 中这个唯一标识就是 URI。

　　（2）客户端使用 GET、POST、PUT、DELETE 这 4 个表示操作方式的动词对服务器端资源进行操作：GET 用来获取资源，POST 用来新建资源（也可以用于更新资源），PUT 用来更新资源，DELETE 用来删除资源。

　　（3）通过操作资源的表述形式来操作资源，资源在外部的具体呈现可以有多种表述形式（例如文本资源可以采用 HTML、XML、json 等格式，图片可以使用 PNG 或 JPG 格式展现出来），在客户端和服务器端之间传送的也是资源的表述，而不是资源本身。

　　（4）客户端与服务器端之间的交互在请求之间是无状态的，从客户端到服务器端的每个请求都必须包含理解请求所必需的信息。这里说的无状态通信原则，并不是说客户端应用不能有状态，而是指服务器端不应该保存客户端状态。

　　很多开发人员表示他们的代码是基于 HTTP 的 API 进行开发的，那么用了 HTTP 就叫 REST 风格吗？答案是否定的。Leonard Richardson 曾提出过一个 RESTful 成熟度模型，模型中从 level 0 到 level 3，数字越大，表示采用 RESTful 的成熟度越高，如图 6-15 所示。成熟度模型并不是什么工业标准，这里仅作为参考来讲解 RESTful 思想。读者可以对比思考自己项目中是如何使用 RESTful API 的。

▲图 6-15 Leonard Richardson 提出的 RESTful 成熟度模型

在此简单说明 RESTful 成熟度模型的 4 个等级。

level 0：没有明确的资源概念，仅作为通道，只有一个 URL，只使用单个 HTTP 方法。这个阶段还称不上使用了 RESTful，HTTP 仅作为 RPC 的传输通道。想象一下，在本地调用某个方法时，它可能需要一个输入对象，处理完成后返回另一个结果对象。这个阶段的 HTTP 只是用在请求调用远程方法时，传递输入对象给服务器端，并在方法执行结束后，传递结果对象给客户端。

level 1：有明确的资源概念，存在很多 URL，只使用单个 HTTP 方法。客户端每次请求都是对服务器端某个或某一类资源的操作。服务器端一切可被标识的事物都可以称为资源，例如，一张图片、一个订单、一个产品、一个流程、最活跃的 10 个用户等。每个资源都可以用 URI 来表示。所以从现在开始，URI 用来标识一个资源。

level 2：有明确的资源操作，有很多 URL，使用 HTTP 作为操作资源的统一接口。通常将对于资源的 CRUD 式操作分别映射到 4 个 HTTP 方法（有时也会使用新增的 PATCH 方法），这里的每一个动词都有它自身的语义。

level 3：这一阶段的 RESTful API 具备了自描述的能力，从而实现服务自动发现。自描述是指告诉用户当前状态以及下一步可能的各种操作。如果将应用想象成一个大的状态引擎，那么我们每次针对 URI 的操作，都是将应用从一种状态转变为另一种状态。而当前状态（可表述的）里又包含了下一步可进行的操作，一步一步地传输状态，直至完成所有的操作。一般达到 level 3 成熟度模型的应用，使用超媒体作为应用状态的引擎（Hypermedia as the Engine of Application State，HATEOAS）。

REST 风格具有开放、标准、通用的特点，尤其在跨语言的异构环境下系统的互联互通具有天然的优势。对于 REST 风格的应用开发模式，有两点值得注意。

（1）RESTful API 并不是十全十美的。由于 HTTP 是应用层协议，本身比 TCP 慢一些；加之数据本身是自描述的文本格式，需要占用更多的带宽，因此相比于 RPC，RESTful API 的速度会稍慢一些。但是，速度可以通过技术手段弥补，例如 HTTP/2、CDN、七层负载均衡等。在某些对速度要求不严苛的场景下，RESTful API 带来的灵活性和伸缩性更具有价值。

（2）并不是所有业务场景都适合采用 RESTful API。也不是在设计 API 时就一定要遵守所有规则，如何取舍还要看具体业务需求，适合的才是最好的，毕竟架构也是伴随业务的发展而不断演进的。

6.5.3 优缺点对比

RPC 和 RESTful 是目前两种主流的微服务之间的通信协议风格，两者各有利弊，分别适用于不同的场景。表 6-2 是这两种风格的主要技术指标对比。

表 6-2   RPC 与 RESTful 两种协议风格对比

主要技术指标	RPC	RESTful
通信协议	TCP	HTTP
数据传输	二进制	json 字符串
提供服务层次	service	controller
性能	较高	较低
接口依赖	有	无
灵活/开放性	较低	较高
开发成本	较低	较高

RPC 主要是基于 TCP/IP 的，而 RESTful 服务主要是基于 HTTP 的。HTTP 是在传输层协议（TCP）之上的，由于 RPC 普遍采用二进制压缩的序列化参数，数据传输量方面会比 REST 风格的 json（或者 XML）小很多。所以总的来说，从运行效率来看，RPC 当然是要更胜一筹。RESTful 的优势主要体现在通用、开放、标准方面。两者的优缺点详细说明如下，以方便读者在实际应用项目中进行综合分析选择。

（1）RPC 的优点。

❏ 对于服务器端的开发人员而言，容易设计、开发。

❏ 对于消费者而言，调用非常简单。

❏ 便于做集中的监控。

❏ 基于 socket 的二进制 RPC 协议，建立连接延迟低、网络传输效率高。

❏ 支持有状态的长连接，可进行双向通信，实时性好。

❏ 在各个企业的使用较为成熟，许多企业都有自己的 RPC 实践，并已广泛应用在生产环节。

（2）RPC 的缺点。

❏ 紧耦合：API 一旦发布，就难以再做改动。客户端必须使用特定的框架，而且需要引入 API 包。

❏ 没有统一的设计风格：增加了客户端开发人员的学习成本。难以实现通用的客户端库，每个 RPC 框架都有各自的协议。通常以动词的形式设计 API，一个功能就增加一个 API，设计时很少考虑领域模型。

❏ 掩盖网络的复杂性：开发人员很容易混淆远程调用与本地调用。实际上网络调用与本地调用是完全不同的，RPC 的调用方式，让使用者很难意识到是在进行网络调用，忽略了针对网络复杂性的处理。这样会损害用户（客户端）可感知的性能。

（3）RESTful API 的优点。

❑ 　使用 HTTP 作为应用层协议（注意：不是传输层），没有耦合性。

❑ 　可以使用浏览器扩展（如 Postman）或者 curl 之类的命令行来测试 RESTful API。

❑ 　客户端使用任意支持 HTTP 的工具即可。使用类似 Netflix Feign 这样的专门设计的工具，可以做到接近 RPC 的调用方式。

❑ 　可以方便地发布到外网环境。

❑ 　HTTP 对防火墙友好，可以设置各种安全策略。

❑ 　基于资源的设计思想，强迫设计人员抽象资源，思考模型，使设计人员加深对业务模型的理解。

❑ 　不需要中间代理，简化了系统架构。

（4）RESTful API 的缺点。

传统的观念认为 RESTful API 不具备 RPC 的很多特性，不能作为企业级应用广泛使用的 API 管理方式。实际上只要能够正确实施，RESTful API 也可以具备 RPC 框架的许多特性。

❑ 　误解 1：RESTful API 不便于集中管理。

基于"服务发现"和"API 网关"，RESTful API 服务也可以实现统一的服务注册、服务发现，"API 网关"可作为服务的统一出口，反向代理全部的底层服务，实现统一的安全控制和权限管理。

❑ 　误解 2：RESTful API 不便于客户端调用。

RESTful API 直接使用 HTTP 作为应用层协议，实际上只要支持 HTTP 的任何工具都可以完成对 RESTful API 的调用，Web 层也可以使用原生 JavaScript 或 jQuery 调用。

不可否认，传统的 HTTP 操作库一般只是支持 HTTP 隧道模式的调用方式，即把 HTTP 作为传输协议，针对媒体类型转换也没有特殊处理，只返回数据流或者文本数据，对资源的概念也没有特别设计，如 Apache Http Components、jQuery 等。

但是目前已经有很多专门针对 RESTful API 编写的客户端调用工具，如 Java 的 Netflix Feign、Sping RestTemplate。Feign 使用基于注解的形式定义客户端接口，框架会自动生成本地代理类，直接使用类似于本地方法调用的形式调用。Spring Cloud 项目下的 Spring Cloud Netflix Feign 子项目结合了 Spring Boot 和 Netflix Feign 做了封装，更便于使用。

再者在前端领域，现在成熟的前端框架都提供了 Resource 插件，专门用于 RESTful 接口的操作，如 Vue 下的 vue-resource，AngularJS 的 ng-resource 等，针对 RESTful API 的调用以及资源导航都做了很优秀的设计。

6.5.4　两种协议风格的融合方案

1. 方案背景

在实施一个项目时，客户要求同一套代码能够适配 RPC、RESTful 两种调用协议，这在目前分布式微服务架构技术趋势下越来越成为一个基本诉求。微服务框架是企业设计分布式系统普遍会采用的系统架构，目前主要有 RPC（HSF、Dubbo）、RESTful（Spring Cloud）两种协议风格的微服务框架。可是，RPC 与 RESTful 在开发运行方面存在很大差异，RPC 是面向接口的，基本上以接口名称+版本号来作为服务的注册发现，而 RESTful 则以 URL 路径的方式来定位一个服务。两种协议的注册中心、调用方式、负载均衡、服务治理等方面完全不一样。对于客户而言，应用云产品最担心的就是被云厂商的平台绑定，导致后面如果想换平台，迁移成本巨大。举一个例子，客户基于阿里云 HSF 微服务框架开发的应用，只能部署在 EDAS 中才能正常运行，如果哪一天客户由于某些原因想迁移到其他的云平台（如 AWS、腾讯云、华为云等），需要对代码进行大量的改动，迁移成本及迁移风险都是非常高的。也正因为这样，客户从内心是排斥使用云厂商的 PaaS 产品的，而更偏向使用开源通用的技术架构，如 Spring Cloud。

如果能够实现一套代码同时兼容适配 RPC、RESTful 两种风格的微服务框架，技术选型上将会更加自由开放，相信可以打消客户的顾虑，让客户更放心地使用云 PaaS 产品。同时也满足客户混合云/多云战略的实施落地。

2. 方案实现

为了实现平台解耦，做到业务代码不绑定任何技术架构，所有的外部依赖以及服务调用都要面向接口，而不用关心具体的实现，真正做到平台的自由切换和平滑迁移。服务之间的通信协议要实现 RPC、RESTful 两种协议的兼容适配，我们需要从服务提供方和服务消费方两个方面分别考虑技术实现，如图 6-16 所示。

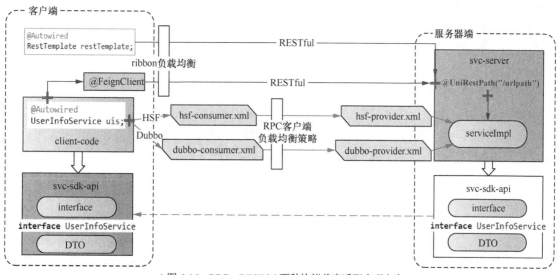

▲图 6-16　RPC、RESTful 两种协议兼容适配实现方案

对于服务提供方，为了兼容两种不同的服务提供方式，实现一套业务代码适配不同的分布式服务框架所使用的远程服务调用协议，服务器端的适配方案如图 6-17 所示。

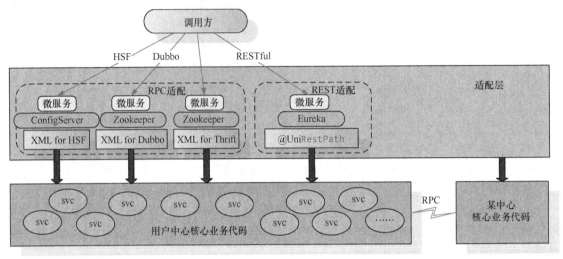

▲图 6-17　服务提供方多协议适配实现方案

该多协议风格融合方案的设计要点如下。

（1）所有的服务必须定义接口（svc-sdk-api），调用方只需依赖接口，不依赖实现。

（2）对于 RPC 协议（如 HSF、Dubbo），为了可自由切换不同的协议，服务注册方式统一为外部 XML 文件方式配置，而不要在代码中通过注解方式注册服务（包括不要在代码中使用 @Component、@Service 等注解注册 bean）。这样切换不同的 RPC 协议时，只需修改 XML 配置文件，无须修改代码。

（3）如果想把服务发布为 REST 风格，通过在 service 类以及方法上加自定义注解（如 @UniRestPath)的方式,该注解的用途是把 service 自动转换为 RESTful 协议注册到 SpringMVC 的组件工厂，这样调用方可以通过 HTTP 请求调用 service 的指定方法。(@UniRestPath 注解的具体实现原理详见后面的说明)。

（4）服务提供方在定义接口时，需要加上@FeignClient 注解，这样调用方才可以以面向接口的方式调用服务方提供的 REST 服务。如果服务提供方只发布 RPC 服务，@FeignClient 注解并不会生效，但也不影响 RPC 服务的正常发布调用。如下：

```
@FeignClient(value = "uni-us")
public interface UserInfoService {
    /**
     * GET 方式在 URL 上传输，支持一个或多个简单类型的参数，不支持复杂类型或集合作为参数
     * @param userId
     * @return
     */
    @GetMapping("/uni/api/module1/user/get")
    public WrapperResponse<UserDTO> getUser(@RequestParam(value = "userId") int userId);
```

```
    /**
     * POST 方式在 BODY 上传输，支持单个复杂类型，及 List、Map 等集合方式传参
     * @param user
     * @return
     */
    @PostMapping("/uni/api/module1/user/save")
    public WrapperResponse<Integer> saveUser(@RequestBody UserDTO user);
}
```

（5）由于 REST 风格的服务调用不支持多个复杂对象作为参数，因此接口方法的参数只能包含一个复杂对象，但可以有多个基本类型的参数；如果有多个复杂类型对象参数的场景，可以把这多个复杂对象再统一封装到一个更复杂的对象中。

对于服务消费方，同样支持 RPC 和 REST 两种风格的调用方式。两种风格的调用说明如下。

（6）调用方需要引入依赖服务方提供的 API 包（API 包中定义接口和 DTO 参数类）。

（7）建议调用方统一采用 RPC 风格调用，编码时采用开发友好的面向接口方式。

❑ 如果服务提供方提供的为 RPC 协议服务，客户端直接引用服务的 API，依赖 Spring 的 @Autowired 依赖注入即可调用远端的服务，一般负载均衡策略直接在 RPC 客户端 stub 中实现。

❑ 如果服务提供方提供的为 RESTful 协议，客户端通过 Spring Cloud 家族的 Feign 组件同样实现以接口的方式调用 HTTP 请求，这种情况下一般配合 ribbon 组件实现负载均衡。

（8）调用方如果采用原生的 REST 风格调用，可直接利用 Spring 的 RestTemplate 封装的工具类，以 REST 风格调用服务方提供的 HTTP 服务。

在实际开发中，一个应用往往既是服务提供方，又是服务调用方，因此要结合上面两方面的方案设计要点。

3. 自定义注解

RPC 和 RESTful 两种协议的兼容适配方案中很重要的一点是，服务提供方的一个 service 类可以同时提供 RPC 与 RESTful 两种协议风格的服务。

（1）对于 RPC 服务，我们是通过外部的 XML 文件进行服务的配置注册。

（2）对于 RESTful 服务，我们是通过在 service 类上加自定义注解的方式注册。

① 自定义注解@UniRestPath。

定义一个自己的注解，如下：

```
@Retention(RetentionPolicy.RUNTIME)
@Target({ElementType.TYPE,ElementType.METHOD})  #该注解只能用于类或者方法上
public @interface UniRestPath {
```

```
    String value();
    RequestMethod[] method() default {};  #仅支持RequestMethod.GET、RequestMethod.POST
}
```

自定义注解（以项目中实现的@UniRestPath 为例）可以直接应用在类以及方法中：

```
@UniRestPath("/uni")
public class UserServiceImpl implements UserService{
    @UniRestPath (value="/getuser",method=RequestMethod.POST)
    public WrapperResponse<User> getuser(@RequestBody User user) throws Exception{
        log.info("调用 PostAction.getuser 方法, username="+user.getUsername());
        user.setId("11010");
        user.setName("siniu");
        user.setAge(88);
        return WrapperResponse.success(user);
    }

    @UniRestPath ("/v0")
    public WrapperResponse<String> v0(){
        log.info(("hello world!");
        return WrapperResponse.success("hello world!");
    }
```

自定义注解@UniRestPath 实现跟@Controller、@RequestMapping 两个注解类似的效果，之所以自己再单独定义一个注解，主要考虑两点。

❑　自定义注解可以更灵活地控制，配合自己实现的 HandlerAdapter 适配器，可以对方法的返回结果做统一的封装。

❑　@Controller、@RequestMapping 两个注解给人的直观印象是作用在 Controller 层的（实际上可以作用于任意层上，如 service 层也可以用这两个注解），@UniRestPath 推荐作用在 service 层，把一个 service 服务类对外暴露成 REST 风格。

自定义注解@UniRestPath 实现原理主要是沿用了 SpringMVC 的整个体系框架，读者可以自行翻阅一下 SpringMVC 的源代码，不难发现其工作原理。SpringMVC 对于 URL 资源请求处理相关的核心接口主要有 HandlerMapping 和 HandlerAdapter。HandlerMapping 主要负责 URL 资源服务的注册与发现，HandlerAdapter 主要负责 URL 请求的服务调用处理。下面我们分别看看这两个接口的继承体系。

② HandlerMapping 接口。

HandlerMapping 接口体系如图 6-18 所示，UniRequestMappingHandlerMapping 继承自 RequestMappingHandlerMapping，核心方法是 isHandler()和 getMappingForMethod()。isHandler() 方法判断指定类型是否是合法的 handler，启动时会扫描组件工厂中的所有组件，依次调用该方法，如果返回 true，则把该组件注册到 MVC 工厂中的 registerHandler()。HandlerMapping 由 DispatcherServlet 调用，DispatcherServlet 会从 SpringMVC 容器中取出所有 HandlerMapping 实例并遍历，让 HandlerMapping 实例根据自己实现类的方式去尝试查找 handler。

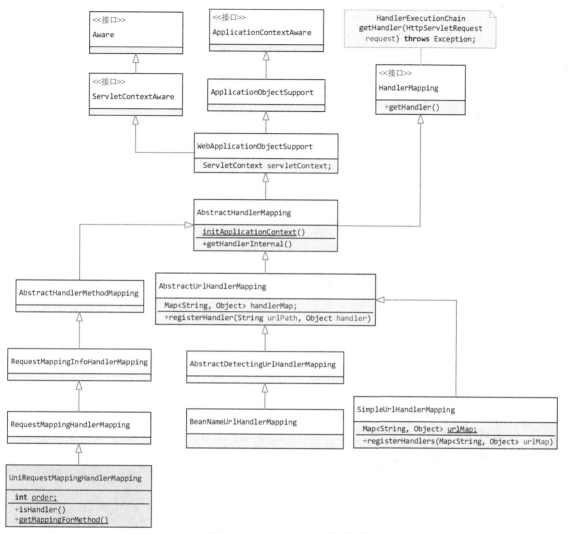

▲图 6-18　HandlerMapping 接口体系

RequestMappingHandlerMapping 实现了 InitializingBean，在 AbstractHandlerMethodMapping
中实现了 afterPropertiesSet()方法，会在容器注入后初始化时执行。自定义的 UniRequestMapping
HandlerMapping 类中的 getMappingForMethod()方法实现自己的映射规则，判断类及方法上是
否有我们自定义的注解（@UniRestPath）。如果有，则把该方法注册到 SpringMVC 组件工厂中。
实现参考代码如下：

```
public class UniRequestMappingHandlerMapping extends RequestMappingHandlerMapping{
    private Logger log = LoggerFactory.getLogger(UniRequestMappingHandlerMapping.class);
    private int order=5;
    #判断指定类型是否是合法的 handler，启动时会扫描组件工厂中的所有组件，逐个调用该方法，如果返回 true，
    #则把该组件注册到 mvc 工厂中的 registerHandler()
```

```
    @Override
    protected boolean isHandler(Class<?> beanType) {
        if(beanType.isAnnotationPresent(UniRestPath.class)){ #如果bean类名上有注解
        #@UniRestPath修饰，则为true
        if(AnnotatedElementUtils.hasAnnotation(beanType,UniRestPath.class)){#当使用aop
        #时，类名会被重写，导致isAnnotationPresent方法无法获取该类上的注解，因此必须用下面这个方
        #法获取注解
            return true;
        }
        return false;
    }

    #handlerType为方法所属的类
    @Override
    protected RequestMappingInfo getMappingForMethod(Method method, Class<?> handlerType)
{
        UniRestPath  hp_clz  =  AnnotatedElementUtils.findMergedAnnotation(handlerType,
UniRestPath.class);#取得类注解
        UniRestPath  hp_method  =  AnnotatedElementUtils.findMergedAnnotation(method,
UniRestPath.class);#取得方法注解
        if(hp_clz==null||hp_method==null){
            return null;
        }
        String clz_path=hp_clz.value()==null?"":hp_clz.value().trim();
        String method_path=hp_method.value()==null?"":hp_method.value().trim();
        RequestMethod[] rm=hp_method.method();
        String url;
        if(clz_path.equals("/") && method_path.startsWith("/")){
            url=method_path;
        }else{
            url=clz_path+method_path;
        }
        log.info("registerHandler,url="+url+";method="+method);
        org.springframework.web.servlet.mvc.method.RequestMappingInfo.Builder
builder=RequestMappingInfo.paths(url);
        if(rm!=null&&rm.length>0){#方法注解中指明了method类型
            builder.methods(rm);
        }else{
            builder.methods(RequestMethod.GET,RequestMethod.POST);#限定方法是get还是
#post，如果不限定，swagger会为该方法生成所有不同类型的API文档(get/post/put/delete/head/
#options/patch)
        }
        return builder.build();
    }
}
```

③ HandlerAdapter 接口。

HandlerAdapter 接口体系如图 6-19 所示。HandlerAdapter 接口的职责是根据 handler 来找到支持它的 HandlerAdapter，通过 HandlerAdapter 执行 handler，得到 ModelAndView 对象。

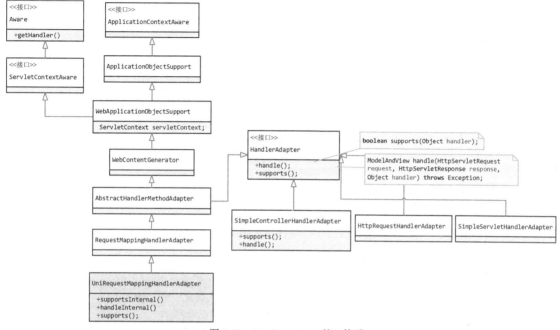

▲图 6-19　HandlerAdapter 接口体系

最核心的方法有两个，boolean supports(Object handler)用于判断当前 HandlerAdapter 是否支持当前的请求 handler，如果 supports 返回的结果为 true，则调用该 HandlerAdapter 的 ModelAndView handle(HttpServletRequest request, HttpServletResponse response, Object handler) throws Exception 方法处理请求；如果 supports 返回的结果为 false，跳过该 HandlerAdapter，继续遍历下一个直到找到可处理的 HandlerAdapter。

我们自定义的 UniRequestMappingHandlerAdapter 类继承自 RequestMappingHandlerAdapter。supports 方法判断当前处理器（handler 对象，这里就是所调用的 method 方法引用）上是否有我们自定义的@UniRestPath 注解修饰。如果 method 方法上有@UniRestPath，我们就处理这次请求，否则直接返回 false 抛给其他 HandlerAdapter 继续处理。UniHandlerAdapter 处理请求的过程也比较简单，从 request 中获取请求参数，利用反射调用指定的方法。实现代码参考如下（限于篇幅，只展示核心代码）：

```
public class UniRequestMappingHandlerAdapter extends RequestMappingHandlerAdapter{
    #每一次请求，DispatcherServlet 会遍历所有的 handlerAdapter，询问是否可处理，如果该 adapter
    #能够处理，则进入后面的 handleInternal()方法处理，否则继续判断下一个 adapter，直到找到能处理的
    #adapter 为止
```

```
    protected boolean supportsInternal(HandlerMethod handlerMethod) {
        if(AnnotatedElementUtils.hasAnnotation(handlerMethod.getMethod(),
                                               UniRestPath.class)){

            return true;
        }
        return false;
    }


    protected ModelAndView handleInternal(HttpServletRequest request,
                                          HttpServletResponse response,
                                          HandlerMethod handlerMethod) throws Exception {
    ModelAndView mv=new ModelAndView(new MappingJackson2JsonView());#统一返回json类
                                                                    #型数据

    Method m=handlerMethod.getMethod();
    Object hostBean=this.applicationContext.getBean(m.getDeclaringClass());#方法所
#在的宿主类的bean对象
    String methodType=request.getMethod();#请求方式有GET, POST
    Object returnObj=null;
    try{
        Parameter[] ps=m.getParameters();#判断method方法的参数个数和类型
        if(ps==null||ps.length==0){#方法没有参数
            returnObj=m.invoke(hostBean);
        }else if(ps.length==1){#方法只有一个参数
            if(methodType.equalsIgnoreCase("GET")){#方法只有一个参数, GET请求
                Object arglist[] = new Object[1];
                String queryString=request.getQueryString();
                String paramString=queryString.substring(queryString.indexOf("=")+1);
                arglist[0] = this.getObject(ps[0].getType(), paramString);
                returnObj=m.invoke(hostBean,arglist);
            }else{#方法只有一个参数, POST请求
                String jsonStr=this.getJsonStrFromRequest(request);
                #判断参数为基本类型还是复杂类型
                Class typeClass=ps[0].getType();
                if(isBasicType(typeClass)){#参数是否为基本类型（是）
                    Object paramObj=this.getObject(typeClass, jsonStr);
                    returnObj=m.invoke(hostBean,paramObj);
                }else if(typeClass.isArray()){#参数为数组
                    JSONArray jsonArray=JSONArray.parseArray(jsonStr);
                    Object arglist[] = new Object[1];
                    #判断数组元参数为基本类型还是复杂类型
                    if(isBasicType(typeClass.getComponentType())){
                        Object array = Array.newInstance(typeClass.getComponentType(),
                                                         jsonArray.size());
                        for(int i=0;i<jsonArray.size();i++){
                            Array.set(array, i, jsonArray.get(i));
                        }
```

```
                            arglist[0] = array;
                            returnObj=m.invoke(hostBean,arglist);
                    }else{#数组参数为复杂类型
                        Object array = Array.newInstance(typeClass.getComponentType(),
                                                         jsonArray.size());
                        JSONObject jsonObj;
                        Object paramObj;
                        for(int i=0;i<jsonArray.size();i++){
                            jsonObj=jsonArray.getJSONObject(i);
                            paramObj=JSON.toJavaObject(jsonObj,
                                                       typeClass.getComponentType());
                            Array.set(array,i,paramObj);
                        }
                        arglist[0] = array;
                        returnObj=m.invoke(hostBean,arglist);
                    }
            }else{#方法有多个参数，这种情况下参数必须是基本类型
        if(methodType.equalsIgnoreCase("GET")){#方法有多个参数，GET 请求
            String queryString=request.getQueryString();
            List<String> list=this.convertToList(queryString.trim());
            int i=0;
            Object arglist[] = new Object[ps.length];
            for(String s:list){
                arglist[i]=this.getObject(ps[i].getType(), s);
                i++;
            }
            returnObj=m.invoke(hostBean,arglist);
        }else{#方法有多个参数，POST 请求
            String jsonStr=this.getJsonStrFromRequest(request);
            JSONObject jsonObj=JSONObject.parseObject(jsonStr);
        #大部分情况下，编译后的 class 中不含参数名信息，直接用参数顺序映射
            int i=0;
            Object arglist[] = new Object[ps.length];
            for(Object o:jsonObj.values()){
                arglist[i]=o;
                i++;
            }
            returnObj=m.invoke(hostBean,arglist);
        }
        }
    }
}
catch(Exception e){
    #异常处理，包括链路追踪、异常流水号生成等，此处省略
}
mv.addObject("code",((WrapperResponse)returnObj).getCode());
mv.addObject("type",((WrapperResponse)returnObj).getType());
```

```
        mv.addObject("message",((WrapperResponse)returnObj).getMessage());
        mv.addObject("data",((WrapperResponse)returnObj).getData());
        return mv;
    }
}
```

　　以上就是 RPC、RESTful 两种风格的兼容适配实现方案，虽然代码不多，方案也不复杂，却给整个开发过程带来很多便利，让最终交付的系统更加开放，尤其在多云环境中，能够大幅降低应用迁移的成本。

第三部分　云原生服务

第 7 章　云原生 IaaS 服务

云原生很重要的思想之一就是把一切资源服务化，即所谓的 XaaS（X as a Service）。充分利用云的弹性能力，把应用系统所依赖的所有外部资源都当成服务，按需申请开通，即开即用，用完可随时释放。不管是基础设施资源（比如应用想要占用多少 CPU、多大内存、多大存储容量、多少网络带宽等），还是数据资源（比如应用需要什么类型数据库、什么版本、什么规格、多大表空间、多大的读写 I/O 等），或者是中间件资源（比如应用需要分布式消息队列、分布式服务、分布式缓存、分布式任务调度）等，所有这些资源都以云服务的方式提供，云平台以专业的团队以及架构确保这些资源服务的高可用与弹性伸缩，大大提高应用架构的灵活性，应用开发人员只需关注自己的业务代码，并降低应用运维管理成本。

虚拟计算、虚拟存储、虚拟网络、资源调度是云原生敏捷基础设施 IaaS 必须提供的四大核心能力，如图 7-1 所示。IaaS 为上层提供统一的计算、存储、网络服务，并完成所需的配套环境设施的建设。建设内容涉及基础物理环境（数据中心机房）租用、硬件基础设施（x86服务器、网络及综合布线），并在物理环境与硬件基础设施之上搭建基础云服务，如图 7-2所示。

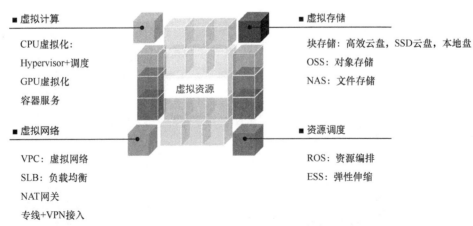

▲图 7-1　IaaS 虚拟资源四大核心能力

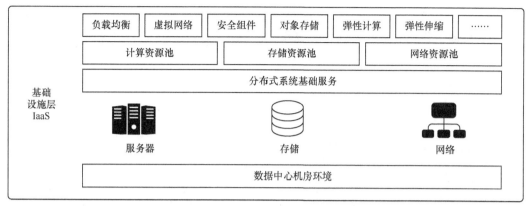

▲图 7-2　基础设施层（IaaS）技术架构

云原生基础设施层 IaaS 包含计算资源、存储资源和网络资源、分布式系统基础服务、基础云服务，是整个云计算环境的基础。计算资源、存储资源和网络资源属于物理硬件设备。分布式操作系统、基础云服务主要用于对硬件设备进行整合管理，突破传统单机单用的架构，采用虚拟化、分布式存储、SDN 等技术手段，构建动态可扩展的计算资源池、存储资源池、网络资源池，实现资源的共建共享，同时构建资源编排、自动化部署等自动化云服务，支持上层应用及各平台的稳定运行。

7.1　容器服务

近年来随着 Docker 技术以及微服务架构的流行，容器（container）技术又进入人们的视野，成为广受欢迎的主流技术。但容器技术本身不是什么新的技术，只是隔离及封装操作系统资源的一种方式。早在 20 世纪 80 年代，UNIX 操作系统下的 chroot 技术就已经有了容器技术的雏形，而 Docker 是 2013 年才出现的产品。不可否认，Docker 开创了 Linux 容器技术的文艺复兴时代，Docker 从发布之日起就引起业内的广泛持续关注，不断发掘其适用场景，使容器技术得到广泛的认知和应用。创新并不意味着一定要创造出新技术，借助 Docker 的迅猛发展势头，容器技术一跃成为一种颠覆性的技术，它改变了 IT 行业的格局，影响了相关的生态系统和云计算市场。

容器技术是一种高效的软件交付技术，具有跨平台可移植性、应用相互隔离的特点。利用这个特性，容器成为确保开发、测试、生产等环境保持一致的代码交付手段。在任何环境中运行的都是相同的容器，确保由于环境不同所带来的差异被最大限度地屏蔽了。利用这种标准的交付手段，我们可以大大提高开发和运维的效率。

容器即服务（Container as a Service，CaaS）以服务化的方式实现容器运行环境，降低了开发、运维人员使用容器的门槛。容器服务提供了高性能可伸缩的容器应用管理服务，支持在一组云服务器上通过 Docker 容器来进行应用的生命周期管理，基于 Docker 容器来运行或编排应用程序，开发人员将不再需要安装、运维、扩展自己的集群管理基础设施。容器服务具有简单易用、灵活弹性、秒级部署等特点，极大地简化了用户对容器集群管理的搭建工作。随着容器技术的流行，各个主流云平台厂商纷纷推出自己的容器服务产品，开箱即用，用户可以选择云平台厂商提供的容器托管服务，或者自己使用 Kubernetes 等开源产品搭建容器集群。图 7-3 对比了主流的云服务厂商提供的容器产品。

⊝ Alibaba Cloud	aws	▦ Microsoft Azure	◇ Google Cloud Platform
容器服务（ACS） 容器服务Kubernetes版（ACK）	弹性容器服务 Elastic Container Service（ECS） 弹性容器服务Kubernetes版 Elastic Container Service for Kubernetes（EKS）	容器服务（ACS） Kubernetes服务（AKS）	容器引擎 Container Engine（GKE）
容器镜像服务（ACR）	弹性容器镜像仓库 Elastic Container Registry（ECR）	容器镜像仓库 Container Registry（ACR）	容器镜像仓库 Container Registry（GCR）
Serverless Kubernetes（ASK）	Fargate		
弹性容器实例（ECI） ACK虚拟节点	Virtual Node of Fargate	容器实例 Container Instance（ACI） AKS虚拟节点 Virtual Node of AKS	
Apsara Stack Agility Edition		AKS on Azure Stack	GKE on-prem
Istio插件 Knative插件			Istio插件 Knative插件

▲图 7-3　主流云服务厂商推出的容器服务产品组合

以阿里云为例，阿里云的容器服务 ACK 包含了专有版 Kubernetes（Dedicated Kubernetes）、托管版 Kubernetes（Managed Kubernetes）、Serverless Kubernetes 这 3 种形态，方便用户按需选择，详细内容可见 4.5.1 节。

针对不同的应用场景，用户在创建集群时，可以选择不同的模板。如图 7-4 所示，一个集群指容器运行所需的云资源组合，关联了若干服务器节点、负载均衡、专有网络等云资源。

▲图 7-4　根据不同的应用场景选择容器集群模板

容器服务无缝整合了虚拟化、存储、网络和安全能力，打造了 Docker 等容器云端最优化的运行环境。容器服务提供了多种应用发布方式和流水线般的持续交付能力，原生支持微服务架构，助力用户应用无缝上云和跨云管理。

传统运行在 IDC 的应用如果要向云上迁移，面临的挑战是应用的运行环境的适配以及应用部署方式的改变。原有数据中心的环境和云环境的差异越大，迁移的成本越高。由于容器技术具有跨平台移植的特性，可以解决不同环境下应用运行有差异的问题。无论用户的应用采用何种语言（Java、PHP、Python、Golang、Node.js 等）、何种技术栈，都能够通过容器技术封装成跨平台可用的 Docker 镜像，从而将原来繁重的应用迁移变成一系列标准化的操作。

容器服务支持计算能力跨界迁移，通过容器服务可以管理本地专有云和公有云容器集群；提供了对所有环境完全一致的管理方式，用户无须针对不同的其他云服务商或者 IDC 机器寻求特定的管理方案。使用同一套镜像和编排模板可以让应用无缝在云间迁移。

一般来说，云平台厂商提供的容器服务具有以下基本功能，以方便用户基于容器部署管理自己的应用。

（1）容器托管：提供大规模容器集群管理、资源调度、容器编排、代码构建，屏蔽了底层基础架构的差异，简化了分布式应用的管理和运维。

（2）服务发现：为每个服务提供二级域名和端口映射，服务之间可通过内网域名进行访问，不会受容器重启、迁移或扩展的影响。服务之间还可通过环境变量链接起来。

（3）网络管理：提供高性能 VPC/弹性网卡（Elastic Network Interface，ENI）网络插件，用于构建容器专有网络环境。支持容器访问策略和流控限制。

（4）存储卷：容器服务支持有状态和无状态服务。可将高可用、分布式存储卷直接挂载在容器上，并在容器重启、迁移过程中自动重新挂载。当容器重新部署时，存储卷也会随着容器在不同主机之间迁移。

（5）弹性伸缩：容器服务的弹性伸缩通常于秒间对容器进行横向扩展，可同时对 CPU、内存等负载数据进行实时监控，实现全自动/半自动弹性伸缩。

（6）负载均衡：提供四层、七层负载均衡，将流量引导、分摊到服务的每个实例，并根据容器状态自动对负载均衡进行实时配置，提高应用整体可用性及吞吐量。

（7）日志监控：提供全方位的日志监控，自动搜集容器输出日志，并可保留已中断的容器的历史日志；可对容器性能作全方位实时监控。

（8）灰度升级：灰度升级是指在升级过程中，在用户无感知的情况下做到不停机，实现平滑地升级。灰度升级可以确保整体系统的稳定。

（9）容灾容错：基于 Kubernetes 的容器云具有独特的高可用技术，可以确保容器实例的副本数量即使在某个主机出错的情况下也能维持不变。

7.2 镜像仓库服务

容器是基于镜像创建的，镜像是保存在镜像仓库中的（类似于代码保存在 GitHub 中）。镜像仓库可实现镜像的统一管理与分发，是容器运行生态中重要的核心组成部分，也是云原生应用架构中不可缺少的基础设施服务。

镜像仓库又分为公有仓库（DockerHub、DockerPool）和私有仓库，DockerHub 是 Docker 官方维护的一个公有仓库，如图 7-5 所示，其中包括了数十万个镜像。我们常用的大部分产品及服务可以通过 DockerHub 直接下载镜像，也可以通过 docker search 和 docker [image] pull 命令来查找下载。

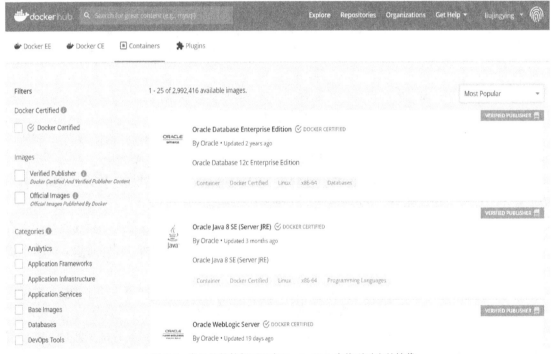

▲图 7-5　常见的软件都可以在 DockerHub 中找到对应的镜像

我们可以通过执行 docker login 命令来登录镜像仓库，本地用户目录下的 .docker/config.json 文件保存当前登录用户的认证信息，登录成功后可以上传个人制作的镜像到 DockerHub。DockerHub 服务器在国外，基于镜像上传下载速度以及网络安全等方面考虑，国内用户一般选择自建私有镜像仓库或者使用国内云厂商（阿里云、腾讯云、网易云等）提供的镜像仓库服务。图 7-6 所示的为阿里云提供的镜像仓库服务。

云厂商提供的镜像仓库服务的优势主要体现在易用性、安全性和可集成性 3 个方面。无须用户自行搭建及运维，一键创建镜像仓库；支持多地域，提供稳定快速的镜像上传、下载服务。

镜像仓库服务提供安全的容器镜像托管能力、精确的镜像安全扫描功能、稳定的国内外镜像构建服务和便捷的镜像授权功能，方便用户进行镜像全生命周期管理。镜像仓库服务简化了 Registry 的搭建运维工作，支持多地域的镜像托管，以加速镜像的上传下载，并联合 Jenkins 等开源产品，实现源代码编译测试后自动生成应用镜像，打造云上使用 Docker 容器进行应用部署管理的一体化体验，如图 7-7 所示。

▲图 7-6 阿里云提供的镜像仓库服务

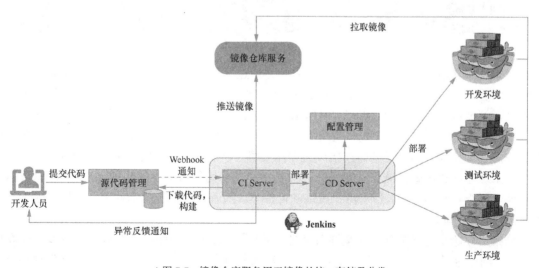

▲图 7-7 镜像仓库服务用于镜像的统一存储及分发

7.3 分布式存储服务

　　分布式存储是相对于集中式存储来说的，在介绍分布式存储之前，我们先看看什么是集中式存储。在传统 IOE 单体架构时代，企业级的存储设备基本上是集中式存储。所谓集中式存储，从概念上可以看出来是具有集中性的，也就是整个存储是集中在一个系统中的。但集中式存储并不是一个单独的设备，是集中在一套系统中的多个设备。以 EMC 公司的存储系统为例（见图 7-8），整个存储系统可能需要几个机柜来存放。这个集中式存储系统包含很多组件，除了核心的机头（控制器）、磁盘阵列（Just a Bunch Of Disks，JBOD）和交换机等设备，还有管理设备等辅助设备。

▲图 7-8　EMC 集中式存储系统

　　分布式存储最早是由谷歌提出的，其目的是通过廉价的服务器来提供使用于大规模、高并发场景下的 Web 访问问题，以横向扩展的机制突破集中式存储存在的性能瓶颈。我们先看看计算机存储技术的发展过程，如图 7-9 所示。

　　"分布式存储"指代了一种分布式的存储系统架构类型，这种存储架构是由一组独立的存储服务器为了完成共同的任务而连接成的存储集群。分布式存储的出现是为了用廉价的、普通的存储系统完成集中式存储无法完成的可扩展性和高可用的海量存储任务。分布式存储长期大规模地应用于互联网，主要追求可扩展性和低成本，随着其进入传统企业市场，我们逐步开始构建企业级存储能力。

　　分布式存储是建立在分布式文件系统之上的。分布式集群文件系统是指运行在多台计算机之上，之间通过某种方式相互通信，从而将集群内所有存储空间资源整合、虚拟化并对外提供文件访问服务的文件系统。其与新技术文件系统（New Technology File System，NTFS）、延伸文件系统（EXTended file system，EXT）等本地文件系统的目的不同，前者是为了扩展性，后者运行在单机环境，纯粹管理块和文件之间的映射以及文件属性。

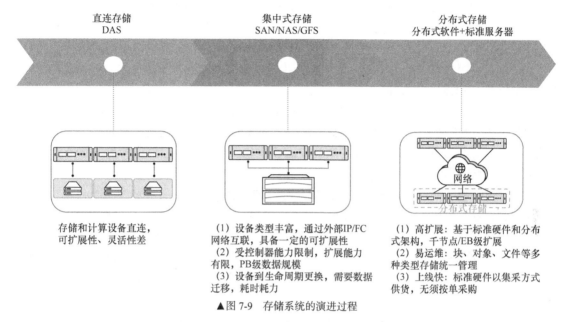

▲图 7-9　存储系统的演进过程

集群文件系统分为多类，按照对存储空间的访问方式，可分为集中共享存储型集群文件系统和分布式集群文件系统。前者是多台计算机识别到同样的存储空间，并相互协调共同管理其上的文件，又被称为集中共享文件系统；后者则是每台计算机各自提供自己的存储空间，并各自协调管理所有计算机节点中的文件。分布式存储是将数据分散存储到多个数据存储服务器上。分布式存储目前多借鉴谷歌的经验，在众多的服务器上搭建一个分布式文件系统，再在这个分布式文件系统上实现相关的数据存储业务。如 Hadoop 分布式文件系统（Hadoop Distributed File System，HDFX）、Gluster、Ceph、Swift 等互联网常用的大规模集群文件系统，无一例外都属于分布式集群文件系统。分布式集群文件系统的可扩展性更强，目前已知最大可扩展至 10000 个节点。

在传统的 IOE 架构下，网络存储系统采用集中的存储服务器存放所有数据，存储服务器成为系统性能的瓶颈，它也是可靠性和安全性的焦点，不能满足大规模存储应用的需要。分布式网络存储系统采用可扩展的系统结构，利用多台存储服务器分担存储负荷，有效提高了系统的可靠性、可用性和存取效率。

分布式存储中的实际存储设备分布在不同的地理位置，数据就近存储。数据分散在多个存储节点上，各个节点通过网络相联。我们对这些节点的资源进行统一的管理，从而大大地缓解了带宽压力，同时也解决了传统的本地文件系统在文件大小、文件数量等方面的限制。简单来说，分布式存储就是利用分布式技术将标准 x86 服务器的本地机械硬盘、固态硬盘等存储介质组织成一个大规模存储资源池；同时，为上层的应用和虚拟机提供工业界标准的小型计算机系统接口（Small Computer System Interface，SCSI）、因特网 SCSI（Internet SCSI，iSCSI）和对象访问接口，进而打造一个虚拟的分布式统一存储产品。

分布式存储的出现得益于云原生应用的发展以及存储硬件的持续演进和优化。随着云计算和互联网+的发展带来的海量数据的爆发，企业亟需更高效的网络存储系统。与此同时，以闪存为代表的新一代存储介质出现，使文件、块、对象 3 种形式的存储进一步融合。在此背景下，更贴合企业用户需求的分布式存储应运而生。分布式存储有着非常突出的技术优势，主要体现在灵活性、速度、成本等方面。

（1）灵活性方面：分布式存储系统使用标准服务器（在 CPU、RAM 以及网络连接/接口中），它不再需要专门的存储产品来处理存储功能，并允许标准服务器运行存储功能，这是一项重大突破，这意味着可以简化 IT 堆栈并为数据中心创建单个构建块。通过添加更多服务器进行扩展，从而线性地增加容量和性能。

（2）速度方面：如果你研究一个专门的存储阵列，会发现它本质上是一个服务器，但是只能用于存储。为了拥有快速存储系统，你要花费的成本会非常高。即使在如今的大多数系统中，当为存储系统进行扩展时，整个系统的性能也不会提高，因为所有流量都必须通过"头节点"或主服务器（充当管理节点）。但是在分布式存储系统中，任何服务器都有 CPU、RAM、驱动器和网络接口，它们表现为一个组。因此，每次添加服务器时，总资源池都会增加，从而提高整个系统的速度。

（3）成本方面：分布式存储系统将最大限度地降低基础设施成本，在驱动器和网络上所花费的成本非常低，极大地提高了服务器的使用效率。同时，数据中心所需的电力、空调费、所占空间等费用也减少了，管理起来更加方便，所投入的人力也更少。这也是如今各大公司都在部署分布式存储的原因。

分布式存储系统是云原生架构敏捷基础设施的核心服务能力，敏捷基础设施的核心在于软件定义基础设施，其中 SDS 也是重要的基础能力之一。分布式存储系统构建在虚拟化平台之上，通过部署存储虚拟设备的方式虚拟化本地存储资源，再经集群整合成资源池，为应用虚拟机提供存储服务。分布式存储系统替代了传统的集中式存储系统，使整个架构更清晰简单，极大地简化了复杂 IT 系统的设计。但是分布式存储系统非常依赖网络的数据传输能力，至少需要万兆级网络互联。随着网络技术的发展、网速不断提升、分布式存储可以实现数据中心性能的线性扩展，虚拟化计算能够提高资源的利用效率，减少硬件需求，而管理运维平台可以提升云原生架构的易用性。

云计算时代涌现出许多成熟的开源软件，如云计算管理平台 OpenStack、开源虚拟化解决方案 KVM 及 Xen、分布式存储平台 Ceph 及 GlusterFS 等，它们为多数厂商构建云原生存储产品提供了技术支持。高速网络、闪存、软件定义存储等技术的发展，使分布式存储在云计算时代获得了更广泛的应用场景。目前，云原生主流厂商通过自研或基于开源技术二次开发的方式构建自有云产品的软件定义存储、虚拟化计算及管理运维平台。得益于较低的拥有成本、灵活的扩展能力、线性增长的性能、统一的资源池管理等诸多先天优势，分布式存储逐步替代了传统网络存储，成为云原生架构下的一把"利器"，该"利器"把存储作为一种资源服务，按需使用弹性伸缩，可有效处理海量业务数据。云平台厂商提供的分布式存储服务一般包括块存储

（云盘）、文件存储、对象存储等不同的存储类型产品。

7.4 虚拟网络服务

云原生架构倡导一切外部资源以服务化的方式提供。资源服务是软件可定义的，网络也不例外，例如 SDN 利用软件虚拟化技术，在物理网络基础之上根据应用的需求设计定义出不同的虚拟网络，从而大大提高网络架构的灵活性、可扩展性、可定义性，以满足应用灵活多样的个性化网络需求。应用之间的访问通信以及安全策略，都在这个虚拟网络上进行。关于集群容器间的网络互通，3.5 节和 4.2 节中已有介绍，这里不再赘述，本节重点介绍云原生虚拟专有网络 VPC 服务。

一般的云平台厂商会根据用户的需要提供两种网络类型。

（1）经典网络：经典网络类型的云产品统一部署在云平台，规划和管理由云平台负责，更适合对网络易用性要求比较高的客户。

（2）专有网络：一个可以自定义隔离的专有网络，我们可以自定义这个专有网络的拓扑和 IP 地址，它适用于对网络安全性要求较高和有一定的网络管理能力的客户。

经典网络和专有网络的功能差异如表 7-1 所示。

表 7-1　　　　　　　　　　经典网络和专有网络的功能差异

功能	经典网络	专有网络
二层逻辑隔离	不支持	支持
自定义私网网段	不支持	支持
私网 IP 规划	经典网络内唯一	专有网络内唯一，专有网络间可重复
自建 VPN	不支持	支持
私网互通	相同区域内互通	专有网络内互通，专有网络间隔离
路由表	不支持	支持
交换机	不支持	支持
自定义路由器	不支持	支持
SDN	不支持	支持
隧道技术	不支持	支持
自建 NAT 网关	不支持	支持

随着云计算的不断发展，对虚拟化网络的要求越来越高，比如可伸缩性（scalability）、安全性（security）、可靠性（reliability）和私密性（privacy），并且还有极高的互联性能需求，从而催生了多种多样的网络虚拟化技术。较早的解决方案是将虚拟机的网络和物理网络融合在一起，形成一个扁平的网络架构，例如 VXLAN 大二层网络。随着虚拟化网络规模的扩大，这种方案中的 ARP 欺骗、广播风暴、主机扫描等问题会越来越严重。为了解决这些问题，各种网

络隔离技术出现了，它们把物理网络和虚拟网络彻底隔离开。其中一种技术是用户之间用 VLAN 进行隔离，该技术在小型私有云环境中经常采用，但是 VLAN 的数量最大只能支持到 4096 个，无法支撑公有云的巨大用户量。

VPC 是用户独有的云上私有网络，是一个隔离的网络环境，专有网络 VPC 之间在逻辑上彻底隔离。不论是在公有云还是在私有云环境中，我们都可以根据需要单独规划、隔离出不同的 VPC 网络。用户可以完全掌控自己的专有网络，如选择 IP 地址范围、配置路由表和网关等。用户可以在自己定义的专有网络中使用相关的云资源，如云服务器、云数据库和负载均衡等。用户可以根据业务规划创建多个子网，子网是网络域的一部分，通过划分子网可以将网络域在逻辑上分成多个网段。子网内的云主机的 IP 地址都属于该子网，将不同的服务部署到不同的子网可以提高服务的可用性。我们也可以根据应用的需要将一个 VPC 网络连接到其他 VPC 网络或本地网络（通过路由器接口互联），从而形成一个按需定制的网络环境，以实现应用的平滑迁移上云和对数据中心的扩展，如图 7-10 所示。

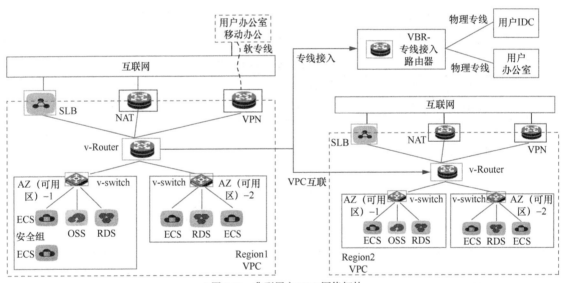

▲图 7-10　典型用户 VPC 网络拓扑

通过专有网络支持专线、VPN 等多种连接方式，专有网络与物理网络或者不同专有网络之间可以实现连接，以组成一个虚拟的混合网络。为了增强可用性，每个地域（region）一般由多个可用区（Available Zone，AZ）组成，每个可用区包含一个或多个机房。可用区拥有独立的电力和网络，即使一个可用区出现问题，也不会影响其他可用区。可用区之间物理隔离，但可以通过内网互通，既保障了可用区的独立性，又提供了低时延的网络连接。一个可用区内的资源还可以根据需要划分为不同的安全组，安全组是一种虚拟的防火墙，具备控制入站和出站流量的能力。安全组和网络域绑定形成了逻辑上的分组，为 VPC 内具有相同安全保护需求并互相信任的云主机提供安全访问策略，是重要的网络安全隔离手段。创建好安全组后，用户可以在安全组中创建访问规则，针对每条规则定义出入方向、授权 IP 地址、端口、协议等属性。当云主机加入该安全组后，就会受到这些访问规则的保护，由安全组规则决定放行还是阻断相关流量。

每个 VPC 都由一个私网网段、一个路由器和至少一个交换机组成，如图 7-11 所示。

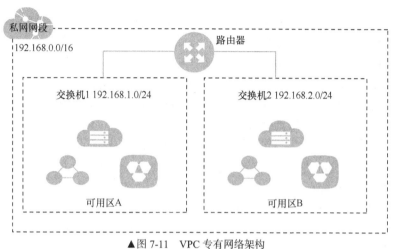

▲图 7-11　VPC 专有网络架构

1. 私网网段

网段是专有网络的私网地址范围，所有部署在该 VPC 内的云资源的 IP 地址都在指定的私网网段内。在创建专有网络和交换机时，用户需要以无类别域间路由（Classless Inter-Domain Routing，CIDR）地址块的形式指定专有网络使用的私网网段，CIDR 是一个用于给用户分配 IP 地址以及在互联网上有效地路由 IP 数据包的对 IP 地址进行归类的方法。用户可以使用表 7-2 中标准的私网网段及其子网作为 VPC 的私网地址。

表 7-2　　　　　　　　　　　　　　　私网网段地址

网段	可用私网 IP 地址数量（不包括系统保留地址）
192.168.0.0/16	65 532
172.16.0.0/12	1 048 572
10.0.0.0/8	16 777 212

2. 路由器

路由器（router）是专有网络的枢纽。作为专有网络中重要的功能组件，它可以连接 VPC 内的各个交换机，同时它也是连接 VPC 和其他网络的网关设备。每个专有网络创建成功后，系统会自动创建一个路由器。每个路由器关联一张路由表，路由表是指路由器上管理路由条目的列表，路由表中的每一项是一条路由条目。路由条目定义了通向指定目标网段的网络流量的下一跳地址，路由条目包括系统路由和自定义路由两种类型。

3. 交换机

交换机（switch）是组成专有网络的基础网络设备，用来连接 VPC 内不同的资源实例（服务器、虚拟机、容器等）。创建专有网络之后，我们可以通过创建交换机为专有网络划分一个或多个子网，同一专有网络内的不同交换机之间内网互通。用户可以将应用部署在不同可用区的交换机内，以提高应用的可用性。

相比于物理网络，VPC 虚拟专有网络具有配置灵活、支持多种连接方式（VPC 之间互联、VPC 连 IDC、VPC 连公网等）两大核心优势。同时，在安全性方面，虽不是严格意义上的物理隔离，但 VPC 之间的逻辑隔离对大部分应用而言已经足以满足安全需求。基于目前主流的隧道技术，VPC 隔离了虚拟网络，每个 VPC 都有一个独立的隧道号，一个隧道号对应着一个虚拟化网络。VPC 之间在逻辑上完全隔离，可达到与传统 VLAN 方式相同的隔离效果，广播域隔离可实现实例网卡级别的完全隔离。一个 VPC 内的虚拟机资源之间的传输数据包都会加上隧道封装，带有唯一的隧道 ID，然后被送到物理网络上进行传输。不同 VPC 内的虚拟机因为所在的隧道 ID 不同，且本身处于两个不同的路由平面，所以不同 VPC 内的虚拟机无法进行通信，天然地进行了隔离。另外，我们还可以通过安全组、白名单等方式控制专有网络内的虚拟机资源访问。

用户可以在 VPC 中部署各种 Web 应用，像使用普通网络一样使用 VPC，并通过 NAT 网关或 IGW 网关实现 VPC 内的 Web 应用与公网的互通，或通过负载均衡 SLB 将访问流量均衡地分发到 VPC 内的多台云主机上，以支撑海量用户访问。

第 8 章　云原生 DaaS 服务

8.1　数据库服务

主流的数据库包括关系型数据库［结构化查询语言（Structured Query Language，SQL）］和非关系型数据库（Not only SQL，NoSQL）。关系型数据库是建立在关系模型基础上的数据库，借助于集合代数等数学概念和方法来处理数据库中的数据，支持复杂的事务处理和结构化查询，代表产品有 MySQL、PostgreSQL、Oracle、SQL Server 等。非关系型数据库是新兴的数据库技术，它放弃了传统关系型数据库的部分强一致性限制，性能上有所提升，更适用于大规模并行处理的场景。非关系型数据库是关系型数据库的良好补充，代表产品有 HBase、MongoDB、Redis 等，以及其他一些用于特定场景的非结构化数据库产品，如对象存储服务（Object Storage Service，OSS）、图数据库（Graph Database，GDB）、时序时空数据库 TSDB 等。用户可以根据不同的业务场景选择适合的数据库服务，如图 8-1 所示。

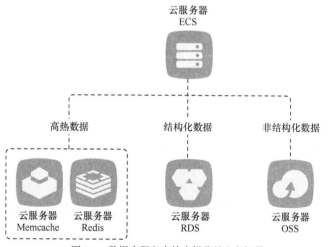

▲图 8-1　数据库服务支持多样化的业务场景

云原生架构把数据库当成一种资源服务，与应用系统进行解耦。用户无须事先进行严格的容量规划、购买服务器以及安装数据库软件等一系列复杂烦琐的过程，可直接使用云厂商提供的稳定可靠、可弹性伸缩的在线数据库服务，随时申请开通，即开即用，按需付费、按需升级，在节省成本的同时大幅减少数据库的运维管理工作。云数据库服务一般基于分布式文件系统和高性能存储，提供了容灾、备份、恢复、监控、迁移等方面的全套解决方案，彻底解决数据库运维的烦恼。针对不同的应用场景，云厂商提供不同类型的数据库服务，用户可以方便、快捷地创建出适合自己应用场景的数据库实例，降低了架构决策及实施的成本与周期。

云数据库服务一般支持实例管理、账号管理、数据库管理、备份恢复、白名单、透明数据加密、数据脱敏以及数据迁移等基本的数据库管理功能。云数据库服务还提供如下高级功能。

（1）只读实例：在对数据库有大量读请求和少量写请求时，单个实例可能无法承受读取压力。为了实现读取能力的弹性扩展，减小单个实例的压力，云数据库服务可开通只读实例，利用只读实例满足大量的数据库读取需求，以此增加应用的吞吐量。

（2）读写分离：读写分离功能是在只读实例的基础上额外提供一个读写分离地址，联动主实例及其所有只读实例，创建自动的读写分离链路。应用程序只需连接读写分离地址进行数据读取及写入操作，读写分离程序会自动将写请求发送到主实例，而将读请求按照权重发送到各个只读实例，如图 8-2 所示。用户只需通过添加只读实例的个数，即可不断扩展系统的处理能力，应用程序上无须做任何修改。

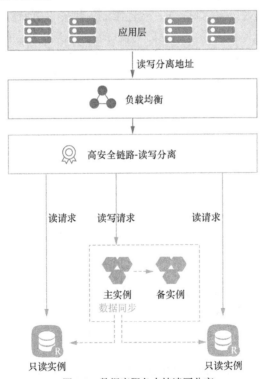

▲图 8-2 数据库服务支持读写分离

（3）CloudDBA 数据库性能优化：针对 SQL 语句性能、CPU 使用率、每秒 I/O 操作（I/O Operations Per Second，IOPS）使用率、内存使用率、磁盘空间使用率、连接数、锁信息、热点表等，CloudDBA 提供了智能的诊断及优化功能，能最大限度地发现数据库存在的或潜在的健康问题。CloudDBA 的诊断基于单个实例，会提供问题详情及相应的解决方案，为用户维护数据库实例带来极大的便利。

（4）数据压缩：云数据库服务支持通过特定的存储引擎压缩数据，以减少数据占用的存储空间，降低用户的数据存储成本。

（5）高可靠性：数据是企业最核心的信息资产，云数据库服务由云厂商专业的数据库管理团队负责 7×24 小时的运维保障，通过双机热备、多副本冗余、数据备份和数据恢复来实现数据库服务的高可靠性。

相比较用户自建数据库，直接采用云平台厂商提供的云数据库服务具备便宜、易用、免运维、高性能、高可用性、高安全性等诸多优势（见表 8-1）。当然，部分用户基于数据安全的考虑，可能还会选择自建数据库或者在私有云中使用云数据库服务。

表 8-1　　云数据库和自建数据库对比分析

对比项	云数据库服务	自购服务器搭建数据库服务
服务可用性	高可用架构提供高可用性	需自行保障，自行搭建主备复制，自建 RAID 等
数据可靠性	自动主备复制、数据备份、日志备份等	需自行保障，自行搭建主备复制，自建 RAID 等
系统安全性	防 DDoS 攻击，流量清洗；及时修复各种数据库安全漏洞	自行部署，价格高昂；自行修复数据库安全漏洞
数据库备份	自动备份	自行实现，但需要寻找备份存放空间以及定期验证备份是否可恢复
软硬件投入	无软硬件投入，按需付费	数据库服务器成本相对较高，对于商业数据库软件还需支付许可费用
系统托管	无托管费用	每台 2U 服务器服务费用每年超过 5000 元（如果需要主备，两台服务器服务费用超过 10000 元/年）
维护成本	无须运维	需招聘专职数据库管理员来维护，花费大量人力成本
部署扩容	即时开通，快速部署，弹性扩容	需硬件采购、机房托管、机器部署等工作，周期较长
资源利用率	按实际结算，100%利用率	由于业务有高峰期和低峰期，资源利用率很低

8.2　分布式对象存储

非结构化数据的数据结构不规则或不完整，没有预定义的数据模型，不方便用数据库二维逻辑表来表现，包括所有格式的办公文档、文本、图片、XML、HTML、各类报表、图像和音频/视频信息等。OSS 一般用来存储图片、音视频、文件等非结构化数据，其基于云平台厂商提供的海量、安全、低成本、高可靠的云存储服务。OSS 可以被理解成一个即开即用、无限大空间的存储集群。相比传统自建服务器存储，分布式对象存储服务在可靠性、安全性、成本和数据处理能力方面都有着突出的优势。

OSS 一般提供与平台无关的 RESTful API，以确保用户可以在任何应用、任何时间、任何地点存储和访问任意类型的数据。可以使用云厂商提供的 API、SDK 接口或者 OSS 迁移工具轻松地将海量数据移入或移出 OSS。数据存储到 OSS 以后，可以选择标准（standard）存储作为移动应用、大型网站、图片分享或热点音视频的主要存储方式，也可以选择成本更低、存储期限更长的低频访问（infrequent access）存储和归档（archive）存储作为不经常访问数据的存储方式。

OSS 将数据文件以对象/文件（object）的形式上传到存储空间（bucket）中。bucket 是用于存储对象的容器，所有的对象都必须隶属于某个存储空间，存储空间具有各种配置属性，包括地域、访问权限、存储类型等。用户可以根据实际需求，创建不同类型的存储空间来存储不同的数据。用户可以设置和查看 bucket 的访问权限，一般来说，bucket 的访问权限可以为以下任意一种。

（1）私有权限（private）：只有该存储空间的创建者或者授权对象才可以对该存储空间内的文件进行读写操作，其他人在未经授权的情况下无法访问该存储空间内的文件。

（2）公有读，私有写（public-read）：只有该存储空间的创建者才可以对该存储空间内的文件进行写操作，任何人（包括匿名访问）可以对该存储空间中的文件进行读操作。

（3）公有读写（public-read-write）：任何人（包括匿名访问）都可以对该存储空间内的文件进行读写操作。

OSS 提供的是一个键值（key-value）对形式的对象存储服务。用户可以根据对象的名称唯一地获取该对象的内容。对象（object）是 OSS 存储数据的基本单元，也被称为 OSS 的文件。对象由元信息（object meta）、用户数据（data）和文件名（key）组成。对象由存储空间内部唯一的 key 来标识。对象的元信息是一个键值对，表示了对象的一些属性，比如最后修改时间、大小等信息，同时用户也可以在元信息中存储一些自定义的信息。对象的生命周期是从上传成功到被删除为止。在整个生命周期内，对象信息不可变更。重复上传同名的对象会覆盖之前的对象，因此 OSS 一般不支持修改文件的部分内容等操作。

在数据安全方面，分布式对象存储提供全方位的安全机制，以确保数据的安全。

（1）传输安全：对象数据在客户端和服务器端之间传输时有可能会出错。OSS 支持对各种方式上传的对象返回其循环冗余校验（Cyclic Redundancy Check，CRC）结果——CRC64 值，客户端可以和本地计算的 CRC64 值作比对，从而完成数据完整性的验证。同样，OSS 对新上传的对象进行 CRC64 的计算，并将结果存储为对象的元信息，随后在返回的响应头（response header）中增加相应的信息用于保存 CRC64 值。

（2）数据加密：支持客户端或服务器端按照特定的加密算法对数据进行加密存储。

（3）访问鉴权：支持访问控制（Resource Access Management，RAM）和安全凭证服务（Security Token Service，STS）两种不同的鉴权场景。RAM 是云厂商提供的资源访问控制服务。通过 RAM，主账号可以创建子账号，子账号从属于主账号，所有资源都属于主账号，主账号可以将所属资源的访问权限授予子账号。STS 是云厂商提供的临时访问凭证服务，提供短期访问权限管理，一般用于移动端。STS 可以生成一个短期访问凭证给用户使用，凭证的访问权限及有效期限由用户定义，访问凭证过期后自动失效。

（4）防盗链：为了防止用户在 OSS 上的数据被其他人盗链而产生额外费用以及数据泄露，用户可以对 bucket 设置防盗链功能。

（5）日志审计：OSS 提供自动保存访问日志记录（logging）功能，用户开启 bucket 的日志保存功能后，OSS 自动保存访问这个 bucket 的请求日志作为审计或特定行为分析使用。日志中包含请求时间、来源 IP、请求对象、返回码、处理时长等内容。

目前分布式对象存储产品有 Amazon S3、阿里云的 OSS、腾讯云的 TStack，以及开源的 FastDFS 等。为了实现应用兼容适配不同的分布式对象存储产品，建议在实际开发时做一定的封装，定制一套相对通用的非结构化文档存储接口标准规范，一套接口多种实现，即一套管理操作 API 支持 AWS S3、MongoDB、OSS、TStack、FastDFS 等多种主流非结构化存储管理操作实现；存储环境切换时应用程序代码零调整，即只需简单参数变更即可完成应用程序的切换。选择使用面向 Java 的 AWS S3 网络存储服务协议。

非结构化存储服务抽象类接口如图 8-3 所示，其核心提供两个接口类设计。

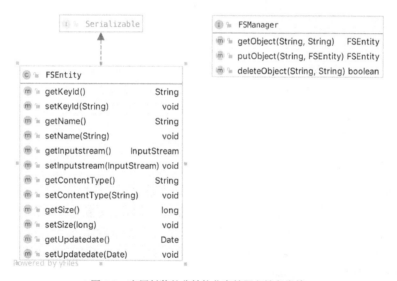

▲图 8-3　应用封装的非结构化存储服务抽象类接口

（1）定义了存储实体类 FSEntity。

（2）定义了管理接口 FSManager，其核心包含存储对象（putObject）、获取对象（getObject）和删除对象（deleteObject）3 个接口。

应用程序代码通过统一封装的 FSManager 接口对非结构化数据进行读写操作，开发过程无须绑定具体的分布式对象存储产品，而是在运行过程中通过配置文件方式指定具体的产品实现，做到后期绑定，同时也方便应用自由切换不同的云厂商提供的分布式对象存储服务，对业务代码透明无感知。

8.3　分布式缓存

缓存是云原生架构应用系统中必不可少的模块，并且已经成为了高并发、高性能架构的一个关键组件和解决方案。数据处理的性能除了处理逻辑的复杂度，还有很大一部分是目标数据的操作时长（含对硬件磁盘设备的读写和网络的传输）。网络速度（特别是在光纤普及后）已经有了大幅度的提高，但机械磁盘的读写效率并没有显著提高，因此减少磁盘读写是提高效率的一个重要途径。数据缓存方案就是把常用的数据（不会经常更改的数据）、最近使用数据放到内存中，这样可以大幅度降低系统对硬件磁盘设备的操作开销，提高整个数据系统的性能。缓存能够有效降低对数据库的访问压力。由于缓存服务器的价格一般要比数据库便宜很多，因此横向扩展也比较方便。对应用开发而言，缓存的使用相对比较简单，入门门槛低，因此在实际项目中，合理地使用缓存能够带来很高的性价比，有效解决系统运行过程中遇到的很多性能问题。

1. 缓存解决的问题

（1）提升性能：绝大多数情况下，数据库 select 操作是出现性能问题最集中的地方。一方面，select 会有很多像 join、group、order、like 等丰富的语义，而这些语义是非常消耗性能的；另一方面，大多数应用是读多写少，所以加剧了慢查询的问题。分布式系统中远程调用也会消耗很多性能，因为有网络开销会导致整体的响应时间变长。为了优化这样的性能开销，在业务允许的情况（不需要太实时的数据）下，使用缓存是非常必要的。

（2）缓解数据库压力：当用户请求增多时，数据库的压力将大大增加，通过缓存能够大大降低数据库的压力，提升数据访问性能。

2. 缓存的适用场景

并不是任何场景都需要使用缓存，一般来说，数据的缓存命中率超过 60% 时才有缓存数据的价值和必要。比如一些请求量较小的系统或者数据、频繁更新、读写比不高的数据，这些都没有必要使用缓存。否则，除了增加系统的复杂性，所带来的系统性能提升也非常有限。

（1）对于数据实时性要求不高的场景：读多写少，对于一些经常访问但是很少改变的数据，使用缓存就很有必要，比如一些应用配置项。

（2）对于性能要求高，并发量大的场景：比如一些秒杀、大促活动场景。

缓存更新的 4 种模式如下。

（1）cache aside 更新模式：同时更新数据库和缓存。这种模式实现起来比较简单，但是需要维护两个数据存储，一个是缓存，另一个是数据库。

（2）read through 模式：read through 实现机制就是在查询操作中更新缓存。也就是说，当缓存失效时［过期或最近最少使用（Least Recently Used，LRU）换出］，cache aside 是由调用方负责把数据加载入缓存，而 read through 则用缓存服务自己来加载，从而对调用方是透明的。

（3）write through 更新模式：write through 实现机制和 read through 相仿，不过是在更新数

据时发生。当有数据更新时，如果没有命中缓存，则直接更新数据库，然后返回。如果命中了缓存，则更新缓存，然后再由缓存自己更新数据库（这是一个同步操作）。这种模式只需要维护一个数据存储（缓存），但是实现起来要复杂一些。

（4）write behind caching 更新模式：先更新缓存，缓存定时异步更新数据库。write behind caching 更新模式和 write through 更新模式类似，write behind caching 更新模式的数据持久化操作是异步的，而 write through 更新模式的数据持久化操作是同步的。write behind caching 模式的优点是直接操作内存速度快，多次操作可以合并持久化到数据库；缺点是数据可能会丢失，例如发生系统断电等。

缓存是通过牺牲强一致性来提升性能的，所以使用缓存提升性能，会有数据更新的延迟。这需要我们在设计时结合业务仔细思考是否适合用缓存，并且缓存一定要设置过期时间。这个时间太短或太长都不好，时间太短，请求可能会比较多地落到数据库上，这也意味着失去了缓存的优势；时间太长，缓存中的脏数据会使系统长时间处于延迟的状态，而且系统中长时间没有人访问的数据一直保存在内存中不过期，浪费内存。

除了考虑数据一致性的设计，缓存在实际应用过程中，还需要解决缓存穿透、缓存击穿、缓存雪崩和缓存刷新等问题。

（1）缓存穿透：缓存穿透是指收到一个请求，但是该请求在缓存中不存在（未命中），只能去数据库中查询，然后放进缓存。但当有许多请求同时访问同一个数据时，业务系统把这些请求全发送到数据库中；或者恶意构造一个逻辑上不存在的数据，然后大量发送这个请求，这样每次都会被发送到数据库中，最终导致数据库崩溃。

解决办法：对于恶意访问，一种思路是先做校验，直接过滤恶意数据，不要发送至数据库；另一种思路是缓存空结果，就是对查询不存在的数据也记录在缓存中，这样可以有效地减少查询数据库的次数。对于非恶意访问，结合缓存击穿说明。

（2）缓存击穿：如果上面提到的某个数据没有查询到，然后又有很多请求查询数据库，这可以归为缓存击穿的范畴。对于热点数据，当缓存失效的一瞬间，所有的请求都被存放到数据库去请求更新缓存，从而导致数据库崩溃。

解决办法：防范此类问题，有 3 种思路。第一种思路是加全局锁，就是所有访问某个数据的请求都共享一个锁，获得锁的请求才有资格去访问数据库，其他线程必须等待。但现在大部分系统是分布式的，本地锁无法控制其他服务器也进行等待，所以要用到全局锁，比如 Redis 的 setnx 实现全局锁。第二种思路是对即将过期的数据进行主动刷新，比如新创建一个线程轮询数据，或者把所有的数据划分为不同的缓存区间，定期分区间刷新数据。第三种思路与缓存雪崩有关。

（3）缓存雪崩：是指当我们给所有的缓存设置了同样的过期时间，某一时刻，整个缓存的数据全部过期了，那么瞬间所有的请求都被抛向了数据库，数据库就崩溃了。

解决办法：解决思路要么是分治，划分更小的缓存区间，按区间过期；要么给每个 key 的过期时间加一个随机值，避免同时过期，达到错峰刷新缓存的目的。

（4）缓存刷新：即刷新缓存的策略，一般在 insert、update、delete 操作后就需要刷新缓存。如果不执行，就会出现脏数据。

解决办法：参考前面介绍的缓存更新的 4 种模式。

为了应对大规模高并发的数据访问压力，复杂生产系统在设计使用缓存方案时，不会只采用一种单一的缓存，往往采用分布式分级缓存的整体解决方案，在整个系统的不同层级进行数据的缓存，以提升系统的访问速度，如图 8-4 所示。

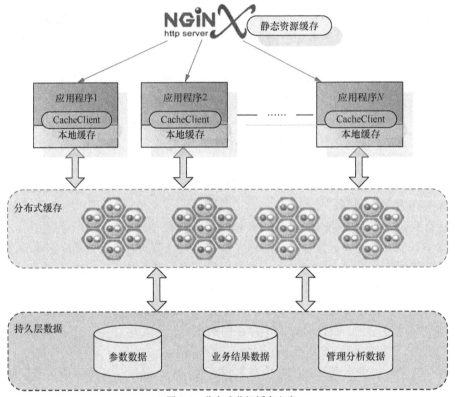

▲图 8-4　分布式分级缓存方案

在 Nginx 中缓存静态资源文件以减少对应用服务器的访问带宽，对一些很少更新、频繁使用且数据量较小的数据（如配置信息、机构角色信息、数据字典信息等）直接在应用程序本地缓存。除此之外，其他的热点数据再通过分布式缓存减少对数据库的访问。通过这样的多级缓存设计，综合优化数据的读取能力，来提高系统的吞吐量。

目前主流的开源缓存产品有 EhCache、Memcache 和 Redis。EhCache 直接在 JVM 虚拟机中缓存，速度快、效率高，但是缓存共享麻烦，集群分布式应用不方便，仅用于单个应用或者对缓存访问要求很高的应用。对于存在缓存共享、分布式部署、缓存内容很大的大型系统，一般选择 Memcache 或者 Redis 作为分布式共享缓存。Redis 因其高性能、使用维护简单，且具有丰富的数据类型，逐渐得到越来越多开发者的认可。目前已基本形成分布式缓存的事实标准，很多云厂商也推出了基于 Redis 开源技术的商业化缓存产品。

Redis 支持 5 种数据类型：string（字符串）、hash（哈希）、list（列表）、set（集合）及 zset（sorted set，有序集合）。Redis 支持数据持久化存储，采用内存+硬盘的存储方式，在提供高速数据读写能力的同时满足数据持久化需求，支持从持久化数据库中读取数据加载到缓存数据库。基于高可靠双机热备架构和可平滑扩展的集群架构，满足高读写性能场景及弹性变配的业务需求。Redis 企业版混合存储型实例，在硬盘中保存全量数据，将热数据保存到内存中供应用快速读写，实现了性能与成本的平衡。

根据不同的应用场景，云厂商提供的分布式缓存产品一般包括单机版、主从版、集群版、读写分离版几种不同的产品形态，满足业务的不同需求。单机版一般只用在开发和测试环境，对性能和数据可靠性要求不高，以节省资源成本。正式的生产环境必须选择主从版或者集群版，以确保缓存的高性能、数据的安全可靠。

1. 主从版

主从版由一主一备的两个 Redis 服务器组成，用户应用通过 SLB 链路直接访问主库，如图 8-5 所示。

主从版系统工作时主节点（master）和副本（replica）数据实时同步。当主节点发生故障时，系统自动秒级切换，由备节点接管业务，全程自动且对业务无影响，主从架构保障系统服务具有高可用性。

2. 集群版

集群版结构由 3 个组件构成：redis-config（CS）、redis-proxy（proxy）和 redis。一个集群架构由多个 CS 节点、多个 proxy 节点、多个一主一备的 redis 节点构成。用户应用通过 SLB 链路访问到集群的 proxy 上，proxy 将请求路由转发到对应的 redis 主库分片上执行，如图 8-6 所示。

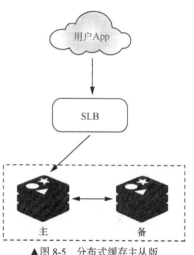

▲图 8-5 分布式缓存主从版

集群（cluster）实例采用分布式架构，每个数据分片都支持主从（master-replica）高可用，能够自动进行容灾切换和故障迁移。集群版提供多种规格，用户可以根据业务压力的大小选择合适的规格，还可以随着业务的发展自由变配。集群版支持两种连接模式。

（1）代理模式是集群版的默认连接方式，可提供智能的连接管理，以降低应用开发成本。

（2）直连模式支持客户端绕过代理服务器直接访问后端数据分片，可降低网络开销和减少服务响应时间，适用于对 Redis 响应速度要求极高的业务。

3. 读写分离版

针对读多写少的业务场景，云数据库 Redis 版推出了读写分离的产品形态，提供高可用、高性能、高灵活的读写分离服务，解决热点数据集中及高并发读取的业务需求，最大程度地节约用户运维成本。读写分离版本在集群架构基础上实现，提供更高的并发性能，一个 redis 主库除了对应一个备库，还对应多个只读的 redis 节点。proxy 路由请求时，按照配置的只读节点权重路由只读请求到只读节点上，如图 8-7 所示。

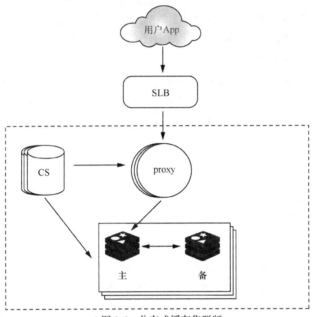

▲图 8-6　分布式缓存集群版

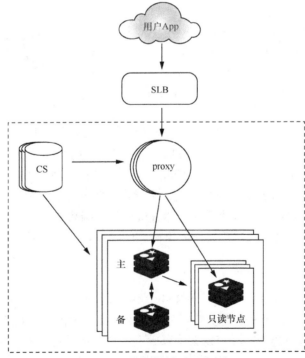

▲图 8-7　分布式缓存读写分离版

与主从版架构类似，读写分离实例采用主从（master-replica）架构提供高可用，主节点挂载只读副本（read replica）实现数据复制，支持读性能线性扩展。只读副本可以有效缓解热点key带来的性能问题，适合高读写比的业务场景。读写分离实例有两种类型，即非集群版和集群版。

（1）非集群版读写分离实例支持一个只读副本、3个只读副本或5个只读副本这3种版本。

（2）集群版读写分离实例在每个分片下挂载一个只读副本，提供分片级的自动读写分离能力，适合超大规模高读写比的业务场景。

8.4　分布式日志服务

软件系统中存在着各式各样的日志，包括应用日志、业务日志、系统日志、访问日志、行为日志等。日志是系统在运行过程中变化的一种抽象，其内容为指定对象的某些操作和其操作结果按时间的有序集合。所有系统中最可靠的就是日志输出，例如系统是不是正常，发生了什么情况，我们以前是出了问题去查日志或者自己写个脚本定时去分析，现在这些事情都可以整合到一个已有的平台上，我们唯一要做的就是定义分析日志的逻辑。

对于传统的日志管理方案，一般是通过本地日志文件轮转的方式记录在文件系统或者写入数据库中。在分布式系统环境下，传统的日志管理方案将面临如下一些问题。

（1）查询效率低。

（2）难以集中处理。

（3）维护成本高。

（4）可视化程度低。

一般大型系统是一个分布式部署的架构，不同的服务模块部署在不同的服务器上，问题出现时，大部分情况下需要根据问题暴露的关键信息，定位到具体的服务器和服务模块，构建一套集中式日志系统可以提高定位问题的效率。分布式日志服务是针对日志类数据的一站式服务，用户无须开发就能快捷完成数据采集、消费、投递以及查询分析等功能，帮助提升运维和运营效率，建立数据技术（Data Technology，DT）时代海量日志处理能力。分布式日志服务提供了日志中枢的功能，可大规模接入各种实时日志数据（包括 metric、event、BinLog、TextLog、click 等）；支持与各种实时计算引擎及服务对接，并提供完整的日志监控、告警等功能，可以根据 SDK/API 实现自定义消费；可以将日志中枢中的数据投递至存储类服务，过程支持压缩、自定义分区，以及行列等各种存储格式；支持实时索引日志中枢中的数据，提供关键词、模糊、上下文、范围、SQL 聚合等丰富的查询手段，支持仪表盘和告警功能；支持多租户隔离、访问控制、日志审计。

日志服务中的日志包括日志文件（LogFile）、事件（event）、数据库日志（BinLog）、度量（metric）数据等。在文件日志中，每个日志文件由一条或多条日志组成，每条日志描述了一次单独的系统事件，是日志服务中处理的最小数据单元。

日志服务采用半结构化数据模式定义一条日志。该模式中包含主题（topic）、时间（time）、内容（content）和来源（source）4 个数据域。日志服务对日志各字段的格式有不同要求，具体如表 8-2 所示。

表 8-2　　　　　　　　　　　　　　　　　　日志数据格式标准

数据域	含义	格式
主题（topic）	用户定义字段，用以标记一批日志。例如访问日志可根据不同站点进行标记	包括空字符串在内的任意字符串，长度不超过 128 字节。默认情况下，该字段为空字符串
时间（time）	日志中的保留字段，用以表示日志产生的时间，一般从日志中的时间信息中直接提取而成	整型，UNIX 标准时间格式。单位为 s，表示从 1970-1-1 00:00:00 UTC 计算起的时间
内容（content）	用以记录日志的具体内容。由一个或多个内容项组成，每一个内容项为一个键值对	key 为 UTF-8 编码字符串，包含字母、下划线和数字，且不以数字开头。长度不超过 128 字节。不可以使用平台定义的一些关键字。 value 为任意字符串，长度不超过 1024×1024 字节
来源（source）	日志的来源地，例如产生该日志机器的 IP 地址	任意字符串，长度不超过 128 字节。默认情况下该字段为空

日志服务的典型应用场景包括数据采集、实时计算、数据仓库与离线分析、产品运营与分析、运维与管理等。

分布式日志服务能将分布式环境的日志统一收集聚合，存储在分布式数据库中，同时经过一定的处理可以使非结构化的文本内容结构化，以便做结构化的查询和分析，处理过程如图 8-8 所示。

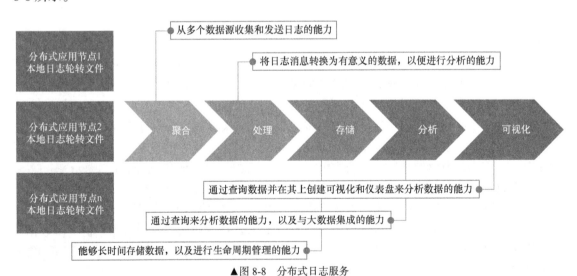

▲图 8-8　分布式日志服务

分布式日志服务包括以下主要能力。

（1）聚合：从多个数据源收集和发送日志的能力。

（2）处理：将日志消息转换为有意义的数据，以便进行分析的能力。

（3）存储：能够长时间存储数据，以便用于监控、趋势分析和安全性方面的使用场景。

（4）分析：通过查询数据并在其上创建可视化和仪表盘来分析数据的能力。

目前分布式日志服务主流的开源实现方案是 ELK。ELK 是 Elastic 公司提供的一套完整的日志收集和展示的解决方案，是 Elasticsearch、Logstash 和 Kibana 3 个产品的首字母缩写。3 个产品之间互相配合使用，完美衔接，高效地满足了很多场合的应用，是目前主流的一种日志系统。最新版本已经改名为 Elastic Stack，在社区中有大量的内容和使用案例。

（1）Elasticsearch 是一个实时的分布式搜索和分析引擎，可以用于全文搜索、结构化搜索以及分析。它是一个建立在全文搜索引擎 Apache Lucene 基础上的搜索引擎，使用 Java 语言编写。

（2）Logstash 是一个具有实时传输能力的数据收集引擎，用来进行数据收集（如读取文本文件、数据存储/MQ）、解析，经过过滤后支持输出到不同目的地（Elasticsearch、文件、MQ、Redis、Kafka 等）。

（3）Kibana 为 Elasticsearch 提供了分析和可视化的 Web 平台。它可以在 Elasticsearch 的索引中查找，交互数据，并生成各种维度表格和图形。

ELK 套件在大数据运维应用中是一套必不可少的、方便的、易用的开源解决方案，提供收集、过滤、传输、存储等机制，对应用系统和海量日志进行集中管理和准实时搜索、分析，并通过搜索、监控、事件消息和报表等简单易用的功能，帮助运维人员进行线上业务系统的准实时监控、业务异常时及时定位原因、排查故障等，还可以跟踪分析代码 bug、分析业务系统、安全与合规审计，深度挖掘日志的大数据应用价值。图 8-9 所示的是最简单的 ELK 应用架构。

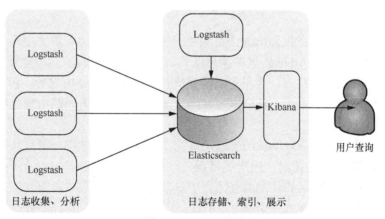

▲图 8-9 ELK 应用架构

此架构由 Logstash 分布于各个节点上来收集相关日志、数据，并对其进行分析、过滤后发送给远端服务器上的 Elasticsearch 进行存储。Elasticsearch 将数据以分片的形式压缩存储，并提供多种 API 供用户查询和操作。用户亦可以更直观地通过配置 Kibana Web 方便地对日志查询，并根据数据生成报表。

8.5 分布式消息队列

消息队列（Message Queue，MQ）在云原生架构系统中扮演非常重要的角色，用来优化应用之间的交互方式，是分布式应用间交互信息的重要组件。消息队列可存储在内存和磁盘上，队列可以存储消息直至它们被应用程序接收。通过同步转异步的消息解耦，能有效降低前端业务不可预知的瞬间并发流量对于后端系统的冲击，保护后端系统的运行稳定可靠。消息队列在应用程序不知道彼此位置的情况下，可以独立处理消息或在处理消息前不需要等待接收该消息。所有消息队列可以解决应用解耦、异步消息等问题，是实现高性能、高可用、可伸缩和一致性架构中不可或缺的一环。分布式消息队列支持海量消息的堆积，高吞吐，可靠重试，对应用起到很好的削峰填谷的缓冲作用。

目前市场上主流的开源分布式消息队列产品主要有 ActiveMQ、RabbitMQ、RocketMQ 和 Kafka 等。在消息队列的技术选型上，并不存在哪个消息队列就是"最好的"。对于常用的几个消息队列，每个产品都有其自身的优势和劣势，需要根据现有系统的情况，选择最适合的产品。

1. ActiveMQ

ActiveMQ 是历史悠久的开源消息队列，是 Apache 下的一个子项目，目前已进入老年期，在社区已不活跃。ActiveMQ 在功能或性能方面都与现代的消息队列存在明显的差距，支持持久化到数据库，对队列数较多的情况支持不好。它存在的意义仅限于兼容还在用的老旧系统，新开发的系统一般不会再选择 ActiveMQ 了。

2. RabbitMQ

RabbitMQ 使用比较小众的 Erlang 语言编写，最早是为电信行业系统之间的可靠性通信设计的，也是少数几个支持 AMQP 协议的消息队列。RabbitMQ 的特点是轻量级、迅速，开箱即用，非常易于部署和使用。它有一个特色功能是支持非常灵活的路由配置。它在生产者和队列之间增加了一个 Exchange 模块，其可以理解为交换机，根据配置的路由规则将生产者发出的消息分发到不同的队列中。

RabbitMQ 的缺点是对消息堆积的支持不好。在它的设计理念中，消息队列是一个管道，大量的消息积压不是正常的情况，应当尽量避免。当大量消息积压时，会导致性能急剧下降。RabbitMQ 的性能是这里介绍的几个消息队列中最差的，它大概每秒可以处理几万到几十万条消息，这个性能也足够支撑绝大多数场景。不过，如果你的应用对消息队列的性能要求非常高，就不要选择 RabbitMQ。

3. RocketMQ

RocketMQ 是阿里巴巴 2012 年开源的产品，后来捐赠给 Apache 软件基金会，2017 年正式成为 Apache 的顶级项目。阿里巴巴内部也是使用 RocketMQ 作为支撑其业务的消息队列，经历多次"双 11"考验，它的性能、稳定性和可靠性都是值得信赖的。RocketMQ 对在线业务的响应时延做了很多优化，大多数情况下可以做到毫秒级的响应，如果你的应用场景很在意响应时延，应该选择使用 RocketMQ。

RocketMQ 部署由一个命名服务器（NameServer）和一个代理（broker）组成，如图 8-10 所示。NameServer、broker 和生产者（producer）都支持集群，队列的容量受 broker 机器硬盘的限制，也可以根据需要自己适配持久层代码，将其持久化到 NoSQL 数据库中，队列满后会影响吞吐量，可以采用主备来保证稳定性，支持回溯消费，可以在 broker 端进行消息过滤。

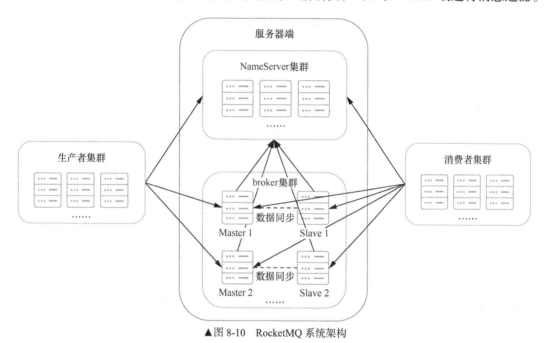

▲图 8-10　RocketMQ 系统架构

RocketMQ 有非常活跃的中文社区，大多数问题可以在其中找到中文答案。RocketMQ 使用 Java 语言开发，它的贡献者大多为中国人，源代码相对比较易懂或易进行扩展和二次开发。

RocketMQ 的性能比 RabbitMQ 高一个数量级，每秒大概能处理几十万到上百万条消息，其 broker 可横向扩容，以实现性能的准线性增长。

4. Kafka

Kafka 最早由 LinkedIn 开发，目前也是 Apache 的顶级项目，最初的设计目的是用于处理海量的日志。Kafka 使用 Scala 和 Java 语言开发，设计上大量使用了批量和异步的思想，这种设计使 Kafka 具有超高的性能，尤其是异步收发性能非常强，大概每秒可处理几十万条消息。

Kafka 与周边生态系统的兼容性很好，尤其在大数据和流计算领域，几乎所有的相关开源软件系统都会优化支持 Kafka。

Kafka 的缺点是同步收发消息的响应时延比较长，当实际业务场景中，每秒消息数量没那么多时，Kafka 的时延反而会比较长，所以不太适合在线业务场景。

目前消息队列的标准及规范主要有 Java 消息服务（Java Message Service，JMS）与高级消息队列协议（Advanced Message Queuing Protocol，AMQP）。JMS 是一个 Java 平台中关于面向消息中间件的 API，用于在两个应用程序之间或分布式系统中发送消息，进行异步通信；ActiveMQ 基于 JMS 协议。AMQP 是一个提供统一消息服务的应用层标准协议，基于此协议的客户端与消息中间件可传递消息，并不受客户端或中间件的不同产品、不同开发语言条件的限制；RabbitMQ 是 AMQP 的实现。表 8-3 所示是两种协议的对比。

表 8-3　　　　　　　　　　　　　　JMS 和 AMQP 两种消息协议的对比

对比项	JMS	AMQP
定义	Java API	Wire-protocol
跨语言	否	是
跨平台	否	是
Model	提供两种消息模型： （1）Peer2Peer （2）发布/订阅（publish/subscribe，pub/sub）	（1）direct exchange （2）fanout exchange （3）topic change （4）headers exchange （5）system exchange 本质上，后 4 种和 JMS 的 pub/sub 模型没有太大差别，仅是在路由机制上做了更详细的划分
支持消息类型	TextMessage MapMessage BytesMessage StreamMessage ObjectMessage Message（消息头和属性）	byte[] 当实际应用时，有复杂的消息，可以将消息序列化后发送
综合评价	JMS 定义了 Java API 层面的标准；在 Java 体系中，多个 client 均可以通过 JMS 进行交互，不需要应用修改代码，但其对跨平台的支持较差	AMQP 定义了 wire-level 层的协议标准；具有跨平台、跨语言特性

消息投递方式目前主要支持两种消息模型：点对点（point to point，queue）和发布/订阅（publish/subscribe，topic）。传统集中式消息队列产品（如 IBM MQ）一般适用于点对点的消息拉取模式（同时也支持订阅模式），而分布式消息队列一般采用"发布/订阅"模型，消息发布者（生产者）可以将一条消息发送到服务器端的某个主题（topic），多个消息接收方（消费者）订阅这个主题以接收该消息，由消息队列 broker 投递消息（推送模式）到不同的订阅者，实现服务器端和消费端的异步解耦，如图 8-11 所示。

由于订阅者应用一般是分布式系统，以集群方式部署有多台机器，因此分布式消息队列约定以下概念。

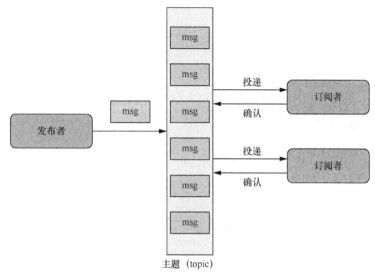

▲图 8-11 消息队列 "发布/订阅" 模式

（1）集群：MQ 约定使用相同 consumer ID 的订阅者属于同一个集群，同一个集群下的订阅者消费逻辑必须完全一致（包括 tag 的使用），这些订阅者在逻辑上可以认为是一个消费节点。

（2）集群消费：当使用集群消费模式时，MQ 认为任意一条消息只需要被集群内的任意一个消费者处理，如图 8-12 所示。

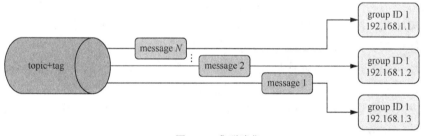

▲图 8-12 集群消费

（3）广播消费：当使用广播消费模式时，MQ 会将每条消息推送给集群内所有注册过的客户端，确保消息至少被每台机器消费一次，如图 8-13 所示。

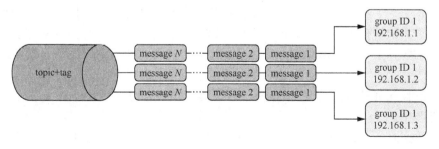

▲图 8-13 广播消费

对大部分分布式应用而言,一个应用部署一个集群,一个消息只需被集群中的一个节点处理,因此常用的是集群消费模式。另外需要说明的是,一个 topic 一般会存在多个订阅者,每个订阅者代表一个应用集群,因此 topic 中的一条消息会分别投递给所有的订阅者,而每个订阅者下的多个节点,只会投递给其中某一个节点处理。

8.6　大数据服务

对于当今产业界来说,大数据已经耳熟能详、脍炙人口,越来越多的人开始学习大数据技术。大数据并非一个确切的概念,这个概念最初是指需要处理的信息量过大,以至于传统的计算机处理技术处理不了,因此需要改进处理数据的工具。这就导致产生了谷歌的 MapReduce 和 Yahoo 的开源平台 Hadoop。后来大数据从数据特征的角度进行定义,比如 Gartner 的 3V(指 volume、variety、velocity,即容量大、多样化、速度快)特征。而今大数据大多从应用的角度来定义,即人们在大规模数据的基础上可以做到的事情,如大数据改变了人们决策的依据,成为了获取新的认知、创造新的价值的源泉,从而改变了市场、公共关系、组织机构等。

大数据时代,数据在各行各业渗透着,并渐渐成为企业的战略资产。大数据技术可以有效地帮助企业整合、挖掘、分析其所掌握的庞大数据信息,构建系统化的数据体系,从而完善企业自身的结构和管理机制。同时,伴随消费者个性化需求的增长,大数据在各个领域的应用开始逐步显现,已经开始并正在改变着大多数企业的发展途径及商业模式。例如大数据可以完善基于柔性制造技术的个性化定制生产路径,推动制造业企业的升级改造;依托大数据技术可以建立现代物流体系,其效率远超传统物流企业;利用大数据技术可多维度评价企业信用,提高金融业资金使用率,改变传统金融企业的运营模式等。

基于大数据相关技术为企业应用提供数据的采集、加工处理,以及价值挖掘。大数据平台分为大数据存储服务、大数据计算服务、大数据综合治理、数据服务。

(1)大数据存储服务采用分布式存储(底层基于分布式文件系统)来保存海量数据的结构化数据与非结构化数据。

(2)大数据计算服务包含离线计算、实时计算、流计算、图计算等计算引擎。

(3)大数据综合治理包含大数据研发、数据集成平台、大数据运维、大数据模型、大数据管理和数据可视化。数据集成平台支持所有常见关系型数据库、NoSQL 及大数据仓库之间的数据传输;它是一种集数据清洗、转换、迁移、实时数据订阅及数据实时同步于一体的数据传输服务。大数据模型负责大数据仓库中的数据建模工作,主要将数据整理、分化为基础数据层、明细数据层、主题数据层、专题数据层。数据可视化负责以图形、报表的方式展示给使用者。

(4)数据服务负责将大数据层的业务结果以服务的方式发布出来,以提供给大数据分析的业务组件调用。

云原生数据服务 DaaS 依托大数据相关的技术,为应用提供从业务数据化到数据业务化的双轮驱动引擎,助力企业的数字化转型及升级。如图 8-14 所示,DaaS 数据服务主要包含大数据平台、数据资源池和数据集成平台。

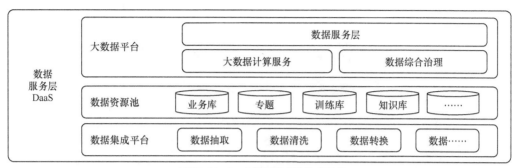

▲图 8-14　DaaS 数据服务的技术架构

8.6.1　大数据平台

大数据平台一般由离线计算、流式计算、实时计算、机器学习、数据开发、数据运维、数据管理、可视化报表工具和数据可视化工具等计算引擎和工具组成，如图 8-15 所示。

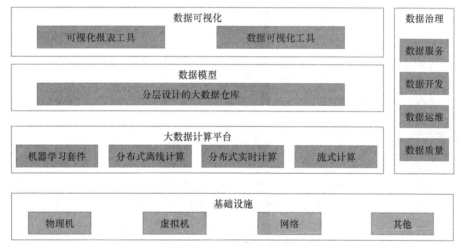

▲图 8-15　大数据平台架构

通过对所有汇入数据进行数据融合和数据治理，对数据深度加工和建立算法模型，向上层的决策支持与大数据应用提供各类数据服务，如图 8-16 所示。

大数据分析组件的数据源来自数据资源池，根据数据特点通过两条不同的路径直接进入分布式离线计算，或由大数据流式计算处理后再进入离线计算构建形成面向主题的、集成的、历史的、相对稳定的大数据仓库。

大数据分析组件根据决策支持与大数据应用不同的业务应用特点，对于查询复杂且响应实时性要求高的即时查询等场景，数据加工完成后，由分布式实时计算作为载体对外形成服务能力；而对于持续生成的流数据，则通过流式计算提供持续、高效、实时的处理，形成服务能力；离线计算作为大数据仓库载体的同时，支持机器学习、数据挖掘算法开发和模型构建。

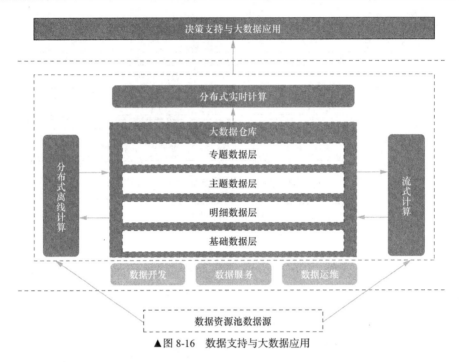

▲图 8-16 数据支持与大数据应用

数据开发、数据运维和数据服务则负责大数据分析组件的开发、运维和对外服务职能。

大数据计算平台提供完整的计算能力服务，包括离线计算、实时计算和流式计算三大计算引擎，以满足企业级应用多样化的数据处理需求。

1. 离线计算

分布式离线计算是海量数据离线处理服务，针对 PB 级的数据，单表可达万亿条记录，适用于实时性要求不高的批量处理，主要应用于大型数据仓库、日志分析、数据挖掘和商业智能等领域，支持分布式 SQL，支持多种数据分析挖掘的分布式计算框架，内置大量数据挖掘和机器学习算法包。为了支持应用系统海量数据的建设，分布式离线计算系统具有 PB 级的存储处理能力和 PB 级的计算吞吐能力，支持多应用多实例并发同时计算并隔离应用数据和程序的能力，可以让多个用户在一套平台上协同工作，如图 8-17 所示。

▲图 8-17 分布式离线计算

（1）分布式文件系统：用来存储海量数据，具有高容错、高可靠性、高可扩展性、高获得性、高吞吐率等特征。

（2）分布式调度系统：为上层应用提供统一的资源管理和调度，为集群在利用率、资源统一管理和数据共享等方面带来了巨大好处。当提交计算任务时，为任务做资源分配和管理。

（3）分布式计算引擎：用来处理大规模数据的计算框架，可支持 SQL、MapReduce 和 Graph，实现对数据的清洗、转换和挖掘等，具备易用性、开发效率高等特点。

2. 实时计算

分布式实时计算则是一套实时联机分析处理（Online Analytical Processing，OLAP）系统，构建在分布式系统基础服务之上，是基于大规模并行处理（Massively Parallel Processing，MPP）架构并融合了搜索引擎索引技术的分布式实时计算系统。在数据存储模型上，采用自由灵活的关系模型存储，可以使用 SQL 进行自由灵活的计算分析，无须预先建模。而利用分布式计算技术，分布式实时计算可以在处理百亿条甚至更高量级的数据上达到超越多维 OLAP（Multidimension OLAP，MOLAP）类系统的处理性能，真正实现百亿数据毫秒级计算。支持千亿级高并发实时 OLAP 多维分析，实现毫秒级响应，支持 SQL 规范和自定义函数。分布式实时计算处理过程如图 8-18 所示。

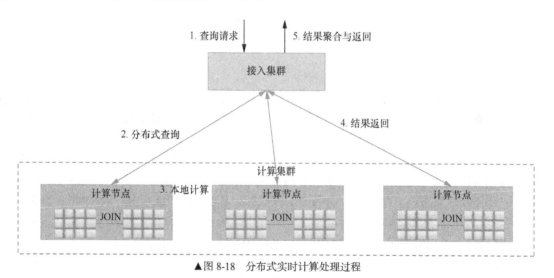

▲图 8-18　分布式实时计算处理过程

分布式实时计算可让海量数据和实时、自由的计算兼得，实现了数据驱动的大数据商业变革。一方面，分布式实时计算拥有快速处理千亿级海量数据的能力，使数据分析中使用的数据可以不再是抽样的，而是业务系统中产生的全量数据，使数据分析的结果具有最强的代表性。另一方面，分布式实时计算采用分布式计算技术，拥有强大的实时计算能力，通常可以在数百毫秒内完成百亿级的数据计算，使用者可以根据自己的想法在海量数据中自由地进行探索，而不是根据预先设定好的逻辑查看已有的数据报表。更重要的是，由于分布式实时计算能够支撑较高并发查询量,并且通过动态的多副本数据存储计算技术来确保较高的系统可用性,因此能够直接作为面向最终用户的产品的后端系统。

3. 流式计算

各类海量数据经解析接入可以采用传统离线文件导入方式,但这种方式无法提供即时的数据查询服务(从数据导入专题库到可查询至少需要一天),更无法实现实时预警管控的能力。

大数据流式计算为大数据计算平台建设提供流式数据处理能力,提供毫秒级至秒级的数据延迟处理服务,提供流式类 SQL 功能,支持流式数据写入和实时数据写出。流式计算是一个实时的增量计算平台,能提供类似于 SQL 的语言等计算模型完成增量式计算,其数据处理流程及核心模块构成如下。

(1)数据产生:生产数据发生源,通常服务器日志、数据库日志、第三方数据均是数据生产者,这份流式数据将作为流式计算的驱动源进入数据集成模块。

(2)数据集成:提供针对流式数据进行数据发布和订阅的数据总线。

(3)数据计算:流式计算通过订阅数据集成提供的流式数据,驱动流式计算的运行。

(4)数据存储:流式计算将流式加工计算的结果写入数据存储,包括关系型数据库、NoSQL 数据库、OLAP 系统等。

(5)数据消费:不同的数据存储可以进行多样化的数据消费。提供消息队列的数据存储可以用作告警、提供关系型数据库的数据存储可以提供在线业务支持等。

8.6.2　数据资源池

数据资源池的数据库包括业务库、专题库、模型库、知识库、训练库、日志库、事件库和测试库,构建各类专题数据库,从而更好地进行数据分析,为各类数据技术负责数据资源整理分类及业务库(结构化/非结构化数据)提供技术支撑。

结构化数据采用关系数据库管理系统(Relational Database Management System, RDBMS),它是一种即开即用、稳定可靠、可弹性伸缩的数据库服务;故障秒级切换,并提供专业的数据库备份、恢复及优化方案;最高可支持百 TB 级数据,解决容量动态扩展,不用担心数据库的容量(性能与空间)瓶颈。随着访问量的变化,可以灵活地调整数据库的容量;提供高可用性(提供有效服务时间占总时间的比例),每份数据都保留两份并可实时切换;实现数据库的动态迁移。

作为一个海量数据离线处理与分析的平台服务,非结构化数据技术支撑平台融合了分布式存储与计算、分布式数据仓库以及云计算服务等先进技术和运营理念,以云计算服务的形式实现海量数据的分享与处理;专注处理实时性要求不高的海量数据(TB/PB 级)离线处理,应用于数据仓库构建、海量数据统计、数据挖掘和数据商业智能方面;支持 MapReduce 和类 SQL 的查询方式。

实时分析数据库服务是海量数据实时高并发在线分析计算服务,可以在毫秒级针对千亿级数据进行即时的多维分析透视和业务探索;具有对海量数据的自由计算和极速响应能力,能快速、灵活地探索数据，快速发现数据价值，并可直接嵌入业务系统为终端客户提供分析服务。

列数据库服务提供海量结构化数据的存储和实时访问。最高可支持单表百 TB 级数据规模，读写仅有毫秒级延迟，最高每秒查询率（Queries Per Second，QPS）可达十万级。以实例和表的形式组织数据，通过数据分片和负载均衡技术，实现规模上的无限扩展，还可以通过调用 API / SDK 或者操作管理控制台来使用列数据库服务。

8.6.3　数据集成平台

数据集成平台支持 RDBMS、NoSQL、OLAP 等数据源之间的数据迁移同步。它提供数据库不停服迁移、实时数据订阅及数据实时同步等多种数据传输方式。通过数据集成平台，可以在源数据库正常运行的情况下平滑地完成数据迁移。同时，还可以利用数据集成平台进行业务库实例间的数据实时同步，有效解决数据异地容灾、减少跨地区访问等业务问题。除此之外，数据集成平台还支持业务库实例增量数据实时订阅，通过数据订阅实现轻量级缓存更新、异步消息通知及定制化数据实时同步等业务场景。

数据集成平台提供对业务方数据库进行抽取和监控功能，能对数据源的数据资源进行统一清点，并能够在复杂的网络情况下对异构的数据源进行数据同步与集成，包括对关系型数据库、NoSQL 数据库、大数据数据库、FTP 等数据库类型的支持，支持离线数据的批量、全量、增量同步，支持以分钟、小时、日、周、月来自定义同步时间。

第 9 章　云原生 PaaS 服务

9.1　分布式应用服务

企业级分布式应用服务是一个围绕应用和微服务的 PaaS 平台，为企业提供高可用和分布式的应用支撑平台。它不仅提供资源管理和服务管理系统，而且提供分布式服务框架、服务治理、统一配置管理、分布式链路追踪、高可用及数据化运营等。利用分布式应用服务，可以轻松构建微服务架构，建设大规模分布式系统，以发布和管理应用，协助应用进行 IT 系统转型，以满足不断增长的业务需求。

分布式应用服务能够集成中间件成熟的整套分布式计算框架，包括分布式服务化框架、服务治理、运维管控、链路追踪和稳定性组件等；能够满足场景化业务需求的全链路支撑，能够兼容多种商业、开源微服务框架（如 HSF、Dubbo、Spring Cloud）；提供应用容器框架，可以对应用提供全生命周期的托管。在分布式应用服务平台可视化的管控界面上，支持一站式完成应用生命周期的管控，包括创建、部署、启动、停止、扩容、缩容和应用下线等，可以满足可视化运维上千个实例的应用，如图 9-1 所示。

分布式应用打包后部署在 Web 运行容器中，以 Java 应用为例，应用部署支持 war、jar、镜像等多种形态。分布式应用服务提供多样的应用发布和轻量级微服务解决方案，帮助用户解决在应用和服务管理过程中的监控、诊断和高可用等运维问题，为应用的生命周期管理、弹性扩缩容，以及全链路的追踪监控提供了很好的支持。分布式应用服务拥有

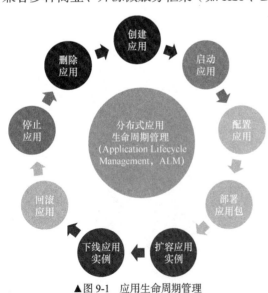

▲图 9-1　应用生命周期管理

完善的鉴权体系，为业务的每一次调用保驾护航，其运行容器包括的功能及组件如图 9-2 所示。

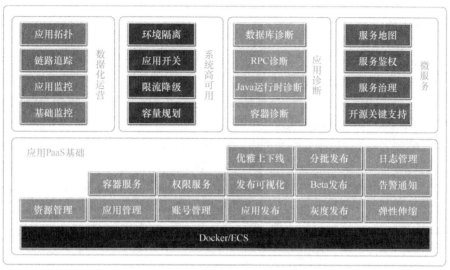

▲图 9-2　分布式应用服务功能模块

分布式应用服务平台是一个结合应用托管和微服务管理的 PaaS 平台，提供应用开发、部署、监控、运维等全栈式解决方案。平台的要求如下。

（1）完善的鉴权体系保证每一次服务调用的安全可靠。

（2）完善的 PaaS 平台支持应用生命周期的管理。

（3）完整的服务治理解决方案管理分布式服务。

（4）全面的应用诊断排查系统轻松定位故障根源。

（5）自动弹性伸缩从容应对突发流量高峰。

（6）立体化多维度监控，实现全息排查。

（7）链路追踪洞察每一次分布式调用。

（8）依赖分析剖析每一处系统瓶颈。

为了达到上述要求，分布式应用服务平台提供的功能如下。

（1）应用基本管理和运维：可以一站式完成应用生命周期的管控，包括创建、部署、启动、停止、扩容、缩容和应用下线等，超大规模集群运维管理，轻松运维上千个实例的应用。

（2）可视化控制台：提供 Web 界面形式的运维管控平台，对应用进行生命周期管理；提供 Web 界面形式的应用底层容器的版本升级与回滚；提供应用实时日志的 Web 界面可视化展示；提供 Web 界面对每个应用发布和订阅的服务进行管理。

支持 Web 界面可视化的分布式系统调用链路的展现；支持应用依赖的服务，如果其中的一个或者多个出现调用耗时过长，可以通过配置的方式，选择是否对该服务进行降级；对于远程过程调用的服务，如果其中的一个或者某一个服务提供者出现问题，系统会自动切换到剩余可用的提供者上；提供完整的服务调用安全解决方案。

（3）服务容错：在实际生产环境中，服务往往不是完全可靠的，可能会出错或者产生延迟。如果一个应用不能对其所依赖服务的故障进行容错和隔离，那么该应用本身就有崩溃的风险。在一个高流量的网站中，某个单一后端一旦产生延迟，可能在数秒内导致所有应用资源（线程、队列等）被耗尽，造成具有所谓的雪崩效应的级联故障（cascading failure），严重时可致整个网站瘫痪。分布式应用服务平台在服务调用的设计中，设计者充分考虑到了容错的能力，能够在调用失败后自动重试、选择可用的其他服务节点。

（4）服务治理：分布式应用服务平台提供管理控制台对每个应用发布和订阅的服务进行管理；提供精细化的路由规则控制，通过接口级、方法级，甚至参数值域级的服务路由控制，引导服务请求流量；提供必备的服务治理能力，包括服务自动注册与发现、服务鉴权、限流降级、服务分组、服务权重、服务市场等一系列服务治理能力。同时，可集成众多服务治理组件，以便应对突发的流量洪峰和服务依赖所引发的雪崩问题，提高平台的稳定性。

（5）弹性伸缩：支持手动和自动两种方式来实现应用的扩容与缩容，可以通过对 CPU、内存和负载的实时监控来实现对应用的秒级扩容、缩容。根据配置的弹性伸缩规则进行加减机器，支持服务容量线性扩展，即服务容量随服务提供者部署实例的个数线性扩展。

（6）主/子账户体系：分布式应用服务平台支持主/子账号体系，实现人权分离。为了更好地保护企业信息安全，实现企业级的账号管理，提供了完善的主/子账号管理体系。主账号可以分配权限和资源给多个子账号，实现按需为用户分配最小权限，从而降低企业信息安全风险，减轻主账号的工作负担。通过资源组定义可以对子账号所能使用的资源进行控制。根据部门划分、团队划分和项目划分建立对应的主/子账号关系，便于进行资源的分配。

（7）角色与权限控制：应用的运维通常涉及应用开发负责人、应用运维负责人和机器资源负责人。不同的角色对于一个应用的管理操作各不相同，角色和权限控制机制可以为不同的账号定义各自的角色，并分配相应的权限。

（8）服务鉴权：微服务框架致力于确保每一次分布式调用的稳定与安全。在服务注册、服务订阅以及服务调用等每一个环节，都必须使用合法的安全令牌进行严格的服务鉴权。同时，支持多种维度的应用授权机制（黑白名单机制），确保对于敏感服务只允许经过授权许可的应用或节点进行调用访问。

（9）服务限流：对每一个应用提供的众多服务配置限流规则，以实现对服务的流控，确保服务能够稳定运行。分布式应用服务从 QPS 和线程两个维度提供对限流规则的配置，确保系统在应对流量高峰时能以最强的支撑能力平稳运行。

（10）服务降级：每一个应用会调用许多外部服务，对于这些服务（非核心链路上的外部服务依赖）配置降级规则可以实现对第三方服务异常的精准屏蔽，确保应用自身能够稳定运行，防止劣质的服务依赖影响应用自身的服务能力。从响应时间维度对降级规则进行配置，可以在应对流量高峰时合理地屏蔽劣质依赖。

（11）分布式链路追踪：能够分析分布式系统的每一次系统调用、消息发送和数据库访问，从而精准发现系统的瓶颈和隐患。通过链路分析的功能，可以准确地描绘出上层一次用户请求，所经历的所有系统、服务、调用所花的时间、是否有错误。通过链路分析功能，可以很好地管理大型分布式应用，并进行问题定位。

（12）服务调用监控：能够针对应用的服务调用情况，对服务的 QPS、响应时间和出错率进行全方位监控，帮助梳理调用依赖、分析系统瓶颈、估算容量、定位异常等。

（13）IaaS 基础监控：分布式应用服务能够针对应用的运行状态，对机器的 CPU、内存、负载、网络和磁盘等基础指标进行详细的监控。

9.2　分布式配置中心

配置中心，顾名思义，就是用来统一管理项目中所有配置的系统，保存应用运行过程与环境、业务规则相关的一些变量。这些变量一般和业务侧的服务逻辑无关，而只和当前的环境和特定场景有关，比如不同环境的数据库账号密码以及连接串、第三方服务的调用地址端口、监控系统的采样率、在线商品的基准折扣、特殊功能开关、业务规则参数等。因为这些信息可能会发生变化，所以我们不希望它们被"写死"在代码中。在单体架构中，我们把这些变量保存在配置文件或者数据库中；在分布式微服务架构中，我们一般建议使用统一的配置中心来保存这些重要的变量配置信息，它给我们提供了可以动态修改程序运行的能力。通过分布式配置中心，我们可以在一个地方集中对所有环境中的应用程序的外部化配置进行统一的管理运维。

随着企业应用从单体架构演进为分布式微服务架构，传统配置文件的方式已经暴露出了很多问题，如多环境的隔离、历史版本追溯、配置文件过于分散、权限控制及配置审核机制、配置热更新、实时/定时推送、数据安全性等问题，这些问题是传统的配置文件很难解决的。因此，我们需要分布式配置中心来统一管理配置信息。配置中心的思路是把项目中各种配置、参数、开关全部都放到一个集中的地方进行统一管理，并提供一套标准的接口。当各个服务需要获取配置时，就到配置中心的接口拉取。当配置中心中的各种配置项有更新时，也能通知各个服务实时同步最新的信息，使其动态更新。

分布式配置中心把业务开发者从复杂、烦琐的配置中解放出来，使他们只需专注于业务代码本身，就能够显著提升开发和运维效率。同时，配置和发布包解耦进一步提升了发布的成功率，并为运维的细粒度管控、应急处理等提供强有力的支持。

配置中心一般采用 C/S 模式，服务器端负责配置信息的管理运维和配置推送；客户端 SDK 面向不同的应用场景，负责配置信息的订阅及拉取。系统架构如图 9-3 所示。

为了提高系统的可用性，配置中心服务器端一般采用分布式架构。图 9-3 的服务器端是分布式架构一个节点内部的逻辑示意图。配置中心服务器端节点包括以下部分。

（1）服务协议层：用于进行协议转换、鉴权验证等。

（2）一致性管理层：用于配置的一致性管理和配置推送。

（3）配置缓存层：通过分布式缓存提高配置查询和推送效率。

（4）存储层：后台是一个分布式存储，用于存放配置，并具备高性能和高扩展性。

（5）控制台：分布式配置控制台，用于配置管理。

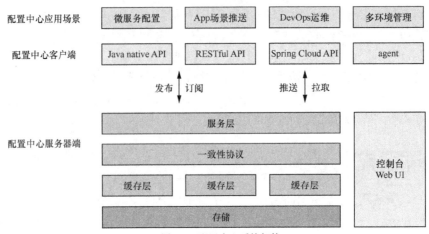

▲图 9-3　配置中心系统架构

　　配置中心客户端既提供 Java 语言的 SDK，也提供 RESTful API，以实现跨语言的配置访问。在某些场景下，配置中心提供 agent 来动态替换应用主机上的配置文件，此时配置中心的配置项和配置文件的对应关系需手动指定。

　　分布式配置中心的功能特点如下。

　　（1）配置信息的增删改查。

　　（2）配置的导入或导出，方便用户在多环境间同步配置。

　　（3）通过命名空间隔离不同环境配置（开发、测试、预发布、灰度/生产）。

　　（4）变更历史版本管理，让一切操作有据可查，并提供历史版本的回滚。

　　（5）配置推送，可实时或定时推送配置项到所有的集群应用节点。

　　（6）数据安全性，配置中心的访问授权，以及提高敏感配置数据的安全保护。

　　（7）高性能、高可用性，既然配置都统一管理了，那么配置中心在整个系统中的地位就非常重要了。一旦配置中心不能正常提供服务，就可能会导致项目整体故障，因此"高可用"是配置中心一个非常关键的指标。

　　（8）高并发支持，可容纳百万级的配置及网络连接。

　　虽然分布式配置中心的核心原理并不复杂，我们可以根据原理自己去实现一个配置中心，但是如果没有特殊需求，还是不建议重复造轮子了，毕竟业内已经有很多成熟的开源产品及方案可以直接选用。下面列举 6 个比较热门的配置中心开源组件，供读者参考。

1. ZooKeeper

　　ZooKeeper 是一个分布式应用程序协调服务，是谷歌 Chubby 的开源实现。它是一个为分布式应用提供一致性服务的软件，提供的功能包括配置维护、域名服务、分布式同步、组服务等。Dubbo 微服务框架使用 ZooKeeper 作为其服务注册中心；在 Hadoop 集群等场景下，ZooKeeper 同时充当应用配置管理的角色。但是由于它是 CP[Consistency（ 一致性 ），Partition Tolerance（分区容错性）] 类应用，因此在可用性和性能上都会受到一定的影响。

2. etcd

和 ZooKeeper 类似，etcd 是一个高可用的键值存储系统，主要用于配置共享和服务发现。随着 CoreOS 和 Kubernetes 等项目在开源社区日益火热，它们项目中都用 etcd 组件作为一个高可用一致性的服务发现存储仓库，etcd 也渐渐为开发人员所关注。etcd 是 CoreOS 团队于 2013 年 6 月发起的开源项目，它的目标是构建一个高可用的分布式键值（key-value）数据库。etcd 内部采用 Raft 协议作为一致性算法，它的灵感来自 ZooKeeper 和 Doozer，它使用 Go 语言编写，并通过 Raft 一致性算法处理日志复制，以保证强一致性。etcd 和 ZooKeeper 类似，同样可以用于应用管理配置。但是由于它是强一致的管理类应用，因此其可用性和性能在某些场景会受到一定影响。

3. Consul

Consul 是 HashiCorp 公司推出的开源产品，用于实现分布式系统的服务发现、服务隔离、服务配置。每一个功能既可以根据需要单独使用，也可以同时使用所有功能。Consul 既可以用来做分布式服务注册中心，也可以用来做分布式配置中心。Consul 是一个用来实现分布式系统的服务发现与配置的开源工具，组成部分如下。

（1）服务发现：Consul 的客户端既可以作为一个服务注册，也可以通过 Consul 来查找特定的服务提供者，并且根据提供的信息进行调用。

（2）健康检查：Consul 客户端会定期发送一些健康检查数据和服务器端进行通信，判断服务器端的状态是否正常，以监控整个集群的状态，防止服务转发到故障的集群节点上。

（3）键值对存储：Consul 还提供了一个易用的键值存储，可以用来保持动态配置信息。

（4）多数据中心：Consul 有开箱即用的多数据中心。

4. Spring Cloud Config Server

Spring Cloud Config Server 为服务器端和客户端提供了分布式系统的外部配置支持。配置服务器为各应用的所有环境提供了一个中心化的外部配置，配置服务器默认采用 Git 来存储配置信息，其配置存储、版本管理、发布等功能都基于 Git 或其他外部系统来实现。客户端基于 RESTful API 和 Spring Cloud 规范来访问服务器端的配置信息，同时也支持其他语言客户端。Spring Cloud Config Server 不提供可视化的操作界面，配置也不是实时生效的，需要重启或刷新，所以比较适用于小型项目。

5. Nacos

Nacos 是阿里巴巴开源的配置中心，对应的阿里云商业产品是应用配置管理（Application Configuration Management，ACM），是目前应用较为广泛的开源配置中心产品。尤其随着微服务架构的流行，Nacos 除了提供配置中心的功能，还提供动态服务发现、服务共享与管理的功能，以降低服务化改造过程的难度。Nacos 注册中心分为服务器端与客户端，服务器端采用 Java 语言编写，为客户端提供注册发现服务与配置服务；而客户端可以用多语言实现，客户端与微服务嵌套在一起，Nacos 提供 SDK 和 OpenAPI，如果没有 SDK 也可以根据 OpenAPI 手动编写服务注册与发现和配置拉取的逻辑。Nacos 使用起来相对比较简洁，更适用于对性能要求比较高的大规模场景。

6. Disconf

Disconf 是百度开源的一个分布式配置中心，是一套完整的基于 ZooKeeper 的分布式配置统一解决方案，依靠 ZooKeeper 的 watch 机制来做配置修改的实时推送。Disconf 包含了客户端 disconf-Client 和管理端 disconf-Web 两个模块，均由 Java 语言实现。Disconf 支持两种开发模式：基于 XML 配置或者基于注解，可完成复杂的配置分布式化。配置信息持久化存储在 MySQL 数据库上。

9.3　分布式数据库服务

随着互联网（尤其移动互联网）的发展，企业信息系统产生的数据呈爆发增长态势。在数据量逐渐增大的情况下，传统单机关系型数据库存在着先天性的弊端，分布式数据访问代理服务主要能使传统单机数据库易于扩展、可拆分、提升性能、规避单体结构缺陷。

数据库的拆分方式分为垂直拆分和水平拆分。

第一步，首选垂直拆分。

一个关系型数据库由很多表构成，每个表对应不同的业务。垂直拆分是指按照业务将表进行分类，以分布到不同的数据库上，这样就将数据（或者说压力）分担到不同的库上面，如图 9-4 所示。

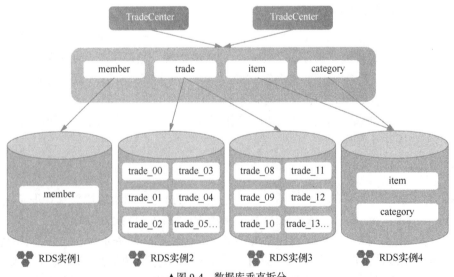

▲图 9-4　数据库垂直拆分

　　垂直拆分是具备业务语义的，比如和交易相关的表组成一个交易库、和用户相关的表组成一个用户库、和商品相关的表组成一个商品库，分别放置在不同或相同的数据库实例上。比如，淘宝中期开始的数据库按照业务垂直拆分：按照业务交易数据库、用户数据库、商品数据库、店铺数据库等进行拆分。垂直拆分的优缺点如表 9-1 所示。

表 9-1　　　　　　　　　　　　　　　　　　垂直拆分的优缺点

	优点	缺点
垂直拆分	（1）拆分规则明确，拆分后业务清晰 （2）系统整合或扩展容易 （3）数据维护简单	（1）部分业务表无法连接，只能通过接口方式解决，提高了系统复杂度 （2）受每种业务不同的限制存在单库性能瓶颈，不易于数据扩展和性能的提高 （3）事务处理复杂

　　第二步，水平拆分。

　　水平拆分的典型场景就是常用的分库分表。垂直拆分后遇到单机瓶颈时，可以使用水平拆分。水平拆分与垂直拆分的区别是：垂直拆分是把不同的表拆分到不同的数据库中，而水平拆分是把同一个表拆分到不同的数据库中，如图 9-5 所示。

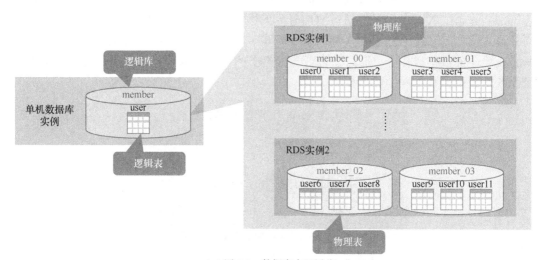

▲图 9-5　数据库水平拆分

　　不同于垂直拆分，水平拆分不是将表的数据做分类，而是按照某个字段的某种规则将数据分散到多个库之中，每个表中包含一部分数据。简单来说，我们可以将数据的水平拆分理解为按照数据行的拆分，就是将表中的某些行拆分到一个数据库，而其他某些行又拆分到其他的数据库中。拆分键，即分库/分表字段，是水平拆分过程中用于生成拆分规则的数据表字段。数据库水平拆分前应确定拆分字段（拆分键），拆分键的选择应遵循以下原则。

　　（1）值分布均匀：选择值分布均匀的字段作为拆分键，避免数据倾斜风险。

（2）使用高频：根据查询重要程度或者查询性能要求，选择高频使用的字段作为拆分键，以确保基于拆分键的关联查询具有较好的性能。

（3）列值稳定：选择列值稳定的列作为拆分键；不应直接修改拆分键的值，若需要修改拆分键的值，则应删除该行数据后新增的值。

（4）列值非空：应该选择非空列作为拆分键，空值过多将导致数据不均衡，从而出现数据倾斜的问题。

（5）同事务同源：同一业务事务的一组数据按不同拆分键分库分表后应放在一个库中，以避免出现跨库事务。例如，某日常业务的数据事务涉及 A 表的 α 数据和 B 表的 β 数据，分库后 α 数据和 β 数据应在同一个库中，即其他分库异常时，不影响 α 数据和 β 数据相关业务，避免数据库中的数据依赖另一个数据库中的数据。

分布式数据库中间件要解决的问题是大规模应用场景下，单机数据库面临的存储数据量和并发请求量的瓶颈。通过物理数据库横向扩展的方式实现容量的准线性增加，其核心架构原理是数据拆分，将原本属于一个物理数据库中的数据按照特定的拆分键（拆分字段）以一定的规则拆分后存储到多个单机数据库上，对外保持逻辑的一致性，应用程序看到的还是逻辑上的一个大数据库。拆分后的数据库称为分库，对应的表称为分表。每个分库负责一份拆分数据的读写操作（由分布式数据库中间件进行结果合并，如图 9-6 所示），从而分散整体访问压力。分布式数据库中间件通过增加分库的数量和迁移相关数据来实现数据库的扩容，提高分布式数据库系统的数据容量和请求吞吐量。分布式数据库中间件主要应用在大规模高并发的在线业务数据操作上，通过贴合业务的拆分方式，将操作效率提升到极致，有效满足在线业务对关系型数据库的性能要求。

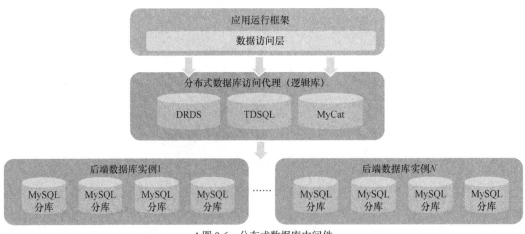

▲图 9-6　分布式数据库中间件

分布式数据库屏蔽了后端的物理分库访问路由及数据聚合的复杂性，能让用户从逻辑上得到与访问单机数据库近乎相同的体验。分布式数据库访问代理服务层本身是一个集群，支持高可用性，避免了单点故障。分布式数据库访问代理服务层支持分库分表存储，支持横向和纵向拆分，负责数据操作的解析和执行，提供会话管理、分库分表策略、语义解析、请求路由、数据合并、切换控制等功能。

为实现对应用的完全透明，分布式数据库中间件高度兼容标准 SQL 协议和语法。由于对应用开发而言面对的是标准的 SQL，因此对开发语言无任何绑定。在功能方面，分布式数据库中间件提供以下核心能力。

（1）分库分表：支持数据的水平拆分和垂直拆分，跨分库复杂查询的结果合并；数据拆分需要选择拆分维度，即拆分键（或拆分字段），作为数据分布的依据。

（2）读写分离：提供对应用无侵入的读写分离，通过使用数据库只读实例或者备库实现读写分离，无须对应用做任何改造，支持在控制台完成读写分离相关操作。

（3）平滑扩缩容：为分布式数据库提供无间断在线平滑扩缩容功能，扩缩容无须对应用改造，执行过程进度支持可视化追踪。

（4）弹性伸缩：分布式数据库服务实例支持服务节点资源规格的升降配来实现能力的弹性伸缩，也可以通过增加集群节点数来线性扩展服务支撑能力，支持服务能力横向扩展，并支持节点故障服务的故障隔离。

（5）小表广播：对于数据量不大、更新频率低但经常访问的库表，提供小表复制同步解决分布式环境下跨分库关联查询的性能问题。

（6）全局序列号：提供分布式全局唯一序列号，支持分布式全局唯一且有序递增的数字序列，满足业务在使用分布式数据库下对主键或者唯一键以及特定场景的需求。

（7）异构索引：在分库分表的情况下，当系统需要多维度查询时，通过异步更新异构索引表避免全库全表扫描，提升查询效率。

（8）管控运维：提供 SQL 详细性能分析的命令和方法，提供全 SQL 日志和慢 SQL 日志，以帮助应用开发者定位排查问题；具备数据库全生命周期运维管控能力；支持用户和运维操作分离功能。支持类单机数据库账号和权限体系，确保不同角色使用的账号操作安全，提供具备授权鉴权的 OpenAPI 以便集成到业务管控中，产品服务支持体系化。

（9）监控告警：支持对核心资源指标和数据库实例指标的实时监控和告警，如实例 CPU、网络 I/O、活跃线程、数据库 IOPS 等。

分布式数据库跨库查询优化以及跨库关联查询的原理同跨库事务一样。因为有多个实例交互，所以性能会有一定的损耗，数据库拆分后应尽量避免跨库关联查询。如果无法避免，则解决跨库关联查询问题的方法有数据冗余、小表广播等手段。

（1）数据冗余：通过适当的数据冗余字段，尽量在一个库表中查询所需的信息，以减少跨库关联查询。

（2）小表广播：为了避免跨库关联查询，DRDS 可以将所有模块有可能会依赖的一些表在其他每个数据库中均保存一份，同时需要做好数据同步设计。

（3）数据缓存：不经常更新的热点数据，通过分布式缓存来减少对数据库的访问。

（4）异步化：通过消息队列异步化处理，应对数据库的瞬间流量高峰压力。

（5）跨库分页、排序；关于数据库拆分后带来的跨库分页、排序等问题，应先在不同的库中将数据进行排序并汇总，再将汇总数据排序，最终返回给用户。

下面介绍几款较为常用的分布式数据库中间件产品。

1. DRDS

分布式关系型数据库服务（Distributed Relational Database Service，DRDS）是阿里巴巴致力于解决单机数据库服务瓶颈问题而自主研发推出的分布式数据库产品。DRDS 高度兼容 MySQL 协议和语法，支持自动化水平拆分、在线平滑扩缩容、弹性扩展、读写分离透明，具备数据库全生命周期运维管控能力。DRDS 前身为淘宝 TDDL，是阿里巴巴内部近千核心应用的首选组件。DRDS 是一款基于 MySQL 存储、采用分库分表技术进行水平扩展的分布式联机事务处理（Online Transaction Processing，OLTP）数据库服务产品，支持 RDS for MySQL 及 POLARDB for MySQL。产品目标旨在提升数据存储容量、并发吞吐量、复杂计算效率 3 个方面的扩展性需求。DRDS 核心能力采用标准关系型数据库技术实现，配合完善的管控运维及产品化能力，使其具备稳定可靠、高度可扩展、持续可运维、类传统单机 MySQL 数据库体验的特点。

DRDS 在公有云和专有云环境中沉淀打磨多年，历经十余年"双 11"核心交易业务及各行业阿里云客户业务的考验，承载大量用户核心在线业务，横跨互联网、金融&支付、教育、通信、公共事业等多行业，是阿里巴巴集团内部所有在线核心业务及众多阿里云客户业务接入分布式数据库的事实标准。

2. TDSQL

腾讯分布式数据库（TencentDB for SQL，TDSQL）是部署在腾讯云公有云上的一种支持自动水平拆分的 share nothing 架构的分布式数据库产品。分布式数据库即业务获取是完整的逻辑库表，后端却将库表均匀地拆分到多个物理分片节点。目前，TDSQL 默认部署主备架构且提供了容灾、备份、恢复、监控、迁移等方面的全套解决方案，适用于 TB 级或 PB 级的海量数据库场景。TDSQL 提供线性水平扩展能力，能够实时提升数据库处理能力，提高访问效率，峰值 QPS 超过 1500 万，轻松应对高并发的实时交易场景。微信支付、财付通、腾讯充值等都使用 TDSQL 架构的数据库。TDSQL 目前仅适用于 OLTP 场景的业务，例如交易系统、前台系统，不适用于企业资源计划（Enterprise Resource Planning，ERP）、商业智能（Business Intelligence，BI）等存在大量 OLAP 业务的系统。

TDSQL 支持 Web 控制台，提供完善的数据备份、容灾、一键升级等功能，以及完善的监控和告警体系，大部分故障通过自动化程序处理恢复。

3. MyCat

MyCat 是一个开源的基于 Java 语言编写的分布式数据库系统，是一个实现了 MySQL 协议的服务器。前端用户可以把它看作一个数据库代理，用 MySQL 客户端工具和命令行访问；后端可以用 Java 数据库连接（Java Database Connectivity，JDBC）协议与大多数主流数据库服务器通信，其核心功能是分表分库，配合数据库的主从模式还可实现读写分离。

MyCat 是基于阿里巴巴开源的 Cobar 产品开发的，Cobar 的稳定性、可靠性、优秀的架构和性能，以及众多成熟的使用案例使 MyCat 变得非常强大。

MyCat 发展到目前的版本，已经不是一个单纯的 MySQL 代理了，它的后端既可以支持 MySQL、SQL Server、Oracle、DB2、PostgreSQL 等主流数据库，也可以支持 MongoDB 等新型 NoSQL 方式的存储，未来还会支持更多类型的存储。而在最终用户看来，无论是哪种存储方式，在 MyCat 里都是一个传统的数据库表，支持通过标准的 SQL 语句进行数据操作。这样一来，对前端业务系统来说，可以大幅降低开发难度，提升开发速度。

9.4 分布式定时任务

在很多应用系统中，我们常常要定时或周期性执行一些任务。比如，订单系统的超时状态判断、缓存数据的定时更新、定时给用户发邮件，甚至是一些定期计算的报表等。单机程序中常见的处理方式有线程的 while(true) 和 sleep 组合，使用定时器触发任务，又或者是使用 Quartz 框架。貌似这些方法可以完美地解决，为什么还需要分布式呢？主要有如下 3 点原因。

（1）高可用：单机版的定时任务调度只能在一台机器上运行，如果程序或者系统出现异常，就会导致功能不可用。虽然可以在单机程序中实现得足够稳定，但始终有可能遇到非程序引起的故障，而这对一个系统的核心功能来说是不可接受的。

（2）多任务管理复杂：一个系统可能会有很多需要定时执行的任务。当出现单机无法承载所有的任务时，一般会简单地进行拆分，让不同的机器各自承担一定数量的任务。在这种方式下，需要由开发人员人工管理和分配各个机器上所负责运行的任务。因为新任务的加入，需要重新考虑各个机器的负载并合理安排任务分配，以保证整体集群负载均衡。这种方式对开发人员的负担过于沉重，并且可能因为人工分配的不合理而造成系统负载不均。

（3）单机处理极限：原本 1min 内需要处理 1 万个订单，但是现在需要 1min 内处理 10 万个订单；原来一个统计需要 1h，现在业务方需要 10min 就统计出来。虽然我们也可以采用多线程、单机多进程处理等方式提高单位时间的处理效率，但是单机能力毕竟有限（主要是 CPU、内存和磁盘），始终会有单机处理不过来的情况。

在这种情况下，分布式定时任务产品应运而生。分布式定时任务是把分散的、可靠性差的计划任务纳入统一的平台，并实现集群管理调度和分布式部署的一种定时任务的管理方式。相比较单机任务，分布式定时任务具有如下优势。

（1）通过集群的方式进行管理调度，大大降低了开发和维护成本。

（2）分布式部署，确保了系统的高可用性、可伸缩性、负载均衡，提高了容错能力。

（3）可以通过控制台部署和管理定时任务，方便、灵活、高效。

（4）任务可以持久化到数据库，避免了死机和数据丢失带来的隐患，同时有完善的任务失败重试机制和详细的任务追踪及告警策略。

虽然市面上有各种各样的分布式定时任务产品及实现，但其核心设计思路基本都是将"调度"和"任务"两部分解耦。任务节点是分布式部署的，通过特定的均衡调度算法触发指定节点上的任务执行，如果节点任务运行异常就会被自动调度到其他节点重试，以提高系统整体稳定性和可扩展性。

（1）调度模块（调度中心）：负责管理调度信息，按照调度配置发出调度请求，自身不承担业务执行。调度系统与任务解耦，提高了系统可用性和稳定性，同时调度系统性能不再受限于任务模块；支持可视化、简单且动态的调度信息管理，包括任务新建、更新、删除、调度运行和任务告警等。所有上述操作都会实时生效，同时支持监控调度结果以及执行日志，支持执行器故障转移。

（2）执行模块（执行器）：负责接收调度请求并执行任务的业务逻辑。任务模块专注于任务的执行等操作，开发和维护更加简单和高效；任务一般是"无状态"的，在任何一个节点运行都可以。执行模块接收调度中心的执行请求、终止请求和日志请求等。

下面我们介绍 5 种当前比较流行的分布式定时任务框架。

1. Quartz

Quartz 是 Java 领域著名的开源任务调度工具，是开源组织 OpenSymphony 在 Job scheduling 领域的一个开源项目。Quartz 提供了极为广泛的特性如持久化任务、集群和分布式任务。

Quartz 的特点如下。

（1）完全由 Java 编写而成，可以很方便地和 Java 的另一个框架 Spring 集成。

（2）强大的调度功能：支持丰富多样的调度方法，可以满足各种常规及特殊需求。

（3）灵活的应用方式：支持任务和调度的多种组合方式，支持调度数据的多种存储方式。

（4）分布式和集群能力，负载均衡和高可用性。

2. Elastic-job

Elastic-job 是当当网开发的弹性分布式任务调度系统，功能丰富强大。该项目基于成熟的开源产品 Quartz、ZooKeeper 及其客户端 Curator 进行二次开发，采用 ZooKeeper 实现分布式协调，实现任务高可用以及分片。

Elastic-job 由两个相互独立的子项目 Elastic-Job-Lite 和 Elastic-Job-Cloud 组成。Elastic-Job-Lite 定位为轻量级无中心化解决方案，使用 jar 包的形式提供分布式任务的协调服务；Elastic-Job-Cloud 采用自研 Mesos Framework 的解决方案，额外提供资源治理、应用分发以及进程隔离等功能。

Elastic-job 采用去中心化设计，主要分为注册中心、数据分片、分布式协调、定时任务处理和定制化流程型任务等模块。

3. xxl-job

xxl-job 是大众点评员工许雪里于 2015 年发布的分布式任务调度平台，是一个轻量级分布式任务调度框架，其核心设计目标是开发迅速、学习简单、轻量级、易扩展。

4. TBSchedule

TBSchedule 是淘宝早期开源的分布式调度框架，基于 ZooKeeper 的纯 Java 实现。其目的是让一种批量任务或者不断变化的任务，能够被动态地分配到多个主机的 JVM 中的不同线程组中并行执行。所有的任务能够被不重复、无遗漏地快速处理。这种框架任务的分配通过分片实现了无重复调度，又通过架构中 Leader 的选择，存活的自我保证，提供了可用性和可伸缩性的保障。

TBSchedule 会定时扫描当前服务器的数量，重新进行任务分配。TBSchedule 不仅提供了服务器端的高性能调度服务，还提供了一个 scheduleConsole 的 war 包，随着宿主应用的部署直接部署到服务器，可以通过 Web 方式对调度的任务、策略进行监控管理，以及实时更新调整。

5. SchedulerX

SchedulerX 是阿里云基于 Akka 架构自研的新一代功能强大、成熟稳定的分布式任务调度平台。SchedulerX 为用户提供各种各样精确到秒级的高可用的任务调度服务，每日精准触发调度万亿次，允许用户配置任意周期性调度的单机或者分布式任务，提供精准、高可靠的定时任务触发，上百万超大规模任务高效并发处理和均衡调度。SchedulerX 提供以下主要功能。

（1）作为定时、即时任务调度系统，帮助用户按计划批量处理任务。

（2）其分布式特性确保了系统的高可用，同时提高了系统的整体性能。

（3）支持多种任务类型（普通任务、网格并行任务、任务流、常驻任务）的管控，满足用户各种使用场景的需求。

（4）完善的 Web 控制台，拥有众多的任务管控入口，包括修改、触发、启动、停止、触发历史查看等特性，是非常便于用户管控任务的工具。

9.5 业务实时监控服务

业务实时监控服务是一类端到端一体化实时监控的产品及解决方案，是一种应用性能管理（Application Performance Management，APM）类监控产品。通过业务实时监控，企业运维部门可以基于海量的数据，迅速便捷地通过定制化为企业 IT 应用带来秒级的业务监控和响应能力。

监控分为系统监控和业务监控。系统监控有服务器（容器）资源监控、并发量监控、异常监控、调用链监控、端口监控、HTTP 监控等；业务监控是指监控业务数据是否正常，用户需要进行业务埋点进行数据采集，业务监控底层依赖日志上报系统。

分布式微服务架构在架构伸缩性以及开发效率上都具有很大的优势，但其他方面也给传统的应用监控、运维、诊断技术带来了巨大挑战。业务实时监控服务通过特定的任务配置来定义数据采集、实时处理、数据存储、展示分析、数据 API 和告警等任务，从而定义出自己的应用场景。除了自定义监控，成熟的业务实时监控产品一般提供丰富的可直接使用的预设监控场景，包括前端监控、应用监控（机器资源性能、应用服务调用链）等，如图 9-7 所示。产品适用场景如下。

（1）业务深度定制监控：可按需深度定制具备业务属性的实时监控告警和大盘。业务场景包括电商场景、物流场景、航旅场景等。

（2）前端体验监控：按地域、渠道、链接等维度实时反映用户页面浏览的性能和错误情况。

（3）应用性能和异常监控：对分布式应用进行性能异常监控和调用链查询的 APM 能力。

（4）统一告警和报表平台：集自定义监控、前端监控和应用监控为一体的统一告警和报表平台。

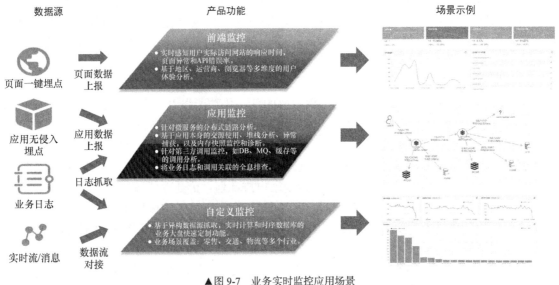

▲图 9-7　业务实时监控应用场景

相比于传统单机 APM 监控产品，云原生业务实时监控服务架构的最大特点是，在基于大数据实时计算和存储架构的同时，不仅提供开箱即用的诸多应用监控功能，而且还将其中的计算和存储能力开放出来，为个性化业务监控需求提供了快速开发能力。业务实时监控的技术架构一般由数据采集、数据解析处理（实时流计算）、数据存储、数据监控等几个模块组成，如图 9-8 所示。

业务实时监控是一种典型的大数据应用场景，在完整的一个业务实时监控任务中，数据流依次经过以下技术栈。

（1）从数据源流入数据通道，用于统一管理和缓存。

（2）从数据通道流入实时计算引擎进行实时计算。

（3）计算结果流入持久化存储平台，统一存储。

（4）通过数据展示层对数据进行各类统计分析以及导出，包括 OpenAPI 直接读取、报表展示、告警通知等。

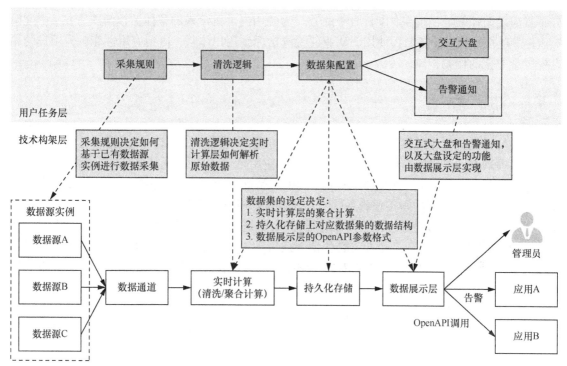

▲图9-8　业务实时监控模块构成

为了采集所需的监控数据指标,业务实时监控产品一般需要在被监控资源节点上安装相应的探针。探针以旁路的方式采集所需的监控数据指标,并以实时或定时轮询的方式上报数据到实时流计算引擎,进行数据的解析、清洗以及加工处理,并把最终的计算结果数据持久化到大数据存储平台(如时序数据库、KV 数据库等),以支持后续对这些监控指标的统计分析与监控告警。

在分布式应用场景中,一次业务请求一般需要调用多个应用节点的不同服务,我们需要借助链路追踪(tracing analysis)标准及技术来标识、串接不同节点上产生的应用日志。通过 traceid 打通跨进程的远程服务调用和分布式资源访问,为分布式应用的开发者提供完整的调用链路还原、调用请求量统计、链路拓扑和应用依赖分析等工具,实现应用服务的全链路追踪分析。链路追踪能够帮助开发者快速分析和诊断分布式应用架构下的性能瓶颈,提高微服务时代下的开发诊断效率。

提到业务实时监控,不得不提到 Prometheus,其在第 5 章已有介绍。Prometheus 是一个开源的服务监控系统和时序数据库,作为新一代的云原生监控框架,目前已成为 Kubernetes 生态圈中核心主流的监控系统与标准,在容器和微服务领域得到了广泛的应用。借助其丰富的数据采集 exporter,可以用来监控基础设施资源、各类云资源服务的性能指标、系统运行指标、业务分析指标等在内的所有系统运行健康状态。

无论从全局视角还是单个调用视角,云原生业务实时监控服务能够全方位解决应用系统在分布式应用监控领域的痛点，以云服务的方式为应用提供无侵入的整体监控解决方案，搭配前端监控、应用监控、业务监控使用，从业务关键指标到用户体验，再到应用性能，为用户的站点提供全方位的保驾护航。

9.6　服务网关

随着软件产业生态的逐步形成，越来越多的企业组织需要以 API 方式把自己的核心业务资产贯通整理并开放给合作伙伴或者由第三方的应用整合，以便发掘业务模式、提高服务水平、拓展合作空间。服务网关（API Gateway，APIG）帮助企业在自己的多个系统之间，或者与合作伙伴及第三方的系统之间实现跨系统、跨协议的服务能力互通（见图 9-9）。各个系统以发布、订阅服务 API 的形式相互开放，并对服务 API 进行统一管理和组织，围绕 API 互动，实现企业内部各部门之间，以及企业与合作伙伴或者第三方开发者之间业务能力的融合、重塑和创新。服务网关将企业 IT 及业务能力的复用率最大化，使企业间能够互相借力，企业发展能够专注自身业务，实现共赢。

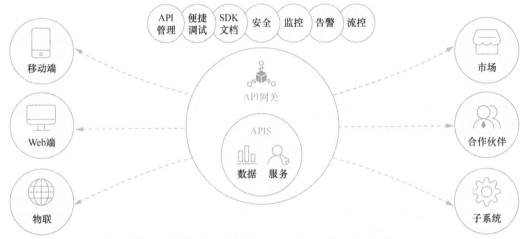

▲图 9-9　服务网关打通部门之间、企业内外的数据及服务协同

服务网关为企业在各种场景下开放 API 提供支撑，具体如下。

（1）支持建立 API 生态，将 API 开放给生态合作伙伴、开发者，实现企业核心能力的资产化。

（2）支持将 API 适配多端，如移动、互联网、物联，实现系统前后端分离。

（3）支持内部系统整合，实现模块化、微服务化。

服务网关可以把企业内外应用所提供的服务发布成 API，供消费方订阅调用，并提供审批授权、服务管控和计量监控等能力，而且不仅可以把内部服务开放到外部，还可以支持内到内、内到外、外到内、外到外各种方向的灵活开放方式。一个服务可以同时开放成具有多个不同协议入口，甚至是不同开放方向的 API。服务网关提供完整的 API 发布、管理、生命周期维护管理。用户只需进行简单的操作，即可快速、低成本、低风险地开放数据或服务，同时基于服务的配置信息自动生成 SDK、API 说明文档，提升 API 管理、迭代的效率。

服务网关是一个服务能力开放平台，是系统对外应用接入的统一入口，它封装了应用程序的内部结构，为外部调用方提供统一服务界面。一些与业务功能本身无关的公共逻辑可以在这里实现，诸如认证、鉴权、监控、缓存、负载均衡、流量管控、计量计费、路由转发等。总体来说，服务网关一般包括 4 个核心功能。

（1）统一接入：为外部提供统一接入服务，以及服务运维、运营工具。

（2）流量管控：提供服务的限流和熔断降级、服务分组、服务路由等功能。

（3）协议适配：内外服务的不同协议（通信协议、接口契约）适配转换。

（4）安全防护：访问控制（认证授权、黑白名单等）、过滤恶意请求、计量计费、请求加密、安全审计、统计分析。

服务网关是一个处于应用程序或服务（一般提供 REST API 接口服务）之前的系统，用来管理授权、访问控制和流量限制等非功能逻辑，这样 REST API 接口服务就被服务网关保护起来，对所有的调用者透明。因此，隐藏在服务网关后面的业务系统就可以专注于核心业务处理逻辑，而不用去处理这些策略性的基础设施。这样，服务网关就可以代理业务系统的业务服务 API。此时，服务网关接收外部其他系统的服务调用请求，也需要访问后端的实际业务服务。在接收请求的同时，可以实现安全相关的系统保护措施。在访问后端业务服务时，可以根据相关的请求信息做出判断，路由到特定的业务服务上，或者调用多个服务后聚合成新的数据返回给调用方。服务网关也可以把请求的数据做一些过滤和预处理（接口契约适配，如内部服务用 X/Y 标识男/女，外部系统则希望用 0/1 代表男/女），同理，也可以把返回给调用者的数据做一些过滤和预处理，即根据需要对请求头/响应头、请求报文/响应报文做一些修改。如果不做这些额外的处理，则简单直接代理服务 API 功能，我们称之为 HTTP 透传。

由于 REST API 的语言无关性，基于 API 服务网关，后端服务可以是任何异构系统，不论 Java、.NET、Python，还是 PHP、Node.js 等，只要支持 REST API，就可以被 API 服务网关管理起来。

服务网关跟 SOA 下的 ESB 在概念和功能上有些类似，但两者其实有着本质的区别。作为 SOA 的核心执行引擎，ESB 重点在于多个服务的编排调度，很多业务规则的判断处理会在 ESB 上完成，是一个较为重量级的集中式的服务调度平台。而服务网关的核心定位在单个服务的服务开放和服务治理，如服务的访问控制、服务分组、调用审计、计量计费、限流降级、协议转换等。服务网关一般对业务不会有干预和侵入，是一个轻量级的分布式服务能力开放平台。

在 Java 开源领域，目前常用的服务网关有 Zuul、Spring Cloud Gateway、Kong、OpenResty 等。另外，国内主流的云服务厂商也都有相关的服务网关产品，如阿里云的云服务总线（Cloud Service Bus，CSB）和 API 网关、腾讯云的里约网关、华为云的 APIG。

9.7　技术组件服务

实际应用系统开发运行过程中，为了解决特定领域的问题，会用到大量的技术组件。这些技术组件大部分有成熟的产品工具或解决方案，而且经过大量用户的验证反馈，相对成熟可靠，我们可以直接使用或者借鉴，无须自行开发。

9.7.1　统一认证服务

用户认证是指验证某个用户是否为系统中的合法主体，即判断用户能否访问该系统。根据系统的安全等级，用户认证一般选择以下登录认证方式。

（1）账号密码：通过账号加密码的方式进行登录认证，是最常规的认证方式。密码经过不可逆算法加密后保存在数据库中，实现简单，但安全性不是很高，一旦用户的密码泄露，将带来重大的安全风险。

（2）数字证书：用户办理数字证书作为用户登录的身份标识，使用数字证书并录入个人识别密码（Personal Identification Number，PIN 码）的方式登录；数字证书根据证书存储的介质不同分为软件文件证书和硬件 UKey 证书。UKey 证书安全性较高，但成本也较高，仅适用于非常重要的应用场景中。

（3）生物识别：用户采用指纹识别、人脸识别、指静脉识别、虹膜识别等方式登录；生物识别技术对用户使用较为友好，但在精准性上对技术实现难度挑战较大。

（4）短信认证：向用户注册登记的手机号发送短信验证码，通过输入短信验证码进行认证；现在的应用系统越来越多，用户需要记住不同系统的账号密码，这给用户带来很大的挑战。短信认证逐渐成为一种相对便捷安全的认证方式，绝大部分网站提供短信认证。

认证实现技术方面目前主要包括 OAuth 2.0 标准、JSON Web Token（JWT）两种方式进行认证，使用 Spring Security 框架完成相关的认证和授权验证。

OAuth 是一种授权框架，提供了一套详细的授权机制。用户或应用可以通过公有或者私有的设置，授权第三方访问特定的资源。OAuth 是一种开放的协议，为桌面、手机或 Web 应用提供了一种简单、标准的方式去访问需要用户授权的 API 服务。OAuth 2.0 具有以下特点。

（1）简单：不管是 OAuth 服务提供者还是应用开发者，都很易于理解与使用。

（2）安全：没有涉及用户密钥等信息，更为安全、灵活。

（3）开放：任何服务提供商都可以实现 OAuth，任何软件开发商都可以使用 OAuth。

OAuth 2.0 定义了授权码模式（authorization code）、简化模式（implicit）、密码模式（password）、客户端模式（client credentials）4 种授权模式。同时定义了资源拥有者（resource owner）、资源服务器（resource server）、第三方应用客户端（client）、授权服务器（authorization server）4 种角色。

JWT 是一个开放标准（RFC 7519），定义了一种紧凑且独立的方式，用于在各方之间作为

json 对象安全地传输信息。此信息可以通过数字签名进行验证和信任。JWT 可以使用 HMAC、RSA 或 ECDSA 算法的公钥/私钥对进行签名。JWT 基本实现是用户提供用户凭证给认证服务器，由认证服务器验证提交凭证的合法性。如果认证成功，就会产生一个 token，用户可以使用这个 token 访问服务器上受限的资源。

Spring Security 是一个能够为基于 Spring 的企业应用系统提供声明式的安全访问控制解决方案的安全框架。它提供了一组可以在 Spring 应用上下文中配置的 Bean，充分利用了 Spring IoC、DI 和 AOP 功能，为应用系统提供声明式的安全访问控制功能，减少了为企业系统安全控制编写大量重复代码的工作。

9.7.2　单点登录服务

单点登录（Single Sign On，SSO）服务是指在多个相互信任的应用系统中，用户只需要登录一次就可以访问所有相互信任的应用系统的服务。单点登录在大型网站里使用得非常频繁，例如阿里巴巴网站的背后是成百上千的子系统，用户的一次操作或交易可能涉及几十个子系统的协作，如果每个子系统都需要用户认证，不仅用户工作量巨大，各子系统还会为这种重复认证授权的逻辑耗费大量的资源。要实现单点登录，说到底就是要解决如何产生和存储信任凭证，以及其他系统如何验证这个信任凭证的有效性。

系统一般采用 session 共享方案来实现单点登录。共享 session 可谓是实现单点登录最直接、最简单的方式。将用户认证信息保存于 session 中，即以 session 中存储的值为用户凭证，这在单个站点内使用是很正常，也是很容易实现的，而在用户验证、用户信息管理与业务应用分离的场景下会遇到单点登录的问题。在应用体系简单、子系统很少的情况下，可以考虑采用 session 共享的方法来处理这个问题。

session 服务用于存储与用户相关的数据，默认由 Web 容器进行管理。单机情况下，所有用户的 session 数据由一台服务器持有，不存在 session 数据不一致的情况。但在分布式情况下，用户的前后两次请求可能会转发到不同的后端服务器上，如果不进行 session 共享，会出现 session 数据不一致的情况。因此，要打造一个高可用的分布式系统，应将 session 管理从容器中独立出来成为统一的脱离容器的 session 存储机制，一般通过分布式缓存来保存 session 信息，如通过基于 Redis 服务器的方案来实现 session 的共享存储。

客户端请求时，可以通过 cookie 或者 URL 参数传递的方式向服务器提交 sessionID，服务器根据 sessionID 从分布式缓存中获取完整的 session 数据，进而进行身份认证和权限判断。

为了确保一个大型应用的各业务子系统 Web 应用的 session 共享，避免出现因跨域导致的 session 不能共享的问题，各业务子系统 Web 应用的二级域名应配置相同的父域名。对于跨域问题，可以使用 JSON with Padding（JSONP）实现。用户在父应用中登录后，跟 session 匹配的 cookie 会存到客户端中。当用户需要登录子应用时，授权应用访问父应用提供的 JSONP 接口，并在请求中带上父应用域名下的 cookie，父应用接收到请求，验证用户的登录状态，返回加密的信息。子应用通过解析返回的加密信息来验证用户，如果通过验证，则用户能够登录。

9.7.3　全局序列号服务

全局唯一序列号生成是在设计一个分布式系统时常常会遇见的需求。在分布式系统架构下，尤其是数据库使用分库分表时，数据库自增主键已无法保证全局唯一。在具体的应用系统中，一般由开发框架提供统一的组件，实现生成全局序列号服务，可直接调用生成全局序列号。全局序列号服务提供全局唯一的数字序列，常用于主键列、唯一索引列、唯一标识字段等值的生成。在某些场景下，业务上可能会利用序列号做排序，这种情况下就要求生成的全局唯一序列号是有序递增的。分布式环境下全局序列号服务的要求如下。

（1）全局唯一。

（2）支持高并发。

（3）能够体现一定属性。

（4）高可靠，容错单点故障。

（5）高性能。

考虑上述 5 点要求，目前业界主流的全局序列号生成主要有以下常见的技术实现。

1. 单库自增

利用数据库递增，全数据库唯一。

优点：明显，可控。

缺点：单库单表，数据库压力大。

2. UUID

使用通用唯一识别码（Universally Unique Identifier，UUID）的目的是让分布式系统中的所有元素都能有唯一的识别信息，而不需要通过中央控制端来指定辨识信息。如此一来，每个人都可以创建不与其他人冲突的 UUID，这样就不需要考虑数据库创建时的名称重复问题了。UUID 是由一组 32 位的十六进制数字所构成，这样生成的 UUID 理论上的总数为 $16^{32}=2^{128}$，约等于 3.4×10^{123}。产生重复 UUID 并造成错误的情况非常低，因此我们几乎不用担心序列号重复的问题。

优点：生产效率高，减轻数据库压力。

缺点：不能有序递增。

3. Snowflake 算法（雪花算法）

Snowflake 是推特开源的分布式 ID 生成算法，结果是一个 long 型的 ID。这种方案大致来说是一种以划分命名空间来生成 ID 的一种算法。这种方案把 64 位划分成多段，分别来标示机器、时间等。其核心思想是使用 41 位作为时间戳，10 位作为机器的 ID（5 位作为数据中心 ID，5 位作为机器 ID），12 位作为毫秒内的序列号，最后还有一个符号位 0；Snowflake 算法实现思路如图 9-10 所示。

▲图 9-10 Snowflake 算法实现思路

整个结构是 64 位，所以我们在 Java 中可以使用 long 来进行存储。该算法实现基本就是二进制操作，单机每秒内理论上最多可以生成 1024×2^{12}，也就是逾 400 万个 ID，整体上按照时间自增排序，并且整个分布式系统内不会产生 ID 冲突（由数据中心 ID 和机器 ID 作区分），并且效率较高。经测试，Snowflake 算法每秒能够产生约 26 万个 ID。

优点：高性能，低延迟，独立的应用，按时间排序。

缺点：需要独立的开发和部署。

4. Redis 生成 ID

Redis 的 INCR 命令支持 "INCR AND GET" 原子操作。利用这个特性，我们可以在 Redis 中存放序列号，让分布式环境中的多个取号服务在 Redis 中通过 INCR 命令来实现；同时 Redis 是单进程单线程架构，不会因为多个取号方的 INCR 命令导致取号重复。因此，基于 Redis 的 INCR 命令实现序列号的生成基本能满足全局唯一与单调递增的特性，并且性能还不错，如图 9-11 所示。

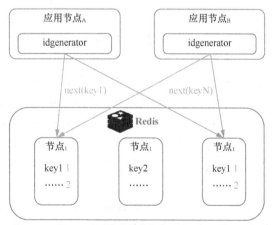

▲图 9-11 基于 Redis 集群实现分布式全局唯一序列号服务

优点：不依赖数据库，灵活方便，且性能优于数据库；数字 ID 天然排序，对分页或者需要排序的结果很有帮助；使用 Redis 集群也可以防止单点故障的问题。

缺点：如果系统中没有 Redis，则需要引入新的组件，增加系统复杂度；需要编码和配置的工作量比较大，多环境运维较麻烦；在开始时，一旦确定好程序实例负载到哪个 Redis 实例，未来很难修改。

5. Flicker 优化方案

利用 MySQL 中 ID 自增的特性，可以生成全局序列号，Flicker 在解决全局序列号生成方案里就采用了 MySQL 自增 ID 的机制（auto_increment + replace into + MyISAM）。采用批量生成的方式，内存缓存号段，降低数据库的写压力，提升整体性能。

优点：数据库只保存一条记录，性能得到了极大地增强。

缺点：如序列号重启，内存中未使用的 ID 号段未分配，导致 ID 空洞，服务没有做 HA，无法保证高可用。

基于该方案中存在的高可用问题，可以进一步延伸出其他的优化解决方案。例如，数据库使用双主架构保证高可用，通过多个 getIdService 服务去获取 ID，减少 ID 空洞的数量，水平扩展达到分布式 ID 生成服务性能，使用比较再交换（Compare And Swap，CAS）简洁地保证不会生成重复的 ID，等等。由于有多个 service，生成的 ID 不是绝对递增的，而是趋势递增的，不过这对大部分业务场景也是基本可接受的。

9.7.4 持久化服务

Java 语言访问数据库的一种规范是一套 API，即 JDBC API（Java 数据库编程接口）。它是一组标准的 Java 语言中的接口和类。使用这些接口和类，Java 客户端程序可以访问各种不同类型的数据库。

在实际应用项目的开发中，为了实现代码和具体某种数据库的解耦，方便应用代码在不同数据库之间自由迁移，我们一般会使用某种数据库持久化框架来访问读写数据。对象关系映射（Object Relational Mapping，ORM）技术是对 JDBC 的封装，解决了 JDBC 存在的各种问题，是关系型数据库持久化的核心。JDBC 属于数据访问层，但是使用 JDBC 编程时，必须知道后台用什么数据库、有哪些表、各个表有哪些字段、各个字段的类型是什么、表与表之间有什么关系、创建了什么索引等与后台数据库相关的详细信息。使用 ORM 技术，可以将数据库层完全隐蔽，呈现给程序员的只有 Java 对象。程序员只要根据业务逻辑的需要调用 Java 对象的 getter 和 setter 方法，就可实现对后台数据库的操作，而不必知道后台采用什么数据库、有哪些表、有什么字段、表与表之间有什么关系。ORM 通过对开发人员隐藏 SQL 细节可以显著提高生产力。

开源市场比较主流的两种 ORM 框架分别是 Hibernate 和 ibatis/MyBatis。Hibernate 是全自动的，SQL 都帮我们写好了，但这也是 Hibernate 的缺点之一，有时它给的 SQL 语句并不是最优的，会严重影响效率。MyBatis 是半自动的，自动的部分在于它把数据封装后返回给我们，手动的部分在于我们自己来编写 SQL，这样的方式很灵活，我们可以根据需求编写最优的 SQL 语句，如图 9-12 所示。随着 Spring MVC、Spring Boot 的使用越来越多，曾经非常流行的 SSH 逐渐没落，Hibernate 也渐渐失去了往日的辉煌。MyBatis 是目前 Java 语言中一种比较常用的持久化服务，支持定制化 SQL、存储过程以及高级映射的优秀的持久层框架。MyBatis 避免了几乎所有的 JDBC 代码和手动设置参数以及获取结果集。MyBatis 可以对配置和原生映射使用简单的 XML 或注解，将接口和 Java 的普通的 Java 对象（Plain Ordinary Java Object，POJO）映射成数据库中的记录。

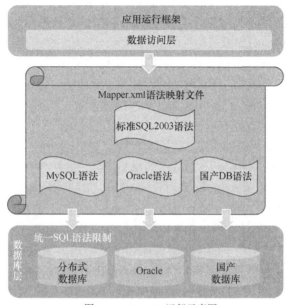

▲图 9-12　MyBatis 运行示意图

　　某些数据库个性化的特性及函数采用非标准 SQL2003 语法，我们通过 MyBatis 官方提供的 databaseIdProvider 方案实现一套 MyBatis 文件，可以在多种关系数据库中以兼容的方式运行。其主要思路是，各数据库 SQL 具有差异化的写法，需要在 MyBatis 的 mapper 文件中添加 databaseId 标签。

　　MyBatis 的功能架构分为 3 层。

　　（1）API 层：提供给外部使用的 API，开发人员通过这些本地 API 来操作数据库。接口层一旦接收到调用请求，就会调用数据处理层来完成具体的数据处理。

　　（2）数据处理层：负责具体的 SQL 查找、SQL 解析、SQL 执行和执行结果映射处理等。它的目的主要是根据调用请求完成一次数据库操作。

　　（3）基础支撑层：负责最基础的功能支撑，包括连接管理、事务管理、配置加载和缓存处理，这些都是共用的，将它们抽取出来作为最基础的组件，为上层的数据处理层提供最基础的支撑。

9.7.5　连接池服务

　　数据库连接是一种关键、有限、昂贵的资源，对数据库连接的管理能显著影响整个应用系统的可伸缩性和健壮性，以及应用系统的性能指标。为了减少数据库连接频繁创建、释放所产生的资源开销，生产环境的应用系统中应采用数据库连接池技术。

数据库连接池负责分配、管理和释放数据库连接，它允许应用系统重复使用一个现有的数据库连接，而不是重新建立一个。释放空闲时间超过最大空闲时间的数据库连接，从而避免因为没有释放数据库连接而引起的数据库连接泄露，这些技术能明显提高对数据库操作的性能。数据库连接池的基本思想就是为数据库连接建立一个"池"，预先在池中放入一定数量的连接，当需要建立数据库连接时，只需从"池"中取出一个，使用完毕之后再放回去。可通过设定连接池最大连接数来防止系统过多地与数据库连接。应用启动时创建一定数量的数据库连接，使用时分配给调用者，调用完毕后返回给连接池。注意，返回给连接池后，这些连接并不会关闭，而是准备分配给下一个调用者。由此可以看出，连接池节省了大量的数据库连接的打开和关闭的动作，对系统性能提升的益处不言而喻。

当前 Java 开源市场主流的数据库连接池技术及产品主要有 C3P0、数据库连接池（Database Connection Pool，DBCP）、Druid、HikariCP，其中 C3P0、DBCP 作为第一代数据库连接池产品目前已渐渐没落，新建的项目中一般已不再使用。Druid、HikariCP 作为第二代数据库连接池产品，其成功很大程度上得益于前代产品打下的基础，站在巨人的肩膀上，新一代的连接池的设计者将这一项"工具化"的产品推向了极致。

Druid 是阿里巴巴开源平台上的一个数据库连接池实现。Druid 是高效可管理的数据库连接池，有完善的功能、良好的性能及可扩展性。它结合了 C3P0、DBCP、Proxool 等连接池的优点，同时加入了日志监控，可以很好地监控连接池连接和 SQL 的执行情况，可以说是针对监控而生的连接池。Druid 提供了 FilterChain 模式的扩展 API，可以自己编写 filter 拦截 JDBC 中的任何方法，可以在其上完成任何功能，比如性能监控、SQL 审计、用户名密码加密、日志等。Druid 集合了开源和商业数据库连接池的诸多优秀特性，并结合阿里巴巴大规模苛刻生产环境的使用经验进行优化，是目前应用最广泛的连接池，在功能、性能、可扩展性方面都超过其他数据库连接池。其配置参考及说明如图 9-13 所示。

HikariCP 是由日本程序员开源的一个数据库连接池组件，代码非常轻量，并且速度非常快。根据官方提供的数据，在 i7 开启 32 个线程 32 个连接的情况下，进行随机数据库读写操作，HikariCP 的速度是 C3P0 的数百倍。在 Spring Boot 2.0 中，官方也推荐使用 HikariCP。

有人在 GitHub 对阿里巴巴 Druid 与 HikariCP 进行了对比，认为 HikariCP 在性能上胜过 Druid 连接池。对此，阿里巴巴的工程师也做出了回应，详细说明了 Druid 的性能稍差的原因是锁机制的不同，并且 Druid 提供了更丰富的功能，两者的侧重点不一样，选择哪一款就见仁见智了。阿里巴巴的 Druid 有中文的开源社区，交流起来更加方便，并且经过阿里巴巴内部诸多核心应用系统的验证，非常稳定、可靠。而 HikariCP 是 Spring Boot 2.0 默认的连接池，全世界内使用范围也非常广，对于大部分业务来说，使用哪一款都是差不多的，毕竟性能瓶颈一般不在连接池，用户可以根据自己的喜好自由选择。

```xml
<bean id="dataSource" class="com.alibaba.druid.pool.DruidDataSource" init-method="init" destroy-method="close">
    <property name="driverClassName" value="${db.druid.driverClassName}"/>
    <!-- 基本属性 url、user、password -->
    <property name="url" value="${db.druid.url}"/>
    <property name="username" value="${db.druid.username}"/>
    <property name="password" value="${db.druid.password}"/>

    <!-- 配置初始化大小、最小、最大 -->
    <property name="initialSize" value="${db.druid.initialSize:1}"/>
    <property name="minIdle" value="${db.druid.minIdle:1}"/>
    <property name="maxActive" value="${db.druid.maxActive:20}"/>

    <!-- 配置获取连接等待超时的时间 -->
    <property name="maxWait" value="${db.druid.maxWait:60000}"/>

    <!-- 配置间隔多久才进行一次检测，检测需要关闭的空闲连接，单位是毫秒 -->
    <property name="timeBetweenEvictionRunsMillis" value="${db.druid.timeBetweenEvictionRunsMillis:60000}"/>

    <!-- 配置一个连接在池中最小生存的时间，单位是毫秒 -->
    <property name="minEvictableIdleTimeMillis" value="${db.druid.minEvictableIdleTimeMillis:300000}"/>

    <property name="validationQuery" value="${db.druid.validationQuery}"/>
    <property name="testWhileIdle" value="${db.druid.testWhileIdle:false}"/>
    <property name="testOnBorrow" value="${db.druid.testOnBorrow:false}"/>
    <property name="testOnReturn" value="${db.druid.testOnReturn:false}"/>

    <!-- 打开PSCache，并且指定每个连接上PSCache的大小 -->
    <property name="poolPreparedStatements" value="${db.druid.poolPreparedStatements:false}"/>
    <property name="maxPoolPreparedStatementPerConnectionSize"
              value="${db.druid.maxPoolPreparedStatementPerConnectionSize:20}"/>

    <!-- 配置监控统计拦截的filters -->
    <property name="filters" value="stat"/>
</bean>
```

▲图 9-13　Druid 连接池配置参考

9.7.6　事务管理

绝大部分生产系统的应用开发框架使用了 Spring 框架的事务管理机制，Spring 支持编程式事务管理和声明式事务管理两种方式。编程式事务管理是通过 Spring 提供的事务模板（TransactionTemplate、PlatformTransactionManager）直接在代码中启动、回滚和提交事务。这种方式的优点是可以实现代码级灵活的事务控制，缺点是对代码有很强的侵入性，因此在实际项目中较少使用。声明式事务管理是非侵入式的开发方式，这是 Spring 所倡导的开发方式。声明式事务管理也有两种常用的方式，一种是基于 TX 和 AOP 命名空间的 XML 配置文件（如图 9-14 所示），另一种是需要在控制事务的代码方法上基于注解@Transactional 进行声明。

在并发情况下，由于不同的事务在同一时间对同一份数据进行读写，这就存在数据一致性的问题，一般分为以下 3 种情况。

（1）脏读：事务 A 读取了事务 B 更新的数据，然后事务 B 回滚操作，那么事务 A 读取到的数据是脏数据。

（2）不可重复读：事务 A 多次读取同一数据，事务 B 在事务 A 多次读取的过程中，对数据做了更新并提交，导致事务 A 多次读取同一数据时，读取结果不一致。

（3）幻读：系统管理员 A 将数据库中所有学生的成绩从具体分数改为 ABCDE 等级，但是系统管理员 B 在这时插入了一条具体分数的记录，当系统管理员 A 修改结束后发现还有一条记录没有改过来，就好像发生了幻觉一样，这就是幻读。

```
<!--事务管理配置 -->
<bean id="transactionManager" class="org.springframework.jdbc.datasource.DataSourceTransationManager">
    <property name="sessionFactory" ref="sessionFactory" />
    <property name="dataSource" ref="myDS" />
</bean>

<!-- 规定需要控制事务的类必须以"BOImpl"结尾, 且方法名必须以save,delete,add,modify,update,insert,remove开头 -->
<aop:config>
    <aop:pointcut expression="execution(public * cn.xxx.xxx..*BOImpl.*(..))" id="pointcut" />
    <aop:advisor advice-ref="txAdvice" pointcut-ref="pointcut" />
</aop:config>

<tx:advice id="txAdvice" transaction-manager="transactionManager">
    <tx:attributes>
        <!-- 读取 -->
        <tx:method name="query*" propagation="REQUIRED" isolation="DEFAULT" />
        <tx:method name="find*" propagation="REQUIRED" read-only="true" />
        <tx:method name="get*" propagation="REQUIRED" read-only="true" />
        <tx:method name="list*" propagation="REQUIRED" read-only="true" />
        <!-- 新增 -->
        <tx:method name="save*" propagation="REQUIRED" isolation="DEFAULT" />
        <tx:method name="add*" propagation="REQUIRED" isolation="DEFAULT" />
        <tx:method name="insert*" propagation="REQUIRED" isolation="DEFAULT" />
        <!-- 删除 -->
        <tx:method name="delete*" propagation="REQUIRED" isolation="DEFAULT" />
        <tx:method name="remove*" propagation="REQUIRED" isolation="DEFAULT" />
        <!-- 修改 -->
        <tx:method name="modify*" propagation="REQUIRED" isolation="DEFAULT" />
        <tx:method name="update*" propagation="REQUIRED" isolation="DEFAULT" />
        <!-- 其他 -->
        <tx:method name="*" read-only="true" />
    </tx:attributes>
</tx:advice>
```

▲图 9-14　XML 配置文件声明式事务示例

不可重复读和幻读很容易混淆，不可重复读侧重于修改，幻读则侧重于新增或删除。解决不可重复读的问题只需锁住满足条件的行，而解决幻读需要锁表。一般通过事务之间的隔离机制来解决数据库并发事务下的数据一致性问题，数据库事务的隔离级别有 4 种，由低到高分别为读未提交（read-uncommitted）、不可重复读（read-committed）、可重复读（repeatable-read）、串行化（serializable），具体说明见表 9-2。不同的隔离级别采用不同的锁类来实现，因此解决事务的并发操作中可能会出现脏读、不可重复读、幻读等情况，需要开发人员根据具体的业务场景选择相应的事务隔离机制。

表 9-2　　　　　　　　　　　　　4 种事务隔离级别说明

事务隔离级别	含义	脏读	不可重复读	幻读
read-uncommitted	允许读取尚未提交的修改	是	是	是
read-committed	允许从已经提交的事务读取	否	是	是
repeatable-read	对相同字段的多次读取结果是一致的，除非数据被当前事务自己修改	否	否	是
serializable	完全服从 ACID 隔离原则，确保不发生脏读、不可重复读和幻读，但执行效率最低	否	否	否

事务传播行为（propagation behavior）是指当一个事务方法被另一个事务方法调用时，这个事务方法应该如何进行。在 Spring 的 TransactionDefinition 接口中一共定义了 7 种事务传播行为类型，如表 9-3 所示。

表 9-3　　　　　　　　　　　　　　　　7 种事务传播行为定义

事务传播行为类型	说明
PROPAGATION_REQUIRED	如果当前没有事务，则新建一个事务；如果已经存在一个事务，则加入这个事务中。这是最常见的选择
PROPAGATION_SUPPORTS	支持当前事务，如果当前没有事务，则以非事务方式执行
PROPAGATION_MANDATORY	使用当前的事务，如果当前没有事务，则抛出异常
PROPAGATION_REQUIRES_NEW	新建事务，如果当前存在事务，则把当前事务挂起
PROPAGATION_NOT_SUPPORTED	以非事务方式执行操作，如果当前存在事务，则把当前事务挂起
PROPAGATION_NEVER	以非事务方式执行，如果当前存在事务，则抛出异常
PROPAGATION_NESTED	如果当前存在事务，则在嵌套事务内执行；如果当前没有事务，则执行与 PROPAGATION_REQUIRED 类似的操作

以上介绍的都是单机数据库中的事务一致性，基本有较为成熟的方案，开发人员只需要根据业务场景选择对应的事务管理。在分布式微服务架构下，用户的一次请求会调用不同子系统中的不同服务，访问更新不同数据库中的数据，包括缓存、消息队列、对象存储等也是业务数据的不同存储形态。在这样的情况下，事务管理的范畴将不再局限于单机数据库的原子性（Atomicity）、一致性（Consistency）、隔离性（Isolation）、持久性（Durability）（即 ACID 特性），而将是一个更广泛的数据一致性的概念。目前并没有特别成熟的产品能够完全解决分布式事务一致性，尤其在高并发场景下，很难保证 100%的数据一致性。因此在实际生产环境中，需要根据具体的业务场景逐个通过特定的解决方案来设计解决，包括业务方面做出一些让步以避免分布式事务，架构层面设计优化，分布式数据下沉，以及采用最终一致性的柔性事务等方案。

9.7.7　异常管理

异常管理是 Java 应用开发中一个非常重要的问题。为了实现对异常的统一处理和统一展现，一般建议在项目基础的开发框架中对异常进行统一拦截处理，实现对控制层、业务处理层及数据访问层的异常捕获和异常信息封装。业务开发人员只需要在各个层次中抛出对应的业务异常和数据访问异常，运行框架会进行统一拦截，不需要开发人员手动进行异常处理，这样可减少代码量，提高开发效率，同时也实现了整个系统的异常统一处理和管理。

为了实现对异常的统一管理，首先开发框架一般需要定义一个异常基类 AppException，应用开发过程所有的异常均继承自该基类。异常基类 AppException 下根据不同的异常种类可以再封装一层异常子类，如业务异常 BusinessException、数据访问异常 DataAccessException、权限异常 AuthException、远程调用异常 RpcException 等。每个业务子系统定义自己的异常类（统一继承自 BusinessException），如图 9-15 所示。

在系统运行过程中，如果在控制层（controller）、业务服务层（service）、业务逻辑层（Business Object，BO）、数据访问层（Data Access Object，DAO）发生业务异常（BusinessException）、数据访问异常（DataAccessException）或者其他运行时异常，Spring MVC 调用基础框架提供

的统一异常处理器 UniHandlerExceptionResolver 对异常信息进行统一拦截处理，记录异常日志，并将异常信息经业务封装后返回 UI 层进行提示。应用代码开发中，除非有明确约定，否则对捕获的异常直接抛到上一层，由框架在 MVC 控制层进行统一拦截，如图 9-16 所示。

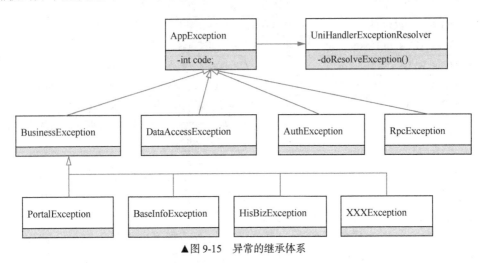

▲图 9-15　异常的继承体系

```xml
<!-- MVC层统一的异常拦截处理 -->
<bean id="exceptionResolver" class="com.xxx.xxx.UniHandlerExceptionResolver">
    <!-- 返回视图类型，仅支持"json|page"两种 -->
    <property name="viewType" value="json"/>
    <!-- 返回json串中的message字段内容，如果不配置的话，会返回异常的ex.getMessage() -->
    <property name="defaultErrorMessage" value="服务端处理异常，请联系系统管理员排查！"/>
    <!-- 缺省返回的错误view（仅page时有效，当exceptionMappings无匹配映射时） -->
    <property name="defaultErrorView" value="error"/>
    <!-- 错误码跟错误view的映射关系（仅page时有效），如果没找到映射关系，则缺省用defaultErrorView -->
    <property name="exceptionMappings">
        <map>
            <entry key="-1" value="error" />
            <entry key="101010" value="ex_page" />
        </map>
    </property>
</bean>
```

▲图 9-16　统一的异常拦截

　　框架采用前后端分离技术，前端通过 HTTP 请求后台服务，数据统一使用 json 格式，服务器端响应数据使用统一的规范格式和状态码：

```json
{
    "type":"success",
    "code": 0,
    "message": "这里显示错误简短信息",
    "data":{
        {"key":"返回结果数据封装为 json 对象格式"}
    }
}
```

为了方便问题的定位排查和服务质量的统计分析，在具体项目的应用开发中，框架的异常基类 AppException 中定义错误码 code 属性，应用代码抛出异常时，需要定义该属性。为方便识别及统计，业务异常错误码一般有一定的命名规则，如采用 6 位字符串，格式为"两位系统编号+两位模块编号+两位异常编号"，具体的异常错误码在每一个项目中都应该有明确的定义。

UniHandlerExceptionResolver 可以拦截处理所有应用层抛出的 AppException 的子类，但是在系统运行过程中，还有一些"特殊"的异常是无法捕获的，原因如下。

（1）AppException 继承自 RuntimeException，而 Java 的异常根类为 throwable，throwable 有两个子类 error 和 exception，exception 有两个子类 CheckedException 和 RuntimeException。因此能被捕获的实际上只是 RuntimeException 相关的异常（当然这能够处理大部分的异常情况），对于 error 和 CheckedException 是无法捕获的。

（2）正常的代码中一般使用 try...catch(AppException ex){}来捕获异常，执行过程中可能因为线程中断或阻塞而导致 catch 块中的代码没有正常地被执行。

为了统一对不可捕获异常的处理，开发框架统一封装实现了 Thread.UncaughtExceptionHandler 接口。该接口声明了某一个线程执行过程中，对于未捕获异常的处理，如图 9-17 所示。

```java
public class UniUncaughtExceptionHandler implements Thread.UncaughtExceptionHandler{
    private Logger log = LoggerFactory.getLogger(UniUncaughtExceptionHandler.class);
    @Override
    public void uncaughtException(Thread t, Throwable e) {
        // 打印出现异常的线程和异常名称
        log.error("捕获到异常：线程名[" + t.getName() + "]，异常名[" + e + "]");
        // ... 记录异常日志

        // 异常栈的信息
        e.printStackTrace();
        // ... 如果对异常还需要做特殊处理,可以在此处继续实现处理方法
    }
}
```

```java
public class UniUncaughtExceptionHandlerAspect {
    @Autowired
    private UniUncaughtExceptionHandler uniUncaughtExceptionHandler;
    public void doBefore(JoinPoint jp){
        Thread.setDefaultUncaughtExceptionHandler(uniUncaughtExceptionHandler);
    }
}
```

```xml
<!-- 不可捕获异常的统一拦截处理 -->
<bean id="uniUncaughtExceptionHandler" class="com.xxx.xxx.UniUncaughtExceptionHandler" />
<bean id="uncaughtExceptionHandlerAspect" class="com.xxx.xxx.UniUncaughtExceptionHandlerAspect" />

<aop:config>
    <aop:aspect ref="uncaughtExceptionHandlerAspect" >
        <!-- 切面为Controller下的所有方法 -->
        <aop:pointcut id="performance" expression="execution(* com.xxx.xxx..controller.*Impl.*(..))" />
        <aop:before method="doBefore" pointcut-ref="performance"/>
    </aop:aspect>
</aop:config>
```

▲图 9-17　不可捕获异常的统一处理

应用请求的入口一般是 controller，因此框架通过 AOP 的方式在请求的入口方法中设置当前线程的 UncaughtExceptionHandlerAspect，以拦截处理当前线程中无法正常捕获的各种异常。

9.7.8　数据传输服务

各业务系统的数据形式多种多样，包括结构化数据、非结构化数据、半结构化数据，以及根据数据应用场景划分的在线数据、离线数据等。数据网络情况纷繁复杂，需要一款适应这种环境的数据同步工具，实现实时增量与离线全量的多源异构数据一站式接入集成的产品。数据传输服务是一种支持关系型数据库及大数据等多种数据源之间数据交互的数据服务。

数据传输服务提供了数据迁移、数据实时订阅及数据实时同步等多种数据传输能力。通过数据传输服务可实现不停服数据迁移、数据异地灾备、跨域数据同步、缓存更新等多种业务应用场景，帮助企业构建安全、可扩展、高可用的数据架构。

1. 数据迁移

数据迁移旨在帮助企业用户方便、快速地实现各种数据源之间的数据迁移，实现数据迁移上云、内部跨实例数据迁移、数据库拆分扩容等业务场景。数据迁移功能能够支持同异构数据源之间的数据迁移，同时提供了库表列三级映射、数据过滤多种抽取（extract）、转换（transform）、加载（load）（即 ETL）特性。数据迁移支持多种迁移步骤，包括结构迁移、全量数据迁移及增量数据迁移，如图 9-18 所示。

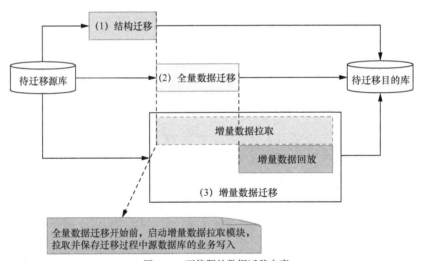

▲图 9-18　不停服的数据迁移方案

为保障数据的一致性，传统迁移方式要求在数据迁移期间停止向源数据库写入数据，即需要停机迁移。根据数据量和网络的情况，迁移所耗费的时间可能会持续数小时甚至数天，对业务影响较大。云原生架构下的数据传输服务旨在为企业提供不停服迁移的解决方案，只有在业务从源实例切换到目标实例期间会影响业务，其他时间业务均能正常提供服务，将停机时间降低到分钟级。

2. 数据同步

数据同步功能旨在帮助企业实现两个数据源之间的数据实时同步。数据同步功能可应用于异地多活（见图 9-19）、数据异地灾备、本地数据灾备、数据异地多活、跨境数据同步、查询与报表分流、云 BI 及实时数据仓库等多种业务场景。数据同步的同步对象的选择粒度可以为库、表、列，用户可以根据需要同步某几个表的数据。同时，同步过程支持库、表、列名映射，即用户可以进行两个不同库名的数据库之间的同步，或两个不同表名之间的数据同步。

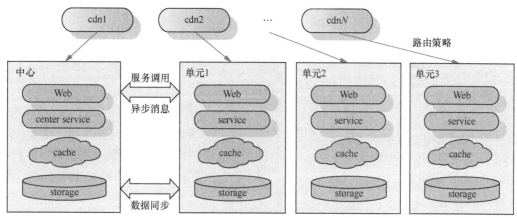

▲图 9-19　通过数据同步实现异地灾备与异地多活

为满足特定的业务场景需要，数据同步功能支持多种同步拓扑，包括一对一单向同步、一对多单向同步、多对一单向同步、一对一双向同步等方式。

3. 数据订阅

数据订阅旨在帮助企业用户获取各种关系型数据的实时增量数据，企业可以根据自身业务需求自由消费增量数据，例如缓存更新策略、业务异步解耦、异构数据源数据实时同步及含复杂 ETL 特性的数据实时同步等多种业务场景，如图 9-20 所示。

数据订阅采用旁路的方式，通过解析数据库的增量日志（如 MySQL 的 binlog、Oracle 的 changelog）来获取增量数据，不会对业务和数据库的性能造成影响。业务完成更新数据库后直接返回，不需要关心缓存失效流程，整个更新路径短、延迟低。同时，应用无须实现复杂双写逻辑，只需启动异步线程监听增量数据，更新缓存数据。

对于开源数据传输工具，目前比较主流的产品有 Kettle 和 DataX。

Kettle 是一款国外开源的 ETL 工具，采用纯 Java 语言编写，支持 GUI，可以以工作流的形式流转，在一些简单或复杂的数据抽取、质量检测、数据清洗、数据转换、数据过滤等方面有着比较稳定的表现。Kettle 允许开发人员管理来自不同数据库的数据，通过提供一个图形化的用户环境来描述数据转换规则。

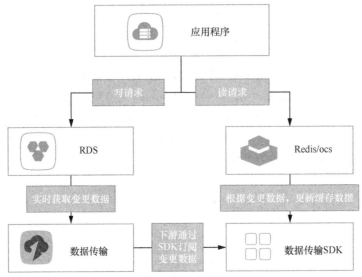

▲图 9-20 通过数据订阅更新缓存信息

DataX 是在阿里巴巴内部被广泛使用的在线/离线数据同步工具/平台，实现包括 MySQL、Oracle、HDFS、Hive、OceanBase、HBase、OTS、ODPS 等各种异构数据源之间高效的数据同步功能。DataX 采用了"Framework + plugin"的模式，目前已开源，代码托管在 GitHub 中，如图 9-21 所示。

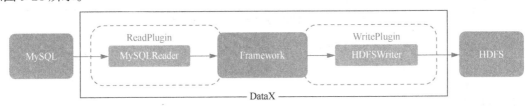

▲图 9-21 DataX

DataX 本身作为数据同步框架，将不同数据源的同步抽象为从源数据源读取数据的 reader 插件，以及向目标端写入数据的 writer 插件，理论上 DataX 框架可以支持任意数据源类型的数据同步工作。同时，DataX 插件体系作为一套生态系统，每接入一套新数据源，该新接入的数据源即可实现和现有的数据源互通。经过几年积累，DataX 目前已经有了比较全面的插件体系，主流的 RDBMS、NoSQL、大数据计算系统都已经接入。

第四部分　云原生架构实践

第 10 章　高可用解决方案

10.1 高可用定义

应用高可用（High Availability，HA）是一个综合性问题，IT 系统的目标是为了确保业务的连续可用，所有可能引起业务无法按用户预期提供正常服务的问题，都属于高可用要解决的问题范畴。引起系统故障的因素有很多，包括数据库异常、应用异常、服务器硬件故障、负载过高、网络异常、链路故障，以及各种天灾人祸，如机房断电、空调异常、水灾火灾地震、人为误操作等。所有这些因素导致的结果，对最终用户而言就是业务不可用。因此，应用高可用要解决的问题非常广泛，需要通盘考虑。故障是不可避免的，高可用解决方案的目标就是在系统设计时尽可能降低各种异常发生的概率，以及一旦这些异常发生时，我们还能有补救措施。

评估一个系统可用性的一个重要内容是服务等级协议（Service-Level Agreement，SLA）。在云计算领域，SLA 是关于云平台服务商和客户间的一份合同，其中定义了服务类型、服务范围、服务质量、赔偿方案和客户付款等内容。对一个应用系统而言，SLA 是本应用系统给客户做出的一份服务承诺，承诺了客户使用该系统的业务可用性和数据安全性，以及万一因系统原因导致客户业务受损，系统服务商所需承担的赔偿责任。

系统的可用性有几个度量指标，其中最核心的是系统的平均无故障时间（Mean Time To Failure，MTTF）。MTTF 标识了一个应用系统平均能够正常运行多长时间才发生一次故障。系统的可用性越高，平均无故障时间越长。一个系统的可维护性用平均维修时间（Mean Time To Repair，MTTR）来度量，即系统发生故障后维修和重新恢复正常运行平均花费的时间。系统的可维护性越强，平均维修时间越短。一般来说，应用系统的可用性定义为 MTTF/(MTTF+MTTR) × 100%。由此可见，应用系统的可用性定义为系统保持正常运行时间的占比。可用性的另一个辅助指标是业务连续性，业务连续性与可用性并不等同，如果一个系统频繁出故障，但每次故障的时间都非常短，这样仅从时间占比来看，其可用性可能可以达到比较高的水平，但实际上这是一个不健康的系统。业务连续性和系统组件的失败率相关，衡量系统组件失败率的一个指标是失败间隔平均时间（Mean Time Between Failures，MTBF），通常这个指标用来衡量硬件单元的可靠性，如内存、磁盘。

我们设计一个高可用系统的目标，最重要的是满足用户的需求。只有当系统的失败导致服务的失效性足以影响系统用户的需求时，才会影响其可用性的指标。用户的敏感性决定于系统提供的应用。例如，一个能在 1s 之内被修复的失败，在一些联机事务处理系统中可能并不会被感知，但如果是对于一个实时的科学计算应用系统，则是不可被接受的。应用系统对于故障的容忍度一般通过恢复时间目标（Recovery Time Objective，RTO）、恢复点目标（Recovery Point Objective，RPO）这两个指标描述。

RTO 是指故障发生后，从 IT 系统死机导致业务停顿时开始，到 IT 系统恢复至可以支持各部门运作、恢复运营时为止，两点之间的时间段称为 RTO。该指标定义了最大可容忍的业务停顿时间，必须在此时限内恢复数据及业务。例如，RTO=0 意味着在任何情况下都不允许目标业务有任何运营停顿，这往往意味着系统架构设计的高复杂度以及 IT 成本的大量投入。

RPO 是指从系统和应用数据的角度，要实现能够恢复至可以支持各部门业务运作，系统及生产数据应恢复到怎样的更新程度。这种更新程度既可以是上一周的备份数据，也可以是上一次交易的实时数据，是业务系统所能容忍的数据丢失量。例如，每天 00:00 进行数据备份，如果今天发生了死机事件，数据可以恢复到的时间点（RPO）就是今天的 00:00；如果凌晨 3 点发生灾难或死机事件，损失的数据就是 3h；如果 23:59 发生灾难，损失的数据就是约 24h，所以该用户的 RPO 就是 24h，即用户最大的数据损失量是 24h。所以 RPO 是指用户允许损失的最大数据量，这和数据备份的频率有关。为了改进 RPO，必然要增加数据备份的频率。RPO 指标主要反映了业务连续性管理体系下备用数据的有效性，即 RPO 取值越小，表示系统对数据完整性的保证能力越强。

RTO 和 RPO 指标并不是孤立的，而是从不同角度来反映数据中心的容灾能力。在 RPO 和 RTO 都接近零的情况下，将实时数据复制与故障转移服务结合使用，可以实现接近 100% 的应用程序和数据的可用性。这是应用系统高可用所追求的理想目标，但实际生产系统很难做到，需要根据业务的特点，并综合考虑高可用架构带来的性能影响以及成本投入，进行一定的取舍和权衡。

10.2 高可用设计

10.2.1 应用设计

高可用是一个综合的解决方案，并不是通过简单的一个技术、一个产品就能做到的。为了实现最终交付系统的高可用，我们在应用系统的架构设计和代码设计时有很多考量。世界上不存在绝对正确的架构，所有的架构设计都是一种权衡，是考虑适当的投入产出在当前业务场景下的一种相对优势的选择。在实际应用设计过程中，我们可以借鉴一些业界比较成熟的经验和方案，来大大提高我们架构设计的成功率。

1. 消除单点

云原生最核心的优势是弹性伸缩，通过横向扩展来解决应用容量的瓶颈，实现资源投入和应用容量的准线性增长关系。为了达到更加精细化的应用弹性，我们在系统设计过程中做了应用分层、分布式设计、微服务架构设计。其目标都是希望找到系统真正的瓶颈点，精细化弹性伸缩，通过最小的投入带来性能的最大提升。分布式是云原生架构设计的根本，一个应用系统要实现真正的分布式，所有的层次都必须做到分布式，即从流量接入到服务调用、数据存储、缓存、消息队列、对象存储等，都必须是分布式，没有任何一个环节存在单点的问题，这样的系统才具备良好的弹性能力，如图 10-1 所示。

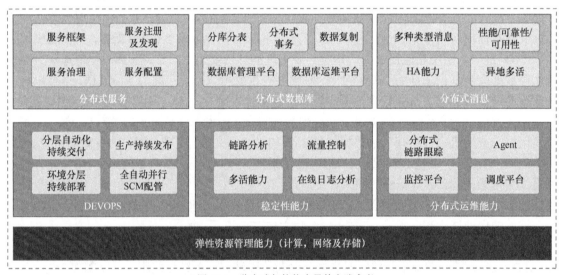

▲图 10-1　分布式架构能力最佳实践参考

分布式还意味着去中心化，这也是微服务架构与 SOA 的本质上的区别。SOA 下所有的业务服务编排路由调用都通过企业服务总线（ESB），而微服务架构下，虽然也有一个服务注册中心，但不论服务提供方还是服务消费方，都只有在应用启动时才跟服务注册中心有交互，真正运行过程中的服务调用都是从消费方到服务方发起的点对点的直接调用，即运行过程是一个去中心化的架构，如图 10-2 所示。

2. 无状态化

为了实现应用容量的横向扩缩容，服务设计为可伸缩且可部署到任意敏捷基础设施中，此总体原则的一个推论就是，服务不应为有状态的。阻碍单体架构变为分布式架构的关键点就在于状态的处理。如果状态全部保存在本地，无论是本地的内存，还是本地的硬盘，都会给架构的横向扩展带来瓶颈。

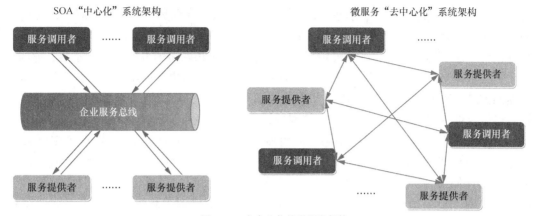

▲图 10-2 去中心化的微服务架构

状态分为分发、处理、存储过程。如果对于一个用户的所有信息都保存在一个进程中，则从分发阶段就必须将这个用户分发到这个进程，否则无法对这个用户进行处理。然而当一个进程压力很大时，根本无法扩容，新启动的进程无法处理那些保存在原来进程中的用户的数据，不能分担压力。

无状态化并不意味着应用系统完全没有状态，而是通过状态外置来实现可伸缩部分服务的无状态化。整个架构分为无状态部分和有状态部分，而业务逻辑部分往往作为无状态部分，而将状态保存在有状态的中间件中，如缓存、数据库、对象存储、大数据平台、消息队列等，这就是我们常说的状态外置。这样无状态部分可以很容易地横向扩展。在分发用户时，可以很容易地分发到新的进程进行处理，而状态保存到后端。而后端的中间件是有状态的，这些中间件在设计之初就考虑了扩容的问题，状态的迁移、复制、同步等机制不用业务层关心。

云原生架构很重要的特点是微服务化和容器化。容器和微服务是"双胞胎"，因为微服务会将单体应用拆分成很多小的应用，因而运维和持续集成的工作量变大，而容器技术能很好地解决这个问题。然而在微服务化之前，建议先进行容器化；在容器化之前，建议先进行无状态化；无状态化之后，实行容器化就十分顺畅了。容器的不可改变基础设施，以及容器随容器平台的崩溃而自动重启、自动修复，都因为无状态而顺畅无比。只有当整个流程容器化了，以后的微服务拆分才会水到渠成。

3. 幂等设计

幂等一般针对后台服务而言，"服务幂等性"是指针对某一服务的多次调用，只要请求的参数是一样的，那么服务返回结果一定是一致的，且后台系统不会因为多次调用而产生任何副作用。下面举两个例子说明。

（1）支付宝扣款服务。用户购买商品后支付（参数中会带订单流水号），调用支付宝扣款成功，但是返回结果时网络异常（此时钱实际上已经扣了）。前端应用请求超时会重试再次调用支付宝扣款服务，支付宝扣款服务内部会判断当前订单流水号是否已扣款。如果已扣款，则直接返回给前端应用"已扣款成功"；如果未扣款，则正常扣款后再返回给前端应用"已扣款成功"。因此，即使前端应用针对同一个订单流水号多次重复调用支付宝扣款服务，支付宝返回的结果也应该是"已扣款成功"，而不能返回类似于"重复扣款"这样的异常，这就是服务的幂等设计。这个场景中有一个例外情况，即如果第一次扣款是因为账户余额不足，返回"余额不足"的扣款失败，但用户进行充值后针对同一个订单流水再次调用支付宝扣款服务，则第二次返回的结果就是"已扣款成功"。虽然两次请求的参数一样，但因为后台账户数据发生了变化，这属于业务规则范畴，与技术上的服务幂等设计无关。

（2）删除订单服务。前端应用调用后台服务删除订单表中的某一条订单（根据订单号删除），第一次调用时删除成功（逻辑删除或者物理删除都可以），但返回时网络异常。前端应用请求超时会重试再次调用删除订单服务，该服务执行数据库 delete 操作时数据库会抛出异常（因为订单已被删除），作为幂等设计的服务应该捕获这个异常，统一返回给调用方"已删除成功"。

幂等设计的服务与常规思维是有一定差异的。如果用常规思维开发服务，当重复调用时一般会返回给调用方类似于"重复操作"的异常返回，但幂等设计的服务却返回给调用方成功的结果。为什么会有这样的差异呢？因为在分布式环境下，前端应用的一次请求可能会调用多个后台服务，可能会发生某些后台服务超时或者网络闪断等情况。这时为了保证业务的成功，前端应用一般会通过重试的机制达到数据的最终一致性。因此，在云原生分布式微服务架构下，服务幂等设计是作为一种解决应用高可用和数据一致性的基本实践手段。

4. 弹性伸缩

弹性伸缩包括弹性扩展和弹性收缩，是实现应用高可用的重要技术手段。在业务高峰期，当系统负载较大时，通过横向扩展新的应用节点或者拉起新的容器来分摊原有压力节点上的负载，让系统平稳渡过前端应用高并发流量的冲击。而在业务低峰期，通过释放部分应用节点以提高资源的有效利用率。

弹性伸缩分为手动弹性伸缩和自动弹性伸缩。手动弹性伸缩是运维人员通过观测资源的水位或者收到资源告警信息后，人工为应用集群添加新的服务节点来解决资源负载过高的问题。自动弹性伸缩则是系统根据管理员预先设置的规则自动触发进行资源节点的动态管理。自动弹性伸缩的规则一般包括 CPU、负载基本服务器性能指标，也可以包括响应时间、线程数等应用相关的指标。自动弹性收缩时，系统会保证最低的服务节点数（一般不少于两个节点）。同时，自动弹性伸缩的系统一般要求弹性自愈能力，系统自动检测所有的服务节点是否处于健康状态，弹性伸缩自动释放不健康服务节点，并创建新的服务节点挂载到应用集群中。

5. 容错设计

容错性是指软件检测应用程序所运行的软件或硬件中发生错误并从错误中恢复的能力，通常可以从系统的可靠性、可用性、可测性等方面来衡量。为了消除单点故障，应用部署时采用集群部署、分布式部署，都是为了把软硬件故障给应用系统带来的影响降到最小。容错设计分为应用、系统、服务等不同的层面。

（1）应用容错主要面向用户界面，包括合理的引导提示防止用户误操作，对敏感操作进行二次确认，对异常操作进行操作限制（前后端都要控制），对用户的误操作提供撤销路径等。

（2）系统容错主要面向系统架构层面，通过良好的架构设计提示系统的健壮性，包括分布式设计、故障隔离、限流降级、熔断、同步转异步、补偿冲正、重试机制、系统应急开关等。

（3）服务容错主要面向微服务的设计实现，尤其在分布式环境下，用户的一次请求会跨多个应用调用不同的服务，服务的健壮性决定了整个应用系统的高可用性。服务容错包括服务幂等重试、服务熔断机制、服务流控降级、服务缓存、服务无状态化、服务兼容性等。

容错设计还有一个很重要的思路——冗余设计，通过一定的额外成本投入换取系统的可靠性提升，包括资源冗余（防止不可预期的业务增长对于系统的压力）、数据冗余（防止核心数据异常丢失）、架构冗余（如双通信链路）。

6. 同步转异步

在一定程度上，同步可以看作单线程，这个线程请求一个方法后就等待这个方法给它回复，否则它不往下执行。在一定程度上，异步可以看作多线程的，请求一个方法后就不管了，继续执行其他的方法。在实现方面，通常把同步的请求通过消息队列转成异步化订阅处理，以减少系统之间的耦合，避免核心应用被非核心应用拖垮。同时，消息队列起到了很好的削峰填谷的作用，让瞬间的高并发请求有一个缓冲，从而保护后台应用系统的平稳运行，如图 10-3 所示。

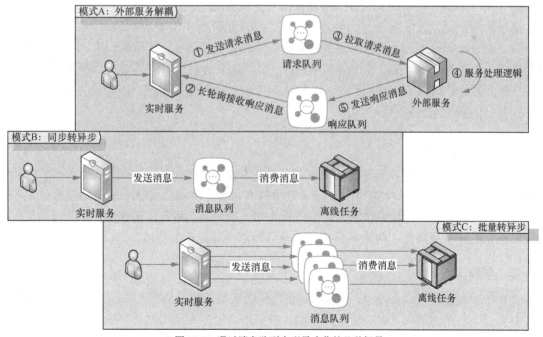

▲图 10-3 通过消息队列实现异步化的几种场景

除了通过消息队列实现异步化，在开发代码时，异步回调也是经常使用的一种同步转异步的实现思路。

7. 缓存设计

缓存的主要作用是降低应用和数据库的负载，提高系统性能和客户端访问速度。在架构和业务设计上，可以考虑将访问量较大、不经常修改的（如字典表和系统参数），或对数据库性能影响较大的查询的结果进行缓存，以提高系统整体性能。

8. 动静分离

动静分离是指静态页面与动态页面分开在不同的系统上访问的架构设计方法，静态资源（如 html、js、css、img 等）与后端服务分离部署。静态资源放在 CDN、Nginx 等设施上，访问路径短，访问速度快（几毫秒）；动态页面访问路径长，访问速度相对较慢（数据库的访问、网络传输、业务逻辑计算），需要几十毫秒甚至几百毫秒，对架构扩展性的要求更高。

9. 流控降级

无论一个系统的容量预估做得多么充分，我们总是无法避免一些不可预期的并发流量的冲击。这些流量既可能是正常的业务流量，也可能是非法的攻击行为。流控降级相当于给后端应用系统上了一道保险，让系统具有一定的抗压能力，被广泛用于秒杀、消息削峰填谷、集群流量控制、实时熔断等场景中，从多个维度保障客户的业务稳定性。

流控降级包括流控和降级两个概念。流控，即流量控制（flow control），根据流量、并发线程数、响应时间等指标，把随机到来的流量调整成合适的形状，即流量塑形，避免应用被瞬时的流量高峰冲垮，从而保障应用的高可用性。熔断降级会在调用链路中某个资源出现不稳定状态（例如调用超时或异常比例升高）时对这个资源的调用进行限制，让请求快速失败，避免影响到其他的资源而导致级联错误。

10. 应用健康检查

应用健康检查是弹性伸缩和弹性自愈的基础，传统的负载均衡只能根据 IP：port 来进行节点探活，但无法处理应用假死的情况。应用健康检查是为了确保当前节点的应用能够正常对外提供服务，一旦应用健康检查失败，管控节点（如负载均衡、服务注册中心、K8s 管控等）必须及时把该故障节点摘除，防止请求再打到故障节点而导致业务失败。

11. 优雅上下线

优雅上下线是实现业务 7×24 小时不间断运行的重要保障。为了实现应用版本变更的发布过程对在线业务的无感知，应用发布时我们一般采用分批发布的策略。假设某个应用集群中有 10 个节点，我们分 5 个批次，每一批只发布其中 2 个节点，确保一批一批地发布，线上的业务基本是不受影响的。注意，这里说的是基本不受影响，如果在业务高峰期做这样的应用版本发布，还是有一定影响的。针对每一个批次 2 个节点的应用发版过程：负载均衡摘除这 2 个节点→停止应用→更新部署包→启动应用→把 2 个节点挂载到负载均衡上。这个过程看似没有问题，但在应用节点下线过程中，已经打到这个节点上的请求是无法处理完成的。如果在业务高峰期做版本发布，会导致有一定数量的请求失败。另外，应用节点刚上线时，Java 系统还没有"预热"完成，这时如果瞬间大量请求打过来，会导致系统 CPU 占用率瞬间达到 100%，引发系统卡死。优雅上下线分为优雅下线和优雅上线两个过程。

优雅下线是指应用节点平滑下线，停应用之前会有一段时间的"静默期"（如 10s），静默期内负载均衡不会再把新的请求打到该节点，同时该节点已经接收到的请求能够正常处理完。通过这种机制实现节点下线过程对业务平滑无感。

优雅上线主要针对 Java 语言的即时（Just In Time，JIT）编译特性。Java 的 class 文件是字节码而非机器码，在运行过程中，由 JVM 的 JIT 编译器将字节码编译成本机的机器码，不同的操作系统平台的 JIT 编译器是不一样的，Java 也是通过这样的机制做到一次构建到处运行。编译器将字节码编译成机器码的过程是非常耗性能的，会大量占用 CPU 资源做计算。因此 JVM 内部做了一些优化，大部分 HotSpot 虚拟机的执行引擎在执行 Java 代码时可以采用"解释执行"和"编译执行"两种方式。为了减少编译的负载，JVM 对于非热点 class 文件采用解释执行的策略，只有一个文件被调用达到一定次数，JVM 才会触发编译，把这个 class 文件由字节码真正编译成机器码。这也意味着，编译型 JVM 确实存在一个"预热"的过程，系统只有经过一段时间的预热以后，系统性能才能达到最优的状态。这个"预热"过程的时间不会太长，少则几秒，多则几分钟。基于这样的知识背景，我们再看应用节点上线的过程，在业务高峰期某个节点一上线，负载均衡就会把大量的请求打过来，导致同一时刻触发大量 class 文件的 JIT 编译，CPU 占用率瞬间达到 100%，系统处于卡死状态。因此，实现优雅上线的系统在节点上线时，负载均衡会阶梯状地把流量逐步打过来，以便该节点有一个充分"预热"的过程，通过这种方式来确保业务高峰期节点上线（新版本发布、节点扩容等）时的平稳可靠。

12. 快速失败设计

面向失败设计原则是所有的外部调用都有容错处理，我们希望失败的结果是可预期的、经过设计的。系统发生异常时能够快速失败，然后快速恢复，以保证业务永远在线，不能让业务半死不活地僵持着。

10.2.2 数据设计

一个应用系统的高可用设计在很大程度上依赖数据的高可用，中间层的服务一般是无状态的，很容易通过弹性伸缩等机制实现高可用。但数据是有状态的，扩展起来相对要复杂得多，涉及数据在线迁移、数据实时同步等技术难题。因此我们会发现很多应用系统随着业务量不断增大，最终的瓶颈会落到数据库这个层面。

1. 数据分布式

数据库的高可用一般分为主备数据库和分布式数据库。

主备数据库（或者多副本数据库）的目标是实现数据的可用及安全，在主数据库出现软硬件故障时能够及时切换到备数据库以确保业务的正常运行，同时确保数据不丢失。金融级的数据库一般采用 3 个以上副本的数据库。在运行过程中，主备库实时进行数据同步，根据数据的安全等级不同，又分为强一致同步和异步同步。强一致同步是指某一笔数据事务提交时，必须确保主备库（或者两个以上副本）同步完成事务才能正常提交，这样能够确保任何时候进行主备切换时数据都是零丢失的，其负面影响是性能比较低。异步同步是指某一笔数据事务提交时，只需保证主库落盘事务就可以正常提交，然后通过主库的 binlog 机制，异步同步给备库（或其他副本）。这种方式的优点是性能不受多副本的影响；缺点是在主备切换时，数据存在一定的丢失风险。

主备库是为了解决数据库软硬件故障的问题，而性能问题则需要通过分布式数据库解决。在 9.3 节中已经介绍过，通过分布式数据库中间件实现分库分表、平滑扩容、读写分离等技术，以此达到底层物理库的横向扩展，解决应用规模越来越大时数据库的吞吐量和容量的瓶颈。单机数据库即使能力再强，也存在性能的天花板，而分布式数据库通过添加物理资源的方式，让数据库的性能得以准线性的增长。

2. 异构数据

企业建设 IT 系统的目标就是加工处理数据，以便让数据更好地为业务服务。数据的表现形式有很多，有结构化数据库、非结构文件、消息数据、缓存数据、音视频流式数据等不同的数据种类。程序中持久化处理的，大部分是跟数据库相关的数据。针对不同的场景和不同的用途，数据库的处理和存储技术是不一样的，有关系型数据库、非关系型数据库、大数据、非结构存储等，每个分类下又有很多细分类的产品和技术。每种产品都有其特定的应用领域，以发挥其最佳性能。一个完整的业务场景，往往不只包含单一的数据源，而需要在不同的异构数据源之间进行数据的集成、加工处理和流转，应根据不同场景综合考虑技术储备和实现成本，选择最合适的数据库技术，如图 10-4 所示。

异构数据源之间的数据集成及同步，是设计高可用应用系统所必不可少的要素。我们应根据数据同步的场景，如离线同步/在线同步、全量同步/增量同步、实时同步/定时同步等，选择合适的同步技术及方案。

3. 数据容灾

数据容灾是为了在灾难（地震、强台风、火灾、水灾等）以及人为重大误操作等情况下导致主数据中心机房被毁坏时，确保关键数据在一定时间内可恢复，让业务的损失降到可接受的程度。

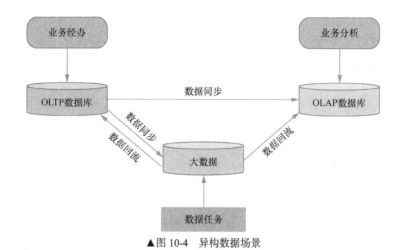

▲图10-4　异构数据场景

根据对应用的支撑形态，数据容灾分为数据灾备和数据多活两种类型。数据灾备是指将生产数据定期或准实时备份到异地的数据系统，以保护数据安全和提高数据的持续可用性。数据灾备是冷备模式的，即正常业务模式下，灾备中心的数据不提供业务支撑。数据多活是指异地数据在数据灾备的基础上提供业务支撑，这样就提高了灾备中心资源的有效利用。根据数据灾备及数据多活的不同模式，数据的部署形态分为以下5种。

（1）A-S模式：即主备模式（Active-Standby）。只有主中心提供正常的数据服务，备中心仅作数据冷备，当灾难发生时，主中心才会切换到备中心。这种架构最简单，但备中心的资源闲置问题较为突出。

（2）A-Q模式：即读写分离模式（Active-Query）。对于数据实时性要求不高的读场景，分发到备中心的数据提供只读服务，以此来分担主中心数据库的压力。

（3）A-A'模式：即非对称运行模式。主备中心提供业务读写服务，但是两者承接的业务是不同的，为避免数据交叉覆盖冲突，主备两边的业务数据必须能够完全分隔。备中心只承接部分非核心业务，主备之间数据双向同步。

（4）A-A模式：即对称运行模式。主备中心提供完全相同的业务读写服务，通过前端的流量入口来标识区分具体某一次请求该路由到哪一个数据中心，如根据用户的属地区分南北两个中心，不同用户之间数据不存在交叉覆盖的问题，主备之间数据双向同步。

（5）C-U模式：即单元化部署模式（Centre-Unit）。一般是多个中心的超大规模应用，如阿里巴巴内部的电商应用系统就采用单元化部署，分为中心节点和单元节点，根据用户的注册地点流量分发路由到就近的单元节点，单元节点内完成绝大部分的业务闭环，少数中心化服务（如库存相关服务）必须请求中心节点。所有的单元节点与中心节点保持数据单向同步，一旦某个单元节点出现故障，其流量将由中心节点承接，待单元节点恢复且数据回流完成后，流量再由中心节点切换回单元节点。中心节点内部也采用同城主备模式，以确保中心节点自身的高可用。

相应的多中心机房部署由简单到复杂依次为：单中心，同城双中心，两地三中心，三地五中心，五地七中心，以及多地多中心。

10.2.3　兼容性设计

1. 数据变更约束

随着业务的变更，数据库表设计也需要变更，我们可能需要增加一些字段内容，以往的某些数据表字段如果不用了，可以删除吗？任何设计都是基于当前已知的业务场景和商业模式进行设计的，我们很难预测未来的变化。正因为如此，我们更希望在架构设计方面留有一定的弹性，在未来业务发生变化时，系统能够从容地应对这些变化，而不至于推倒重来。

在数据变更方面，我们同样希望通过良好的数据库设计尽量做到向下兼容，通常有以下原则和手段可供我们参考。

（1）1+N 主从表设计：把相对稳定的基础数据放在主表中，把与特定业务相关的、容易变化的数据放在单独的从表（子表）中，这样业务一旦发生变化，我们只需修改从表，以降低变化的影响范围。

（2）冗余字段设计：在数据库表中预留一定个数的冗余字段，以备将来业务扩展使用，但这种模式导致设计不清晰，后期运维成本高。

（3）列转行设计：通过单独一张字段扩展表（setting 表）来保存业务扩展信息，扩展表核心有 3 列，分别是主表主键、扩展字段名、扩展字段内容。主表的每一个扩展字段用扩展表的一行记录保存（即主表的列转成扩展表的行）。通过列转行的扩展表设计，理论上主表的列可以任意伸缩。

（4）字典表设计：数据表中的某一列，在不同的业务场景下，可能有不同的取值含义和取值范围，这时可以通过单独的字典表来定义业务规则。

2. 数据库兼容

同一个应用代码可能需要适配不同的数据库。我们通过 MyBatis 官方提供的 databaseIdProvider 方案实现一套 MyBatis 文件，可以在多种关系型数据库中以兼容的方式运行。其主要思路是，在各数据库 SQL 具有差异化的写法，需要在 MyBatis 的 mapper 文件中，添加 databaseId 标签。

在 MyBatis 框架中，通过下面的方式找到 mapper 文件对应的 SQL。首先，框架通过 Connection.getMetaData().getDatabaseProductName() 获取数据库标识，比如 MySQL；再根据在 XML 映射的定义 <prop key="MySQL">mysql</prop> 找到别名 mysql；最后根据 databaseId= mysql 和 id，在 MyBatis 的 mapper 文件中定位到目标 SQL。如果未找到带有 databaseId 的 SQL，则直接使用未定义 databaseId 的 SQL。

需要先做初始化引入，参考如下：

```
<bean id="sqlSessionFactory" class="org.mybatis.spring.SqlSessionFactoryBean">
    …
    <property name="databaseIdProvider" ref="databaseIdProvider"/>
</bean>
```

```xml
<bean id="databaseIdProvider" class="org.apache.ibatis.mapping.VendorDatabaseIdProvider">
    <property name="properties">
        <props>
            <prop key="SQL Server">sqlserver</prop>
            <prop key="DB2">db2</prop>
            <prop key="Oracle">oracle</prop>
            <prop key="MySQL">mysql</prop>
        </props>
    </property>
</bean>
```

MyBatis 的 mapper 文件参考如下：

```xml
<?xml version="1.0" encoding="utf-8" ?>
<!DOCTYPE mapper PUBLIC "-//mybatis.org//DTD Mapper 3.0//EN" "http://mybatis 官网/dtd/
mybatis-3-mapper.dtd">
<mapper namespace="cn.xxx.xxx.module1.dao.UserDAO">
    <select id="selectTime" resultType="String" databaseId="mysql">
        SELECT  NOW() FROM dual
    </select>
    <select id="selectTime" resultType="String" databaseId="oracle">
        SELECT  'oralce'||to_char(sysdate,'yyyy-mm-dd hh24:mi:ss')  FROM dual
    </select>
</mapper>
```

3. 接口变更约束

在分布式应用架构下，服务之间的相互调用错综复杂，默认情况下，某个服务器端应用迭代升级时，应确保调用方接口的向下兼容，即调用方无须感知服务器端的应用升级。如果确实业务变动比较大，原有的接口无法满足要求，建议通过新增加一个接口的方式予以解决（或者如果服务支持多版本，也可以通过不同的服务版本号区分）。新老接口并行一段时间，给调用方一定的时间平滑升级过渡，待最终业务全部迁移到新接口，老接口再下线。

10.2.4 容量设计

1. 容量预估

容量预估是架构师必备的技能之一。所谓容量预估，就是系统在被压垮之前所能承受的最大业务负载，这是技术人员了解系统性能的重要指标。容量预估一般通过全链路压测、线性分析、相似类比、经验判断等多种手段，综合评估当前应用系统所能承载的业务容量。业务容量是指针对特定业务场景，系统所能处理的峰值每秒事务数（Transactions Per Second，TPS）、吞吐量、响应时间（Reaction Time，RT）等性能指标。

（1）峰值 TPS：后台系统不被压垮的前提下系统每秒最多能够接收多大的前端并发请求量。

（2）吞吐量：系统每秒最多能够处理的业务量，其与 TPS 是两个不同的含义。TPS 是指系统每秒能够接收的请求量，而吞吐量则真正反映系统的处理能力。

（3）RT：所有的容量预估都必须确保系统的 RT 在业务可接受的范围内，RT 如果超出这个范围，即便系统能够处理更多的请求，也没什么意义。

不难看出，上面 3 个指标之间的关系为：

$$吞吐量=峰值\ TPS/RT$$

对应用系统而言，衡量其业务容量的一般是指吞吐量。从这个公式可以看出，提高吞吐量可以从两个方面考虑，要么提高峰值 TPS，要么降低 RT。

容量测试是性能测试里的一种测试方法，目的是测量系统的最大容量，为系统扩容、性能优化提供参考，节省成本投入，提高资源利用率。由于测试环境跟生产环境的差异性（包括服务器差异、网络差异、数据差异、流量差异），因此测试环境下通过压测得出的系统容量并不能完全真实地体现生产环境下的处理能力。在最理想状态下，是直接在生产环境通过生产流量日志加压回放的方式进行全链路压测，这种方式能够最真实地还原线上的业务流量，但实施起来有一定的技术门槛，需要处理生产能力防护、压测数据隔离、外部挡板等现实技术问题。如果在测试环境压测，首先需要考虑硬件环境能否做到跟生产环境的等比配置，如果成本不允许，可以按一定比例缩小，然后根据线性分析的结果测算出测试环境跟生产环境的容量比例。在测试环境压测时，压测数据（包括打底数据和流量请求数据）尽可能采用生产环境脱敏后的真实数据，以提高测试场景的业务覆盖度。

2. 容量规划

对于业务越来越复杂的商业形态，每个业务由一系列不同的系统来提供服务，每个业务系统部署在不同的机器上。容量规划的目的在于让每一个业务系统能够清晰地知道如下内容。

（1）什么时候应该增加服务节点？什么时候应该减少服务节点（比如服务器端接收到的流量达到什么量级）？比如"双 11"、大促、秒杀。

（2）为了"双 11"、促销、秒杀、渠道拓展引流等业务需求，需要扩展到什么数量级的服务，才能既保证系统的可用性、稳定性，又能节约成本？

容量规划是在容量预估的基础上，根据业务的发展规划，指出为了适应业务发展的需要，未来系统所能承受的业务容量规模，以及为了达到这样的容量规模，系统需要经过什么样的投入和改造。要完成容量规划，必须要做的 3 件事如下。

（1）找出系统瓶颈点。应用系统生产环境一般是由网络设备、Web 服务器、消息队列、缓存、数据库等组成的一系列复杂集群。在分布式系统中，任何节点出现瓶颈，都有可能导致雪崩效应，最后整个集群垮掉（雪崩效应是指系统中一个小问题会逐渐扩大，最后造成整个集群死机）。所以，要规划整个平台的容量，就必须计算出每一个节点的容量，找出任何可能出现的瓶颈所在。

（2）线性分析。根据系统架构（集群、分布式、微服务）特点，通过多轮的对比压测得到资源节点的增加（尤其瓶颈点的资源增加）和系统性能提升的线性比例关系。通过线上采集的系统数据，分析出过去某段时间（或某个业务）的高峰流量，然后通过计算得到扩容所需投入的实际资源数量。

（3）容量应急预案。根据压测的结果，设定限流、服务降级等系统保护措施，来预防当实际流量超过系统所能承受的最大流量时系统无法提供服务。

10.3 高可用方案

10.3.1 全链路压测方案

保障服务的可用性和稳定性是技术团队面临的首要任务，也是技术难题之一。提高一个系统的可用性的最有效方式就是通过测试进行验证。软件系统测试的方案有很多种，功能测试还是非功能测试，在什么环境测试，在软件生命周期的什么阶段测试，这些都会决定我们采用不同的测试方案。不同环境、不同阶段所进行的测试，所要解决的问题是不同的，投入与产出也是不一样的。在生产环境里建立起一套验证机制来验证各个生产环节能否经受住各类流量的访问，成为保障服务的可用性和稳定性的重中之重。最佳的验证方法就是让事件提前发生，即让真实的流量来访问生产环境，实现全方位的真实业务场景模拟，确保各个环节的性能、容量和稳定性均做到万无一失。这就是全链路压测产生的背景，也是将性能测试进行全方位的升级，使其具备"预见能力"，如图 10-5 所示。

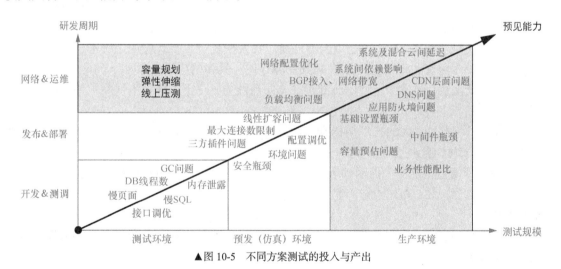

▲ 图 10-5　不同方案测试的投入与产出

在实际生产环境中，一旦发生用户的访问行为，从 CDN 到接入层、前端应用、后端服务、缓存、存储、中间件的整个链路都面临着不确定的流量，无论是公有云、专有云、混合云，还是自建 IDC，全局的瓶颈识别、业务整体容量摸底和规划都需要高仿真的全链路压测来检验。这里的"不确定的流量"是指某个大促活动、常规高并发时间段，以及其他规划外的场景引起的不规则、大小未知的流量。

全链路压测是指全业务覆盖、全链路覆盖的系统压测方式，要真正做到全业务全链路，就必须在线上生产环境实施压测，必须用线上的真实数据、线上的真实流量请求、同等的用户规模、同等的业务场景，来对完整的应用系统实施从网络、应用、中间件、数据、服务器、外部依赖等进行全覆盖的压测，并持续调优的过程，以找到系统的瓶颈点，对系统容量进行真实客观的预估。

全链路压测是应对当前复杂分布式环境下，系统面临的诸多不确定性可能导致系统可用性问题的一套解决方案。由于真实世界很难被 100%模拟，常规的功能测试、非功能测试无法确保线上系统的稳定可靠，分布式环境下单个系统 ready 不代表全局 ready。系统不可用的原因可能是分布式环境全链路中任意一个环节出了问题，全链路压测解决方案通过技术手段模拟海量用户的真实业务场景，让所有性能问题无所遁形，解决客户线上系统面临的以下痛点。

（1）线上关键业务系统的稳定可靠，关乎企业的生死存亡。

（2）测试一切安好，生产却莫名出各种问题。

（3）分布式系统拆分后，在测试环境运行得很好，每个子系统似乎都没问题，但全局整体系统会出问题。

（4）资源不合理分配，有的忙，有的闲，存在浪费。

（5）想做业务创新，但不知道该投入多少资源预算。

网站和 App 类的用户都有全链路压测的需求，用来检测在各类场景下产品的性能，以便在上线前（或者大促活动前）以"模拟考"的方式提前发现性能问题。如果一个系统的全链路压测做得好，以后再遇到真实环境的流量，系统仅仅只是再经历一次已经被反复验证过的场景，再考一遍"做过的考题"，不出问题将成为可能。在大型复杂分布式应用系统中，全链路压测解决方案对提高最终交付系统的可靠性起到保障作用，具体的应用场景如下。

（1）新系统上线：通过全链路压测准确探知站点能力，防止系统一上线就被用户高并发流量打垮。

（2）技术升级验证：大的技术架构升级后进行性能评估，以验证新技术场景的站点性能状态，防止技术升级影响业务的正常运行。

（3）业务峰值稳定性：大促活动等峰值业务稳定性考验，保障峰值业务不受损。

（4）站点容量规划：对站点进行精细化的容量规划，分布式系统机器资源分配，提高资源的整体利用率。

（5）性能瓶颈探测：探测系统中的性能瓶颈点，进行有针对性的优化，以最小的投入带来性能的最大提升。

全链路压测解决方案提供总体压测方案设计、压测场景构建、全链路压测实施、系统性能监控以及分析优化、系统容量预估等系统可用性保障的产品及技术服务。整个方案的执行包括准备阶段、实施阶段、分析阶段 3 个主要的阶段，如图 10-6 所示。

全链路压测方案实施过程包括压测场景梳理（性能目标、时序图、状态图、系统架构、数据架构、技术架构）、全链路压测执行步骤、技术要点、环境改造（影子表、序列隔离、挡板拦截、mock、日志过滤、压测标识传递）、打底数据导入、压测数据（参数化）准备、工具支持等。

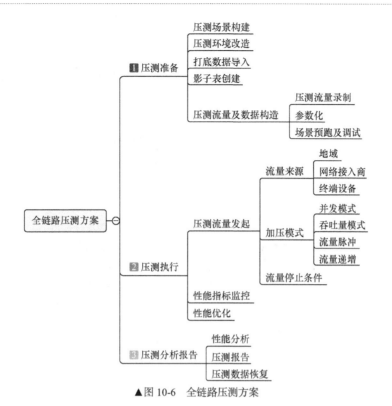

▲图 10-6　全链路压测方案

　　在一个应用系统准备实施全链路压测之前，首先需要确定具体的压测模式和场景，对于生产环境压测和测试环境压测，所要做的前期准备工作是完全不一样的；而仅压测只读流量，还是读写流量同时压测，二者对系统的影响也是不一样的。压测准备工作如图 10-7 所示。

　　对生产环境全链路压测而言，为了使压测过程对生产业务的影响降到最小，以及最重要的要确保压测不会污染线上生产数据，在执行生产环境全链路压测之前必须对应用系统的环境做一些改造，如图 10-8 所示。这部分工作也是在生产环境中进行全链路压测方案的重点，其核心包括压测流量标识的生成、压测标识的传递、压测标识的识别处理 3 个方面的内容。

　　全链路压测的所有数据都在生产环境做了数据隔离，包含存储、缓存、消息、日志等一系列的状态数据。在压测请求上会打上特殊的标记（压测标识），这个标记会随着请求的依赖调用一直传递下去。任何需要对外写数据的地方都会根据这个标记的判断写到隔离的区域，我们把这个区域叫作影子区域。对数据库而言，一般通过在业务数据库中创建影子表来建立影子区域。影子表是指表结构跟正常业务表完全一样的测试表（一般通过表特殊命名加以区分，如影子表为正常业务表加固定前缀），数据库持久层代理需要识别压测流量，并把压测流量的数据读写全部路由到影子表中，通过这样的方式实现压测数据的隔离。采用影子表的方案主要是为了方便压测数据的路由，以及压测结束后的数据清理还原。在压测过程中，对于所有调用的外部第三方服务，一般无法要求进行压测改造，我们通过挡板 mock 的方式进行拦截仿真，以防止压测对外部系统产生流量负担及数据污染。

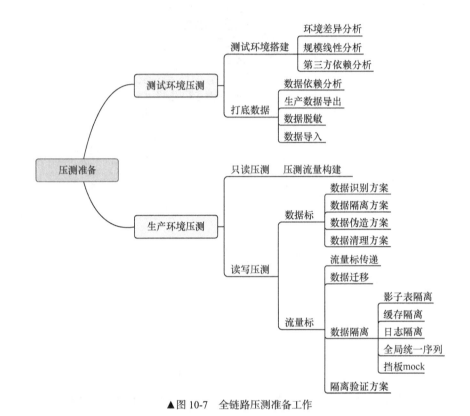

▲图 10-7　全链路压测准备工作

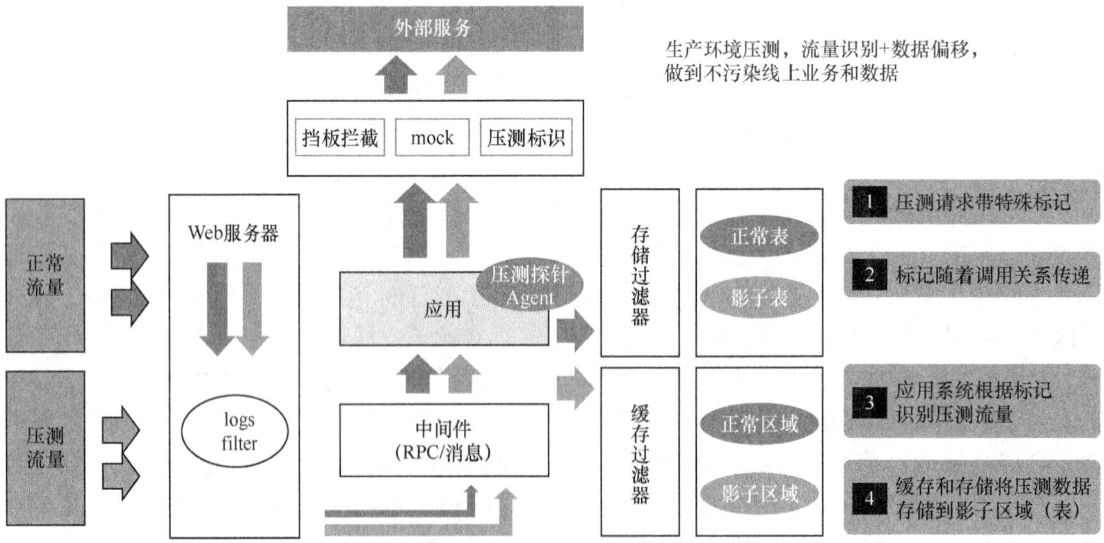

▲图 10-8　全链路压测环境改造

10.3.2 流控降级方案

应用流控降级广泛用于秒杀、大促活动、集群流量控制、实时熔断等场景中，确保系统在可预期的范围内正常运行，从多个维度保障业务的稳定性和可靠性，分为流控和降级两个方面。流控即流量控制，是指为了保护后端应用系统的运行稳定，主动防御外部异常攻击的非法请求，或者根据后端系统的容量预估，舍弃部分超出容量峰值的正常请求；降级是指当应用系统所依赖的外部服务出现服务质量异常时（如服务不可用、RT 变长、错误率变高），为了防止自身正常的业务受外部系统影响，主动舍弃非核心链路上的外部服务调用，改用内部事先准备好的降级预案，以防止内部应用被外部依赖拖垮，如图 10-9 所示。

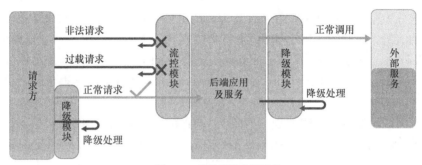

▲图 10-9 流控降级方案示意

1. 流控

流控的目标是进行系统过载保护。当系统负载较高时，如果仍持续让请求进入，可能会导致系统崩溃而无法响应。在集群环境下，网络负载均衡会把本应某台机器承载的流量转发到其他的机器上去。如果这时其他的机器也处于边缘状态，这个增加的流量就会导致这台机器也崩溃，最后导致整个集群不可用。针对这个情况，流控方案提供了对应的保护机制，让系统的入口流量和系统的负载达到平衡，从而确保系统在能力范围之内处理尽可能多的请求。

流控分为全局流控与节点流控。全局流控是指针对整个集群设置的最大并发请求数，节点流控是指针对集群内单个节点所设置的最大并发请求数。两种流控方式应用的场景不同，全局流控一般针对客户端应用而言。比如我们限制某一个接入的客户端最大并发请求数为 300TPS，是为了防止单个接入的客户端占用太多的资源导致后端服务无法承载，从而影响其他接入客户端的正常请求；而节点流控一般针对服务器端节点而言，如设置服务器端单个节点所能承担的最大 TPS 为 1000，这是为了保护服务器端的节点能够正常运行，不至于被超额的前端请求压垮。当服务器端节点负载较高时，我们可以通过横向弹性伸缩，增加服务器端节点数，以此让整个集群的处理能力得到准线性提高。从保护后端应用系统运行平稳的角度，我们所说的流控一般是指节点流控，而不是全局流控。我们只需确保每一个后台节点不被压垮，整个集群就是稳定可靠的。云最核心的价值是弹性，当系统负载过高时，我们可以通过横向扩容解决性能问题。

为了实现简单方便，一般的高可用系统在设置全局流控时，不会真的计算统计集群所有节点的服务请求 TPS，因为集群节点间的实时协调在技术上是一个很大的挑战。我们可以做一些讨巧的设计，根据后端的节点数把全局流控转化为节点流控，这样实现起来就简单得多。例如，某个接入客户端的全局流控值为 300TPS，后端服务共 6 个节点，那么每个节点的流控阈值就是 50TPS。

服务并发请求数的实时统计计算是一个技术难题，因为前端请求数随着时间的推移是一个动态变化的过程，很难非常精确地算出某个时间点当前系统所接收到或者正在处理的请求数。因此大部分流控产品的实时指标数据统计实现是基于滑动窗口的，并发请求数是一个时间段（如 5s、10s）内的总请求数的平均值，虽然不是很准确，但对一般的应用系统而言，这样的精确度是够用的。

流控一般分为服务流控和 HTTP 页面流控。服务流控是指当出现服务请求高峰，超出流控规则所定义的流量上限时，一部分调用方服务将出现 BlockException 错误。根据设定的阈值，在 1s 内会有与设置的阈值相同个数的服务调用成功。HTTP 页面流控是指出现页面访问高峰时，一部分客户端请求将被重定向到一个出错页面，根据阈值设定，这里也有成功访问到正常页面的请求。

对于触发流控后过载请求的处理，一般分为两种情况，一种简单的做法是服务器端对于超出流控阈值的请求直接拒绝；另一种做法是把过载的请求放在缓冲线程池中，如果缓冲线程池也满了，则直接拒绝。HTTP 页面流控一般是直接重定向到流控错误页面或者将用户导流到排队页面等待重试。

2. 降级

降级分为应用降级和服务降级。应用降级是指当系统总体压力过大时，关闭部分不重要的业务，以便释放出更多的服务器资源处理重要的业务，流量高峰时优先确保重要业务的稳定可靠。服务降级是指系统负载过高时，降低服务质量，简化系统的处理逻辑，提供基本可用的服务，以减少服务资源占用。服务降级分为服务实现降级和服务熔断降级。

服务实现降级针对应用系统内部，根据业务的需求，部分业务逻辑提供完整（复杂）和受损（简单）两套实现方案：在正常情况下，系统运行在完整业务模式；在高负载情况下，系统运行在受损业务模式。受损业务模式以保证业务基本可用为前提，牺牲部分客户体验或者需要人工事后干预补救。

服务熔断降级的目标是对外部依赖进行容错保护。借鉴电路上常用的熔断保护机制，当系统所依赖的外部服务出现异常时，自动启用降级规则，以实现对异常服务的精准屏蔽，确保应用自身能够稳定运行，避免由于依赖的外部服务异常而影响应用自身的服务能力。服务的稳定是企业可持续发展的重要基石。随着业务量的快速发展，一些平时正常运行的服务会出现各种突发状况。而且在分布式系统中，每个服务本身又存在很多不可控的因素，比如线程池处理缓慢，导致请求超时；资源不足，导致请求被拒绝；甚至服务直接不可用、死机、数据库异常、缓存异常、消息系统异常等一系列潜在的异常。对于一些非核心服务，如果出现大量的异常，可以通过技术手段对服务进行降级并提供有损服务，以确保服务的柔性可用，避免引起雪崩。

　　不管是哪种形式的降级，在进行降级之前都要对系统进行梳理，看看系统是不是可以"丢卒保帅"，从而梳理出哪些必须誓死保护，哪些可降级。比如可以参考日志级别设置如下预案。

　　（1）一般：比如有些服务偶尔因为网络抖动或者服务正在上线而超时，可以自动降级。

　　（2）警告：有些服务在一段时间内成功率有波动（如在 95%至 100%之间），可以自动降级或人工降级，并发送告警。

　　（3）错误：比如可用率低于 90%或者数据库连接池被打爆了，或者访问量突然猛增到系统能承受的最大阈值，此时可以根据情况自动降级或者人工降级。

　　（4）严重错误：比如因为特殊原因导致数据错误，此时需要紧急人工降级。

　　降级的触发一般分为人工配置开关触发和自动规则触发。服务熔断降级的触发规则一般根据一段时间内调用外部服务的平均 RT 或者线程数进行设置，触发降级规则的服务请求方在指定的时间窗口内不会再发起实际的远程调用，而是会抛出异常 DegradeException，请求方捕获到降级异常后可在代码中进行异常处理，用预先准备好的降级预案代替外部服务的处理。熔断降级实现原理如图 10-10 所示，在时间窗口结束后，会有少量请求尝试调用外部服务，只有当外部服务恢复正常时，才会全面恢复原来的远程服务调用。

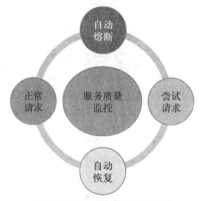

▲图 10-10　熔断降级实现原理

　　服务降级是有一定的业务约束的，只有非核心链路上的外部服务，才能开启降级处理。业务一般对这些服务有强依赖，是无法用其他降级预案替代这些服务，因此一旦这些强依赖的外部服务出现异常，业务就会不可避免地受到影响。此外，降级不同于流控，对代码一般是有侵入性的，超时或被熔断的调用将会快速失败，并可以提供 fallback 机制，需要在应用代码中捕获降级模块抛出的降级异常，进而在异常处理中启用预先设计好的降级逻辑。降级后的处理方案有默认值（比如库存服务失败了，返回默认现货）、兜底数据（比如广告失败了，返回预先准备好的一些静态页面）、缓存（之前暂存的一些缓存数据）、人工事后补救措施。

10.3.3　故障演练方案

　　随着业务的发展以及互联网技术的更新迭代，企业的信息系统规模越来越大，架构越来越复杂。海量数据、高并发请求和与日俱增的系统复杂度一起出现，很有可能是预料之中或预料之外的各种故障。不管我们是否愿意接受，故障总是无法完全避免的。如果对故障整体做初步画像（如图 10-11 所示），故障整体可以分为 IaaS 层、PaaS 层、SaaS 层的故障。

　　在很多情况下，由于事故处理预案的缺失、预案本身的不可靠，以及开发人员故障处理经验的不足，造成在处理线上紧急故障时手忙脚乱，解决问题效率低下，甚至为了解决某个故障又引发了各种次生故障，给线上系统的稳定带来很大的风险。特别是一些平时线上没出现过的异常故障，一旦突然出现，开发人员、运维人员往往措手不及。

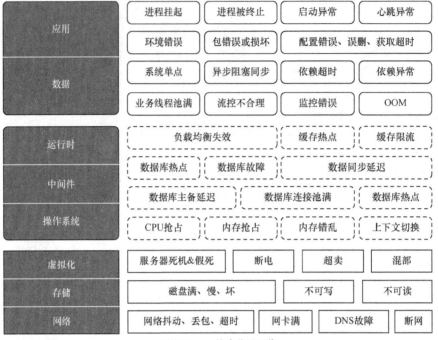

▲图 10-11　故障分层画像

系统是否足够健壮？是否有足够的能力应对故障的发生？当面临故障时会出现什么行为？我们并不希望真正到线上出现故障时才去验证这些问题，这样风险和成本太大。故障演练就是在这个背景下产生的，沉淀通用的故障场景，以可控成本在线上使故障重现，以持续性的演练和回归方式的运营来暴露问题，不断验证和推动系统、工具、流程、人员能力的提升，从而提前发现并修复可避免的重大问题，同时通过演练的不断打磨，达到缩短故障修复时长的目的。在具体操作层面，就是在线上环境隔离真实流量的情况下，提前模拟产生任何可能发生的故障，来观察系统的反应，判断系统的可靠性和容错能力，验证各种预期策略。故障演练是应用高可用能力测评的核心。总体来说，故障演练主要有以下目标。

（1）确保系统按我们预想的方式应对故障。

（2）发现系统中未预料到的短板和弱点。

（3）提高系统的健壮性以降低事故实际发生时对业务的影响。

理想情况是达到如下流程化：例行化故障演练、找出系统风险点、优化业务系统、产出可行有效的故障处理预案。通过故障演练可有效提升系统的高可用，如图 10-12 所示。

故障演练是一种遵循混沌工程实验原理的解决方案，提供丰富的故障场景模拟［如 CPU 负载过高、网络延迟、丢包、磁盘写满、I/O 飙高、内存溢出（Out Of Memory，OOM）等］，能够帮助分布式系统提升容错性和可恢复性。故障演练建立了一套标准的演练流程，包含准备阶段、执行阶段、检查阶段和恢复阶段，如图 10-13 所示。通过 4 个阶段的流程，覆盖用户从计划到还原的完整演练过程，并通过可视化的方式清晰地呈现给用户。

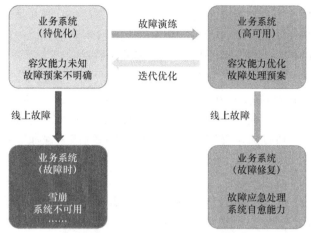

▲图 10-12　故障演练提升系统的高可用

▲图 10-13　故障演练流程

　　故障演练的目的在于演练常态化、故障标类化、演练智能化。用常态化的演练驱动稳定性提升，而不是大促前进行补习；丰富故障场景，定义好最小故障场景和处理手段；基于架构和业务分析的智能化演练，根据应用架构智能推荐故障演练场景，沉淀行业故障演练解决方案。故障演练主要应用在如下场景。

　　（1）预案有效性：过去的预案测试时，线上没有问题，所以就算测试结果符合预期，也有可能是意外，但是现象被掩藏了。

　　（2）PaaS 层是否健壮：通过模拟上层资源负载，验证调度系统的有效性；模拟依赖的分布式存储不可用，验证系统的容错能力；模拟调度节点不可用，测试调度任务是否自动迁移到可用节点；模拟主备节点故障，测试主备切换是否正常。

　　（3）监控告警：通过对系统注入故障，验证监控指标是否准确，监控维度是否完善，告警阈值是否合理，告警是否快速，告警接收人是否正确，通知渠道是否可用等，提升监控告警的准确性和时效性。

　　（4）故障复现：故障的后续行为是否真的有效，完成质量如何。只有真实重现和验证，才能完成闭环。发生过的故障也应该时常拉出来演练，看是否有劣化趋势。

　　（5）架构容灾测试：主备切换、负载均衡、流量调度等为了容灾而存在的手段的时效性和效果，容灾手段本身的健壮性如何。

　　（6）参数调优：限流的策略调优、告警的阈值、超时值设置等。

（7）故障模型训练：有针对性地制造一些故障，给做故障定位的系统制造数据。

（8）故障突袭、联合演练：通过蓝军、红军的方式锻炼队伍，以战养兵，提升 DevOps 能力。通过故障突袭，随机对系统注入故障，考查相关人员对问题的应急能力，以及问题上报、处理流程是否合理，达到以战养战，锻炼人员定位与解决问题的能力。

通过把历史发生过的故障沉淀成通用化的模型记录到系统中，既可以对历史问题进行回放，也会对一些新应用进行定向化的演练，提前发现问题，推动问题修复和架构改造。把故障以场景化的方式沉淀，以可控成本在线上模拟故障，让系统和工程师平时有更多实战机会，加速系统、工具、流程、人员的进步。故障演练在实际应用系统中承担着问题发现、问题验证、高可用经验沉淀的作用。

说到故障演练，我们不得不提及故障演练的先行者——"Netflix 的猴子军团"。Netflix 发布猴子军团的原因是他们很早就吃过云故障的亏，所以本能是认为云设施是不可靠的，必须通过演练来验证软件层面的容灾。Netflix 的故障演练哲学就是构建捣乱猴子（Chaos Monkey），早在 2012 年，Netflix 就发布了 Chaos Monkey。这个工具会随机禁用生产环境中的服务器，以确保我们的系统能够在这种常见故障中存活下来，而不会对客户造成影响。Chaos Monkey 的名字来源于这样的想法：在企业的数据中心（或云区域）释放一只携带武器的野生猴子，它可以随机捣毁服务器或者咀嚼电缆——而在此期间，我们要保证不间断地为客户提供服务。通过在工作日运行 Chaos Monkey，依靠完善的监控系统，工程师随时准备解决任何问题，并从系统的弱点中吸取教训，构建自动恢复机制来处理它们。每当这些猴子开始骚扰，相关的工程师就不得不放下手头的工作，手忙脚乱地寻求应对之策。随着系统的不断完善，猴子们的攻击能力不断提升，攻击范围也在不断扩大，这反而让整个 Netflix 的服务稳定性、自愈能力以及抗击打能力逐步优化，不断提升目标测试系统的健壮性，训练后备人员，让恢复更简洁、快速、自动。

受 Chaos Monkey 成功的启发，Netflix 开始创造新的猿类，它们会引发各种各样的故障或者检测异常情况，并检测系统的存活能力。这个虚拟的猴子军团可以保障应用系统的安全和高可用。

如今 Chaos Monkey 已经升级为 Simian Army，从可用性、一致性、安全性、健壮性等各方面对系统进行各种扰乱。想象一下，小到一群蹦蹦跳跳的猴子，大到猩猩、"金刚"，在你的机房不知道会搞出什么麻烦，而同时又要求你的系统防御、自愈以及运维能力能够抵御这全方位的极限攻击。长时间暴露在这样高强度的压力之下（普通的压测在猴子军团面前简直不值一提），系统和团队的能力将得到怎样的长足进步。中国有一句古话叫"久病成医"，系统和运维人员也是如此，只有处理过各种各样的异常故障，个人能力和系统稳定性才会不断提升。

Chaos Monkey 可以随机关闭生产环境中的实例，确保网站系统能够经受故障的考验，同时不会影响客户的正常使用。

延迟猴子（Latency Monkey）在 REST 风格的通信层中引入人工延迟来模拟服务降级，并度量上游服务是否做出了适当的响应。此外，通过造成巨大的延迟，我们可以模拟一个节点甚至整个服务死机的情况（并测试存活能力），而不需要物理上关闭这些服务实例。在测试新服务的容错性时，通过模拟其依赖服务的故障，而不使这些依赖对系统的其他部分不可用，延迟猴子尤其有用。

一致性猴子（Conformity Monkey）找到不合适的实例并关闭它们。例如，我们发现有一个实例不属于自动伸缩组，那么它可能会出现问题。关闭它们是为了让服务所有者有机会正确地重启它们。

医生猴子（Doctor Monkey）利用运行在每个实例上的健康检查以及其他外部指标（如 CPU 负载）的监控，来检测不健康的实例。一旦这些实例被检测到，就会从服务集群中删除，并给服务所有者提供时间找到问题的根源，最终终止服务。

守卫猴子（Janitor Monkey）确保云环境没有混乱和浪费。它会搜索到未使用的资源并释放它们。

安全猴子（Security Monkey）是一致性猴子的延伸，用来发现安全漏洞（如配置不当的安全组）并终止有缺陷的实例，还能确保我们所有的 SSL 和数字版权管理（Digital Rights Management，DRM）证书都是有效的。

i18n 猴子（10-18 Monkey）是本地化猴子，检测使用不同语言和字符集的服务在多个地理区域中的配置和运行时问题。

捣乱大猩猩（Chaos Gorilla）类似于 Chaos Monkey，但模拟整个云可用区域的死机。我们希望验证服务可以自动转移到功能可用的区域，而不用手动干预或影响用户（异地多活）。

10.3.4　故障隔离方案

随着分布式微服务架构的技术日益成熟，一个大型应用系统往往被拆分为若干子系统或者功能模块。根据不同的拆分维度，分为垂直拆分和水平拆分，子系统之间通过微服务进行交互依赖，不同子系统由单独的团队进行开发维护，这大大提升了大型应用系统的并行开发效率。分布式系统带来架构清晰、开发高效的同时，也导致了一些新的问题和挑战，如分布式数据一致性问题、分布式运维问题、故障蔓延及故障隔离问题等。故障隔离是指当系统中某些模块或者组件出现异常故障时，把这些故障通过某种方式隔离起来，让其不和其他的系统产生联系，即使这个被隔离的应用或者系统出现了问题，也不会波及其他的应用。故障隔离方案是一个应用系统实现高可用的重要组成部分。

相比传统应用庞大的结构，分布式微服务架构最大的一个优点是团队能独立地设计、开发和部署各自的服务。团队能掌控各自服务的整个生命周期，这也意味着团队无法控制服务的依赖关系，因为这些依赖的服务可能是由其他团队管理的。在分布式微服务架构体系下，我们要牢记提供的服务由于是由其他人控制，因此可能会由于发布、配置和其他变更等原因，导致服务暂时不可用，而且组件之间互相独立。

技术的目标和价值是保障应用系统的稳定、可靠。减少故障的方式有多种，包括系统优化、监控、风险扫描、链路分析、变更管控、故障注入演练、故障隔离等。故障隔离是其中的一种手段，并且要求在系统设计时就考虑清楚。故障隔离体现了一种架构设计的思路，我们在设计应用组件时，一般要求尽量避免重复开发，提高应用组件的可复用性，以及考虑多个组件共享数据库，共享相同的基础组件。共享提高复用性的同时也带来故障蔓延的隐患，一旦基础服务或者组件出现问题，会造成大面积的系统运行异常。有了故障隔离，就可以避免这种情况的发生，或者说可以减缓这种情况的发生。

一般情况下，系统的高可用和投入呈现一定的相关性，所有的架构设计都是在特定业务目标下的一种权衡。异常和故障总是无法完全避免，故障隔离的目标是优先确保核心业务运行稳定，体现了分层分级的系统设计思路。

从系统的角度来看，故障隔离是指在系统设计时要尽可能考虑出现故障的情况。当存在依赖关系的系统、系统内部组件或系统依赖的底层资源发生故障后，采取故障隔离措施可以将故障范围控制在局部，防止故障范围扩大，增加对上层系统可用性带来的影响。当故障发生时，我们能够快速定位故障源，为后续的故障恢复提供必要条件。

从业务的角度来看，故障隔离是为保障重点业务和重点客户，本质上是"弃卒保车"的做法。所以，各个业务域需要定义出哪些是重点业务和客户。区分办法视各个业务而定，有一种区分是按核心功能、重要功能、非关键功能 3 个等级来区分。比如，对于支付业务来说，支付肯定是一级业务，营销、限额等是二级业务，而运营管理功能是三级业务。

故障隔离的基本原理是当故障发生时能够及时切断故障源，按其隔离范围由高到低依次为：数据中心隔离、部署隔离、网络隔离、服务隔离、数据隔离。

（1）数据中心隔离：出于灾备考虑，一个大型关键的应用系统一般会采用多数据中心部署，一旦某个数据中心出现异常，流量入口负责把流量分发到其他正常的数据中心节点，以此实现数据中心故障隔离的目标。

（2）部署隔离：应用设计开发、打包部署时，把不同用途不同等级的应用分开部署，避免相互影响。如核心应用和非核心应用分开，内部应用和外部应用分开，在线应用和离线应用分开，传统稳定应用和敏捷创新应用分开，等等。

（3）网络隔离：采用虚拟网络技术把一个物理网络分为不同的 VPC，不同 VPC 之间实现网络逻辑隔离，没有业务交叉的应用分别部署在不同的 VPC 中。网络接入链路上，采用多链路接入，如租用选择电信、联通等不同网络服务商的线路，避免单个链路故障引发全局业务不可用。

（4）服务隔离：减少服务之间的同步依赖，通过消息队列实现异步解耦，或把服务依赖变为数据依赖。非核心链路的外部依赖服务出现异常时，提供熔断降级等技术手段屏蔽对异常服务的调用。通过命名空间、服务分组等手段实现服务之间的隔离，避免跨环境的服务异常调用；提供服务限流保护，防止过载请求对后端系统的冲击。

（5）数据隔离：数据隔离包括很多方面。不同用途、不同重要程度的数据分开存储，充分发挥异构数据源各自的技术优势，针对不同场景合理选择关系型数据库、非关系型数据库、分析数据库、文档数据库、内存数据库、大数据等不同数据存储类型。在线交易数据和离线分析数据隔离，通过数据同步技术实现数据闭环。数据拆分是实现数据隔离的一种重要技术方案，分为数据垂直拆分和数据水平拆分（分库分表）。读写分离则是一种特殊的数据垂直拆分的思路，以解决读多写少的场景，确保数据更新成功。通过缓存解决热点数据的高并发访问，减轻对数据库的压力。通过数据冗余和数据复制等手段解决跨分片跨库的数据关联查询。用户级的数据隔离是将不同用户所使用的资源分开，保障部分资源出现故障时只影响部分用户，而不影响全体用户。

为了实现故障隔离，在架构设计和代码实现方面有一些最佳实践可供我们参考，读者可以根据自己团队的技术储备和系统复杂度，以及架构情况自行采纳。

（1）应用探活：应用探活是实现故障隔离的前提，通过应用的健康检查识别出异常的服务节点，这样负载均衡和服务注册中心及时把这些异常节点摘除，以阻止请求流量再分发到这些节点，实现节点维度的故障隔离。数据库连接探活也是类似的思路。

（2）快速失败：在微服务体系架构中，我们希望服务可以快速、单独地失效。所有的组件尽可能做到快速失败。快速失败是指依赖方不可用时，不能耗费大量的宝贵系统资源（比如线程、连接数等），再等待其恢复，而是要在其达不到合理的功能和性能要求时快速失败，避免占用资源，甚至拖垮系统。我们不希望一直等到最大超时时才断开实例，没有什么比挂起的请求和无响应的界面更令人失望。这不仅浪费资源，而且会让用户体验变得更差。我们的服务是互相调用的，所以在这些延迟叠加前，应该特别注意防止那些超时的操作。通过使用超时（timeout）来实现微服务中的快速失败是一种反模式，这是应该避免的。我们可以使用基于操作的成功或失败统计次数的熔断模式，而不是使用超时。

（3）熔断设计：对于非核心链路上的外部服务依赖，有必要采取熔断设计，以避免当外部服务质量下降（或者异常）时，内部服务被外部服务拖垮。当在短时间内多次发生指定类型的错误，断路器会开启。开启的断路器可以拒绝接下来更多的请求，快速返回指定的结果。断路器通常在一定时间后关闭，以便为底层服务提供足够的空间来恢复。

（4）失效转移（failover）：当故障发生时，动态地切换到备用方案。如数据库的主备切换机制，独立的 HA 心跳机制检查主节点状态，一旦主节点不可用，则切换到备节点。缓存系统的备节点也基于类似的原理。

（5）降级开关：应用维度或者服务维度提供降级配置开关，紧急情况下可以通过启用降级开关关闭非核心功能，损失一定的客户体验，以确保核心关键业务的服务可用性。

（6）减少共享：严格来说，故障隔离是不允许共享的。它的思路是既然是一个隔离的组件，那么这个组件应该包括所有的依赖项，在没有其他组件的情况下自身是可以运行的，甚至不需要通信。但是，在实际开发中是没有绝对的隔离的，一些系统特别是核心系统是需要通信的，所以建议减少共享。如果需要共享，最好是用解耦的方式共享。例如，以消息队列的方式和其他的组件或者系统进行通信，这样既保证了通信，也保证了系统的独立性不受影响。

（7）重试逻辑：客户端调用远程服务超时的情况下，一般会通过重试处理网络闪断的情况，但在设计重试逻辑时应该格外小心，避免重试成为压垮服务器端的"最后一根稻草"。因为服务器端超时有更大可能是因为此时负载太大，而大量的重试操作可能会使事情变得更糟，甚至阻止应用程序恢复。在分布式系统中，微服务系统重试可能会触发多个其他请求或重试操作，并导致级联效应。为减少重试带来的影响，我们应该减少重试的数量，并使用指数退避算法来持续增加重试之间的延迟时间，直到达到最大限制。重试的另外一个要求是服务的幂等设计。

（8）同步转异步：对第三方外部服务的依赖，尽可能通过消息队列异步化处理，避免同步调用，因为同步调用意味着强依赖。消息队列起到很好的削峰填谷的作用，且一般都具备很大规模的消息堆积能力，当外部系统出现异常时，只会在队列中堆积大量的消息，应用系统的处理能力不会明显下降，从而起到良好的故障隔离的作用。

（9）缓存依赖数据：依赖本地缓存是一种数据的降级方案，当依赖方（服务或数据库）出现故障时，可以一定程度地保障业务可用。一般是应用于核心、决不能出错的业务场景。缓存的问题是数据实时更新的一致性问题，但在很多场景下，对于客户的体验，读到旧的数据往往要比系统无法响应要好很多。

10.3.5　弹性伸缩方案

云的核心价值是它的弹性，云的一切资源以服务的方式提供，按需随时申请，即开即用，用完及时释放。通过弹性解决业务不确定的问题，从一定角度来看，分布式架构也是为了实现更加精细化的弹性。可伸缩（scalable）是互联网业务架构的基础能力之一。弹性伸缩是实现应用高可用的一个重要技术手段，根据用户的业务需求和策略设置伸缩规则，手动或自动调整系统的计算资源，实现资源的优化配置，既防止资源负载过高导致系统运行异常，也防止资源负载过低浪费机器资源。弹性伸缩解决的主要问题是容量规划与实际负载的矛盾，如图 10-14 所示。

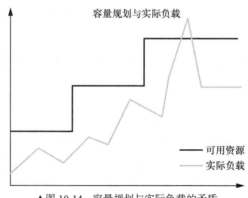

▲图 10-14　容量规划与实际负载的矛盾

如图 10-14 所示，深色的水位线表示集群的容量随着负载的提高而不断增长，浅色的曲线表示集群的实际负载的真实变化。而弹性伸缩要解决的是当实际负载出现激增，而容量规划没有来得及反应的场景。

弹性伸缩的目标是为了实现服务容量线性扩展，即服务容量随服务提供者部署实例的个数线性扩展。弹性伸缩的前提是敏捷基础设施和资源池共享，敏捷基础设施确保应用需要伸缩时能够快速创建出所需的虚拟计算资源，资源池共享确保一个应用释放的资源能被其他应用所使用。常规的弹性伸缩是基于阈值的，通过设置一个资源缓冲水位来保障资源的充盈。通常预留 15% ~ 30% 的资源是比较常见的选择。换言之，就是通过一个具备缓冲能力的资源池用资源的冗余换取集群的可用。弹性伸缩方案包括弹性扩容、弹性缩容、弹性自愈 3 个方面的内容。

（1）弹性扩容：前端业务流量激增时，弹性伸缩能够为应用系统快速补充底层服务器资源，避免访问延时和资源超负荷运行。通过配置云监控实时关注计算资源实例使用情况，当云监控检测到伸缩组的计算资源实例 vCPU 使用率超过预设的阈值（如 75%）时，弹性伸缩依据伸缩规则弹性扩容计算资源，从资源池中创建合适数量的虚拟机实例，从镜像仓库拉取镜像自动安装部署相关的系统及应用软件，并挂载扩容的节点到负载均衡中。

（2）弹性缩容：前端业务流量下降时，弹性伸缩为应用系统自动完成底层资源释放，避免资源浪费。通过配置云监控实时关注计算资源实例使用情况，当云监控检测到伸缩组内的计算资源实例 vCPU 使用率低于预设的阈值（如 10%）时，弹性伸缩依据伸缩规则弹性收缩虚拟机资源，自动释放合适数量的虚拟机实例，并自动从负载均衡实例中移除对应的节点。释放的资源将填充到资源池中，以便可以再次分配给其他应用使用。

（3）弹性自愈：弹性伸缩提供健康检查功能（定时请求指定的服务地址，验证是否得到预期的返回），自动监控伸缩组内的虚拟机实例的健康状态，避免伸缩组内健康虚拟机实例低于预设的最小值。当检测到某台虚拟机实例处于不健康状态时，弹性伸缩自动释放不健康节点并创建新的服务节点，自动挂载新建的服务节点到负载均衡实例中。

依据触发条件及执行方式，弹性伸缩分为自动弹性伸缩和手动弹性伸缩。自动弹性伸缩是指系统根据预设的伸缩策略（一般根据集群的平均 CPU、RT 和负载等性能指标），由系统按照规则（触发条件）自动执行扩容或者缩容。自动伸缩时，要求负载均衡产品提供 API 动态挂载及摘除节点的能力。手动弹性伸缩则是在可预期的大促活动前后或者某些业务下线之后，或者人工观测集群在一段时间内的平均负载情况，或者收到资源告警信息等情况，由运维人员主观分析判断后，以人工方式为集群进行扩缩容。

在实现弹性伸缩时，服务选择伸缩策略时，很多时候需要根据服务的架构和能力来选择，基于 CPU 和内存的伸缩策略是最简单的策略。就像开发人员做 hello world 的演示程序一样，基于很多假定，但现实是往往这些假定都不成立，这些简单的演示是不能满足我们的需求的。现实的需求复杂，实现方式也有很多种，如何找到一种简单高效的方式来实现，是我们在设计一个系统弹性伸缩方案时需要考虑的问题。比如并发数，如果我们有了并发数，就可以使用它作为伸缩的策略，并发数如果高于某个临界值，就可以扩展服务实例数量；如果低于某个临界值，就可以按照一定的方式来回收资源。我们首先要明确策略值从哪里来，然后明确如何和弹性伸缩系统模块集成，才能使用这些策略值来定义弹性伸缩的条件。策略值的来源应该是多种多样的，比如我们提到的资源 CPU、内存、并发请求数、RT 响应时间、吞吐量，还有累积的消息堆积量等其他可能的选项。这里我们可以借鉴 Prometheus 的监控指标采集接口 exporter 的设计，定义通用标准的数据采集接口，弹性伸缩模块能够调用这些接口获取相应的策略值指标，作为伸缩执行规则的条件。不同的策略值由采集的相应 exporter 实现来提供策略数据指标。

弹性伸缩的应用场景通常是具有明显流量波动的业务，如大促活动（"双 11""618"、店庆、主题峰会）、节假日（春运抢票、春晚直播、跨年晚会、国庆黄金周、五一小长假），以及某些业务时间非常集中的行业（如医院门诊时间一天集中在四五个小时、股票交易时间为 4h）。在这些业务场景中，如果按照业务高峰期的资源要求配置服务器规模，会造成在绝大部分业务平峰（低峰）期的资源闲置浪费情况。这些应用系统中，应合理地使用弹性伸缩以应对流量的波动，保障系统平稳运行的同时，提升资源的有效利用。

为实现弹性伸缩（尤其自动弹性伸缩），应用系统在架构设计时需满足一定的限制条件。

（1）应用必须无状态并且可横向扩展。

（2）弹性伸缩一般为横向同等规格资源扩缩容，不支持纵向的资源规格升降配。

（3）负载均衡产品提供接口动态挂载能力。

（4）访问某些资源服务（如数据库、缓存）需要配置白名单，新扩容的机器必须能够自动加入白名单中。

（5）如果有跨网络安全区域的访问，最好通过统一的服务网关（或 NAT 网关），以避免新增的机器由于防火墙安全策略的原因无法访问外部服务。

（6）弹性伸缩时要求应用实现优雅上下线的能力，以确保弹性伸缩过程对业务的平滑无感知。优雅上下线的功能描述在 10.2.1 节中已有详细说明。

随着应用类型的多样化发展，不同类型应用的资源要求也存在越来越大的差异。弹性伸缩的概念和意义也在变化，传统理解上弹性伸缩是为了解决容量规划和在线负载的矛盾，而现在是资源成本与可用性之间的博弈。如果将常见的应用进行规约分类，可以分为如下 4 种不同类型。

（1）在线任务类型：比较常见的是网站、API 服务、微服务等常见的互联网业务型应用。这种应用的特点是对常规资源消耗较多，比如 CPU、内存、网络 I/O、磁盘 I/O 等，对于业务中断容忍性差。

（2）离线任务类型：例如大数据离线计算、边缘计算等，这种应用的特点是对可靠性的要求较低，也没有明确的时效性要求，更多的关注点是降低成本。

（3）定时任务类型：定时运行一些批量计算任务是这种应用比较常见的形态，成本节约与调度能力是重点关注的部分。

（4）特殊任务类型：例如闲时计算的场景、物联网（Internet of Things，IoT）类业务、网格计算、超算等，这类场景对于资源利用率有比较高的要求。

单纯的基于资源利用率的弹性伸缩大部分是用来解决第一种类型的应用而产生的，对于其他 3 种类型的应用并不是很合适。作为云原生的基础设施，容器充分体现了弹性伸缩的技术优势，近几年在企业应用中呈爆发式发展，那么 Kubernetes 是如何解决弹性伸缩的问题呢？

Kubernetes 将弹性伸缩的本质进行了抽象，将弹性伸缩划分为保障应用负载处在容量规划之内与保障资源池大小满足整体容量规划两个层面。简单来讲，当需要弹性伸缩时，优先变化的应该是负载的容量规划，当集群的资源池无法满足负载的容量规划时，再调整资源池的水位保证可用性。而两者相结合的方式是通过调度的 pod 来实现的，这样开发者就可以在集群资源水位较低时使用 HPA（Horizontal Pod Autoscaling）、VPA（Vertical Pod Autoscaling）等处理容量规划的组件实现实时极致的弹性，资源不足时通过 CA（Cluster-Autoscaler）进行集群资源水位的调整，重新调度，实现伸缩的补偿。HPA 和 VPA 扩缩容的主要对象是容器，而 CA 扩缩容的对象是节点。两者相互解耦又相互结合，实现极致的弹性。在 Kubernetes 的生态中，在多个维度、多个层次提供了不同的组件来满足不同的伸缩场景。如果我们从伸缩对象与伸缩方向两个方面来解读 Kubernetes 的弹性伸缩，可以得到如表 10-1 所示的弹性伸缩矩阵。

表 10-1　　　　　　　　　　　　HPA 与 VPA 两种弹性伸缩方式

	节点	pod
水平伸缩	cluster-autoscaler	HPA cluster proportional autoscaler
垂直伸缩	无	VPA addon resizer

对于大部分场景，建议通过 HPA 结合 cluster-autoscaler 的方式进行集群的弹性伸缩管理：HPA 负责负载的容量规划管理，通过修改 pod 副本数实现弹性伸缩；cluster-autoscaler 负责资源池的扩容与缩容。cluster-autoscaler 的调度和 HPA 的调度有所区别，它是节点级的伸缩，既可以和 HPA 结合使用，也可以基于调度单独使用。CA 和传统的基于阈值的弹性伸缩有很大的区别，因为 Kubernetes 的资源调度是非常复杂的。常用的调度策略包括资源的判断、亲和性判断、PDB 判断等，因此要确定一个节点是可调度的需要非常复杂的流程和过程。要在还没有这个节点的前提下进行预判，确保伸缩后的节点能够缓解资源的压力。对于有非常复杂的限制条件的负载，随便添加一个节点大概率是无法进行调度的，这也就失去了弹性伸缩的意义。

10.3.6　应用应急预案

应用应急预案是当系统出现可预期和不可预期的各种异常时，为防止系统的异常对业务造成不可控的损失而预先设计的一种保障手段，是系统运维保障的最后一道防线。应急预案是全方位综合性的故障解决方案，既有技术方面的应急预案，也有管理流程方面的应急预案。

生产系统最容易出现异常往往出现在大促活动流量高峰的时段，因为平时业务量不大时，很多问题暴露不出来。大促活动期间（如每年的"双 11"活动）所有人承担着巨大的压力，精神高度紧张，这时系统一旦出问题，开发和运维人员往往手忙脚乱，组织混乱，职责不清。如果没有预先制订周密且可执行的应急预案，基本无法在短时间内准确定位排查并解决问题，往往为了仓促解决一个问题而引发更大范围的二次故障。

通过对大部分已知的故障进行复盘，可以让我们对当前系统的现状有更加客观、准确的认知，并制订相关的预案堵住系统可能存在的漏洞，防止在同一个坑里摔倒两次。有些故障可以避免，通过充分地架构优化、性能压测、容量预估，以及流程优化等；有些故障无法避免，但我们可以通过事先准备的预案，让这些故障的影响降到最小。通过故障回放的方式，我们清楚地摸清了现在的情况，对故障"再来一次"具备了初步的信心。除了加强代码质量，还要严格执行线上变更管理流程。通过故障的复盘，我们不仅要堵住技术上的漏洞，还要堵住组织流程上的漏洞，这样以后才有希望从容处理不可预期的故障。如果这些故障再来一次，我们能发现吗？能在 3min 内应急响应吗？能有条不紊地在 10min 内应急完毕吗？

对于线上故障，我们希望能做到像应对流行的传染病一样，早发现、早隔离、早治疗。对于减少故障的发生和故障的快速响应处理，需要解决两方面的问题。

1.　监控类问题

（1）告警阈值设置不合理：配置告警阈值过高或未配置告警，导致出现异常时无法告警。

（2）核心告警信息投递不合理：核心告警未投递到明确的责任人，导致值班人员未收到外呼且未在应急群出现。

（3）核心告警无人响应：由于部分告警日常噪声较大，平时无效告警太多使人对各类短信告警麻木，导致告警投递后无人响应。

2.　应急问题

（1）故障问题定位困难：分布式系统交叉依赖多，出现问题后定位排查困难。

（2）应急过程组织混乱：业务域对线上问题的处理流程不清晰，延误故障恢复。

（3）应急人员职责不清：业务域对每个告警该响应的人员不明确，造成部分告警无人响应。

（4）预案可执行性差：部分故障事先制订了应急预案，但针对这些预案未进行过实际演练，对预案的执行效果心里没底，导致真正故障发生时，无人敢执行预案。

俗话说"晴天修屋顶，顺境做规划"，而不能事到临头再病急乱投医。为了从容应对故障，避免在业务高峰时系统"撂挑子"，我们平时就应该加强对系统的压测优化，梳理相关上下游的依赖关系，针对可能产生的各种异常场景制订相应的应急预案。图 10-15 所示的是作者在日常工作中针对自己所负责的某个系统而制订的大促活动的应急预案。

业务线	预案名称	预案作用或效果	预案类型	提前预案执行时间	预案触发发条件	预案执行方式	直接关联应用列表	操作生效时间	预案执行步骤	预案体及步骤验证方式	预案效果	决策人	执行人	是否在高峰期间演练	目前进展	预案关联影响	客服口径反馈
×××	top限流	降低top流量对系统的冲击，防止恶意攻击行为，优先保证web端的可用性	提前执行预案	11-1 12:00	无	前端工具	top_kgb	立即生效									
×××	Web端限流	限制对客户UA（请求值）访问的频率，保护核心业务稳定	过载保护预案	11-3 12:00	1.提前执行预定的流控规则 2.双11当天监控客户维度及服务维度的实时流量值，如有异常，及时加流控规则；	前端工具	newtpfc	立即生效	登录辛巴系统，打开"CRM"→"流控管理"→"策略管理"，添加相应的流控资源（配置配置规则见"Web限流" sheet）								
×××	服务限流	使用sentinel对hsf服务进行流控，确保单个服务流量不会拖垮整体系统	限流预案	11-3 12:00	无	前端工具	bpinsight bpbserv_kgb item-bserv newtpbserv solar-sirius	立即生效									
×××	重启OB	重启OB集群解决内存问题	提升执行预案	11-8 12:00	无	其他方式	bpinsight-simba-rptserv-data	立即生效	DBA执行，重启OB集群（主备）								
×××	消息中心降级或错峰	减少页面对消息中心的依赖，提高页面前端打开速度	提升执行预案	11-10 12:00	1.页面QPS大于8万时触发 2.获取消息服务（/message/get Letters.htm）RT超过300ms时会触发	其他方式	消息中心 newtpfc	立即生效	除了重要消息外(type=19, 20)，其余消息不推送								
×××	任务降级	10、11两天暂停非核心类任务，减少对系统的压力	提升执行预案	11-10 12:00	无	其他方式	luna-job	立即生效	TBS中暂停相关的任务								
×××	消息冗余或错峰	10、11两天暂停或消息延迟处理，以减低对系统的压力（尤其是对峰值时开启的压力）	提升执行预案	11-10 12:00	无	打包上线	luna-wisp	立即生效	可暂停的消息：自动化推广 (smart) 错峰处理的消息：plan_entity_mng、new-simba-sync、customer-simbonic、ordered-meta3-luna-wisp、customer-sync-simbonic、luna_wisp_campaign_sync								
×××	报表降级	缩小报表查询区间（最多3天）以降低报表表对系统的RT	数据保护预案	无	鹰眼监控跨集群报表 (/report/comm ondList.htm) 平均RT超过3000ms时触发	其他方式	bpinsight simba-rptserv-data	立即生效	前端及bpinsight上线发布，控制在11~11.12 期间客户只能查询过去7天以内的报表，同时运营有责任在公告通知客户								
×××	KR维问题级	KR维阀由800个降低为200个	公共服务预案	10-26 12:00	鹰眼监控应用的整体QPS超集群容量时触发	打包上线	item-bserv	立即生效	"双11"期间，KR维问题回的问题由800降为200个								
×××	应用扩容	紧急增加应用的服务器以提高高负载能力	公共服务预案	无	鹰眼监控应用的整体QPS超集群容量时触发	其他方式	bpinsight bpbserv_kgb item-bserv newtpbserv solar-sirius	立即生效	PE执行应用扩容								
×××	页面卡顿应急小组	当有客户反馈页面呈现卡顿时，召集相关人员快速应急排查			客户投诉页面卡顿				页面卡顿应急小组成员包括研发、PE、DBA、BP、前端、安全、客服等相关人员								

▲图10-15　应用应急预案

　　每一项应急预案包括明确的效果描述、触发条件、执行步骤、涉及的系统、影响范围、验证方式等，以及该预案的相关人，包括决策人、执行人等。针对每一项应急预案，必须明确相关的责任人，平时对这些应急预案经常组织模拟演练，确保每一项应急预案的处理流程顺畅，触发条件清晰明确，可执行、可验证、可回滚。一旦线上系统出现故障，要根据制订的有效且可行的应急预案快速恢复，及时控制故障的影响面。另外，可以通过工具化提效，加速故障恢复，完善监控告警，精准快速地定位故障。

第 11 章　数据一致性解决方案

11.1 数据一致性理论

在介绍分布式系统的数据一致性问题之前，我们先来了解一下副本的概念。分布式系统会存在许多异常问题，例如机器死机、网络中断、高并发下 I/O 瓶颈、数据库存储空间不足等。为了提供高可用服务，一般会将数据或者服务部署到很多机器上，这些机器中的数据或服务可以称为副本。将数据复制成多份不仅可以增加存储系统高可用性，而且可以增加读操作的并发性，如果其中任何一台机器出现故障，用户可以访问其他机器上的数据或服务。如何保证这些节点上的副本数据或服务的一致性，是整个分布式系统需要解决的核心问题，也就是本章提到的数据一致性问题。一般来说，数据一致性可以分成三类：时间点一致性、事务一致性、应用一致性。

（1）时间点一致性：也叫作副本一致性，如果所有相关的数据副本在任意时刻都是一致的，那么可以称作时间点一致性。

（2）事务一致性：是指在一个事务执行前和执行后数据库都必须处于一致性状态。如果事务成功完成，那么系统中所有变化将正确地应用，系统处于有效状态；如果在事务中出现错误，那么系统中的所有变化将自动地回滚，系统返回到原始状态。

（3）应用一致性：事务一致性代表单一数据源或者狭义上的数据库；广义上的数据可能包括多个异构的数据源，比如数据源有多个数据库、消息队列、文件系统、缓存等，那么就需要应用一致性，这里也称作分布式事务一致性。

数据一致性是架构师在设计一个企业应用系统数据架构时必须考虑的一个重要问题，尤其在互联网分布式架构环境下，一个完整的业务被拆分到多个分布式的应用系统中，数据一致性的问题就显得尤为突出。分布式系统采用多机器分布式部署的方式提供服务，必然存在着数据的复制。在分布式系统引入复制机制后，由于网络延时等因素，不同的数据节点之间很容易产生数据不一致的情况。复制机制的目的是保证数据的一致性，但是复制数据面临的主要难题也是如何保证多个副本之间的数据一致性。

11.1.1　ACID 特性

在传统的单体应用系统中，通常使用关系型数据库的本地事务保证数据的一致性，这种事务又被称为 ACID 的 4 个基本要素：原子性（atomicity）、一致性（consistency）、隔离性（isolation）及持久性（durability）。

（1）原子性：一个事务要么全部提交成功，要么全部失败回滚，不能只执行其中的一部分操作，这就是事务的原子性。

（2）一致性：事务的执行不能破坏数据库数据的完整性和一致性，一个事务在执行前和执行后，数据库都必须处于一致的状态；例如完整性约束了 $a+b=10$，一个事务改变了 a，那么 b 也应该随之改变。如果数据库系统在运行过程中发生故障，有些事务尚未完成就被迫中断，这些未完成的事务对数据库所做的修改有一部分已写入物理数据库，这时数据库就处于一种不正确的状态，也就是不一致的状态。

（3）隔离性：事务的隔离性是指在并发环境中，并发的事务是相互隔离的，一个事务的执行会被其他事务干扰。当不同的事务并发操作相同的数据时，每个事务都有各自完成的数据空间，即一个事务内部的操作及使用的数据对其他并发事务是隔离的，并发执行的各个事务之间不能相互干扰。在标准 SQL 规范中，定义了 4 个事务隔离级别，不同的隔离级别对事务的处理不同，分别是读未提交（read uncommitted）、已提交读（read committed）、可重复读（repeatable read）和串行化（serializable）。

（4）持久性：一旦事务提交，那么它对数据库中对应数据的状态变更就会永久保存到数据库中。即使发生系统崩溃或机器死机等故障，只要数据库能够重新启动，那么就一定能够将其恢复到事务成功结束的状态。

11.1.2　事务隔离级别

说到数据一致性，我们一般会想到事务的 ACID 特性和事务隔离级别。所谓数据一致性，就是当多个用户试图同时访问一个数据库时，在它们的事务同时使用相同的数据时，可能会发生以下 4 种情况：丢失更新、脏读、不可重复读和幻读。

（1）丢失更新（lost update）：是指事务 T1 读取了数据，并执行了一些操作，然后更新数据。事务 T2 也做相同的事，则 T1 和 T2 更新数据时可能会覆盖对方的更新，从而引起错误。

（2）脏读（dirty read）：就是读到了别的事务回滚前的脏数据。比如事务 B 执行过程中修改了数据 X，在未提交前，事务 A 读取了 X，而事务 B 却回滚了，这样事务 A 就形成了脏读。即一个事务读取到了另一个事务没有提交的数据。

（3）不可重复读（non-repeatable read）：事务 A 首先读取了一条数据，然后在执行逻辑时，事务 B 将这条数据改变了，然后事务 A 再次读取时，发现数据不匹配了，就是所谓的不可重复读。也就是说，当前事务先进行了一次数据读取，然后再次读取到的数据是别的事务修改成功的数据，导致两次读取到的数据不匹配，这也就呼应了不可重复读的语义，即在同一事务中，两次读取同一数据，得到的内容不同。

（4）幻读（phantom read）：事务 A 首先根据条件索引得到 N 条数据，然后事务 B 改变了这 N 条数据以外的 M 条或者增添了 M 条符合事务 A 搜索条件的数据，导致事务 A 再次搜索时发现有 N+M 条数据了，这就产生了幻读。也就是说，当前事务第一次读取到的数据比后来读取到的数据条目少，即同一事务中，用同样的操作读取两次，得到的记录数不相同。

11.1.3　CAP 定理

CAP 定理（CAP theorem）又称作布鲁尔定理（Brewer's theorem），该定理是对一致性（consistency）、可用性（availability）、分区容错性（partition tolerance）的一种简称，分别代表强一致性、可用性和分区容忍性。CAP 原则是指在分布式应用系统中，这 3 个要素最多只能同时实现两个，不可能三者兼顾，如图 11-1 所示。3 个要素的内在含义如下。

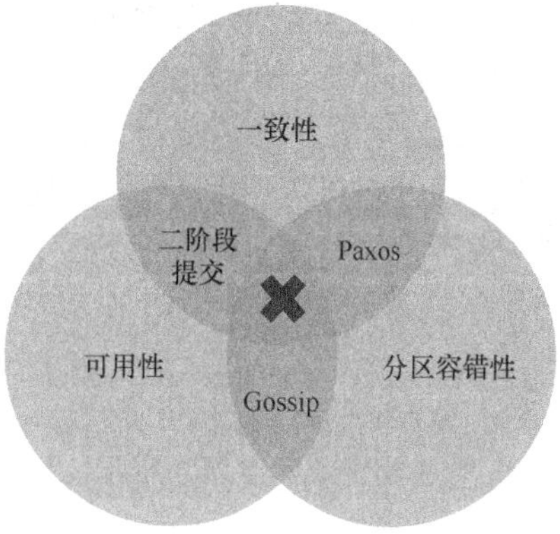

（1）一致性（C）：在分布式系统中的所有数据备份，在同一时刻具有同样的值，所有节点在同一时刻读取的数据都是最新的数据副本。

（2）可用性（A）：良好的响应性能、完全的可用性是指在任何故障类型下，服务都会在有限的时间内处理完成并进行响应。

（3）分区容错性（P）：大规模分布式数据系统中的

图 11-1　CAP 定理

网络分区现象，即分区间的机器无法进行网络通信的情况必然会发生，系统应该能够在这种情况下仍然继续工作。

CAP 最初是由来自加州大学伯克利分校的 Eric Brewer 于 1999 年首先提出的，他同时证明了：对于一个大规模分布式数据系统，CAP 三要素不可兼得，同一个系统最多只能实现其中的两个要素，而必须放宽第三个要素来保证其他两个要素被满足，这是 CAP 原则的精髓所在。两年后，来自麻省理工学院的 Seth Gilbert 和 Nancy Lynch 从理论上证明了 CAP 定理的可行性，从此 CAP 定理在学术上成为了分布式计算领域公认的定理，影响着分布式计算的发展。

一般在网络环境下，运行环境出现网络分区是不可避免的，所以系统必须具备分区容忍性特性，于是在此种场景下设计大规模分布式系统时，架构师往往在 AP 和 CP 中进行权衡和选择，要有所强调，有所放弃。如果在网络中有消息丢失，也就是出现了网络分区，则复制操作可能会被延后，如果这时使用方等待复制完成再返回，则可能导致在有限时间内无法返回，就失去了可用性；如果使用方不等待复制完成，而在主分片写完后直接返回，则具有了可用性，但是失去了一致性。因此，系统架构师需要把精力放在如何根据业务在 C 和 A 之间进行选择。

（1）C+A：以二阶段提交为代表的严格选举协议。当通信中断时，算法不具有终止性（即不具备分区容错性）。

（2）C+P+弱 A：以 Paxos、Raft 为代表的多数派选举算法。当不可用的执行过程超过半数时，算法无法得到正确结果（即会出现不可用的情况），Raft 的典型产品就是 etcd。

（3）A+P：以 Gossip 协议为代表的冲突解决协议。当网络分区存在且执行过程正确时，只能等待分区消失才保持一致性（即不具备强一致性）。

11.1.4　BASE 思想

关系型数据库系统采纳 ACID 原则，获得高可靠性和强一致性。而大多数大数据环境下的云存储系统和 NoSQL 系统采纳 BASE 原则，这种原则与 ACID 原则差异很大。BASE 是基本可用（basically available）、软状态，也作柔性状态（soft state）和最终一致性（eventual consistency）3 个短语的简写，由 eBay 架构师 Dan Pritchett 于 2008 年在 "BASE: An Acid Alternative" 论文中首次提出。BASE 原则与 ACID 原则截然不同，如图 11-2 所示，它满足 CAP 定理，通过牺牲强一致性获得可用性，一般应用于服务化系统的应用层或者大数据处理系统中，通过达到最终一致性来尽量满足业务的绝大多数需求。

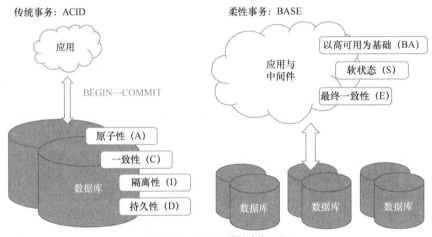

▲图 11-2　BASE 柔性事务思想

BASE 思想包含以下 3 个元素。

（1）基本可用（BA）：在绝大多数时间内系统处于可用状态，允许偶尔的失败，所以称为基本可用。

（2）软状态（S）：指数据状态不要求在任意时刻都完全保持同步，到目前为止，软状态（柔性状态）并没有一个统一明晰的定义，但是从概念上是可理解的，即处于有状态（state）和无状态（stateless）之间的中间状态。

（3）最终一致性（E）：与强一致性相比，最终一致性是一种弱一致性，尽管软状态不要求任意时刻数据保持一致，但是最终一致性要求在给定时间窗口内数据能达到一致状态。

11.2　数据一致性模型

　　分布式系统一般通过复制数据来提高系统的可靠性和容错性，并且将数据的不同副本存放在不同的机器中。由于维护数据副本的一致性代价高，因此许多系统采用弱一致性来提高性能，一些不同的一致性模型也相继被提出。在 CAP 中，P（分区容错性）无法避免，A（可用性）是所有大型业务比较看重的，那么 C（一致性）如何演变呢？按照不同的角度，一致性可以分为客户端和系统端。从客户端角度看，就是客户端读写操作是否符合某种特性；从系统端角度看，就是系统更新如何复制分布到整个系统，以确保数据最终一致。

　　如果从客户端角度看，一致性又可以分为以下 3 种。

　　（1）强一致性（strong consistency）：在任何时候，用户或节点都可以读到最近一次成功更新的副本数据。这种一致性肯定是我们最想要的，但是很遗憾，强一致性在实践中很难实现，而且一般会牺牲可用性。

　　（2）弱一致性（weak consistency）：某个进程更新了副本的数据，但是系统不能保证后续进程能够读取到最新的值。比如某些缓存、网络游戏、网络电话等系统。

　　（3）最终一致性（eventual consistency）：最终一致性是弱一致性的一种特例。A 进程更新了副本的数据，如果没有其他进程更新这个副本的数据，系统最终一定能够保证在后续进程中能够读取到 A 进程写入的最新值。但是这个操作存在一个不一致的窗口，也就是从 A 进程写入数据到其他进程读取 A 所写数据所需的时间。根据更新数据后各进程访问数据的时间和方式的不同，最终一致性又可以分为以下 5 种。

- ❑ 因果一致性（causal consistency）：如果进程 A 通知进程 B 它已更新了一个数据项，那么进程 B 的后续访问将返回更新后的值，且一次写入将保证取代前一次写入。与进程 A 无因果关系的进程 C 的访问遵守一般的最终一致性规则。

- ❑ 读写一致性（read-your-writes consistency）：当进程 A 自己更新一个数据项之后，它总是访问到更新过的值，绝不会访问到旧值。这是因果一致性的一个特例。

- ❑ 会话一致性（session consistency）：这是读写一致性的实用版本，它把访问存储系统的进程放到会话的上下文中。只要会话还存在，系统就能保证读写一致性。如果由于某些失败情形令会话终止，就要建立新的会话，而且系统的保证不会延续到新的会话。

- ❑ 单调读一致性（monotonic read consistency）：如果进程已经看到过数据对象的某个值，那么任何后续访问都不会返回在那个值之前的值。

- ❑ 单调写一致性（monotonic write consistency）：系统保证来自同一个进程的写操作按顺序执行。

　　当然，还存在其他的一些一致性变体，这里不再赘述。在实践中，这 5 种一致性方案往往会结合使用，以构建一个具有最终一致性的分布式系统。实际上，不只是分布式系统使用最终一致性，关系型数据库在某个功能上也是使用最终一致性的，比如备份，数据库的复制过程是需要时间的，在复制过程中，业务读取到的值就是旧值。当然，最终还是达成了数据一致性，这也算是最终一致性的一个经典案例。

11.3　数据一致性原则

11.3.1　数据一致性实现指导

　　分布式系统架构的第一原则是不要分布，同理，分布式数据一致性的第一原则也是尽量避免分布式。分布式环境下的数据一致性问题（尤其是数据强一致性）向来是一个对业界充满挑战的技术难题，所以能通过业务方式避免的，尽可能通过业务方式或者管理流程解决，或者通过数据下沉、数据归集等方式避免分布式事务。

　　有些分布式事务问题看起来很重要，但实际上我们可以通过合理的设计或者将问题分解来规避。设计分布式事务系统并不需要考虑所有异常情况，不必过度设计各种回滚和补偿机制。如果硬要把时间花在解决问题本身上，实际上不仅效率低下，而且是一种浪费。如果系统要实现回滚机制，系统复杂度将可能大大提升，且很容易出现 bug，估计出现 bug 的概率会比需要事务回滚的概率大很多。因此在设计系统时，我们需要衡量是否值得付出这么大的代价来解决这样一个出现概率非常小的问题，可以考虑当出现这个概率很小的问题时，能否采用人工的方式解决，这也是架构师在解决疑难问题时需要多多思考的地方。

　　核心业务逻辑长事务尽量改为短事务。因为长事务会长期占有行锁，对于高并发的业务来说会存在性能提升的瓶颈，任何类型的数据库都应该避免这种模式。

　　根据单机数据库和分布式数据库、系统对于数据一致性时效要求的不同，以及实际应用场景的不同，数据一致性的问题可分为图 11-3 所示的几种实现方案。

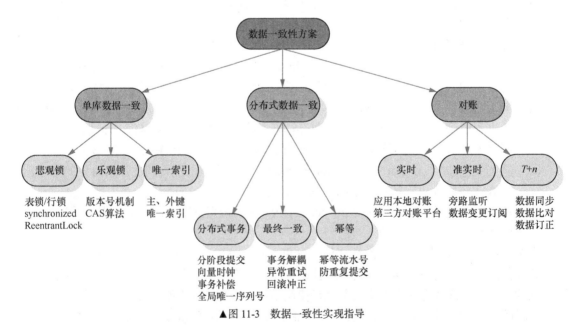

▲图 11-3　数据一致性实现指导

1. 单库事务

单库事务通过关系型数据库本身自带的锁机制（表锁/行锁）来保证 ACID 特性，确保同一时间只有一个事务能够对特定的资源进行更新或读取。处理加锁的机制会让数据库产生额外的开销，增加产生死锁的机会，还会降低并行性。一个事务如果锁定了某行数据，其他事务就必须等待该事务处理完才可以处理那行数据。锁的机制损失了并发性能，但对数据一致性是一种简单有效的实现方式。

数据库唯一索引，一般情况下应用程序会做数据判重校验，但程序难免会出差错，万一写入重复数据，就会污染数据，甚至导致故障或资损。建议在设计域模型和数据库模型时要尽可能地识别出唯一属性和属性组，将其设置为唯一索引，作为防止数据重复的最后一道屏障。

2. 分布式数据一致性

分布式事务，严格意义上讲也是最终一致性的实现，目前主流分布式事务产品都是两阶段提交，第一阶段称为准备阶段，第二阶段称为提交/回滚阶段。模型中包含 3 个角色（或类似）。

（1）AP：事务发起者，一般是业务应用。

（2）RM：资源管理器，定义参与事务资源和行为。

（3）TM：事务管理器，协调 RM 的行为，例如准备、提交和回滚等。

最终一致性一般通过消息中间件对分布式事务进行解耦，利用消息的失败重试机制以及业务补偿机制来最终达到分布式应用的数据一致性。最终一致性的另一个实现手段是 redo 方案，主要解决调用下游系统失败时，特别是网络异常的情况下，本地数据状态不一致的问题。大体思路是将对外部系统的请求以 redo 数据的方式和本地业务数据在事务中落库，通过 redo 驱动外部系统的数据状态，达到最终一致。redo 支持异常重试、超时告警、时序控制等，缺点是如果下游业务执行失败，不支持本地事务的回滚。

根据下游系统提供的接口方式选择消息或者 redo 方案，下游系统提供同步服务调用的建议优先选择消息队列异步解耦方案。如果要求时序，则选择 redo 方案；如果要求事务回滚，则选择分布式事务。

分布式系统中必须要保证 API 的调用幂等，本质是一个操作无论执行多少次，执行结果都是一致的，一般由调用方传入幂等号，最好是链路全局唯一序列号作为幂等号。

3. 数据对账

对账是数据一致性的最终保障，一般分为实时对账、准实时对账和 $T+1$ 全量对账，数据一致性要求我们选用不同的对账方案。以企业数据可用视角看，所有业务数据都应该保证数据的一致性，都需要做全量数据的对账，对于资金这一类数据正确性和一致性要求非常高的数据，需要做实时对账，以保证正确地产生每笔数据。

实时对账是由应用对链路上的数据进行核对，核对成功才会提交本地的数据，否则回滚并执行失败逻辑。如果是应用内部逻辑，则进行内部核对；如果需要跨系统核对，则调用第三方的对账平台进行核对，由第三方的对账平台调用其他应用收集数据并核对，并将核对结果返回调用方，调用方根据核对结果执行逻辑。

准实时对账，属于分钟级对账。当我们既不想影响业务流程和用户体验，又想尽快发现可能出现的问题时，可以采用准实时对账。准实时对账一般通过数据库的 binlog 触发专门的对账程序进行异步对账处理。

$T+1$ 全量数据对账，实时对账只能对应用产生的新数据进行对账。如果有非应用产生的数据（比如运维工具的数据订正、数据同步等），则无法保证数据的一致性，这就需要离线的全量数据对账来保证。

11.3.2　数据拆分原则

当数据存储选用 MySQL（或 Oracle）这种传统关系型数据库，而单机 MySQL（或 Oracle）无法满足存储数据的容量要求或性能要求时，就要考虑进行数据库拆分。数据库拆分的基本思想是把一个数据库拆分成多个部分放到不同的数据库上，从而缓解单一数据库的性能问题。

一般来说，拆分的方式有两类。

（1）垂直拆分。简单来说就是一个数据库的多张数据表拆分到多个数据库。垂直拆分的好处是隔离应用间的相互影响，减少数据间的强耦合；但坏处是需要关联操作数据时，可能会带来跨库事务，在性能上有所损耗，同时加大了关联查询的难度。

（2）水平拆分。简单来说就是一张数据表的数据拆分到同一个数据库的多张数据表或者多个数据库的多张数据表。水平拆分的好处是减少了单表数据量，有利于数据库表更新维护等，因此单表容量需要根据实际情况评估，不建议过大。

在企业级互联网架构中，这两种拆分方式经常会被使用。不严格地讲，对于海量数据的数据库，如果是因为表多而数据多，则适合使用垂直切分，即把关系紧密（比如同一模块）的表拆分出来放在一个数据库上。如果表并不多，但每张表的数据非常多，则适合水平切分，即把表的数据按某种规则（如按 ID 哈希）拆分到多个数据库上。当然，现实中更多的是这两种情况混杂在一起，这时需要根据实际情况做出选择，也可能会综合使用垂直拆分与水平拆分，从而将原有数据库拆分成类似于矩阵一样可以无限扩充的数据库阵列。将单表的大小控制在一个较低的水位上，这样做有利于表结构变更、数据库备份效率以及减小单机故障，同时合理的拆分也有利于后期性能的水平扩展，充分体现云数据库带来的技术红利。

1.　读写分离

对于读多写少的场景，尽量采用数据读写分离的架构进行数据拆分，以保证高并发读压力下对于写操作的及时响应。

2. 拆分键选择

数据库水平拆分前需要确定拆分字段（也可以称为"拆分键"），拆分键的选择应遵循以下原则。

（1）值分布均匀：选择值分布均匀的字段作为拆分键，避免数据倾斜风险。

（2）使用高频：选择高频使用的字段作为拆分键。根据查询重要程度或者查询性能要求，选择某列作为分库列，这样可以保证基于分库列的关联查询具有较好的性能。

（3）列值稳定：选择列值稳定的列作为拆分键。拆分因子值不可直接修改，改变列值必须删除后新增插入。

（4）列值非空：选择列值非空列作为拆分键，空值过多将导致数据不均衡、数据倾斜的问题。

（5）同事务同源：同一业务事务的一组数据按不同拆分因子取模分库分表后应放在一起，以避免数据库事务跨物理库。例如某日常业务的数据事务涉及 A 表的 α 数据和 B 表的 β 数据，分库后 α 数据和 β 数据应该在同一个库中，即当其他分库异常时，不影响 α 数据和 β 数据相关业务。也就是说，避免数据库中的数据依赖另一数据库中的数据。

11.3.3 热点数据处理

短时间内对同一份数据的大量读写（如秒杀、春运抢票）会带来热点数据的问题。大量请求同时更新数据库中的同一个数据，update 操作给表加上行锁，导致后面的请求全部排队等待前面一个 update 完成，释放行锁后才能处理下一个请求。大量后续请求等待占用了数据库的连接，一旦数据库连接数被占满，就会导致后续的全部请求因无法连接而超时，业务请求出现无法及时处理，数据库系统的 RT 会异常飙高，业务层由于等待出现超时，App 层的连接耗尽等一系列雪崩效应！

按照产生原因，热点写的问题又可以细分为如下两类。

（1）数据库写的高并发请求量过大，导致数据库整体无法承受。

（2）数据库中某些更新特别频繁的热点数据，在加了排他锁的情况下（比如，在账务等系统中更新特别频繁的热点系统账户），在高并发的更新请求的情况下，由于锁竞争引起线程等待，导致系统响应变慢。

对于第 1 类问题，数据库整体并发写请求量过大，解决方案可以是数据库拆分。将写入的数据库由一个变为多个，以降低每个数据库承担的写请求量。

对于第 2 类问题，在进行数据架构设计时，一般实际应用场景采用锁拆分、缓冲更新两种解决方案。锁拆分的原理是将一个热点记录拆分成多个记录，降低数据库单行记录上的请求并发数，但更新请求总数是不变的。比如，账务系统中把某个热点账户拆分成收入户和支出户，就是使用的这种模式。缓冲更新模式，就是在一段时间内停止对于热点记录（一般如系统账户的账户余额字段）的 update 操作，而只做变更明细的 insert 操作，之后将变更明细汇总，更新系统账户。变"多次 update"为"多次 insert ＋ 一次 update"，从而避免了热点账户的更新操作的锁竞争。

热点读的问题，其本质是数据库无法承受读的高并发请求。要解决热点读的问题，一般有两种解决方案。

（1）在数据源层面解决，利用数据库的读写分离，用多台只读数据库分担读的高并发请求。

（2）在应用层面解决，使用缓存来分担读的高并发请求。

11.4　锁机制

锁主要用来解决并发问题，是网络数据库中的一个非常重要的概念。当多个用户同时对数据库并发操作时，会带来数据不一致的问题，所以，锁主要用于多用户环境下保证数据库完整性和一致性。

11.4.1　悲观锁与乐观锁

通过锁的方式解决数据库并发问题有两种方式：一是悲观锁（独占锁），二是乐观锁（可重入锁）。

1. 悲观锁

悲观锁就是 MySQL 中常用的 for update，绝大部分数据库可以支持该特性，就是给数据表或记录加上独占锁，其他会话（session）想写这个数据时就会被挂起，只有获取这个数据独占锁的会话才有权限写入这个数据。悲观并发控制实际上是"先取锁再访问"的保守策略，为数据处理的安全提供了保障。这样就存在大量请求挂起，竞争锁的场景对于 CPU 是极大的消耗，效率比较低下，但这个方案实现非常简单，对并发要求不高的应用是不二选择，这种数据库独占锁的方式的一般原则为：一锁二判三更新。悲观锁又可分为共享锁、排他锁和更新锁 3 种情况。

（1）共享锁又称为读锁，简称 S 锁。共享锁就是多个事务对于同一数据可以共享一把锁，都能访问到数据，但是只能读不能修改。

（2）排他锁又称为写锁，简称 X 锁。排他锁就是不能与其他锁并存，如果一个事务获取了一个数据行的排他锁，其他事务就不能再获取该行的其他锁，包括共享锁和排他锁，只有获取排他锁的事务才可以对数据行读取和修改。

（3）更新锁，简称 U 锁。在修改操作的初始化阶段用来锁定可能要被修改的资源，这样可以避免使用共享锁造成的死锁现象。

2. 乐观锁

乐观锁是相对悲观锁而言的，乐观锁假设数据一般情况下不会冲突，所以在数据进行提交更新时，才会正式对数据的冲突与否进行检测。如果发现冲突了，则返回给用户错误消息，让用户决定如何去做。在对数据库进行处理时，乐观锁并不会使用数据库提供的锁机制。一般实现乐观锁的方式是记录数据版本，给数据添加一个版本标识，每当有线程对其进行修改，就把版本加 1。这样当线程进行非原子操作时，一开始就保存了版本号，进行到修改数据时比较一下最新的版本号和旧版本号是否一样，一样就修改，不一样就重试或者失败。乐观并发控制相信事务之间数据竞争的概率是比较小的，因此尽可能直接执行下去，直到提交时才去锁定，这样不会产生任何锁和死锁。

在乐观锁的概念中其实已经阐述了它的具体实现细节，主要分为两个步骤：冲突检测和数据更新。其比较典型的实现方式之一是 CAS。CAS 是一项乐观锁技术，当多个线程尝试使用 CAS 同时更新同一个变量时，只有其中一个线程能更新变量的值，其他线程都失败，失败的线程并不会被挂起，而是被告知在这次竞争中失败，并可以再次尝试。

11.4.2 数据库锁

数据库锁是解决单库事务的主要工具，按锁的范围，分为表锁、行锁和页级锁 3 种。表锁的作用范围是整张表，行锁的作用范围是行级，页级锁是 MySQL 中锁定粒度介于行锁和表锁中间的一种锁。表锁速度快，但冲突多；行锁冲突少，但速度慢；页级锁是前两者的折中，一次锁定相邻的一组记录。BDB 支持页级锁，页级锁的开销和加锁时间界于表锁和行锁之间；会出现死锁；锁定粒度界于表锁和行锁之间，并发度一般。

数据库能够确定在哪些行需要锁的情况下使用行锁，如果不知道会影响哪些行，就使用表锁。举个例子，一个用户表 user，有主键 id 和用户生日 birthday。当你使用 update ... where id=? 这样的语句时，数据库明确知道会影响哪一行，它就会使用行锁；当你使用 update ... where birthday=?这样的语句时，因为事先不知道会影响哪些行，就可能会使用表锁。

在使用数据库锁来进行并发控制时，如果处理不好，经常会发生死锁的情况。死锁就是两个事务我等你，你又等我，双方就会一直等待下去。比如，T1 锁住了数据 R1，正请求对 R2 加锁，而 T2 锁住了 R2，正请求对 R1 加锁，这样就会导致死锁。死锁没有完全解决的方法，只能尽量预防。

（1）一次加锁法：指一次性把所需要的数据全部锁住，但这样会扩大加锁的范围，降低系统的并发度。

（2）顺序加锁法：如果不同程序会并发存取多个表，那么尽量约定以相同的顺序访问表，这样可以大大减少死锁发生。顺序加锁是指事先对数据对象指定一个加锁顺序，要对数据进行加锁，只能按照规定的顺序来加锁，但是这对使用有限制。

（3）锁范围升级：对于非常容易产生死锁的业务部分，可以尝试使用升级锁定粒度，通过表级锁定来降低死锁发生的概率。

11.4.3 分布式锁

数据库锁只能解决多个事务对同一个数据库的资源访问冲突问题,但现在主流的系统是分布式系统。单机多线程的同步锁机制（如 ReentrantLock 或 synchronized）无法控制分布式环境下多个节点的并发，数据库也被垂直或水平拆分为多个库。此外，一次交易请求过程中，访问的资源可能不仅有数据库，还有缓存、消息队列、非结构化数据等，这些也是数据的不同格式。为了防止分布式系统中的多个进程之间相互干扰，我们需要一种分布式协调技术来对这些进程进行调度，分布式协调技术的核心就是实现这个分布式锁。分布式锁是控制分布式系统之间同步访问共享资源的一种方式，分布式锁应该具备以下这些条件。

（1）在分布式系统环境下，一个方法在同一时间内只能被一台机器的一个线程执行。

（2）高可用、高性能地获取锁与释放锁。

（3）具备可重入特性（避免死锁）。

（4）具备锁失效机制，防止程序异常退出且未及时释放锁。

（5）具备非阻塞锁特性，即没有获取到锁将直接返回获取锁失败。

分布式锁要解决 3 个核心要素：加锁、解锁、锁超时。目前主流的分布式锁的实现主要有以下 4 种产品。

（1）Memcached：利用 Memcached 的 add 命令。此命令是原子性操作，只有在 key 不存在的情况下才能 add 成功，也就意味着线程得到了锁。

（2）Redis：和 Memcached 的方式类似，利用 Redis 的 setnx 命令。此命令同样是原子性操作，只有在 key 不存在的情况下，才能成功。

（3）ZooKeeper：利用 ZooKeeper 的顺序临时节点，来实现分布式锁和等待队列。ZooKeeper 设计的初衷，就是为实现分布式锁服务的。

（4）Chubby：谷歌实现的粗粒度分布式锁服务，底层利用了 Paxos 一致性算法。

11.5　数据一致性解决方案

数据一致性分为多副本数据一致性和分布式事务数据一致性，两者的差别在于，多副本下不同节点之间的数据内容是一样的，而分布式事务下不同节点之间的数据内容是不一样的。数据多副本一般用于容灾及高可用，副本之间通过同步复制或者异步复制的方式达到数据一致。本节重点要介绍的是分布式事务下的数据一致性问题。

事务提供了一种机制，将一个活动涉及的所有操作纳入一个不可分割的执行单元，组成事务的所有操作只有在所有操作均能正常执行的情况下才能提交，其中任一操作执行失败，都将导致整个事务的回滚。按参与方的个数和性质，事务分为本地事务和分布式事务。

本地事务指数据库单机的事务处理，优点是支持严格的 ACID 特性：高效、可靠、状态可以只在资源管理器中维护、应用编程模型简单。但是本地事务不具备分布式事务的处理能力，隔离的最小单位受限于资源管理器。一般的关系型数据库可以较好实现本地事务的 ACID 特性。

分布式事务指事务的参与者、支持事务的服务器、资源服务器以及事务管理器分别位于不同的分布式系统的不同节点上。简单来说，就是一次大的操作由不同的小操作组成，这些小操作分布在不同的服务器上，且属于不同的应用，分布式事务需要保证这些小操作要么全部成功，要么全部失败。本质上来说，分布式事务就是为了保证不同数据库的数据一致性。

事务的参与方可能不仅是数据库，还包括消息队列、缓存、对象存储等其他异构的数据源，当事务由全局事务管理器进行全局管理时成为全局事务，事务管理器负责管理全局的事务状态和参与的资源，协同资源的一致提交回滚。

11.5.1 强一致性解决方案

在强一致性的分布式环境下，一次交易请求对多个数据源的数据执行完整性以及一致性的操作，满足事务的特性，要么全部成功，要么全部失败，保证原子性以及可见性。强一致性通过锁定资源的方式确保分布式并发下数据不会产生脏读脏写的情况，但以牺牲性能为代价。一般来说，强一致性的分布式事务会比单机的本地事务性能下降一个数量级左右，因此在实际应用场景中使用时，需要谨慎评估业务上是否一定要求强一致性事务，可否在业务上做一些取舍和折中，或者改为性能更强一点的最终一致性方案。

1. XA 分布式事务

说到强一致性方案，必须先了解数据库分布式事务中的 XA 协议。XA 协议是全局事务管理器与资源管理器的接口。XA 是由 X/Open 组织提出的分布式事务规范，该规范主要定义了全局事务管理器（TM）和本地资源管理器（RM）之间的接口，本地资源管理器往往由数据库实现。主流的数据库产品都提供了 XA 接口，XA 接口是一个双向的系统接口，在事务管理器以及多个资源管理器之间作为通信桥梁。之所以需要 XA，是因为在分布式系统中从理论上讲两台机器是无法达到一致性状态的，因此引入一个单点进行协调。由全局事务管理器管理和协调的事务可以跨越多个资源和进程，负责各个本地资源的提交和回滚。全局事务管理器一般使用 XA 二阶段提交（Two-Phase Commit，2PC）协议与数据库进行交互。XA 实现分布式事务的原理如图 11-4 所示。

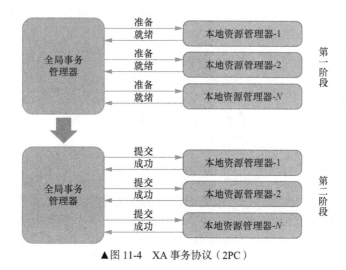

▲图 11-4 XA 事务协议（2PC）

XA 协议用于在全局事务中协调多个资源的机制，TM 和 RM 之间采取二阶段提交的方案来解决一致性问题。二阶段提交需要一个协调者（TM）来掌控所有参与者（RM）节点的操作结果，并且指引这些节点是否需要最终提交。总的来说，XA 协议比较简单，而且一旦商业数据库实现了 XA 协议，使用分布式事务的成本也会降低。但是，XA 协议也有致命的缺点，那就是性能不理想，XA 协议无法满足高并发场景。XA 协议目前对商业数据库的支持比较理想，对开源 MySQL 数据库的支持不太理想，MySQL 的 XA 协议实现中没有记录准备阶段日志，主备切换会导致主库与备库数据不一致。许多 NoSQL 也没有支持 XA 协议，这让 XA 协议的应用场景受到很大的限制。

XA 分布式事务协议，包含二阶段提交（2PC）和三阶段提交（Three-Phase Commit，3PC）这两种实现。

2. 二阶段提交

（1）准备阶段。

事务协调者向所有事务参与者发送事务内容，询问是否可以提交事务，并等待参与者回复。事务参与者收到事务内容，开始执行事务操作，将 undo 和 redo 信息记入事务日志中（但此时并不提交事务）。如果参与者执行成功，向协调者回复 yes，表示可以进行事务提交；如果参与者执行失败，向协调者回复 no，表示不可以提交。

（2）提交阶段。

如果协调者收到了参与者的失败信息或超时信息，直接给所有参与者发送回滚（rollback）信息进行事务回滚；否则，发送提交（commit）信息。参与者根据协调者的指令执行提交或者回滚操作，释放所有事务处理过程中使用的锁资源（注意：必须在最后阶段释放锁资源），并向协调者反馈应答消息（ack），协调者收到所有参与者反馈的 ack 消息后，即完成事务提交。

2PC 方案实现起来简单，在实际项目中使用比较少，主要因为以下问题。

① 性能问题：所有参与者在事务提交阶段处于同步阻塞状态，占用系统资源，容易导致性能瓶颈。

② 可靠性问题：如果协调者存在单点故障问题，一旦协调者出现故障，那么参与者将一直处于锁定状态。

③ 数据一致性问题：在第二阶段中，如果发生局部网络问题，一部分事务参与者收到了提交消息，另一部分没收到提交消息，那么会导致节点之间数据的不一致。

3. 三阶段提交

三阶段提交是在二阶段提交基础上的改进版本，主要是加入了超时机制，同时在协调者和参与者中都引入超时机制。三阶段将二阶段的准备阶段拆分为两个阶段，插入了一个preCommit 阶段，以此来处理原先二阶段参与者准备后，参与者发生崩溃或错误，导致参与者无法知晓是否提交或回滚的不确定状态所引起的延时问题。三阶段提交处理流程如图 11-5 所示。

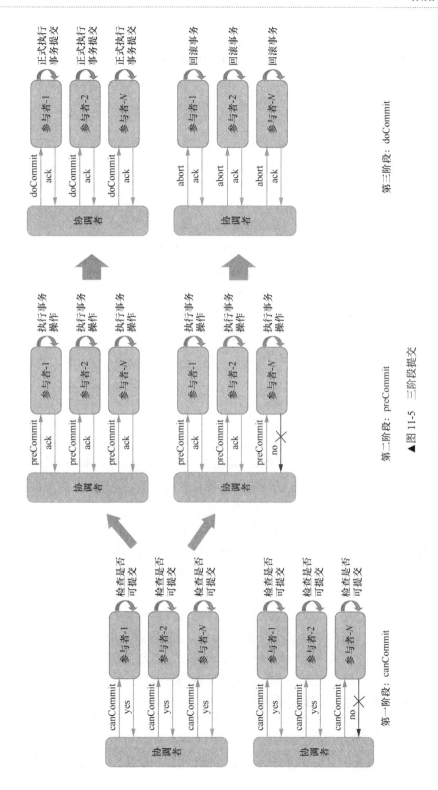

第一阶段：canCommit

第二阶段：preCommit

第三阶段：doCommit

▲图 11-5　三阶段提交

（1）第一阶段：canCommit。

协调者向所有参与者发出包含事务内容的 canCommit 请求，询问是否可以提交事务，并等待所有参与者回复。参与者收到 canCommit 请求后，如果认为可以执行事务操作，则反馈 yes 并进入预备状态（参与者不执行事务操作），否则反馈 no。

（2）第二阶段：preCommit。

协调者根据第一阶段 canCommit 中参与者的响应情况来决定是否可以进行基于事务的 preCommit 操作。根据响应情况，有以下两种处理情况。

只要有任何一个参与者反馈 no，或者等待超时后协调者仍无法收到所有参与者的反馈，即中断事务，协调者向所有参与者发出 abort 请求。无论是收到协调者发出的 abort 请求，还是在等待协调者请求过程中出现超时，参与者均会中断事务。

如果所有参与者均反馈 yes，那么协调者会向所有参与者发出 preCommit 请求，进入准备阶段。当参与者收到 preCommit 请求后，执行事务操作，将 undo 和 redo 信息记入事务日志中（但不提交事务）。各参与者向协调者反馈 ack 响应或 no 响应，并等待最终指令。

（3）第三阶段：doCommit。

该阶段进行真正的事务提交，也可以分为以下两种情况。

第二阶段中所有参与者均反馈 ack 响应，执行真正的事务提交，向所有参与者发出 doCommit 请求。当参与者收到 doCommit 请求后，会正式执行事务提交，并释放整个事务期间占用的资源。各参与者向协调者反馈 ack 完成的消息。协调者收到所有参与者反馈的 ack 消息后，即完成事务提交。

第二阶段中只要有任何一个参与者反馈 no，或者等待超时后协调者仍无法收到所有参与者的反馈，即中断事务，向所有参与者发出 abort 请求。参与者使用第一阶段中的 undo 信息执行回滚操作，并释放整个事务期间占用的资源。各参与者向协调者反馈 ack 完成的消息，协调者收到所有参与者反馈的 ack 消息后，即完成事务中断。

注意，进入第三阶段后，无论是协调者出现问题，还是协调者与参与者网络出现问题，都会导致参与者无法接收到协调者发出的 doCommit 请求或 abort 请求。此时，参与者都会在等待超时之后，继续执行事务提交（因为异常的情况毕竟是极少数的）。

相比第二阶段提交，第三阶段提交降低了阻塞范围，在等待超时后协调者或参与者会中断事务。避免了协调者单点问题，当第三阶段中协调者出现问题时，参与者会继续提交事务。但数据不一致问题依然存在，当参与者在收到 preCommit 请求后等待 doCommit 指令时，此时如果协调者请求中断事务，而协调者无法与参与者正常通信，会导致参与者继续提交事务，造成数据不一致。目前主流分阶段提交协议实际上也很难做到百分百的数据一致性，最终还是要采用"异步校验+人工干预"的手段来保障。

11.5.2　弱一致性解决方案

数据一致性在严格意义上只有两种分法，强一致性与弱一致性。强一致性也叫作线性一致性，除此之外，其他所有的一致性都是弱一致性的特殊情况。所谓强一致性，即复制是同步的；弱一致性，即复制是异步的。最终一致性是弱一致性的一种特例，保证用户最终能够读取到某操作对系统特定数据的更新。

弱一致性主要针对数据读取而言，为了提升系统的数据吞吐量，允许一定程度上的数据"脏读"。某个进程更新了副本的数据，但是系统不能保证后续进程能够读取到最新的值。典型场景是读写分离，例如对于一主一备异步复制的关系型数据库，如果读的是备库（或者只读库），就可能无法读取主库已经更新过的数据，所以是弱一致性。由于数据库读写分离是一种比较成熟的方案，因此此处不再赘述弱一致性解决方案。

11.5.3　最终一致性解决方案

由于强一致性的技术实现成本很高，运行性能低，很难满足真实业务场景下高并发的要求，因此在实际生产环境中，通常采用最终一致性的解决方案。最终一致性不追求任意时刻系统都能满足数据完整且一致的要求，系统本身具有一定的"自愈"能力，通过一段业务上可接受的时间之后，系统能够达到数据完整且一致的目标。最终一致性有很多解决方案，如通过消息队列实现分布式订阅处理、数据复制、数据订阅、事务消息、尝试-确认-取消（Try-Confirm-Cancel，TCC）事务补偿等不同的方案。下面分别介绍几种典型的最终一致性方案，读者可以结合项目实际的应用场景选择合适的实现方案。

1. 消息队列方案

如图 11-6 所示，该方案的核心要点是建立两个消息 topic，一个用来处理正常的业务提交，另一个用来处理异常冲正消息。请求服务往业务提交 topic 发送正常的业务执行消息，不同的业务模块各自订阅消费该 topic 并执行正常的业务逻辑。如果所有的业务执行都正常，数据自然也是完整一致的；如果业务执行过程中有任何异常，则向业务冲正 topic 发送异常冲正消息，通知其他的业务执行模块进行冲正回滚，以此来实现数据的最终一致性。该方案无法解决脏读、脏写等问题，使用时需要在业务上做一定的取舍。

2. 事务消息方案

如图 11-7 所示，该方案的核心要点是消息队列产品必须支持半事务消息（如 RocketMQ）。半事务消息提供类似于 X/Open XA 二阶段提交的分布式事务功能，这样能够确保请求服务执行本地事务和发送消息在一个全局事务中，只有本地事务成功执行后，消息才会被投递。该方案不会产生脏读、脏写等问题，且实现起来比较简单，但要求消息队列产品必须支持半事务消息，且消息一旦投递，默认设计业务执行必须成功（通过重试机制）。如果因为某些异常导致业务执行最终失败，系统无法自愈，则只能通过告警的方式等待人工干预。

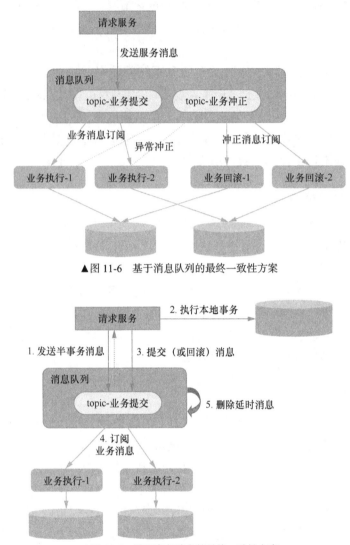

▲图 11-6　基于消息队列的最终一致性方案

▲图 11-7　基于事务消息的最终一致性方案

3. 数据订阅方案

如图 11-8 所示，该方案的核心要点是数据订阅产品［如阿里巴巴的数据传输服务（Data Transmission Service，DTS）、Data Replication Center（DRC）］能够接收数据库的更新日志（如 MySQL 的 binlog、Oracle 的归档日志）并转化为消息流供消费端进行订阅处理。业务执行模块消费数据变更消息并执行变更同步处理逻辑，以达到数据的最终一致性。由于数据订阅是异步的，会存在一定的消息延迟，且延迟时间依赖数据的变更量及数据订阅处理的性能。

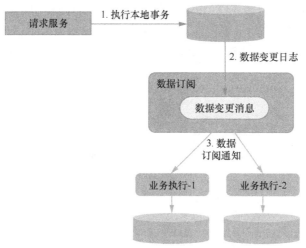

▲图 11-8　基于数据订阅的最终一致性方案

4. TCC 事务补偿

如图 11-9 所示，TCC 是服务化的二阶段编程模型，其尝试（try）、确认（confirm）、取消（cancel）这 3 个阶段均由业务编码实现。

（1）try 阶段：尝试执行业务，完成所有业务的检查，实现一致性；预留必需的业务资源，实现准隔离性。

（2）confirm 阶段：真正执行业务，不做任何检查，仅适用于 try 阶段预留的业务资源，confirm 操作还要满足幂等性。

（3）cancel 阶段：取消执行业务，释放 try 阶段预留的业务资源，cancel 操作要满足幂等性。

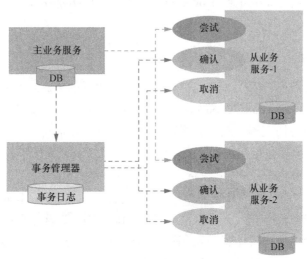

▲图 11-9　基于 TCC 事务补偿的最终一致性方案

TCC 与 2PC 协议的区别是 TCC 位于业务服务层，而不是资源层，TCC 没有单独的准备阶段，try 操作兼具资源操作与准备的能力，TCC 中 try 操作可以灵活地选择业务资源，锁定粒度。TCC 的开发成本比 2PC 协议高，实际上 TCC 也属于 2PC 操作，但是 TCC 不等同于 2PC 操作，如图 11-10 所示。

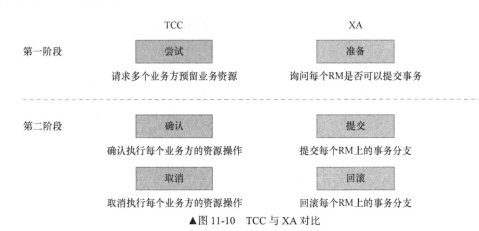

▲图 11-10　TCC 与 XA 对比

TCC 事务补偿机制相对于传统事务二阶段提交机制（X/Open XA）有以下优点。

（1）性能提升：具体业务来实现控制资源锁的粒度变小，不会锁定整个资源。

（2）数据最终一致性：基于 confirm 和 cancel 的幂等性，保证事务最终完成确认或者取消，保证数据的一致性。

（3）可靠性：解决了 XA 协议的协调者单点故障问题，由主业务方发起并控制整个业务活动，业务活动管理器也变成多点，引入集群。

缺点是 TCC 的 try、confirm 和 cancel 操作功能要按具体业务来实现，业务耦合度较高，提高了开发成本。

5. Saga 事务模式

如图 11-11 所示，Saga 事务源于 1987 年普林斯顿大学的 Hecto 和 Kenneth 发表的关于如何处理长活事务（long lived transaction）的论文。Saga 事务核心思想是将长事务拆分为多个本地短事务，由 Saga 事务协调器协调，如果正常结束，则正常完成；如果某个步骤失败，则根据相反顺序一次调用补偿操作，达到事务的最终一致性。Saga 事务基本协议如下。

（1）每个 Saga 事务由一系列幂等的有序子事务（sub-transaction）T_i 组成。

（2）每个 T_i 都有对应的幂等补偿动作 C_i，补偿动作用于撤销 T_i 造成的结果。

可以看到，和 TCC 相比，Saga 没有"预留"动作，它的 T_i 就是直接提交到库。Saga 事务不能保证隔离性，需要在业务层控制并发，适合于业务场景事务并发操作同一资源较少的情况。相比 TCC，Saga 缺少预提交动作，导致补偿动作的实现比较麻烦，例如业务是发送短信，补偿动作则要再发送一次短信说明撤销，用户体验比较差。Saga 事务较适用于补偿动作容易处理的场景。

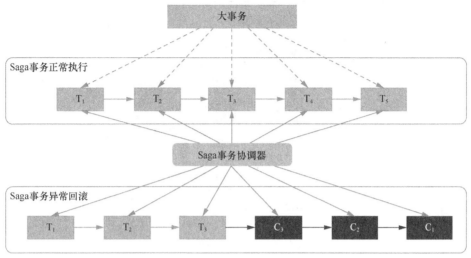

▲图 11-11　基于 Saga 事务模式的最终一致性方案

6. Seata 全局事务中间件

2019 年 1 月，阿里巴巴中间件团队发起了开源项目 Fescar，和社区一起共建开源分布式事务解决方案，这就是阿里云全局事务服务（Global Transaction Service，GTS）商业产品的开源版实现。Fescar 的愿景是让分布式事务的使用像本地事务的使用一样简单和高效，并逐步解决开发者遇到的分布式事务方面的所有难题。Fescar 开源后，蚂蚁金服加入 Fescar 社区参与共建，并在 Fescar 0.4.0 版本中贡献了 TCC 模式。为了打造更中立、更开放、生态更加丰富的分布式事务开源社区，经过社区核心成员的投票，大家决定对 Fescar 进行品牌升级，并更名为 Seata——一套一站式分布式事务解决方案。

Seata 融合了阿里巴巴和蚂蚁金服在分布式事务技术上的积累，并沉淀了新零售、云计算和新金融等场景下丰富的实践经验。Seata 采用事务补偿机制，无须锁定资源，因此性能比 XA 事务的 2PC 机制有了很大的提升，如图 11-12 所示。

Seata 的补偿事务由 TM 在运行过程中自动生成，对应用的侵入性非常小。Seata 主要由 3 个重要组件组成。

（1）Transaction Coordinator（TC）：管理全局的分支事务的状态，用于全局性事务的提交和回滚。XID 是全局事务的唯一标识，由 ip:port:sequence 组成。

（2）Transaction Manager（TM）：事务管理器，用于开启全局事务，以及提交或者回滚全局事务，是全局事务的开启者。

（3）Resource Manager（RM）：资源管理器，用于分支事务上的资源管理，向 TC 注册分支事务，上报分支事务的状态，接受 TC 的命令来提交或者回滚分支事务。

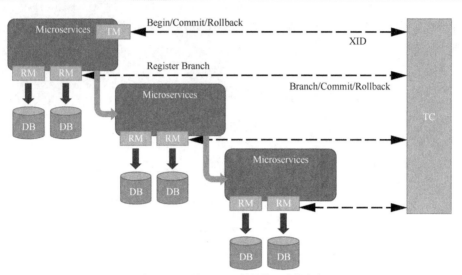

▲图 11-12 基于 Seata 的最终一致性方案

第 12 章　容灾多活解决方案

容灾系统是指在相隔较远的异地，建立两套或多套功能相同的系统，系统之间可以相互进行健康状态监视和功能切换，当一处系统因意外（如火灾、洪水、地震、人为蓄意破坏等）停止工作时，整个应用系统可以切换到另一处，使该系统可以继续正常工作。容灾系统需要具备较为完善的数据保护与灾难恢复功能，保证生产中心不能正常工作时数据的完整性及业务的连续性，并在最短时间内由灾备中心接替，恢复业务系统的正常运行，将损失降到最小。

12.1　SHARE 78 容灾等级

容灾系统主要为了在灾难发生时业务不中断，那么当灾难发生时，用户最关心的是什么呢？以下是国际通用的容灾系统的评审标准 SHARE 78（7 个层次、8 个原则）的 8 个原则，可以作为广大用户衡量和选择容灾解决方案的指标。

（1）备份/恢复的范围。

（2）灾难恢复计划的状态。

（3）应用地点与备份地点之间的距离。

（4）应用地点与备份地点如何连接。

（5）数据是怎样在两个地点之间传送的。

（6）允许有多少条数据丢失。

（7）怎样保证备份地点数据的更新。

（8）备份地点可以开始备份工作的能力。

根据以上 8 条原则，国际标准 SHARE 78 对容灾系统的定义有 7 个层次：从最简单的仅在本地进行磁带备份，到将备份的磁带存储在异地，再到建立应用系统实时切换的异地备份系统，恢复时间也可以从几天到小时级到分钟级、秒级或零数据丢失等。目前针对这 7 个层次都有相应的容灾方案，所以用户在选择容灾方案时应重点区分它们各自的特点和适用范围，结合自己对容灾系统的要求判断选择哪个层次的方案。下面是 0～6 级共 7 个层次的说明。

0 级：无异地备份

0 级容灾方案数据仅在本地进行备份，没有在异地备份数据，未制订灾难恢复计划。这种方式是成本最低的灾难恢复解决方案，但不具备真正的灾难恢复能力。

在这种容灾方案中，最常用的是备份管理软件加上磁带机，可以是手动加载磁带机或自动加载磁带机。它是所有容灾方案的基础，从个人用户到企业级用户都广泛采用了这种方案。其优点是用户投资较少，技术实现简单；缺点是一旦本地发生毁灭性灾难，将丢失全部的本地备份数据，业务无法恢复。

1 级：实现异地备份

1 级容灾方案是将关键数据备份到本地磁带介质上，然后送往异地保存，但异地没有可用的备份中心、备份数据处理系统和备份网络通信系统，未制订灾难恢复计划。灾难发生后，使用新的主机，利用异地数据备份介质（磁带）将数据恢复起来。

这种方案成本较低，运用本地备份管理软件，可以在本地发生毁灭性灾难后，恢复从异地运送过来的备份数据到本地，进行业务恢复。但难以管理，即很难知道什么数据在什么地方，恢复时间的长短依赖于何时硬件平台能够被提供和准备好。以前这种方案被许多进行关键业务生产的大企业所广泛采用，作为异地容灾的手段。目前，这一等级方案在许多中小网站和中小企业用户中采用较多。对于要求快速进行业务恢复和海量数据恢复的用户，这种方案是不能够被接受的。

2 级：热备份站点备份

2 级容灾方案是将关键数据进行备份并存放到异地，制订相应灾难恢复计划，由具有热备份能力的站点进行灾难恢复。一旦发生灾难，利用热备份主机系统将数据恢复。它与 1 级容灾方案的区别在于异地有一个热备份站点，该站点有主机系统，平时利用异地的备份管理软件将运送到异地的数据备份介质（磁带）上的数据备份到主机系统。当灾难发生时可以快速接管应用，恢复生产。

由于有了热备份中心，用户投资会增加，因此相应的管理人员要增加。技术实现简单，利用异地的热备份系统，可以在本地发生毁灭性灾难后快速进行业务恢复。但这种容灾方案由于备份介质是采用交通运输方式送往异地，异地热备中心保存的数据是上一次备份的数据，可能会有几天甚至几周的数据丢失，这对于关键数据的容灾是不能容忍的。

3 级：在线数据恢复

3 级容灾方案是通过网络将关键数据进行备份并存放至异地，制订相应灾难恢复计划，有备份中心，并配备部分数据处理系统及网络通信系统。该等级方案的特点是用电子数据传输取代交通工具传输备份数据，从而提高了灾难恢复的速度。利用异地的备份管理软件将通过网络传送到异地的数据备份到主机系统。一旦灾难发生，需要的关键数据通过网络可迅速恢复，通过网络切换，关键应用恢复时间可降低到天或小时级。由于备份站点要保持持续运行，这一等级方案对网络的要求较高，因此成本有所增加。

4 级：定时数据备份

4 级容灾方案是在 3 级容灾方案的基础上，利用备份管理软件自动通过通信网络将部分关键数据定时备份至异地，并制订相应的灾难恢复计划。一旦灾难发生，利用备份中心已有资源和异地备份数据恢复关键业务系统运行。

这一等级方案的特点是采用自动化的备份管理软件备份到异地数据，异地热备中心保存的数据是定时备份的数据，根据备份策略的不同，数据的丢失与恢复时间达到天或小时级。由于对备份管理软件设备和网络设备的要求较高，因此投入成本也会增加。但由于该级别备份的特点，业务恢复时间和数据的丢失量还不能满足关键行业对关键数据容灾的要求。

5 级：实时数据备份

5 级容灾方案在前面几个级别的基础上使用了硬件的镜像技术和软件的数据复制技术，也就是说，可以实现在应用站点与备份站点的数据都被更新。数据在两个站点之间相互镜像，由远程异步提交来同步，因为关键应用使用了双重在线存储，所以在灾难发生时，仅有很小部分的数据丢失，恢复的时间降低到了分钟级或秒级。由于该级别备份方案对存储系统和数据复制软件的要求较高，所需成本也大大增加。

这一等级的方案由于既能保证不影响当前业务的进行，又能实时复制业务产生的数据到异地，因此是目前应用最广泛的一类。正因为如此，许多厂商都有基于自己产品的容灾解决方案，如存储厂商 EMC 等推出的基于智能存储服务器的数据远程复制、系统复制软件提供商 VERITAS 等提供的基于系统软件的数据远程复制、数据库厂商 Oracle 和 Sybase 提供的数据库复制方案等。但这些方案有一个不足之处，就是异地的备份数据是处于备用（standby）备份状态，而不是实时可用的数据，这样一旦灾难发生后需要一定时间来进行业务恢复。更理想的情况应该是备份站点不仅是一个分离的备份系统，而且还处于活动状态，能够提供生产应用服务，所以可以提供快速的业务接管，而备份数据则可以双向传输，数据的丢失与恢复时间达到分钟级甚至秒级。

6 级：零数据丢失

6 级容灾方案是灾难恢复中最昂贵的方式，也是恢复速度最快的方式。它是灾难恢复的最高级别，利用专用的存储网络将关键数据同步镜像至备份中心，数据不仅在本地进行确认，而且需要在异地（备份）进行确认（即数据强一致性）。因为数据是镜像地写到两个站点，所以灾难发生时异地容灾系统保留了全部的数据，实现零数据丢失。

这一方案在本地和远程的所有数据被更新的同时，利用了双重在线存储和完全的网络切换能力，不仅保证数据的完全一致性，而且存储和网络等环境具备了应用的自动切换能力。一旦发生灾难，备份站点不仅有全部的数据，而且应用可以自动接管，实现零数据丢失的备份。通常在这两个系统中的光纤设备连接中还提供冗余通道，以备工作通道出现故障时及时接替工作。当然由于对存储系统和存储系统专用网络的要求很高，用户的投资巨大，因此采取这种容灾方式的用户主要是资金实力较为雄厚的金融企业和电信企业。但在实际应用过程中，由于完全同步的方式对生产系统的运行效率会产生很大影响，因此适用于生产交易较少或非实时交易的关键数据系统，目前采用该级别容灾方案的用户还很少。

12.2 容灾目标

容灾系统的设计，也是根据以上 SHARE 78 容灾等级中 7 个层次的方案，结合用户的实际业务需求进行一定的权衡和取舍。在实际的容灾系统设计过程中，我们重点关注的是数据恢复点目标（Recovery Point Objective，RPO）和数据恢复时间目标（Recovery Time Objective，RTO）两个指标。

（1）RPO：以时间为单位，即在灾难发生时，系统和数据必须恢复的时间点要求。RPO 标志系统能够容忍的最大数据丢失量。系统容忍丢失的数据量越小，RPO 的值越小。

（2）RTO：以时间为单位，即在灾难发生后，信息系统或业务功能从停止到必须恢复的时间要求。RTO 标志系统能够容忍的服务停止的最长时间。系统服务的紧迫性要求越高，RTO 的值越小。

RPO 针对的是数据丢失，而 RTO 针对的是服务丢失，RPO 和 RTO 的确定必须在进行风险分析和业务影响分析后根据不同的业务需求确定。

容灾的目标是在各种灾难发生时，还能为业务提供连续不中断的高可用服务。按照容灾系统对应用系统的保护程度可以分为数据级容灾、应用级容灾和业务级容灾。

数据级容灾，仅将生产中心的数据复制到容灾中心，在生产中心出现故障时，仅能实现存储系统的接管或数据的恢复。容灾中心的数据既可以是本地生产数据的完全复制（一般在同城实现），也可以比生产数据略微滞后，但必定是可用的（一般在异地实现），而差异的数据通常可以通过一些工具（如操作记录、日志等）手动补回。基于数据级容灾实现业务恢复的速度较慢，通常情况下 RTO 超过 24h，但是这种级别的容灾系统运行维护的成本较低。

应用级容灾，是在数据级容灾的基础上，进一步实现应用的高可用性，确保业务的快速恢复。这就要求容灾系统的应用不能改变原有业务处理逻辑，是对生产中心系统的基本复制。因此，容灾中心需要建立起一套和本地生产环境相当的备份环境，包括主机、网络、应用、IP 等资源均有配套，当生产系统发生灾难时，异地系统可以提供完全可用的生产环境。应用级容灾的 RTO 通常在 12h 以内，技术复杂度较高，运行维护的成本也比较高。

业务级容灾，是生产中心与容灾中心对业务请求同时进行处理的容灾方式，能够确保业务持续可用。采用这种方式，业务恢复过程的自动化程度高，RTO 可以做到 30min 以内。但是这种级别的容灾项目实施难度大，需要从应用层对系统进行改造，比较适合流程固定的简单业务系统。这种容灾系统的运行维护成本最高。本书中要介绍的容灾多活方案指的就是业务级容灾。

12.3 数据容灾方案

前面说过，应用容灾和数据灾备实际上是两个概念，应用容灾是为了在遭遇灾害时能保证信息系统正常运行，帮助企业实现业务连续性的目标；而数据灾备是为了应对灾难来临时造成的数据丢失问题。在这里，我们把容灾和灾备放在一起考虑。

数据是企业最核心的资产，万一数据遭到不可恢复的破坏，对一个企业的打击将是毁灭性的，因此必须确保任何情况下的数据安全。数据遭到破坏分为人为破坏（无意或者故意）和自然灾害破坏两种情况。数据容灾方案是企业在制定 IT 战略和系统设计过程中必须考虑的重要组成部分，在设计数据容灾方案时可以兼顾考虑业务连续性、数据安全、政策监管等多方面的因素，如图 12-1 所示。

业务连续性需求
保证核心业务连续运作是企业
长期可持续发展的基础

数据风险管控
数据作为企业最重要资产，必须将
数据完整性作为战略目标

良好的信息建设体系
通过完备的多中心容灾建设，
为业务提供现代化信息技术支撑

监管政策合规
提升信息系统容灾能力，满足
相关部门的监管要求

▲图 12-1 数据容灾要求

容灾备份系统是指在相隔较远的异地，建立两套或多套功能相同的 IT 系统，互相之间可以进行健康状态监视和功能切换，当一处系统因意外（如火灾、地震等）停止工作时，整个应用系统可以切换到另一处，使该系统可以继续正常工作。容灾技术是系统的高可用性技术的组成部分之一，容灾系统更加强调处理外部环境对系统的影响，特别是灾难性事件对整个 IT 节点的影响，提供节点级的系统恢复功能。从对系统的保护程度来分，可以将容灾系统分为数据容灾和应用容灾。

数据容灾是指建立一个异地的数据系统，该系统是本地关键应用数据的一个实时复制（或离线复制，具体视业务可接受的数据丢失程度而定）。在本地数据及整个应用系统出现灾难时，系统至少在异地保存有一份可用的关键业务的数据。该数据可以是本地生产数据的完全复制，也可以比本地数据略微滞后，但一定是可用的；采用的主要技术是数据备份和数据复制技术。数据容灾技术又称为异地数据复制技术，按照其实现的技术方式，主要分为同步传输方式和异步传输方式。另外，也有如"半同步"这样的方式。半同步传输方式基本与同步传输方式相同，只是在读操作占 I/O 比重比较大时，相对同步传输方式，可以略微提高 I/O 的速度。对于 IT 系统而言，在技术层面上，数据容灾需要考虑如下问题。

（1）数据版本保护：建立容灾的多版本数据保护。

（2）实时数据保护：数据复制，近乎零数据丢失，数据一致性。

（3）应用系统恢复：恢复时间（包括数据库恢复）、应用版本的一致性等。

（4）网络系统恢复：数据访问点变化、建立新网络路径、动态路由（收敛时间/稳定性）。

（5）容灾切换决策：及时发现灾难（容灾系统管理）、容灾切换的损失和补救办法。

（6）容灾切换过程：提供易操作的界面快速执行网络切换、应用切换、数据切换。

同时，无论任何时候，备份都是非常重要的，要定期测试备份的可靠性。绝大部分数据库产品会提供本地主备复制的能力，主备复制主要为了主库出现故障时系统能自动切换到备库运行，这不在容灾的讨论范围内。根据容灾的距离，数据容灾又可以分成近程数据容灾（同城灾备）和远程数据容灾（异地灾备）两种方式。

（1）同城灾备：将生产中心的数据备份在本地的容灾备份机房中，同城主备两个中心机房的距离在 50km 以内，它的特点是速度相对较快。由于是在本地，因此建议同时做接管。但是它的缺点是一旦发生大灾难，将无法保证本地容灾备份机房中的数据和系统仍可用。

（2）异地灾备：通过互联网 TCP/IP 协议，将生产中心的数据备份到异地。备份时要注意"一个三"和"三个不原则"，即必须备份到 300km 以外，并且不能在同一地震带，不能在同地电网，不能在同一江河流域。这样即使发生大灾难，也可以在异地进行数据回退。当然，对于异地备份，如果想实现接管需要专线连接，一般需要在同一网段内才能实现业务的接管。

当然，最好是能够建立起"两地三中心"（或者多地多中心）的模式，既做同城备份，也做异地备份，这样数据的安全性会高得多。

对于数据容灾，架构设计时必须考虑两点：一是建立切实可行的应急机制，这主要包含一套基于充分且清楚地将风险予以分类定义的灾难数据恢复计划；二是在危机突然降临时，此计划能被有效地执行，这就要求系统在日常进行灾难演练，以验证数据备份的有效性。全面的异地容灾保护方案，意味着除了要实现本地的切换保护，更要实现数据的实时异地复制和业务系统（包括数据库和应用软件）的实时远程切换。对于 IT 系统，除上述的灾难之外，与系统相关的计划外死机也可视作灾难。

12.4 同城双活方案

如图 12-2 所示，同城双活方案是指同一城市内的两个机房同时部署业务，底层共用同一套存储，存储主备部署在不同机房。一般是服务双活数据主备的架构，真正做到数据双活的较少，因为数据双活的实施难度太大，双中心的数据一致性很难 100% 保证。由于数据只是单中心提供服务，备中心的服务需要跨机房访问主中心数据，因此会带来一定的网络延迟。为了保证正常的处理性能，一般要求同城两个机房之间的光纤距离在 50km 以内，极限距离在

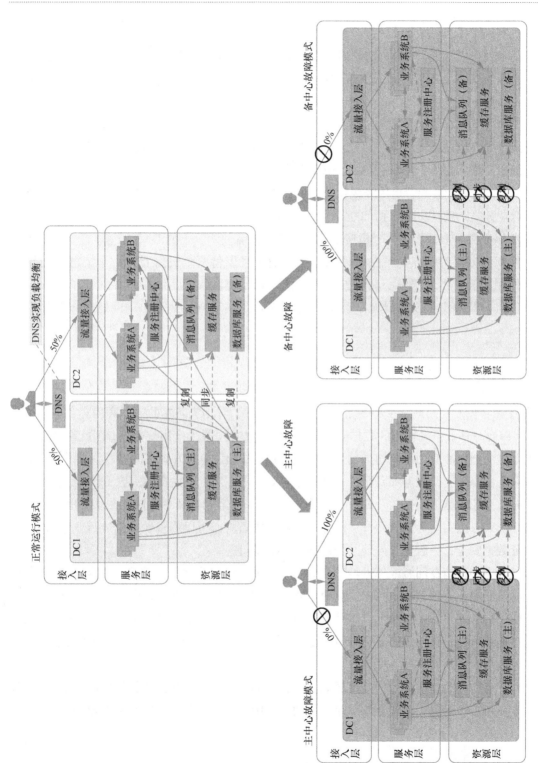

▲图 12-2 同城双活方案

100km，否则网络延迟将会成为业务高并发的性能瓶颈。

在正常运行模式下，两个机房同时承接业务流量，这种情况称为对称运行模式，通过 DNS 实现请求流量在两个机房之间的负载均衡。非对称运行模式是指主备机房承接不同的业务流量，如核心业务请求到主机房，非核心业务请求到备机房或者只读查询业务请求到备机房。非对称运行模式下需要增加"统一接入层"设备进行流量的策略调度。

当某个中心机房出现故障时，在 DNS 域名解析环节把故障机房的地址映射信息摘除，这样把全部的流量导入单个正常的机房。由于单个机房的能力很难处理业务高峰的全部流量，因此故障模式下，一般会配套启用降级模式，把一些非核心业务关闭，或者通过牺牲部分客户体验来降低业务复杂度，以提高系统的处理性能。为了防止某个中心机房故障时流量无法正常切换，DNS 服务器一般部署在两个机房之外的第三方或者使用云上的 DNS 服务。

同城双活方案的优点是对业务侵入性小，业务可以将两个机房看作一个集群，与异地灾备模式相比较，本地双中心具有投资成本低、建设速度快、运维管理相对简单、可靠性更高等优点，其缺点是没有异地的容灾能力，当整个城市或者地域出现问题时，业务不能恢复。

12.5 两地三中心方案

如图 12-3 所示，两地三中心是指"同城双中心"+"异地灾备"的一种商用容灾备份解决方案，是综合评估业务高可用和数据安全的一种折中方案，投入产出比较高，因此很多金融机构及大型企业的核心应用系统均采用这种方案建设。两地三中心方案在同城双活的基础上，加了异地灾备中心来支持数据灾备服务，以确保同城双中心发生重大自然灾害（地震、海啸、火灾等）时重要业务数据不丢失（或仅少量丢失）。这一方案兼具高可用性和灾难备份的能力，当双中心出现自然灾害等原因而发生故障时，异地灾备中心可以用备份数据进行业务的恢复。为了保证数据安全，一般要求异地的距离在 200km 以上。

同城双中心是指在同城或邻近城市建立两个可独立承担关键系统运行的数据中心。双中心具备基本等同的业务处理能力并通过高速链路实时同步数据，日常情况下可同时分担业务及管理系统的运行，并可切换运行；灾难情况下可在基本不丢失数据的情况下进行灾备应急切换，保持业务连续运行。与异地灾备模式相比较，同城双中心具有投资成本低、建设速度快、运维管理相对简单、可靠性更高等优点。

异地灾备中心是指在异地的城市建立一个备份的灾备中心，用于双中心的数据备份。当双中心由于自然灾害等原因而发生故障时，异地灾备中心可以用备份数据来恢复业务。

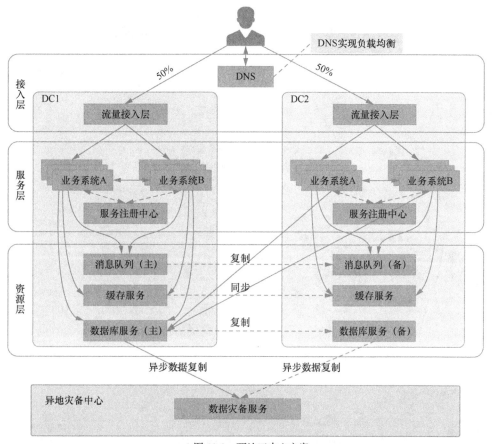

▲图 12-3　两地三中心方案

12.6 异地双活方案

如图 12-4 所示，异地双活（或者多活）是真正实现业务高可用的必要条件，任何一个城市出现重大灾难时，异地的机房仍可以确保核心业务的连续不中断。

异地双活方案对 IT 系统冲击较大，实施异地多活需要明确我们的业务目标，分析投资回报，充分预估该架构面临的挑战。

（1）需要多个跨地域的数据中心。异地多活是跨地域的，而且距离一定要达到 500km 以上，在这样的范围内，很多城市可以部署。

（2）每个数据中心都要承担用户的读写流量。如果只是冷备或只读，那么作用不是很大。

（3）多点写。因为每个数据中心承担用户读写流量，如果读或写集中到全国一个点，整个系统的延迟是无法承受的。

（4）任意一个数据中心出问题时，其他中心都可以以分钟级去接管用户的流量。

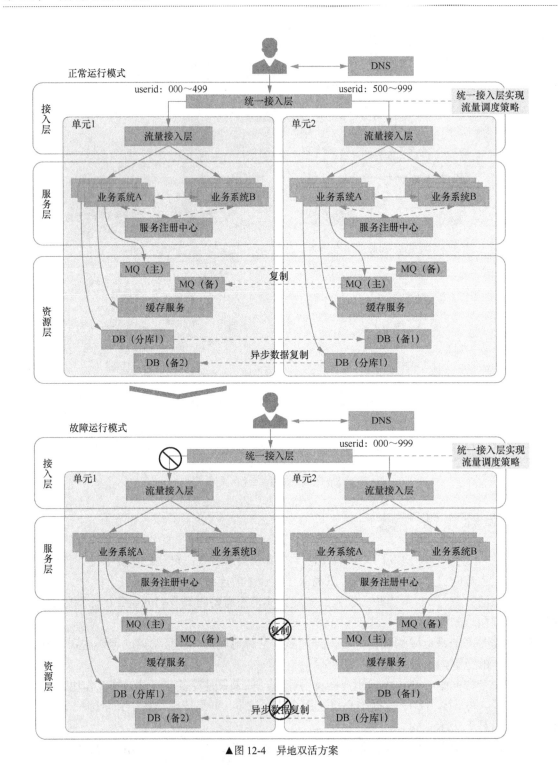

▲图 12-4 异地双活方案

不同于同城双活方案，异地双活的两个机房之间的距离要远很多，网络延迟已经超出业务允许的范围，数据主备架构单中心运行模式在性能上已经不可行，因为前端用户的一次请求，后端服务可能需要对数据库做数十次的读写访问，一点点的网络延迟会被指数级放大。单次请求从流量入口拆分路由到某个机房后，整个处理过程必须在同机房内完成服务及数据自闭环，避免出现跨机房的访问行为。同时，为了避免两地机房之间的针对同一份数据的双向复制引起的冲突，异地双活（或多活）架构要求不同机房的数据基于特定的垂直拆分规则（如根据用户 ID 取模），能够完全拆分，不存在交叉重叠的数据，即同一个用户的所有数据都在一个机房内。统一接入层负责请求流量根据特定的调度策略（如用户 ID 取模），进行流量在异地不同机房之间的分发。这样基于相同的规则，在流量入口进行拆分路由后，才能做到机房内自闭环。

异地双活方案需要梳理业务链路和业务数据按照某个业务维度做拆分（如电商系统中的买家维度的数据）。因为涉及两地数据写的操作，需要确保数据一致性，所以业务要严格按照统一的业务规则进行流量调度，规则变化需要同时生效。对业务需要有清晰的链路梳理和划分，并且在不同的需要路由位置中加入业务信息，对业务有一定的侵入性。因为业务经过清晰的依赖梳理，并且有统一的规则控制，在容灾切换过程中恢复最快，最干净。

为了实现某个机房故障后另外一个机房能够完全接管业务，两个机房的数据会进行实时的异步"双向复制"，以确保每个机房的数据都是全量的。由于数据复制是异步进行的，机房故障时会存在极少数的数据丢失，但这对于绝大部分业务场景是可接受的，少数金融级的数据强一致性零丢失要求，并不适合这种方案。

12.7　单元化方案

如图 12-5 所示，单元化方案是对异地双活方案的进一步延伸，当异地机房个数超过两个时，多个机房之间的两两数据复制就会变得非常困难，且随着机房个数的增加这种复杂度会急剧上升。

为了让整个架构更加清晰，很多大型互联网企业开始引入了单元化架构。单元化架构由若干单元节点和一个中心节点构成。例如，阿里巴巴内部的电商应用系统从 2013 年开始就逐步进行单元化改造。单元化架构的核心设计思想是从客户端用户角度考虑，将用户核心业务的闭环链（如购物闭环）内聚到一个单元，用户在客户端操作的完整过程的相关数据都能在一个单元内完成，避免跨单元获取数据。这里的一个单元既可以是一个机房，也可以是一个机房内的某一组子系统群。

单元化系统里面的一个单元是能完成所有业务操作的自包含集合，在这个集合中包含了所有业务所需的全部服务，以及分配给这个单元的数据、资源。单元化架构的外在形态是把一个单元作为系统部署的基本单位，在全站所有机房中部署数个单元，每个机房里的单元数不定，任意一个单元都部署了系统所需的所有应用，数据则是全量数据按照某种维度划分后的一部分。在单元化架构下，服务仍然是分层的，不同的是每一层中的任意一个节点都属于且仅属于某一个单元，上层调用下层时，仅会选择本单元内的节点。

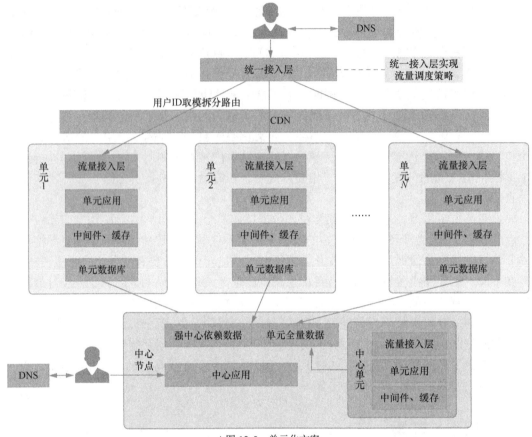

▲图 12-5 单元化方案

一个单元是一个五脏俱全的缩小版整站。它是全能的，因为部署了所有应用；但它不是全量的，因为只能操作一部分数据。能够单元化的系统很容易在多机房中部署，因为可以轻易地将几个单元部署在一个机房，而把另外几个单元部署在其他机房。借由在业务入口处设置一个流量调度器（统一接入层），可以按照特定的调度策略调整业务流量在单元之间的配比。

单元化方案中会存在一个中心节点，中心节点存放无法按单元进行拆分的中心应用及全局数据，如电商系统中卖家相关的数据以及库存相关的数据，要求所有单元看到的这些全局数据都是同一份。为了实现中心节点可以接管任何一个单元的业务，中心节点还会保存全量的单元数据，即所有单元都会把该单元的数据复制到中心节点。这样，当某一个单元出现故障时，其流量将由中心单元接管，中心单元访问中心节点的单元全量数据，如图 12-6 所示。

在单元化架构中，通过中间件和 PaaS 平台的配合，能够通过快速搭建一个业务完整的逻辑部署单元对系统进行整体扩容，对新机房扩容等操作带来了非常大的便利，能够突破接入层、应用层和数据层的瓶颈，可支持无限扩展。任何架构设计都应该是为了满足业务而做的权衡，我们也不应该过度夸大单元化的作用，决定一个系统的整体架构方向将对这个系统的未来产生深远影响，并且会有实际的技术改造方面的成本投入。单元化确实能带来不少激动人心的特性，